动物疫病管理模型

(法)普雷本・维里伯格(P.Willeberg) 主编
中国动物疫病预防控制中心 组译

中国农业出版社
北 京

ISBN 978-92-9044-836-5（OIE）
ISBN 978-7-109-22086-7（中国农业出版社）

翻 译 委 员 会

主　任　张仲秋

委　员　冯忠武　陈伟生　王功民　刁新育　辛盛鹏

主　译　张　弘　宋俊霞　林典生　翟新验　李文合

副主译　王传彬　王　静　吴佳俊　刘兴国

翻　译　马　英　王晓英　王志刚　亢文华　王　静　王东岳　刘　祥　刘林青　付　雯　孙　雨　曲　萍　刘颖昳　刘　洋　毕一鸣　宋晓晖　陈慧娟　吴佳俊　张　硕　张　倩　李晓霞　李　琦　汪葆玥　范运峰　金　萍　周　智　赵柏林　杨卫铮　杨龙波　侯玉慧　胡冬梅　倪建强　郭君超　徐　琦　袁忠勋　韩　焘　董　浩　訾占超　蔺　东　翟新验

总校对　辛盛鹏　颜起斌　刘玉良

校　对　李　硕　原　霖　顾小雪　韩　雪

序

我国对动物疫病实行“预防为主”的方针，按照“加强领导、密切配合、依靠科学、依法防治、群防群控、果断处置”的原则，消灭了牛瘟和牛肺疫，获得了世界动物卫生组织（OIE）疯牛病风险可忽略认证，有效地控制了高致病性禽流感、口蹄疫、猪瘟、高致病性猪蓝耳病等重大动物疫病。在我国农业现代化发展进程中，畜牧业养殖方式的转变、产业结构的调整，对动物疫病防控提出了更高的要求，动物疫病控制、净化、消灭程度也已经成为衡量一个国家兽医卫生事业、国民经济和科学技术发展水平的重要标志。

随着畜禽养殖方式的多元化、饲养规模和密度的增加、生物安全管理水平的差异、动物及动物产品的频繁贸易、周边国家严峻的疫情形势，动物疫病发生的风险日益增加，新发与突发疫病不断出现、外来动物疫病长期威胁、多病原混合感染严重，以及病毒持续变异和细菌多重耐药等，已经成为危害养殖业生产安全、动物产品质量安全、公共卫生安全和生态安全的重要因素，因此，必须立足防风险、保安全、促发展，重视并抓好从养殖到屠宰全链条兽医卫生风险管理。

2012 年 5 月，国务院办公厅以国办发〔2012〕31 号印发了《国家中长期动物疫病防治规划（2012—2020 年）》，明确提出了“提升动物疫情监测预警能力”的要求。为此，动物疫病预防控制机构作为动物疫病防控的技术支撑力量，要持续苦练内功，提升动物疫病监测、风险评估、疫情预警能力。尽管我国动物疫病防控面临的形势、任务和动物疫病防控的理念都发生了深刻的变化，但动物疫病监测预警仍是有效应对动物疫病的重要手段。根据动物疫病发生、发展规律及相关因素，通过跟踪监测、调查分析、资料检索和专家论证等形式，确定风险评估指标，再通过层次分析等方法确定风险因素的权重，应用分析判断和数学模型给出风险概率，确定风险等级，对疫情的可能发生、发展、流行趋势做出预测，为科学决策提出风险控制措施与建议。预警是监测的目的，也是预测技术在实践中的应用，动物疫病监测预警对于提高动物疫病防控工作的预见性、主动性和针对性，减少动物发病和死亡带来的经济损失和社会影响意义重大。

OIE鼓励并帮助其成员建立和应用动物疫病流行病学模型，以提高各国管理动物疫病的能力和水平。2011年，OIE根据动物疫病流行病学建模研讨会的内容，组织相关专家汇编了《动物疫病管理模型》论文集，在《科学评论》刊出。该论文集详细介绍了OIE建立动物疫病流行病学模型的背景与目的、建模条件和模型验证、部分国家应用实例，以及模型在动物疫病防控中发挥的作用。动物疫病流行病学模型交叉融合了传染病学、流行病学、统计学、地理学、气象学等多学科知识，建立合适的流行病学模型，预测未来的疫情趋势，为我国在复杂的动物疫病流行态势下，针对动物疫病的不同特点与风险因素，有的放矢地管理和控制动物疫病提供了有益的借鉴，尤其是对总结抗击“非典”经验，应对小反刍兽疫、禽流感疫情更具有现实指导意义。

国家首席兽医师

OIE亚洲、远东和大洋洲区域委员会主席

2017年2月10日

前　　言

世界动物卫生组织（OIE）《科学评论》出版的目的，就是鼓励并帮助世界各国提高对国家兽医服务，利用模型管理动物疫病这一方式的认识。

OIE《陆生动物卫生法典》与《水生动物卫生法典》中所包含的国际标准涉及许多概念，如风险分析、兽医服务水平、问责制度、决策透明度、动物疫情响应计划、应急准备工作、流行病学监测与监控规划等[2,3]；因此，世界范围内的兽医服务掌握有效准备与处理这些事务的工具十分重要。电子和其他科技工具，以及对动物疫病及动物疫病管理科学认识的进步，对不断提高兽医服务水平和准备工作水平以向社会提供优质服务至关重要。

兽医服务通常要面临为突发动物疫病做准备的巨大挑战。可能很多国家很多年都不会发生外来动物疫病，这期间易感群体大小、畜群位置、畜群内的直接与间接接触、可利用资源、实验室检测和控制手段等情况很可能会发生巨大变化。显然，需要新的、特殊的工具来弥补现有常识性科学知识，并从其他发生过突发疫病事件国家借鉴实践经验，而这一工具就是流行病学建模。

在可供选择的疫病管理活动中，建模广泛应用于评估、排序和决策方面。流行病学模型的价值在于它们能够研究“假如……会怎样”的情景，同时向决策者提供疫病侵袭后可能产生的后果和控制策略预期影响的先验信息。模型需要符合目的且经适当验证核实，才能发挥使用价值。流行病学模型的有效性验证对其结果的可信度非常重要。

建模若应用在疫病暴发前，尤其是在对先前暴发过的疫病、应急计划、资源规划、风险评估和培训的回顾性分析方面作用巨大。生物系统固有的复杂性与可变性会限制目前模型在疫病实际暴发中作为预测工具的作用。

模型仅是可提供科学建议的所有工具中的一种，其预测结果应该同从实验研究、实地研究、常见科学智慧中获得的经验一起评估。诸如通过OIE实现的国际协作，可帮助解决模型有效性问题，同时促进模型在突发疫病管理方面的应用。

OIE许多成员已经具有使用该模型工具的经验，科学文献中收录了许多有关各种动物疫病状况下流行病学模型应用的案例。但缺乏经验的国家兽医服务机构，仍可以从模型这一新工具的益处与风险回顾中获得经验，同时更深入地理解管理决策如何通过使用此种模型获得支持。

2007年OIE针对成员使用模型的调查问卷得出了有趣的结果，Willeberg等在关于此问题的介绍性文章中报告了这一事情[1]。显然，各地在建模经验方面存在着地区差异，缺乏经验的国家对进一步熟悉建模非常感兴趣。然而，要想取得进步，就同时需要额外资源与技术援助。

OIE为了能够在其责任范围内迎接挑战，就需要在复杂的动物疫病流行及针对疫病的不同特点与风险因素采取最适合的监测与控制手段方面提高科学认识，即所选择的方法是不是控制这种特殊疫病的最佳方法。检测、限制和控制疫病传播所采取的不同方法和应对方案取决于各种因素，因此，受影响成员的兽医服务机构必须考虑以下因素：①各种疫病或传染病的特点；②地理和气候因素；③有暴露风险的易感动物群的特点；④社会经济因素；⑤易受或已受影响产业的基础设施状况；⑥兽医服务组织机构和监督网络；⑦负责此问题相关的各级政府机构。

在涉及不同情况下准备及管理动物疫病控制活动的决策过程方面，这种对复杂问题的模型再现已被证明是一种有效的辅助手段。

我向为在《科学评论》上讨论这些问题做出贡献的作者表示最诚挚的感谢。我还要感谢美国农业部动植物卫生检验局的流行病学与动物卫生中心(CEAH)、OIE动物疫病监督体系协作中心，感谢科罗拉多州柯林斯堡的风险分析与流行病学建模中心在2008年8月组织了CEAH-OIE建模研讨会。这次研讨会对本期《科学评论》的发展做出了巨大贡献，为共同讨论建模这一话题提供了理想平台，许多与会者后来纷纷发文讨论了这个话题。OIE支持在预防和管理动物疫病方面使用建模方法，对希望在世界范围内兽医服务活动中运用模型的人来说，我肯定这份出版物是一份有价值的资料。

我要对普雷本·维里伯格（Preben Willeberg）教授表示真诚的感谢，Willeberg教授协调了《科学评论》的模型议题，汇编成了这本内容翔实且丰富的论文集。

总干事
Bernard Vallat

参考文献

[1] Willeberg P., Grubbe T., Weber S., Forde-Folle K. &Dubé C. (2011) .-The World Organisation for Animal Health and epidemiological modelling: background and objectives. *In* Models in the management of animal diseases (P. Willeberg, ed.) . *Rev. sci. tech. Off. int. Epiz.*, 30 (2), 391 - 405.

[2] World Organisation for Animal Health (OIE) (2010) .-Aquatic Animal Health Code, 13th Ed. OIE, Paris. Available at: www. oie. int/en/international-standard-setting/aquatic - code/.

[3] World Organisation for Animal Health (OIE) (2010) .-Terrestrial Animal Health Code, 19th Ed. OIE, Paris. Available at: www. oie. int/en/international-standard-setting/terrestrial - code/.

目　　录

1

模型在动物疫病管理中的应用

世界动物卫生组织与流行病学建模：背景与目标

P. Willeberg[①]，T. Grubbe[②]，
S. Weber[③]，K. Forde - Folle[③] & C. Dubé[④]

摘要： 本期《科学评论》（简称《评论》）的文章论述了建模这一工具在疫病控制政策制定方面的使用情况，以及模型在动物疫病管理各个方面的应用。文章描述了模型发展中的不同问题以及模型的几种类型。2001 年英国暴发口蹄疫（FMD）的模型经验，强调了决策者在如何准备与应对突发动物卫生事件时恰当使用了此模型。

本文概括了世界动物卫生组织（OIE）自 2005 年以来在流行病学建模方面的进展情况，尤其是 2007 年针对成员模型使用情况的问卷调查结果和随后的 OIE 全体会议决议、2008 年在美国流行病学与动物卫生中心举行的流行病学建模研讨会。本期《评论》中的论文则来源于上述研讨会的报告。

关键词： 决策　疫病管理　流行病学　进展　建模　OIE　世界动物卫生组织（OIE）

0　引言

建模已成为一种使用推动各种疫病管理评估活动的工具。流行病学模型的价值在于它能够研究“假如……会怎样”的情景，同时向决策者提供疫病暴发后可能产生的后果和控制策略预期影响的先验信息。模型需要符合目的且经适当验证核实才能发挥使用价值。流行病学模型的有效性对获得建模准确性非常重要。目前，若应用在疫病暴发前，尤其是在对先前暴发过的疫病、应急预案、资源规划、风险评估与培训的回顾性分析方面，建模发挥着巨大的作用。

① 美国加利福尼亚大学戴维斯分校，兽医学院，动物疫病建模与监督中心。

② 丹麦兽医与食品管理局，丹麦。

③ 美国农业部，动植物卫生检疫局、兽医局，流行病学与动物卫生中心，柯林斯堡中心大街 2150 号 B座。

④ 加拿大食品检疫局，安大略省渥太华市卡米洛特街 59 号。

生物系统固有的复杂性与可变性会限制目前模型在疫病实际暴发中作为预测工具的作用。模型仅仅是可提供科学建议的所有工具中的一种，其预测结果应当同从实验研究、实地研究、科学智慧中获得的经验一起评估。诸如通过 OIE 实现的国际协作，可帮助解决模型有效性的问题，同时促进模型在突发疫病管理方面的应用。

《OIE 陆生动物卫生法典》（以下简称《陆生法典》）[25]涉及许多概念，如风险分析、兽医服务水平、问责制度、决策透明度、突发动物疫病准备工作与应急预案，以及流行病监测和监控规划等。因此，世界范围内的兽医服务掌握有效准备与处理这些事务的工具十分重要。电子和其他科技的进步、动物疫病及动物疫病管理方面科学认识的进步，对不断提高兽医服务水平和准备工作水平，以向社会提供优质服务一样重要。

一些先进的工具需要技术精湛的人员进行操作，操作者需要兽医领域内及兽医领域外专家的建议。流行病学模型就属于这种先进工具。许多 OIE 成员已经具有了运用建模这一工具的经验，科学文献中收录了许多在各种动物疫病状况中使用流行病学模型的案例。然而，缺乏经验的国家或兽医服务机构，可以从对模型这一新工具的效益与风险回顾中获得经验，同时更深入地理解管理决策如何通过使用此模型获得支持。

1 动物疫病管理中模型运用的基本原理

模型提供基本框架，使某一具体系统行为的想法概念化、易于传达[12]。在动物疫病的案例中，病原、宿主、环境因素相互作用导致的疫病得到了很好的理解。所以说，模型为研究相互作用、评估影响及测试干预应答提供了一个具有逻辑性且成本低廉的基础。传统上来说，重大牲畜疫病的暴发，例如口蹄疫（FMD）、猪瘟（CSF）、高致病性禽流感（HPAI），一般采取限制移动和扑杀的方法。但是，自 2001 年以来，英国暴发 FMD 之后，为控制疫病蔓延对动物进行大规模扑杀和处理的措施，由于政治、经济、伦理、环境及社会福利的原因受到质疑。因此，出台了国际 FMD 控制指南以提供其他应对方法，例如紧急免疫接种，这从恢复贸易的角度来讲更易接受。

疫病管理者和决策者需要检验、评估针对所关心疫病控制的替代方法，例如紧急疫苗接种作为一种工具来减少动物被扑杀的数量。此外，人们充分认识到，疫病暴发期间采取有效决策的速度，通常决定了根除疫病项目能否成功。提前评估疫病暴发后的可能后果，以及测试各种不同的控制方法，可以帮助减小疫病传播的速度。然而，评估控制传染病的其他方法并不是一项简单的工作，因为需要考虑许多因素，包括：①传染的特性；②宿主数量及分布；③资源需求；④贸易与经济意义；⑤获得适用技术的途径（例如：疫苗或诊断工具）；⑥消费者关心的事宜；⑦公众健康后果。

出口畜禽或畜禽产品的国家最关心的是贸易伙伴的态度，因为像FMD带来的主要经济影响可能来源于出口市场的丧失，而不是生产力损失或实施疫病控制程序的高成本。以人畜共患病为例，还要考虑职业健康和安全。最后，控制措施的选择常常是大规模实施条件与同时具有逻辑和经济可行性的折中方法。考虑控制策略时，一定还要考虑利益相关者的利益及可能产生的成本[9]。毫无疑问，在这种情况下制定政策建议具有挑战性。

在政策背景下，通常要链接流行病学模型和经济模型。一系列有关综合运用这两种模型的研究性论文[1,15]已被出版，旨在评估诸如FMD、CSF这些突发疫病的控制策略。

2 流行病学模型的定义

“流行病学模型”的定义在本期OIE《评论》中至关重要，但是，兽医界好像并没有对这个术语下一个明确的定义。鉴于本期《评论》出版的目的，现对流行病学模型定义如下：疫病传播及其相关过程流行病学的数学或逻辑表示。这些量化模型为动物间或动物群体间在时间或空间上的传播和疫病传播动力学提供了表达形式。

因此，流行病学模型有助于实现对潜在控制方法效力的评估，同时有助于在应用具体控制措施的条件下，评估疫情的未来规模、持续时间和地理范围。此外，动物疫病管理的流行病学模型有更广泛的含义，包括一系列统计学/数学模型，这些模型并不一定仅仅描述疫病的传播，相关的还包括动物疫病监测体系的设计与实施。

3 疫病模型概述

所有模型，就其本质而言，都是复杂系统的简化。根据其对随机性或可变性、时间、空间、群体结构的处理，疫病模型可以划归成不同的类别。在本期期刊其他文章中将要详细论述的方法也各不相同，从简单的确定性数学模型到复杂的空间显示随机模拟。在特定情景下最适用的模型类型，需根据研究问题的类型确定。例如，最典型的是以平均值或期望值为基础的确定性模型，可能会帮助理解基础传染病动力学，而同时，由于任何一种传染病都是独一无二的，不可能遵照某种“平均”模式发展，所以确定性模型作为预测工具的功能是有限的[9]。然而，若能获得流行病学知识和高质量的数据，就能开发提供一系列潜在传染病更加精确的模型。

随着计算机技术的不断成熟和对空间因素在疫病传播中重要性的深入认识，与对疫区紧急疫苗接种或疫点动物扑杀等指向性策略的应用，意味着整合空间因素模型在流行病学研究中的地位越来越重要[8]。此外，基于网络建模相对较为新颖，通过网络沟通研究疫病传播可能成为一个发展的领域[12]。

为了提供模型的使用范围，建模过程必须以需要回答的具体问题开始。模型的选择取决于人们对一种疫病流行病学的理解程度、可支配数据的数量和质量以及建模者自身的背景。模型的复杂水平应由意图回答的问题决定。增加其他因素可能会增加模型的复杂性，但不一定能提高结果的质量。另一方面，忽略一种疫病流行病学中显而易见的重要性因素，可能会带来误导性的建模结果。数据的易获得性可能也是一个问题[9]。

模型开发中一个重要的步骤是，在验证和确认模型的过程中保证模型按照设计的方向发展。Reeves 和 Sanso 等的文章都详细探讨了这至关重要一步相关的方法和问题[17,18]。

4 流行病学模型的应用

模型既可用来进行回顾性研究，又可用来进行前瞻性研究[24]。回顾性研究涉及符合流行病数据的数学方程式和对这些数据的量化解读。前瞻性模型可以是预测性的，因为此种模型以当前数据为基础预测目前正在暴发或者将来要暴发疫情的潜在轨迹，也可以是探究性的，因为此种模型模拟一系列可能会发生的流行病情景而非集中在某一次具体的疫情。在制定应急预案时通常使用前瞻性模型。本期《评论》中后面的文章展现了不同种类模型的示例。

系统地融合大量信息，可以帮助洞察在不同情况下不同策略的优点，例如，直接扑杀策略和先检测后扑杀策略相比较有何优缺点？这样的话，决策者可以获得疫病控制方面的支持配套指南，同兽医知识和经验一起使用，而不是代替它们。

建模可以为更好地控制疫病做贡献，通过[20]：①对过去暴发过的疫情进行回顾性分析，理解它们的现象[14]以及比较不同控制策略的作用；②在假设流行病中（应急预案）探讨不同策略；③识别在假设流行病中（资源规划）不同策略的资源要求；④进行风险评估以辨别优先区域，即可能存在高风险的区域，这样能更好地做好准备工作与监督活动；⑤评估各种监督策略的有效性；⑥进行结果评估，加强经济影响研究；⑦确定重要数据缺口，帮助优先数据的收集；⑧为培训、训练提供真实情景，传达流行病和疫病控制原则；⑨在流行病暴发期间，通过分析和假设检验（推荐有限使用[21]）提供策略性支持。

此外，可以利用模型明确研究的优先顺序。例如，文献中记录不完善的敏感性分析可以帮助确定需要研究的要求。

5 建模与2001年英国暴发的FMD疫情

模型作为兽医流行病学领域的工具已经得到了长期应用，但却鲜为人知，因为模型主要被限制在假设性疫病暴发的研究上，又或者被用来对过去暴发过的疫病做回顾性分析[9]。2001年英国FMD首次应用了在疫情流行期间开发并用于指导疫病控制策略的模型。

很遗憾，英国经历的遗留问题之一是对建模作用的质疑和对基于模型的科学建议信心的丧失[14,16]。因此，OIE建模活动的目标之一就是检验建模的优缺点，帮助世界各国的兽医服务机构从过去经历中获益。OIE活动不仅考虑了各种各样的情景，其中模型作为一种重要的且受信任的输入资源，对疫病暴发的可能轨迹和动物疫病管理方法可能引起的后果做出明智决策，还考虑了从2001年英国流行病中获得的经验。

2001年讨论模型使用时主要围绕对临床表现健康牲畜的大规模扑杀，当局认为这种做法是控制FMD的必要策略。扑杀引起了社会各界的广泛关注，金融成本和社会成本导致了国内、国际控制未来流行病立法和指南的变化[14]。这次经历还导致了对模型有效性和有用性以及模型预测结果的不同看法[11,14,16,20]。

疫情暴发初期，预测性模型[6,7]的调查结果被用来当作支持疫病已失控、现行方法已难以将其控制的证据。对疑似受感染养殖场和邻近已感染养殖场的所有农场的牲畜进行迅速扑杀被认为是控制疫病的必要措施[6,7]。当局采取了积极的控制政策，24小时内扑杀受感染养殖场的易感动物，48小时内优先扑杀危险接触养殖场和邻近已感染养殖场内的动物（“紧急扑杀”政策）。人们把疫情得到控制归功于这项政策[7]。但是，后续分析把邻近养殖场的易感动物扑杀当作“一种迟钝的政策手段”[2]，并质疑大范围的扑杀方案尤其是对邻近养殖场的扑杀是否必要[13]。

有人提出当时的模型未经验证，尤其是对泛亚O型FMDV的验证，模型包含的简化和假设致使结果出现了偏差，严重影响了对不同控制策略有效性做出的结论[14,20]。例如，最近一项研究表明邻近已感染养殖场的其他场不一定会受感染——即使在巨大的感染压力下，很大一部分仍未受感染[21]。这些回顾性发现表明有选择性扑杀高危动物是替代大规模扑杀政策的可行方法。

6 模型评估的国际合作

2005 年 3 月，作为提升动物疫病突发事件应对能力过程中的一部分，合称为四边集团国家（QUADs）的澳大利亚、加拿大、新西兰和美国，在澳大利亚堪培拉举行了关于 FMD 建模与政策制定的研讨会。研讨会旨在向决策者提供四边集团国家应急预案的疫病模拟模型，同时回顾 FMD 目前的应对策略。研讨会的主要成果是由来自四边集团国家、爱尔兰和英国的流行病学者组成的技术小组。研讨会之后，技术小组开展了一项工作计划，其中一个项目是联合验证核实在上述各个国家使用的 FMD 政策制定的模型[5]。

不巧，验证传染病模型的常规途径是不存在的，没有一套具体的方法能够轻易地应用于确定一个模型的“正确性”上。四边集团国家的 3 个建模小组，已经通过敏感性分析、专家回顾假设、模型结果与 FMD 真实暴发后结果的比较等各种方法验证核实了他们的模型。模型预测与疫病实际暴发后数据的比较仍然是测验模型有效性的重要方法。此外，使用相似数据独立发展的模型呈现出一致水平，可以向决策者保证模型开发者提出假设的一致性。相反，模型结果的不同点是强调建模者和研究者需要解决的假设不同点的一种途径，也为未来研究提供了较好的研究重点[5]。

在现实生活中，有时会出现参数值的极端组合。模型通常处理不好极端参数值的相互作用。

专家们对 FMD 政策制定时使用的 3 种空间模拟模型进行了形式比较，这 3 种模型是：①AusSpread（澳大利亚）[8]；②InterSpread Plus（新西兰）[19]；③NAADSM：北美动物疫病传播模型（加拿大和美国）[10]。

用于比较的所有模型都是独立开发的随机空间模拟模型。这一研究[5]，首先包括每一模型的逻辑框架比较及模型输出，以及来自 11 个复杂情景评估了各种传播机制和控制措施的模型输出参数。虽然建模方法各不相同，且 3 种模型中有些统计数据结果差异巨大，但是总体来说不同点比较小，从实践角度看，结果十分相似。从政策角度讲，令人欣慰的是，虽然使用了不同方法，但是模型产出的结果一致，且任何基于模型结果的决策都不存在差异。此外，此项研究是一项有益的验证活动，因为它要求建模者重新深入检验主要功能的实施途径，发现并更正了次要规划和逻辑错误。最近，在利用爱尔兰实际动物群体和运动数据创建 FMD 传播模型时，对这 3 种模型得出的预测结果进行了比较。研究结果刊登在本期《评论》中的其他地方[18]。

国际流行病学实验室（EPILAB）已经开展了一个类似的项目——评估丹麦 FMD 暴发建模工具的多中心比较。此项研究的目标是比较利用不同控制策略为FMD传播建模的3种随机模拟模型。用于比较的模型分别是来自梅西大学（新西兰）的InterSpread模型[19]、DADS（戴维斯动物疫病模拟）模型（美国）[3]、华威大学模型（英国）[22]。建模研讨会于2008年由OIE和流行病学与动物卫生中心（CEAH）组织召开[23]，并在此次研讨会上提出了比较情景模拟的结果。

7 OIE参与建模

2005年，OIE在全球成员范围内发起了恰当使用流行病学模型管理动物疫病的讨论和支持活动。

目前为止，活动有：

（1）2007年，对成员开展了模型使用与对其认知的问卷调查。

（2）在2007年世界代表大会的全体会议上作了一个科技项目报告："运用流行病学模型管理动物疫病"。

（3）本报告及其调查结果，后于2008年发布[4]。

（4）在2007年的全体会议上通过了，在动物疫病管理中使用模型的决议（第XXXIII号决议），并提出以下建议：

①为流行病学模型的开发、验证、确认和使用制定OIE总指南；

②鼓励建立流行病学模型OIE协作中心；

③保证与OIE模型相关的动物疫病事件报告的数据质量；

④出版1期OIE《评论》专门讨论流行病学模型；

（5）2008年，总干事决定成立流行病学建模与动物疫病管理特别小组，以制定关于建模的一般指南。

（6）决定在科罗拉多州柯林斯堡的CEAH召开首届特别小组会议，此次会议紧接着安排2008年CEAH-OIE模型研讨会。

（7）在2011年，OIE做准备并组织出版1期关于模型的《评论》。

为了说明本期《评论》的背景和目的，这篇介绍性文章的后半部分将回顾这些活动和活动的目的，总结其成果。

8 2007年OIE调查问卷结果

2007年2月，168个OIE成员收到了调查问卷，103个国家（61%）返还，其中包括全部完成（n=92）和部分完成（n=11）的问卷。

总的来说，50个成员（占受访国家的49%）报告说使用过应急预案模型，48%的受访国家称未使用过模型，但愿意开发这个领域。只有4个国家（4%）

不考虑开发这个领域（图 1）。

非洲和中东是成员中使用模型比例最低（28%）的地区，但同时也是期望开发这个领域比例最高（69%）的地区。包括美洲、欧洲以及亚洲、远东、大洋洲在内一半以上（58%）的成员都已经在使用模型。

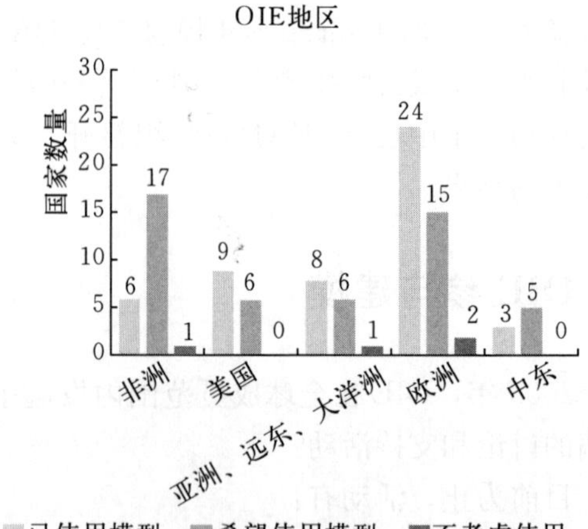

图 1　此问题的调查结果："在该国，通过应急预案管理动物疫病时有无使用或实施流行病学模型？"分为 OIE 的 5 个地区

不考虑地区因素，监测模型、疫病传播与风险模型是成员使用最多或最渴望的模型，但只有少数国家（40～50 个国家）推广气象模型、经济与资源评估模型（图 2）。列出的其他模型包括：动物移动模型、生产模型、运输模型、成本/利润模型、地理模型、报警系统模型和生态系统模型。这个图形与使用模型国家与期望使用模型国家的图形相似。

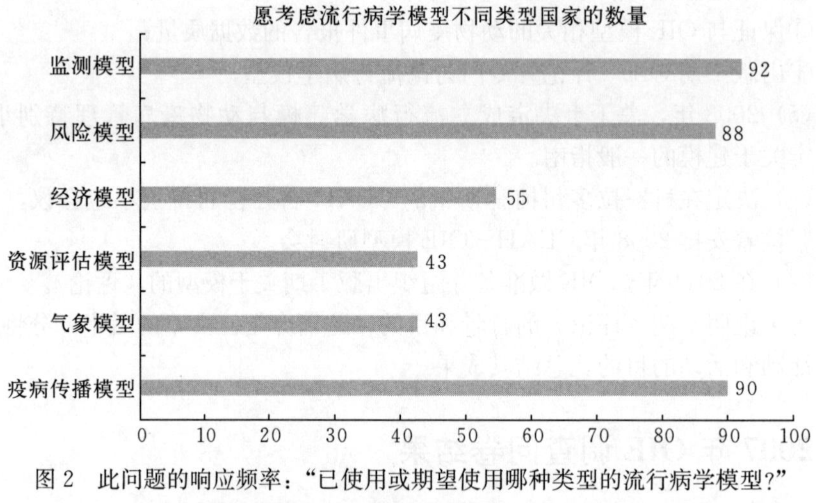

图 2　此问题的响应频率："已使用或期望使用哪种类型的流行病学模型？"预先设定的类型（不包括回答"其他请注明"的国家）

一些国家经常提到利用模型开展疫病管理活动，包括疫苗接种、监测与移动限制，至少 90 个国家列出了其中一项活动。扑杀、紧急扑杀和处理能力方面的模型，未使用这些模型的国家比已使用的国家考虑它们的频率要少

(图 3)。这些结果可能会与之前提到的地区差异以及控制政策的地区差异混淆。此外，一些国家使用模型评估福利屠宰、动物保险、隔离及降低引进疫病风险的策略。

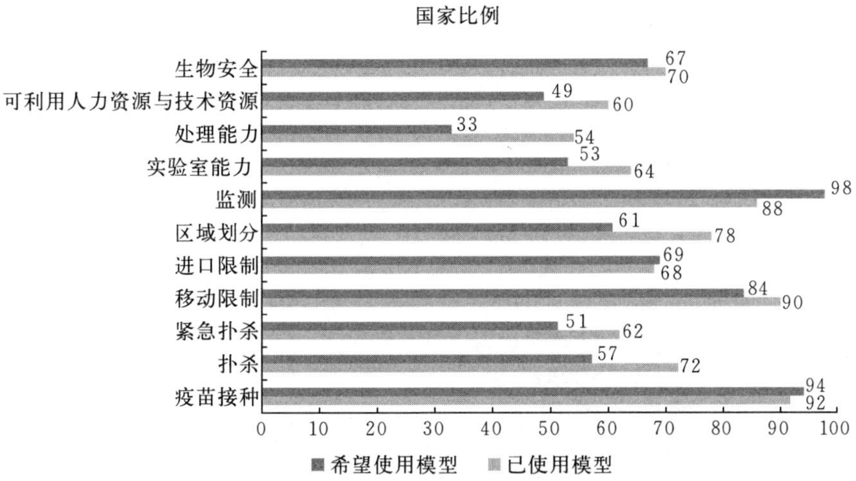

图 3　回答此问题的百分比："使用过或期望使用的疫病管理活动类型?"
预先设定的类型（不包括回答"其他请注明"的国家）

所有国家支持在传染病暴发前和流行期间使用模型，但使用模型的国家表示，他们希望在疫病结束后将模型作为回顾分析的工具使用（图 4）。因此，一半作答国家在疫情暴发前、中、后使用或考虑使用模型，25%的国家只愿在疫病暴发前和暴发时使用。其他情况极少涉及。

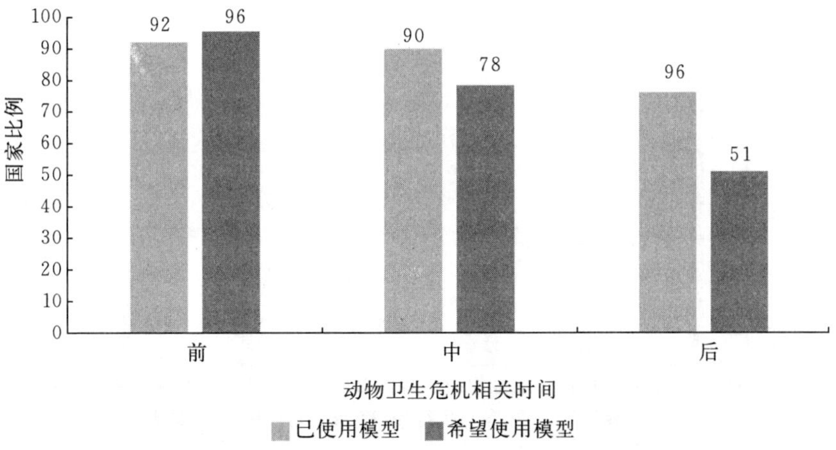

图 4　回答此问题的百分比："在该国，若发生动物卫生危机，
您何时会考虑使用有关的流行病学模型?"

总的来说，已使用模型的国家称他们已投入或期望投入，比期望把模型开发成一种工具的国家，更多的专业人士进行模型开发（图 5）。在所有回答中都列出了流行病学者，但其他专业人士很少进入名单。回答中涉及的其他专家有：会计、病毒学者、计算机程序员、生物学者、生态学者、GIS/空间学者、鸟类学者、野生生物学者、猎人、通信专家、实地研究学者、医生和药剂师。

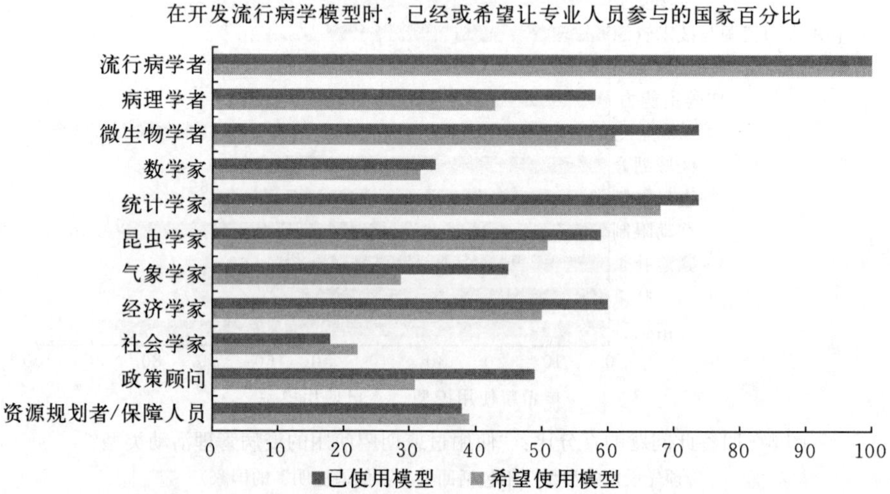

图 5　回答此问题的比例："在开发该国将来使用的模型时，哪个行业的专业人员会参与进来?"预先设定的类型（不包括回答"其他请注明"的国家）

大家有共识，兽医部应当是在每个环节参与最多的部门，具体的环节包括模型开发与运行、结果应用（图 6）。在开发阶段，研究机构和国际专家似乎更为重要。

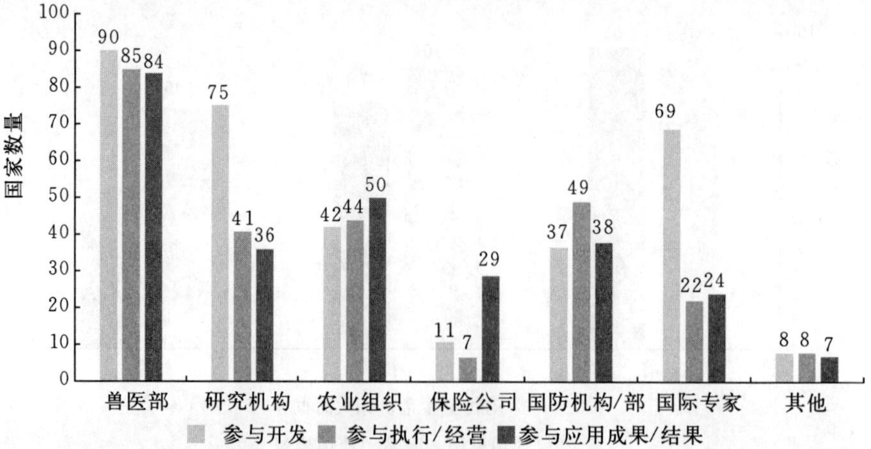

图 6　此问题的响应频率："在该国流行病模型的开发与应用中，哪些组织会参与进来?"预先设定的类型

农业组织似乎参与每个环节，更多的国家则报告称他们参与了模型结果应用。84%使用过流行病学模型的国家有指定的个人或组织负责流行病学模型。这并不奇怪，因为调查结果显示兽医部参与了建模的全部环节。

在完成调查问卷的国家中，在列的 61 个国家（60%）缺少专业技能，55 个国家（54%）缺少资源，这限制了模型使用（表 1a）。只有 12 个国家（12%）不缺乏限制模型使用的资源因素和专业技能因素。这 12 个国家中的 7 个列举了限制流行病学模型使用的其他因素，最常见的是缺少综合数据，如动物群数量、动物移动数据、市场数据，还有缺少时间、全职工作人员、培训资源和财政资源。

表 1　此问题的响应频率："利用流行病学模型管理动物疫病有限制因素吗?"

要求参与调查国家说明是否缺少资源和专业技能。回答有其他类型限制因素的，此处未列入。

a. 所有成员的回答

缺少专业技能	缺少资源		合计
	否	是	
否	12	28	40
是	34	27	61
合计	46	55	101

b. 已使用模型国家的回答

缺少专业技能	缺少资源		合计
	否	是	
否	10	22	32
是	8	10	18
合计	18	32	50

c. 期望使用模型国家的回答

缺少专业技能	缺少资源		合计
	否	是	
否	2	6	8
是	25	15	40
合计	27	21	48

使用和希望使用模型的国家之间出现了一些有趣的不同点（表 1b 和表 1c）。虽然很多使用和不使用模型国家都列出了缺少专业技能和资源，但是缺少专业技能未使用模型的国家（48 个国家中有 40 个，或 83%的国家）远多于使用模型国家（50 个国家中有 18 个，或 36%的国家）。缺乏专业技能且未使

用模型国家大多数（40 个国家中有 25 个，63%的国家）没有把缺乏资源列为限制因素。未使用模型国家在有更多机会利用模型方面，技术支持似乎比经济支持更为重要。

随后，成员表达了他们希望 OIE 在建模领域提供更多援助的愿望，通过：

（1）制定指南（74 个国家）；

（2）指定协作中心（43 个国家）；

（3）建立专家小组（59 个国家）；

（4）充当模型的信息资源库（57 个国家）（图 7）。

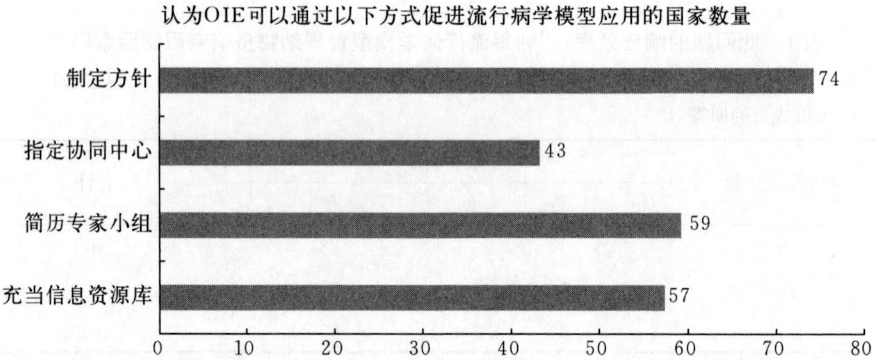

图 7　此问题的响应频率："您认为 OIE 在管理动物疫病模型的应用方面能做些什么？"预先设定的类型（不包括回答"其他请注明"的国家）

这些结果显示，成员对 OIE 承担模型开发和指导使用方面寄予很高期望，其他责任还包括：

（1）提供培训课程、研讨会、讲习班；

（2）提供专业的模型分析；

（3）利用模型模拟疫病的国际传播，继而在培训疫病传播上明确并指导最佳地应用国际资源（培训和技术）；

（4）创建培训中心；

（5）发展专家小组，帮助成员选择模型；

（6）建立虚拟模型中心，让缺乏资源和技术能力的成员可以使用不同的流行病学模型。

在表示不希望开发建模领域的 4 个国家中，出现频率最高的原因（3 个国家）是，在考虑开始建模活动之前，需要了解更多关于管理动物疫病模型使用的信息。

当被问到哪种疫病会优先使用模型时，大部分国家回答 HPAI 是最优先考虑的疫病，紧接着的是 FMD。狂犬病、新城疫、疯牛病表现为较低的优先建模等级（图 8）。在“其他（请注明）”项下的其他疫病数量最多的包括：蓝舌病、牛结核病、布鲁氏菌病、裂谷热、非洲猪瘟、牛肺疫、小反刍兽疫、古典猪瘟。有 15 个国家最优先考虑后面所列疫病。

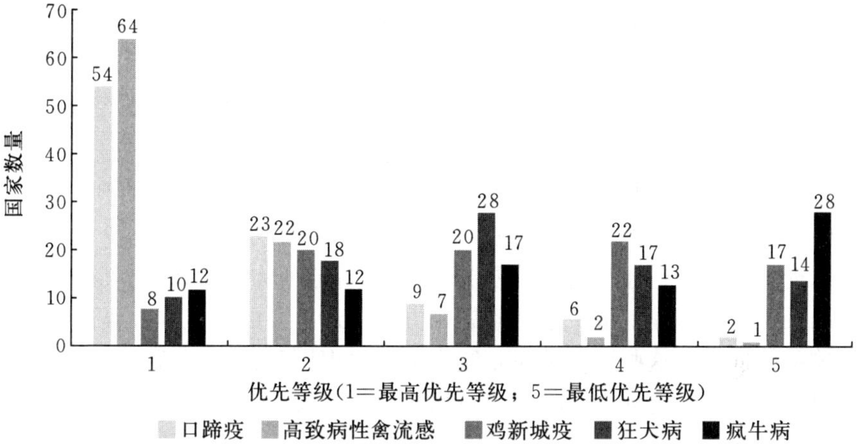

图 8　此问题的响应频率：“发生以下哪种疫病您会优先考虑使用流行病学模型（1=最高优先等级，5=最低优先等级）?”

预先设定的类型（不包括回答“其他请注明”的国家）

虽然大多数受访国家表示兽医机构应当负责管理流行病学模型（图 9），但是许多国家表示希望公众、个人和研究机构分担此责任。尽管模型在管理动物疫病中使用的最终责任是由兽医部承担，但一些国家提到不应限制其他组织使用模型。

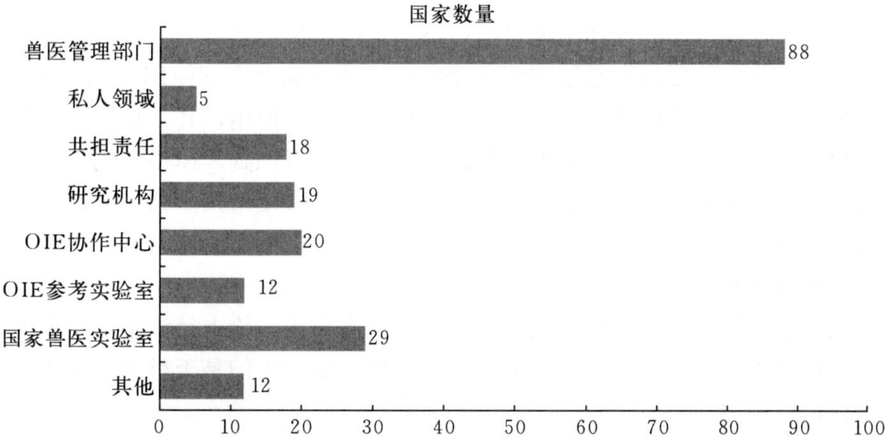

图 9　此问题的响应频率：“您认为谁应当治理/管理流行病学模型的使用和应用?”

预先设定的类型

9 2008年流行病学与动物卫生中心/OIE模型研讨会

2008年8月11～13日，在科罗拉多州柯林斯堡的流行病学与动物卫生中心举行了流行病学模型研讨会。研讨会旨在为流行病系统模拟模型的原则、方法、应用知识交流提供一个平台。来自几个国家的模型专家们在4个部分中作了20多个主题发言和报告：①流行病学模型的类型和构成要素；②发展参数；③验证、有效性、敏感性分析；④流行病学模型的使用。

感谢专家的文献和支持，许多主题发言和报告形成了本期期刊中的论文。此次研讨会促成了建模者和流行病学家的会面，双方更好地理解了建模方法和基本原理。此外，它还让与会者更好地理解制定动物卫生政策需要解决的问题，以及模型能够提供解决这些问题的方法。最重要的是，本次研讨会建立了协作关系的框架，这些协作关系是制定策略以识别和共享更精确参数获得信息的重要因素，同时也促进了将来流行病学模型的发展。

10 OIE流行病学模型和动物疫病管理特别小组

特别小组成立的原因是，流行病学建模是一种有价值的决策支持工具，可以帮助疫病管理者和决策者识别与评估现有和新方法控制疫病和消减风险。OIE绝大多数成员报告，在某种程度上，流行病学模型使用受到限制，因此，2007年OIE世界代表大会全体会议通过了一项决议，建议OIE应制定流行病学模型开发、验证、核实和使用的一般指南。鉴于建立和开发模型可能主要涉及模型专家和研究人员，OIE和主要来自OIE协作中心兽医流行病学专家们决定，关于这些方面的详细指南最低应该满足应用模型理解的需要。因此，对特别小组提出的主要目标是制定管理动物疫病流行病学模型使用的OIE指南。大会建议，这些指南应主要强调流行病学模型的恰当使用，其中特别要强调的是，兽医当局如何利用现有模型。但是，大家逐渐意识到，模型使用者理解模型的基本原理非常重要，以及为了把误用风险和误解模型预测结果的风险降到最低，怎样对其进行验证和核实。因此，会议决定把模型创建与开发中的一些基本技术问题纳入议题。

大会邀请特别小组考虑《陆生法典》的基本原则，检查每章中关于模型的引用，这些引用可能在新指南中会被交叉引用，确定它们是否科学，是否与议题中的目标相关。

CEAH-OIE研讨会上的报告和讨论帮助OIE选出的特别小组拟定了指南草稿，草稿将为OIE成员利用流行病学模型回答有关高度传染性动物疫病问题方面提供参考。大会建议起草的指南应提醒使用者不要过度依赖模型提供的解决方案。特别需要提出的是，OIE 特别小组的目标是：

（1）提供适当使用流行病学模型的指南；

（2）向决策者提供使用模型时需要考虑的因素清单；

（3）概括一种方法，验证核实模型，以增强自信心；

（4）讨论技术转让和所推荐方法的价值，以便其他国家应用现有模型；

（5）概括最佳方法，应用临床数据，征求已提供模型的主题专家信息；

（6）对合适的数据、流行病学知识、模型测试结果，考虑共享的重要性，并形成共享机制。

特别小组的审议促成了文件草案，涉及具体模型的定义、模型在协助动物卫生管理决策时的作用，此外，草案概括了流行病学模型的组成因素及现有使用模型的方面（包括概括使用中的各个模型，以及考虑不同流行病情况），检验了如何评估和保证模型质量。同时，此文本草案起草之际，OIE 同兽医流行病学协作中心共同设立了一个项目，以制定陆生动物卫生监督指南。这本指南主要监测方面涉及兽医服务和现场工作人员。指南是基于 OIE 动物卫生监督相关的现有标准的解释和亲自实践获得的方法。本指南还将在一章中讨论流行病学模型，这一章还包括特别小组起草的关于流行病学模型和动物疫病管理的指南。

11　讨论

疫病流行与经济模型是公认的重要工具，可协助疫病管理者辨别并评价控制疫病的其他多种途径。流行病学模型方面众多的科学文献与许多兽医服务机构在建模领域能力的不断增强可以证明其重要性。恰当设计的流行病学模型可以用来研究疫病影响、评估执行风险、协助设计高性价比的疫病监督和控制项目、助力突发疫病应急预案的制定。模型价值连城，可以实现提前研究假设性的疫病暴发和控制情况。例如，人们可以模拟不同假设的结果，包括策略类型、资源可利用性、贸易伙伴的反应等，由此，人们可以分析不同方法在一种情景下可以或可以不是有用的。这些研究结果需要进行审查，因为新技术（例如新诊断方法或疫苗）和国际指南与贸易协定的变化可能打破这种平衡[9]。

正如 Garner 等所说[9]，恰当使用协助制定疫病控制策略的模型非常重要。有一种对建模价值的通常认知，通过回顾性分析和应急预案帮助制定政策，而在实际疫病暴发时，预测性模型作为协助进行战略性决策工具的作用，却并不是很明确。任何模型最终依赖于其基础数据的精确和完整的有效性[11]。不幸的是，数据并不总是都可以利用或可靠的，通常，在疫病暴发早期采取措施，将决定疫病后续的规模。这种数据问题成为模型预测中的严重问题。2001年英国疫病流行期间使用的模型就受到了多方批评，因为模型是建立在过时的、低质量的数据和匮乏的流行病学知识基础上的[14]。最近一些研究对当时基于那些模型决策的恰当性提出了质疑[14,21]。Taylor[20]在其综述性评论中提出，不推荐在战略性决策中使用预测性模型。尽管模型在解读兽医情报时有一定作用，但决策应更多地以兽医情报为基础，而不是预测性模型。他的另一个观点是，若已经经过开发、测验，且可立即使用，模型可制定迅速快捷、传播性的疫病控制战略。

建模是一个专业领域，管理人员和现场工作人员通常认为建模者远离现实世界，因为建模者提出的模型可能会受到质疑。建模者不能闭门造车，而模型只不过是提供科学建议的一种工具[9]。对任何研究结果，我们不能脱离实验研究和对疫病流行数据分析进行独立思考。任何模型，在协助制定政策之前，必须提供其有效性的证据。决策者之间对结果进行交流也至关重要。模型研究得出的结果，应同应用的假设情景和其实现途径的局限性一起公之于众[20]。

最近的一些项目，如四边集团国家流行病学团队 EPILAB 多元中心项目的形成，表明国际合作在开发和验证动物卫生突发事件的模型工具方面发挥了巨大作用。

OIE 问卷调查结果强调，管理动物疫病建模是国际兽医团体非常有意义和重要的热点问题。调查结果表明，建模是 OIE 成员正在增长的活动领域，与成员数量相当的其他国家正计划或已在准备进行建模活动。各种各样的情景、疫病、应用领域均在进行建模，有迹象表明，在指导和推进模型应用方面，对国际合作和支持提出了更多需求和期望。在建模领域，人们可能也需要通过国际合作和技术支持提高全球兽医服务水平。图1中的模型使用地区性差异，可能和技术与经济资源可用性的差异有关（表1b和1c)。解决这个问题可行策略是建立两个结对项目，分别为模型使用体系和模型需求体系，两个体系共享已有建模专业知识和疫病数据，从而促进它们的发展。

致谢

本文作者衷心感谢 John Wilesmith 和 Katharina Stärk，感谢他们为调查问卷起草所做的努力，感谢 OIE 秘书处向成员发放了该调查问卷。

非常感谢流行病学与动物卫生中心的 OIE 协作中心，感谢他们2008年8月组织召开了流行病学模型研讨会和特别小组会议。

本文还得到了 USDA - APHIS 和加利福尼亚大学戴维斯分校之间 07 - 9208 - 0203 - CA 合作协议的支持。

参考文献

[1] Abdalla A.，Beare S.，Cao L.，Garner G. & Heaney A. (2005). – Foot – and – mouth disease: evaluating alternatives for controlling a possible outbreak in Australia，ABARE eReport 05. 6. Australian Bureau of Agricultural and Resource Economics，Canberra，28 pp. Available at: www. abare. gov. au/publications _ html/livestock/livestock _ 05/er05 _ footmouth. pdf (accessed on 20 January 2011).

[2] Anderson I. (2002). – Foot – and – mouth disease 2001: lessons to be learned inquiry report，HC 888. The Stationery Office，London，187 pp.

[3] Bates T. W.，Carpenter T. E. & Thurmond M. C. (2003). – Benefit – cost analysis of vaccination and preemptive slaughter as a means of eradicating foot – and – mouth disease. Am. J. vet. Res.，64，805 – 812.

[4] Dubé C.，Garner M. G.，Stevenson M. A.，Sanson R.，Estrada C. & Willeberg P. (2008). – The use of epidemiological models for the management of animal diseases. In Compendium of technical items presented to the International Committee or to Regional Commissions of the OIE，2007. World Organisation for Animal Health，Paris，13 – 23.

[5] Dubé C.，Stevenson M. A.，Garner M. G.，Sanson R.，Harvey N.，Estrada C.，Corso B. A.，Wilesmith J. W. & Griffin J. (2007). – Foot – and – mouth disease verification and validation through a formal model comparison. In Proc. 2007 Annual Conference of the Society for Veterinary Epidemiology and Preventive Medicine (J. D. Mellor & J. R. Newton，eds)，29 – 30 March，Helsinki，Finland. Society for Veterinary Epidemiology and Preventive Medicine，124 – 140.

[6] Ferguson N. M.，Donelly C. A. & Anderson R. M. (2001). – The foot – and – mouth epidemic in Great Britain: pattern of spread and impact of interventions. Science，292，1155 – 1160.

[7] Ferguson N. M.，Donelly C. A. & Anderson R. M. (2001). – Transmission intensity and impact of control policies on the foot and mouth epidemic in Great Britain. Nature，413，542 – 548.

[8] Garner M. G. & Beckett S. D. (2005). – Modelling the spread of foot – and – mouth disease in Australia. Aust. vet. J.，83，30 – 38.

[9] Garner M. G.，Dubé C.，Stevenson M. A.，Sanson R. L.，Estrada C. & Griffin J. (2007). – Evaluating alternative approaches to managing animal disease outbreaks – the role of modelling in policy formulation. In Alternatives to animal disposal，including the use of foresight technology and agrointelligence (N. G. Willis，ed.). Vet. ital.，43 (2)，285 – 298.

[10] Harvey N.，Reeves A.，Schoenbaum M. A.，Zagmutt – Vergara F. J.，Dubé C.，Hill A. E.，Corso B. A.，McNab B.，Cartwright C. I. & Salman M. D. (2007). –

The North American Animal Disease Spread Model: a description of a simulation model for use as an aid in the decision making process. Prev. vet. Med., 82, 176-197.

[11] Kao R. R. (2002). - The role of mathematical modelling in the control of the 2001 FMD epidemic in the UK. Trends Microbiol., 10, 279-286.

[12] Keeling M. J. & Eames K. T. D. (2005). - Networks and epidemic models. J. roy. Soc., Interface, 2, 295-307.

[13] Kitching R. P., Hutber A. M. & Thrusfield M. V. (2005). - A review of foot-and-mouth disease with special consideration for the clinical and epidemiological factors relevant to predictive modelling of the disease. Vet. J., 169, 197-209.

[14] Kitching R. P., Thrusfield M. V. & Taylor N. M. (2006). - Use and abuse of mathematical models: an illustration from the 2001 foot and mouth disease epidemic in the United Kingdom. In Biological disasters of animal origin. The role and preparedness of veterinary and public health services (M. Hugh-Jones, ed.). Rev. sci. tech. Off. int. Epiz., 25 (1), 293-311.

[15] Mangen M.-J. J., Burrell A. M. & Mourits M. C. M. (2004). - Epidemiological and economic modelling of classical swine fever: application to the 1997/1998 Dutch epidemic. Agric. Syst., 81, 37-54.

[16] Mansley L. M., Donaldson A. I., Thrusfield M. V. & Honhold N. (2011). - Destructive tension: mathematics versus experience - the progress and control of the 2001 foot and mouth disease epidemic in Great Britain. In Models in the management of animal diseases (P. Willeberg, ed.). Rev. sci. tech. Off. int. Epiz., 30 (2), 483-498.

[17] Reeves A., Salman M. S. & Hill A. E. (2011). - Approaches for evaluating veterinary epidemiological models: verification, validation and limitations. In Models in the management of animal diseases (P. Willeberg, ed.). Rev. sci. tech. Off. int. Epiz., 30 (2), 499-512.

[18] Sanson R. L., Harvey N., Garner M. G., Stevenson M. A., Davies T. M., Hazelton M. L., O'Connor J., Forde-Folle K. N. & Owen K. (2011). - Foot and mouth disease model verification and 'relative validation' through a formal model comparison. In Models in the management of animal diseases (P. Willeberg, ed.). Rev. sci. tech. Off. int. Epiz., 30 (2), 527-540.

[19] Stevenson M. A., Sanson R. L., Stern M. W., O'Leary B. D., Mackereth G., Sujau M., Moles-Benfell N. & Morris R. S. (2005). - InterSpread Plus: a spatial and stochastic simulation model of disease in animal populations. Technical paper for Research Project BER-60-2004. Ministry of Agriculture and Forestry, Biosecurity New Zealand, Wellington, 48.

[20] Taylor N. (2003). - Review of the use of models in informing disease control policy development and adjustment. A report for Defra. Veterinary Epidemiology and Economics Research Unit, Reading, 94 pp.

[21] Taylor N. M.，Honhold N.，Paterson A. D. &Mansley L. M. (2004). - Risk of foot - and - mouth disease associated with proximity in space and time to infected premises and implications for control policy during the 2001 epidemic in Cumbria. Vet. Rec.，154，617 - 626.

[22] Tildesley M. J. & Keeling M. J. (2008). - Modelling foot - and - mouth disease：a comparison between the UK and Denmark. Prev. vet. Med.，85，107 - 124.

[23] Vigre H. (2008). - A comparison of three simulation models：theEpiLab project. In Proc. Centers for Epidemiology and Animal Health (CEAH) /World Organisation for Animal Health (OIE) Epidemiological Modeling Workshop. 11 - 13 August，Fort Collins，Colorado. United States Department of Agriculture，Animal and Plant Health Inspection Service & CEAH，Fort Collins，Colorado.

[24] Woolhouse M. E. J. (2004). - Mathematical models of the epidemiology and control of foot - and - mouth disease. In Foot - and - mouth disease：current perspectives (F. Sobrino & E. Domingo，eds). Horizon Bioscience，Norfolk，United Kingdom.

[25] World Organisation for Animal Health (OIE) (2010). - Terrestrial Animal Health Code，Vol. I：General Provisions，19th Ed. OIE，Paris，431 pp.

流行病学模型原理

M. G. Garner[①]，S. A. Hamilton[②③]

摘要： 流行病学模型可以成为协助制定动物卫生政策、预防和控制疫病的重要工具。模型多种多样，从简单的决定性数学模型到复杂的空间显示随机模拟和决策支持系统。研究目的、对一种疫病的流行病学的理解程度、可利用数据的数量和质量、建模者的背景和经验等，决定了研究的方法。根据流行病学模型对可变性、时机和不确定性（决定性或随机性）、时间（连续或离散）、空间（非空间或空间）、群体结构（同相或异相混合）的处理，可以将其分为不同的种类。计算机技术的不断成熟和对空间因素在疫病传播和控制中的重要性更深入的认识，意味着融合了空间因素的模型在流行病研究中的作用越来越重要。使用一系列新技术的综合学科研究法使创建更成熟的动物疫病模型成为可能。新一代的流行病学模型可以在物质、经济、科技、卫生、媒体、政治背景下研究疫病。模型只有适合目标且经恰当验证核实，才能在政策制定中发挥作用。这其中包括保证模型是对所研究系统的充分再现，且其研究结果就研究目的来说足够精确。最后，模型只是提供技术建议的一种工具，应结合实验研究与实地研究中获得的数据进行考量。

关键词： 疫病　流行病学　模型　政策　原理　模拟

0　引言

就动物卫生而言，尽管对病原、环境、宿主水平因素之间相互作用怎样影响了疫病感染和发展理解得不透彻，通常还是不得不制定控制传染性疫病的政策。通过结合实验和实地研究的可用信息和专家观点，流行病学模型提供了解决这些不确定性的途径，从而深刻理解传染病和疫病控制动力学。

本文描述了协助动物卫生政策制定的流行病学模型的原理。文章回顾了模型在动物疫病管理上的一些应用，简单讨论了不同的建模途径，概括了模型发

① 澳大利亚政府农渔林部，生物安全服务组，兽医主任办公室。
② 澳大利亚政府农渔林部，生物安全服务组，动物生物安全部。
③ 澳大利亚悉尼大学，兽医学系，新南威尔士州。

展的各个阶段，描述了设计模型时应当考虑的因素，并提供了评判性评价模型的指南。

1 流行病学模型是什么?

模型是对一种物质过程或系统的再现，旨在增进对该系统的理解[41]。模型开发是通过再现系统中各组成部分的相互作用，来理解外部因素对输出结果的影响，同时交流对系统运行情况的看法[24,40]。

人们通常将流行病学模型定义为疫病传播过程及相关过程流行病学的数学或逻辑再现[6]。涉及动物疫病管理时，“模型”的定义更广泛，包括一系列统计学/数学工具，不仅有疫病传播，还包括此外的其他各方面[6]。例如：

(1) 群体动态模型：用来研究群体结构变化。

(2) 风险模型：定性或定量描述将疫病引入一个群体的风险。

(3) 分析模型：用来分析疫病发生与风险之间的联系。

(4) 经济模型：研究经济价值和资源配置。

这里将重点介绍流行病学（疫病传播）模型。通过结合一种疫病的可利用知识和专家观点，流行病学模型可以研究疫病复杂过程，预测不同条件下疫病的传播形式，评估包括新方法在内的干预策略。流行病学模型可以作为评估疫病传播和不同控制方法效果的高性价比手段，尤其是对重大动物疫病实践经验有限时，其作用十分重要。

2 为何使用流行病学模型?

从动物卫生角度讲，流行病学模型应用广泛。比如，它们可以用来：

(1) 研究疫病发展过程[34,39]。

(2) 有关传染病在动物群体中持续存在的因素假设（然后可用来指导下一步的研究）[5]。

(3) 受外来动物疫病和新发动物疫病威胁造成的风险提供建议[3,27]。

(4) 评估疫病造成的经济影响。

(5) 评估不同规模的控制策略[2,13,16,33,44]。

(6) 评估监测与控制计划的有效性[20,36,43]。

(7) 向培训活动提供信息与情景[19]。

一些病例开展实验或是田间研究[11]，或对以往疫病流行进行回顾分析以探索替代性控制策略[30]不实际或不可能情况下，模型会发挥其重要作用。使用流行病学模型指导疫病流行期间决策的做法仍存在争议[12]，因为生物系统内部多变，其预测应用在传染病的日常管理上可能不够准确。的确，在 2001 年英国口蹄疫中应用作为决策支持工具的模型，招来了科学文献和大众传媒的不少批评[25,31,32]。

3 模型类型

疫病模型多种多样，从简单的决定性数学模型到复杂的空间显示随机模拟模型。对一种疫病流行病学认识的深浅、可利用数据的数量和质量、参与其中的建模者背景，决定了建模途径也各有所异。在特定情景中使用的最佳模型种类取决于所研究问题的类别以及研究的目标。

模型没有统一的分类系统。不同作者对模型不同方面各有所侧重，这可能也就区分了不同种类的模型[21,40]。根据流行病学模型对可变性、时机和不确定性（决定性或随机性）、时间（连续或离散）、空间（非空间或空间）、人口结构（同相或异相混合）的处理，可以将其分为不同的种类。决定性模型利用参数的固定值，得出一个“平均”或预期的结果，而随机模型在考虑可能性因素的前提下，整合了自然的可变性和不确定性。因此，随机模型得出了一系列可能的结果。时间可以作为离散单元或连续过程在模型中再现出来，连续性时间模型计算效率高，但可能不能真实地再现不定期发生的事件。离散时间模型将时间分为相等的单元，在每个时间间隔，模型不断地更新群体状况。选择适宜的时间单位，很大程度上取决于传播动力学、数据质量、所要求时间分辨率的水平。非空间模型不能再现所研究群体成员的空间关系。在空间模型中，疫病传播计算时要考虑位置和距离。最后，模型可假设群体中的所有成员都面临同样的感染危险（同相混合），也可以试着再现群体中不同层级或组别之间的不均等接触（异相混合）。

不同建模方法可用来研究不同问题。例如，简单决定性模型可帮助理解基本的传染动力学，但是，由于任何一次疫病流行都是独一无二的，不可能遵照某种“平均”模式发展，所以决定性模型作为预测工具的功能是有限的[15]。随机模型的建立更加复杂，但是应用在评估风险方面十分有效，可用来探究不同结果的可能性[40]。空间模型可以用来研究地理因素在传染病传播中的重要性，也可以用来测试以空间为导向的控制策略，比如与感染动物接触群体扑杀、疫区免疫接种和隔离[12]。

传统上讲，动物卫生流行病学模型有很强的数学基础[21]，依靠群体作用和链二项式方法再现个体在不同疫病中的运动状况。这些方法包括相对简单且同类混合的群体结构，而且是代表疫病简化传播参数的。虽然这些类型的模型已广泛应用于传染病的研究，但是，它们并不一定说明疫病流行病学的空间、环境、社会维度。从一位疫病管理者的角度来看，疫病暴发涉及物质、经济、科技、管理、社会政治等多种背景。人们一致认为，空间效应、群体异质性以及社会行为会严重影响疫病的传播和持续时间[1,4,10,18,23,28]，然而，传染病控制实际上就是大规模实施控制策略的选择与物质或经济可行性的平衡[42]。利用模型捕捉复杂因素兴趣越来越大，目的是更好地理解疫病流行和疫病管理[35]。

随着计算机能力的增强，人们可以利用许多用户友好型的编程软件，同时，随着疫病和群体数据（包括空间辅助数据）更加容易获得，疫病模型的范围扩大了，复杂性也增加了。地理信息系统、遥感、数据分析方法、网络理论和复杂系统科学的发展，引领了新一代流行病学模型的诞生。这些新途径包括：

（1）考虑位置、地理和群体异质性的精细空间模拟模型[6,11,19]。

（2）网络模型，使用接触网络结构，明确捕捉疫病传播中复杂的交互作用形式[1,7]。

（3）大型传播中介模型，将系统作为一个自主实体的集合进行建模，这些实体根据一套规则进行各自的决策，允许各个实体行为随着时间的推移发展[29,35]。

但是，所采用的途径应当反映研究目的，以及对模型参数化可利用数据的种类。增加模型的复杂性不一定能提高输出结果的质量[15]。任何一种模型的有效性，最终还是取决于其基础数据的精确性和完整性[40]。因此，建模一定涉及复杂性和数据的可利用性以及针对性比较权衡，比如：对某一群体、时间或位置具有高度针对性的模型可能不适用于另一种群体、时间或地点。

4 建模步骤

为建立有效的流行病学模型，作者提出了十个步骤（图 1），这 10 个步骤改编自 Taylor[40]、Law[26] 与 Sargent[38] 的工作。以下详述这十个步骤：①确定需要建模的系统和研究目标；②收集所研究群体的信息和数据、传染病和其他疫病的流行病学知识；③建立概念模型；④验证概念模型的有效性；⑤为模型编写公式或程序；⑥核实模型；⑦评估操作有效；⑧分析敏感性；⑨进行研究；⑩解析输出结果，交流结论。

4.1 确定需要建模的系统和研究目标

第一步确定与模型的整体范围有关的目标。这包括明确定义研究目标，确定需要进行建模的系统，选择合适的输出结果检测模型的运行情况[26]。这一步是基础，因为研究的目标将会影响模型的规模、方法、细节的详细程度、需要的精确度。

4.2 收集所研究群体的信息和数据、传染病和其他疫病的流行病学知识

回顾研究群体的结构和动力学、传染病的传播和控制相关特点，是建立概念性有效模型的基础[40]。这一步在建模中的作用与风险分析中的危害辨别步骤的作用相似，以及旨在发现可能影响既定模型输出结果精确度的一系列因素。一旦发现重要的影响因素，应当收集并分析相关数据，使模型参数具体化。

这一步可能涉及对实地数据和实验数据、文献综述和专家观点的分析。建模者和主题专家（包括兽医、病原学家、微生物学家、农业科学家、计算机科学家、生物统计学家等）的合作对建立一个概念性有效模型来说十分重要。

4.3 建立概念模型

概念模型是对所研究系统的言语表达或图示[38]。理想上，概念模型应当以公式形式记录在描述所选建模方法、模型假设和参数预估值的文件中[26]。正如上文提到的，有许多不同的建模方法都可以用来研究传染病的传播，一种方法的选择取决于它对一个特殊问题的适用程度、可利用数据的数量和质量，以及建模小组的技能。

在选取一种特别的建模方法时，建模者应当考虑如何再现所研究的群体、传染病在个体中的发展进程、时间空间关系、时机和传染病的传播。这些决策还将影响到分析模型结果的方法。通常要考虑模型复杂性和数据要求之间的权衡关系，因为在建立流行病学模型过程中，数据的可利用性和质量常常是一个限制性因素。

4.4 验证概念模型的有效性

验证概念模型就是确定该模型中的理论和假设是否适合模型预期用途的过程。一种方法是寻求主题专家对该设计实用性的评价。人们把这种方法叫做“专家意见”，因为这种方法试图通过“专家”来确定该模型是否符合现有相关研究系统的认知[38]。若所给概念模型缺乏有效性，应当重新评估其设计。在修改过程中，可能需要收集更多信息和数据[26]。

4.5 为模型编写公式或程序

之后概念模型将被作为一个公式系统或计算机算法实施。这可能会涉及使用以下（程序）：

（1）一种通用的编程语言，例如 Java（美国加利福尼亚州圣克拉拉，太阳微系统有限公司）或 Visual Basic（美国华盛顿州雷德蒙德，微软公司）。

（2）脚本语言，例如R语言（奥地利维也纳，R语言开发核心团队）或MapBasic语言（美国纽约特洛伊，必能宝公司）。

（3）电子表格，例如Excel（美国华盛顿州雷德蒙德，微软公司）。

（4）特殊的数学软件包或模拟软件包，例如Mathenatica（美国伊利诺伊州，沃尔夫勒姆研究公司）或@RISK（美国纽约伊萨卡，帕利赛德公司）。

软件的选择取决于概念模型的设计和建模者的经验。

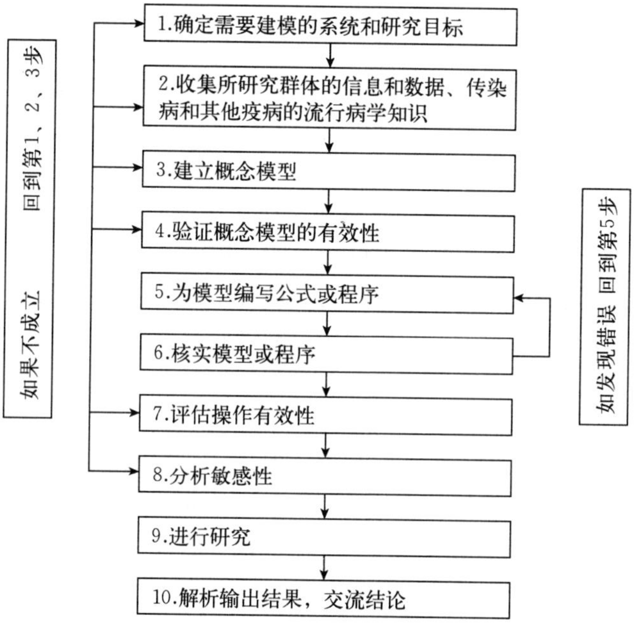

图1　建立模型的步骤

注：改编自Taylor[40]，Law[26]和Sargent[18]。

4.6　核实模型

核实模型是检查概念模型已被充分翻译成了公式代码或计算机代码、且按预期目标进行工作的过程。这个过程可能还涉及对模型逻辑、公式或代码的结构性评估，以及对模型内部组成部分运行情况的系统检查[38,40]。若出现了代码错误或逻辑错误，应当适当修改模型的代码或公式。

4.7　评估操作可行性

模型操作可行性可用很多方法进行评估，包括：

（1）专家利用可视化或敏感性分析技术，对模型内部运行状况和结果进行主观性评估[38]。

（2）与其他模型的结果进行比较[8]。

（3）比较模型的内部运行状况，以及比较模型产生的结果和真实系统的结果[38]。

最后一种方法可能涉及比较模型结果与建模时未使用的历史结果或评估模型预测未来系统运行状况能力。

4.8 分析敏感性

收集高质量数据将流行病学模型参数化具有一定的挑战性，尤其是对所研究群体疫病传播媒介没有或只有很少经验时。在数据有效性受限的情况下，非确定参数的重要性可通过敏感性分析研究进行评估。敏感性分析涉及输入值变化对模型输出结果影响的评估[9]。为研究参数评估值的不确定性和变化性如何影响输出结果，一种模型的输入参数从系统上来说可能各不相同[22]。若一种模型的输出结果对一个或多个确定性较差的参数值非常敏感，则这些预估值精确性或准确性的提高可能会提高模型的可信度。或者，若模型的输出结果不易受非确定性参数变化的影响，则模型用户的信心会提高。

4.9 进行研究

进行研究的本质取决于模型的目标，但是，通常也包括在不同起始条件下或评估因素中调查传染病的传播和控制，不同的起始条件或评估因素会导致地方性传染病在不同群体中暴发。这可能涉及设计假设模型情景，调查模型在一定条件下的运行状况。

4.10 解析输出结果，交流结论

流行病学模型的结果必须是在对系统运行状况、建模方法和数据质量的限制性假设的条件下才能进行解析。决策者和受决策影响的人要理解这种特殊模型的使用情况和限制性[24]。一般来说，任何从还未完全验证其对现有问题有效性的模型中得到的直接推论，应当谨慎对待。即便如此，这种模型的结果仍然可以用来设立可在实证研究中检测的假设。

5 模型有效性

模型是现实世界的抽象化和简单化，正因如此，其结果总是近似值[14,24]。疫病管理者感兴趣的关键问题是：模型有多精确，模型得出结果的可靠性如何？这些问题的答案取决于模型的类型和其预期应用。

模型有效性就是评估输出结果的精确性，并保证有用性以及与预期目的的关联性[37]。验证模型有效性并无规则可循，但是，Taylor[40]制定了以下指南：

（1）有效模型应当有生物学意义。

（2）有效模型应当模拟现实生活。

（3）有效模型应当适用于为其设计的用途。

（4）有效模型不应该对非确定性参数的影响过分敏感。

任何一种模型的有效性，最终还是取决于其基础数据的精确性和完整性[40]。考虑到所研究系统知识的不足和评估参数的有限数据，期望模型提供生物系统运行状况精确的预测结果是不切实际的。

若一个国家对所关注的疫病只有有限的或没有治理经验，保证模型有效性就非常困难，因为由于环境、生产和市场体系的不同，不能假设这种疫病的发展状况跟在其他国家中一样。增强终端用户自信心的一种方法是确保相对有效性，建立不同的模型来模拟同样的情景，然后对输出结果进行比较[8]。若不同模型输出结果一致，表示每个建模团队提出的假设有生物学意义。

最后，运用模型预测结果的决策者和受这些决策影响的人应该理解建模方法的利弊[24]。

6 讨论与结语

流行病学模型是一种重要的工具，可提供与动物疫病管理有关的一系列不同问题的研究结果。为提供政策决策，模型必须适用于其目的，且经适当核实验证。这涉及评估模型输出结果精确性和保证其有用性及与预期目的的相关性。若建模时使用了足够的数据（数据有效性）、其假设得当（概念有效性）、这些假设已作为代码被正确实施（模型验证）、模型输出结果就其预期使用来说足够精确（操作可行性），那么可以认为此模型“有效”[38]。在一些案例中，若数据有效性是有限的，那么可以进行敏感性分析以调查参数预估值或逻辑假设的非确定性或自然变异性，如何影响了模型输出结果的精确性[22]。

模型可以描述传染病传播动力学，可以提供一系列可能的结果和在不同情景或干预条件下所造成的不确定性的预估值[17]。在疫病管理中，必须在不确定中做出决策，虽然流行病学模型可以帮助理解风险和不确定性，但是它们不能替代决策。流行病学模型只不过是协助决策的众多可利用信息中的一种。决策者应综合考虑模型研究的结果，以及与之相关的传统疫病研究经验、实验研究、专家意见和其他资源。

参考文献

[1] Bansal S., Grenfell B. T. & Meyers L. A. (2007). – When individual behaviour

matters: homogenous and network models in epidemiology. J. roy. Soc., Interface, 4, 879-891.

[2] Bates T. W., Thurmond M. C. & Carpenter T. E. (2003). - Results of epidemic simulation modeling to evaluate strategies to control an outbreak of foot - and - mouth disease. *Am. J. vet. Res.*, 64, 205 - 210.

[3] Baylis M., Mellor P. S., Wittmann E. J. & Rogers D. J. (2001). - Prediction of areas around the Mediterranean at risk of bluetongue by modelling the distribution of its vector by satellite imaging. *Vet. Rec.*, 149, 639 - 643.

[4] Caraco T., Duryea M. C. &Glavanakov S. (2001). - Host spatial heterogeneity and the spread of vector - borne infection. *Theoret. Popul. Biol.*, 59, 185 - 206.

[5] Chapagain P., van Kessel J., Karns J., Wolfgang D., Hovingh E., Nelen K., Schukken Y. &Grohn Y. (2008). - A mathematical model of the dynamics of Salmonella Cerro infection in a US dairy herd. Epidemiol. Infect., 136, 236 - 272.

[6] Dubé C., Garner G., Stevenson M., Sanson R., Estrada C. &Willeberg P. (2007). - The use of epidemiological models for the mangement of animal diseases. *In* Proc. 75th General Session of the International Committee of the World Organisation for Animal Health (OIE), 20 - 25 May, Paris, 11.

[7] Dubé C., Ribble C., Kelton D. &McNab B. (2009). - Comparing network analysis measures to determine potential epidemic size of highly contagious exotic diseases in fragmented monthly networks of dairy cattle movements in Ontario, Canada. *Transbound. emerg. Dis.*, 56 (3), 73 - 85.

[8] Dubé C., Stevenson M. A., Garner M. G., Sanson R. L., Corso B. A., Harvey N., Griffin J., Wilesmith J. W. & Estrada C. (2007). - A comparison of predictions made by three simulation models of foot - and - mouth disease. *N. Z. vet. J.*, 55 (6), 280 - 288.

[9] Frey H. C. &Patil R. (2002). - Identification and review of sensitivity analysis methods. *Risk Analysis*, 22 (3), 553 - 577.

[10] Galvani A. P. & May R. M. (2005). - Dimensions of superspreading. *Nature*, 438, 293 - 294.

[11] Garner M. G. & Beckett S. D. (2005). - Modelling the spread of foot - and - mouth disease in Australia. *Aust. vet. J.*, 83, 30 - 38.

[12] Garner M. G., Dubé C., Stevenson M. A., Sanson R. L., Estrada C. & Griffin J. (2007). - Evaluating alternative approaches to managing animal disease outbreaks: the role of modelling in policy formulation. *Vet. Ital.*, 43 (2), 285 - 298.

[13] Garner M. G. & Lack M. B. (1995). - An evaluation of alternate control strategies for foot - and - mouth disease in Australia: a regional approach. *Prev. vet. Med.*, 23, 9 - 32.

[14] Graat E. A. M. &Frankena K. (1997). - Introduction to theoretical epidemiology. *In* Application of quantitative methods in veterinary epidemiology (J. P. T. M. Noordhuizen,

K. Frankena, C. M. van der Hoofd & E. A. M. Graat, eds). WageningenPers, Wageningen, Netherlands, 249 - 259.

[15] Green L. E. & Medley G. F. (2002). - Mathematical modelling of the foot and mouth disease epidemic of 2001: strengths and weaknesses. *Res. vet. Sci.*, 73, 201 - 205.

[16] Groenendaal H., Nielen M. & Hesselink J. W. (2003). - Development of the Dutch Johne's disease control program supported by a simulation model. *Prev. vet. Med.*, 60, 69 - 90.

[17] Guitian J. & Pfeiffer D. (2006). - Should we use models to inform policy development? *Vet. J.*, 172, 393 - 395.

[18] Hargenaars T. J., Donelly C. A. & Ferguson N. M. (2004). - Spatial heterogeneity and the persistence of infectious diseases. *Theoret. Popul. Biol.*, 229, 349 - 359.

[19] Harvey N., Reeves A. P., Schoenbaum M. A., Zagmutt - Vergara F. J., Dubé C., Hill A. E., Corso B. A., McNab B., Cartwright C. I. & Salman M. D. (2007). - The North American Animal Disease Spread Model: a simulation model to assist decision making in evaluating animal disease incursions. *Prev. vet. Med.*, 82, 176 - 197.

[20] Hopp P., Webb C. R. & Jarp J. (2003). - Monte Carlo simulation of surveillance strategies for scrapie in Norwegian sheep. *Prev. vet. Med.*, 61, 103 - 125.

[21] Hurd H. S. & Kaneene J. B. (1993). - The application of simulation models and systems analysis in epidemiology: a review. *Prev. vet. Med.*, 15, 81 - 99.

[22] Iman R. & Helton J. (1988). - An investigation of uncertainty and sensitivity analysis techniques for computer models. *RiskAnalysis*, 8, 71 - 90.

[23] James A., Pitchford J. W. & Plank M. J. (2007). - An event - based model of superspreading in epidemics. *Proc. roy. Soc. Lond.*, *B*, *biol. Sci.*, 274, 741 - 747.

[24] Keeling M. J. (2005). - Models of foot - and - mouth disease. *Proc. roy. Soc. Lond.*, *B*, *biol. Sci.*, 272, 1195 - 1202.

[25] Kitching R., Thrusfield M. & Taylor N. (2006). - Use and abuse of mathematical models: an illustration from the 2001 foot and mouth disease epidemic in the United Kingdom. *In* Biological disasters of animal origin. The role andpreparedness of veterinary and public health services (M. Hugh - Jones, ed.). *Rev. sci. tech. Off. int. Epiz.*, 25 (1), 293 - 311.

[26] Law A. M. (2005). - How to build valid and credible simulation models. *In* Proc. 2005 Winter Simulation Conference (M. Kuhl, N. Steiger, F. Armstrong & J. Joines, eds), 4 - 7 December, Orlando, Florida, 24 - 32.

[27] Le Menach A., Legrand J., Grais R. F., Viboud C., Valleron A. - J. & Flahault A. (2005). - Modeling spatial and temporal transmission of foot - and - mouth disease in France: identification of high risk areas. *Vet. Res.*, 36, 699 - 712.

[28] Lloyd - Smith J. O., Schreiber S. J., Kopp P. E. & Getz W. M. (2005). - Superspreading and the effect of individual variation on disease emergence. *Nature*, 438, 355 - 359.

[29] Macal C. M. & North M. J. (2007). - Agent - based modeling and simulation: desktop ABMS. *In* Proc. 2007 Winter Simulation Conference (S. G. Henderson, B. Biller, M. - H. Hsieh, J. Shortle, J. D. Tew& R. Barton, eds), 9 - 12 December, Washington, DC, 95 - 106.

[30] Mangen M., Jalvingh A., Nielen M., Mourits M., Dijkhuizen A. A. &Dijkhuizen A. (2001). - Spatial and stochastic simulation to compare two emergency - vaccination strategies with a marker vaccine in the 1997/1998 Dutch classical swine fever epidemic. *Prev. vet. Med.*, 48, 177 - 200.

[31] Mansley L. M., Donaldson A. I., Thrusfield M. V. &Honhold N. (2011). - Destructive tension: mathematics versus experience - the progress and control of the 2001 foot and mouth disease epidemic in Great Britain. *In* Models in the management of animal diseases (P. Willeberg, ed.). *Rev. sci. tech. Off. int. Epiz.*, 30 (2), 483 - 498.

[32] Nerlich B. (2007). - Media, metaphors and modelling: how the UK newspapers reported the epidemiological modelling controversy during the 2001 foot and mouth outbreak. *Sci. Technol. hum. Values*, 32, 432 - 457.

[33] Pasman E. J., Dijkhuizen A. A. &Wentink G. H. (1994). - A state - transition model to simulate the economics of bovine virus diarrhoea control. *Prev. vet. Med.*, 20, 269 - 277.

[34] Perez A. M., Ward M. P., Charmandarián A. & Ritacco V. (2002). - Simulation model of within - herd transmission of bovine tuberculosis in Argentine dairy herds. *Prev. vet. Med.*, 54, 361 - 372.

[35] Perez L. &Dragicevic S. (2009). - An agent - based approach for modeling dynamics of contagious disease spread. *Int. J. Hlth Geogr.*, 8, 50 - 67. Available at: www. ij - healthgeographics. com/content/8/1/50/citation (accessed on 31 August 2009).

[36] Rovira A., Reicks D. & Munoz - Zanzi C. (2007). - Evaluation of surveillance protocols for detecting porcine reproductive and respiratory syndrome virus infection in boar studs by simulation modeling. *J. vet. diagn. Invest.*, 19, 492 - 501.

[37] Sargent R. G. (2000). - Verification, validation, and accreditation of simulation models. *In* Proc. 2000 Winter Simulation Conference (J. A. Joines, R. R. Barton, K. Kang & P. A. Fishwick, eds), 10 - 13 December, Orlando, Florida. Vol. 1, 50 - 59. Available at: www. computer. org/portal/web/csdl/doi/10. 1109/WSC. 2000. 899697 (accessed on 16 April 2009).

[38] Sargent R. (2007). - Verification and validation of simulation models. *In* Proc. 2007 Winter Simulation Conference (S. G Henderson, B. Biller, M. - H. Hsieh, J. Shortle, J. D. Tew& R. Barton, eds), 9 - 12 December, Washington, DC, 124 - 137.

[39] Smith G. & Grenfell B. T. (1990). - Population biology of pseudorabies in swine. *Am. J. vet. Res.*, 51, 148 - 155.

[40] Taylor N. (2003). - Review of the use of models in informing disease control policy

development and adjustment. A report for DEFRA. Veterinary Epidemiology and Economics Research Unit, Reading. Available at: http://epicentre.massey.ac.nz/resources/acvsc_grp/docs/Taylor_2003.pdf (accessed on 13 October 2009).

[41] Thrusfield M. (2007). – Modelling. *In* Veterinary epidemiology, 3rd Ed. Blackwell Science Ltd, Oxford, 340–356.

[42] Tildesly M. J., Savill N. J., Shaw D. J., Deardon R., Brooks S. P., Woolhouse M. E. J., Grenfell B. T. & Keeling M. J. (2006). – Optimal reactive vaccination strategies for a foot–and–mouth outbreak in the UK. *Nature*, 440, 83–86.

[43] Van Asseldonk M. A. P. M., van Roermund H. J. W., Fischer E. A. J., de Jong M. C. M. & Huirne R. M. B. (2005). – Stochastic efficiency analysis of bovine tuberculosis–surveillance programs in the Netherlands. *Prev. vet. Med.*, 69, 39–52.

[44] Yoon H., Wee S., Stevenson M. A., O'Leary B., Morris R., Hwang I., Park C. & Stern M. W. (2006). – Simulation analyses to evaluate alternative control strategies for the 2002 foot–and–mouth disease outbreak in the Republic of Korea. *Prev. vet. Med.*, 74, 212–225.

2

流行病学模型的类型与组成

随机空间显示流行病学模型

T. E. Carpenter[①]

摘要： 动物流行病学模型有助于更好地理解一个群体中疫病的传播与控制方法。虽然一般建议模型尽可能地简化，但是为了更好地反映现实情况，常常需要修正简化了的假设，并因此增加了模型的复杂程度。在本文中，作者将论述增加模型复杂程度的必要性，这可以通过考虑模型的随机因素、修改对同类混合群体的假设、将空间要素引入模型实现。作者还将讨论这些变化的利弊。

关键词： 流行病学模型　空间模型　随机模型

0　引言

在模拟建模时，适合以简单模型开始；但是，简单模型对于那些不真实的，对现实世界的假设非常敏感，很可能给出不精确且易误导人的结果。为此，人们把复杂性引入了模型中，以期获得更真实、精确的结果。复杂模型可能有几种分类方法，根据模型处理随机性和空间关系的方式来划分。

1　随机性

当模型以其如何处理随机性来进行分类时，指的是决定性模型或随机模型。这些模型的不同点在于，如何确定输入的参数，而产出不同结果。决定性模型输入的是规定的单个固定参数值。所以，它产出的是单个结果，通常指示出平均值或系统预期结果；但是，也可以指定使其模拟其他结果，比如最糟糕的情景。不管决定性模型被评估或运行（重复）过多少次，产出的都是同样的结果。到 20 世纪 50 年代，多数流行病学模型还都是决定性模型；但是，正如 Bailey[2] 所提到的，"（这种）模型与实际情况不符，导致它们在很多领域被弃用，随后由相应的可能性或随机再现所取代"。Bailey 在 20 世纪 50 年代应用

① 美国加利福尼亚大学，兽医学院，医药与流行病学系，动物疫病模型与监督中心。

了随机模型，他使用了随机临界值原理的推论和更精确的流行波近似值，结果显示当改变传染性或免疫间隔时，这种方法可避免早期决定性模型中遇到流行波不真实的削弱[3,4,5,6]。随机模型的其他进步还包括更精确地获得疫病流行整体的规模和持续时间，这样能帮助人们更好地理解寄生虫和病原体的群体动态。以前人们认为，只要有“足够的”感染存在，决定性模型就运行良好，但是，疫病流行初期，尤其是在一个接触率低的小群体中，决定性模型不能精确描述流行病的“恶化或好转”，比如，在相同的情景下，流行病有时逐渐消失，有时则继续发展，继而暴发。

随机模型不使用单个输入参数值，而是使用由统计分布特别确定的输入参数。因此，对单个具有大于等于 10 000 迭代次数的系统来说，这种做法会产生几种结果——可以概括为值的分布，包括平均值、中位数、值域、方差和概率区间。输入参数值的例子包括适度接触次数，这些适度接触会导致在动物感染状态的特定时间段的疫病传播。评估随机分布需要的信息可以通过文献（例如：实验室试验或疫病暴发中得到的结果）获得，也可以通过其他资源（如专家观点）获得。一旦评估之后，这些随机分布结果就可以替代决定性模型简单的点估计值。

为证明使模型具有随机性的潜在重要性，作者假设了一个简单情景：群体中有 101 个个体，每个时间段，该群体有 2 次或 4 次适当接触（k），每次接触若发生在易感个体和已感染个体之间，就会导致疫病传播。假设模型是决定性模型，适当接触的次数固定在 2 次，可以预期或者模拟，第 15 个时间段，将有 82 个个体被感染（图 1）。另一方面，可以认为接触次数是随机的，例如，二项分布中，值域从 0 到 10，平均值是 2，即 10×0.2；二项式（10，0.2）(图 2a)。因为随机接触率，有相同适当接触平均值的流行病可能导致完全不同的结果（图 3），一些流行病暴发，另一些则逐渐消退。图 4a 展示了 1 000 迭代次数的结果。随机模型预测的累计发病率平均值（64.3）比决定性模型预测的要低；随机模型还产出了累计发病率的双峰分布图，这也会产生累积发生率二项式分布，其中一个约为模拟流行情况的 20%，案例数少于 5 个，另一个峰值分布呈现了剩余 80%可能发生的情况，约相当于决定性模型对 85 个案例的预测结果。另一方面，当适当接触平均值从 2 增至 4 时（图 2b），决定性模型预期累计发病率是 99，与随机模型预测的平均值为 97.1（图 4b）的累计发病率相似。除了疫病最终流行规模或累计发病率，若假设适当接触的随机数是 2 或 4，人们还可以计算观测的模拟结果的可能分布，无论是点发病率还是累计发病率（图 5）。将使用适当接触数为 2 的随机模拟产出的结果与决定性模型的结果（图 1）相比较，显然，随机模型为那些更好地理解可能发生情况的人们提供了补充性、具有潜在价值的信息，同时，除了预计要发生的事情外，随机模型还提供了将要发生事件的概率。通过回顾患病流行率（图 1）与累计发病率（图 5b）相同但却落后一个时间段这一现象，可以对图 1 和图 5b 展示的结果进行相似的比较。通过这些结果，人们可以看到随机模型提供的其他信息，特别是可能出现的一系列结果。此外，当允许适当接触的次数不同时，被比较的随机模拟结果就能呈现疫病流行的发展过程；例如，通过少量适当接触观测到的点发病率的变化相对比较大（2 与 4 相比；分别为图 5a 与图 5c）。比较累计发病率概率分布时，这种逐渐增长的变化更明显（图 5b 和 5d）。

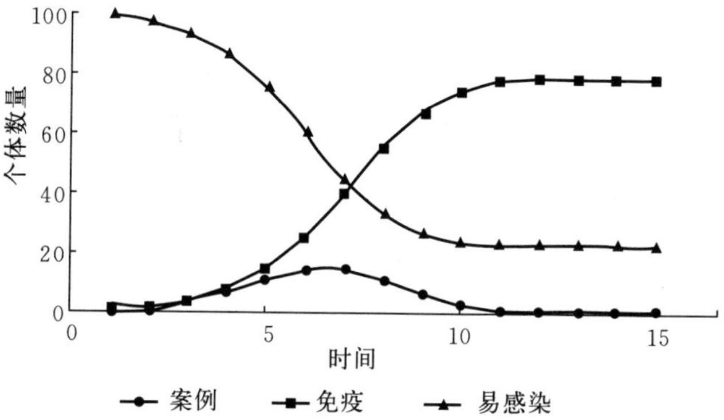

图 1　决定性模型的流行病模拟结果，假设 101 个个体的群体，每个时间段有 2 次适当接触

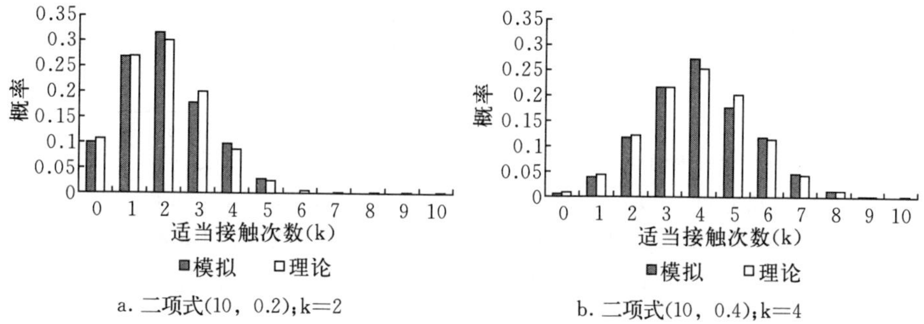

图 2　模拟的适当接触次数（k）；模拟和理论的比较

从这些结果来看，得到的结论是较简单的决定性模型可以圆满地模拟一个有 101 个个体的群体中疫病流行情况，其中每个时间段的适当接触平均值是 4，但是，这在其他模型中可能是不正确的，例如当平均值是 2 时。在后一种情况中，与确定性模型产出的结果相反，随机模型结果显示有相当数量的疫病流行情况是提前消退。如果平均值是 2，则有必要通过引入随机输入参数增加模型的复杂性，以便相应地增加模型的真实性。随机模型另

一个不能忽略的优点是，洞悉在现实中可能出现但决定性模型又捕捉不到的变化。

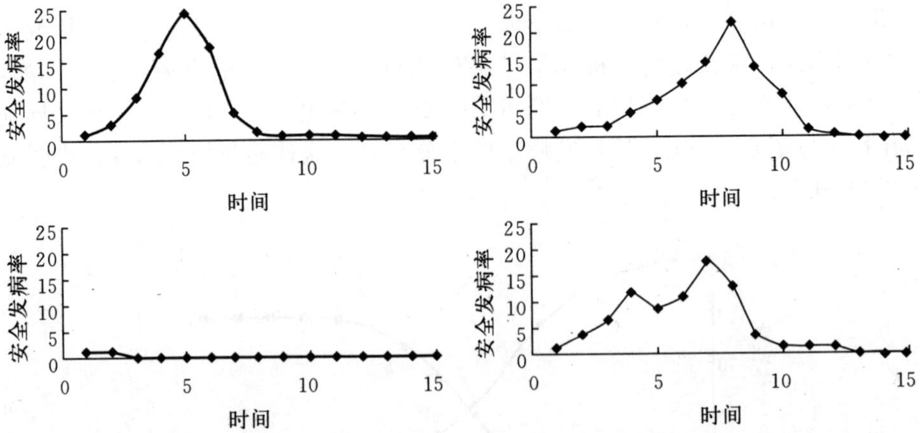

图 3 随机模型模拟产生出的流行病学曲线，假设 101 个个体的群体，每个时间段适当接触的平均值是 2［k=二项式（10，0.2)］

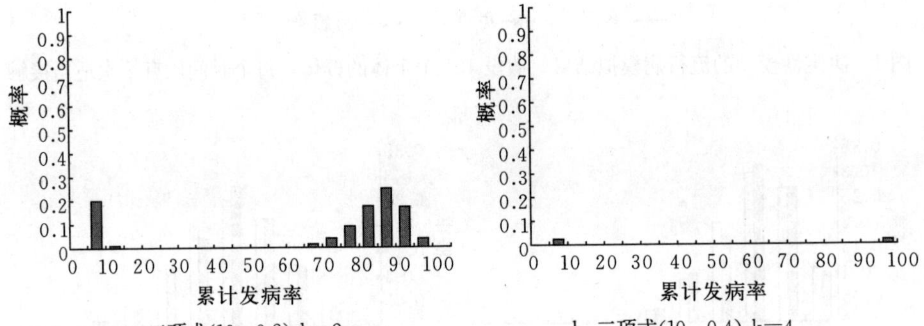

图 4 模拟案例的数量，假设两个都是［二项式（10，0.2)］；2 次适当接触（k)（每个时间段）或［二项式（10，0.4)］；4 次适当接触（k)（每个时间段）

2 空间

疫病传播模型也可以根据它们如何处理空间关系进行分类，例如非空间、伪空间或真实空间关系。非空间模型假设的是随机或异类混合，即每个个体都有相等的概率在特定的时间段接触其他特定的个体。建立非空间模型比较容易，与决定性模型一样，非空间模型可以表达为一系列具有数学特性的微分方程式，它们可以产出解析解，比如传播一种流行病需要的适当接触次数。

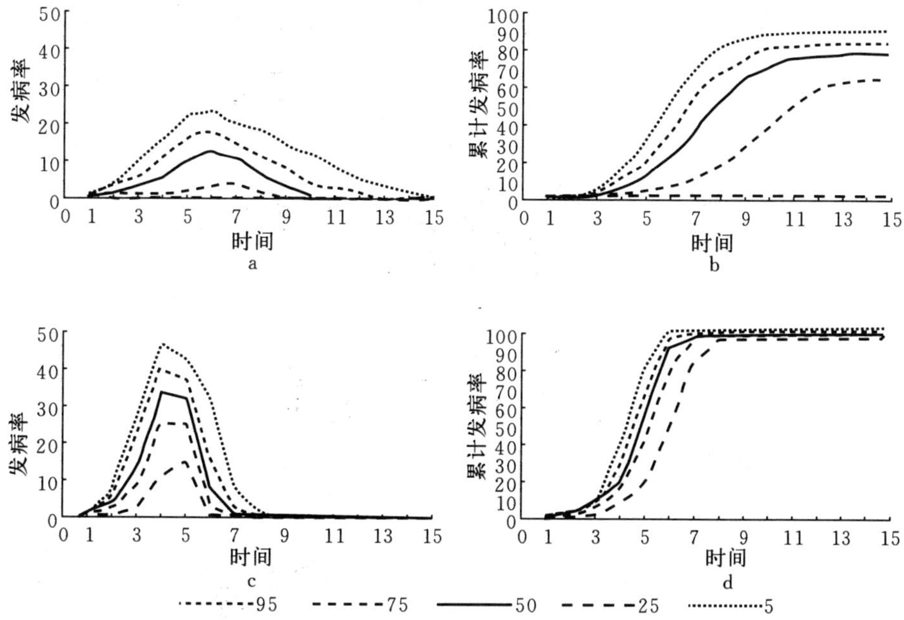

图 5 随机模型模拟的流行病学曲线结果（中位数，5%，25%，75%，95%的概率间隔）（5a 与 5c），1 000 次迭代次数的累计发病率（5b 和 5d），假设一个有 101 个个体的群体，每个时间段的适当接触平均值为 2（5a 和 5b）或 4（5c 和 5d）

正如前文提到的，在模型分类那部分，模型分为决定性或随机性，如果一个模型不能提供有效信息，则必须提高其质量，这通常是通过把复杂性提高一个等级实现的。对于非随机混合或空间异类混合情景来说，这种复杂性表现为增加了空间因素。某些忽略非随机混合事件的模型可能会提供有价值的信息，但其他则不能。明显的动物疫病传播案例包括在固定地点的畜群、圈或笼中的动物，甚至包括几个畜群组成的群落，比如几个空间上分隔的收奶站其中一个的牲畜群。在这些案例中，假设个体或群体随机混合的模型可能会提供不精确的结果，这就需要增加空间复杂性以提供更真实的模拟结果。

伪空间模型假设非随机混合，但不一定能反映模型中个体或群体的真实空间位置或它们之间的距离。举例说明，某个模型，它基于的假设是已知美国牲畜饲养场的数量和地理位置，地理位置信息不是公开的，只有饲养场的数量和不精确的县一级的地理位置。因此，模型可以利用相对位置作为预估风险模拟疫病在县与县之间的传播，但是一个县之内的传播模拟必须利用简化的假设，就像前面对非空间模型的描述一样，饲养场之间的接触都是随机的。

真实空间模型却整合了个体和群体的地理位置和空间接近性（近似相对暴露度或传播风险）。真实空间模型的假设是，空间地理位置已知且确定，这些空间关系在预估疫病传播中起到一定作用。空间疫病模型的大部分基础是在20 世纪 60 年代建立的。Kendall[19]研究了疫病在一维群体中传播的流行病学原理。同一年，Morgan 和 Welsh[21]探讨了一种二维模拟模型。两年之后，Bailey[1]报告了在 11×11 矩阵上模拟疫病传播的二维模型。这些包括空间组成部分的模型使流行病学的数学原理得到了进步，但一直未在实际应用，直到 Kelker[18]试图描述雪貂群体暴发犬瘟热的流行病学特点（潜伏期和感染期）。最近，几个大型空间模型被建立起来[7,9,10,11,13,14,15,16,17,20,23,24,25]。这些模型有时能达到非常真实且相对复杂的成熟度；但是，因为建立这些真实空间模型所需要的数据和编程，这些模型并不能为广大潜在用户所用。

为了更好地理解增加模型空间数据复杂性的重要作用，本文作者利用戴维斯动物疫病模拟模型（DADS）[7,8,12]，模拟了加利福尼亚州假想的 FMD 暴发。这个案例中，假设了养殖场地理位置两个等级的精确程度。第一个等级假设县里的养殖场数量（但不是精确地理位置）是已知的，第二个等级假设每个养殖场的数量和精确地理位置都是已知的。

具体来讲，作者首先利用美国农业统计局（NASS）提供的数据[22]，模拟了流行病的传播，NASS 提供了美国各个县牲畜养殖场的数量和规模（图 6a）；但是，NASS 并未提供各个县养殖场的准确地理位置。然后，作者利用加利福尼亚食品与农业部提供的养殖场精确的地理位置模拟了流行病的传播，共有加利福尼亚州的养殖场约 2 000 个（图 6b）。可以通过增加数据和检测三县水平的分布，清楚地说明这两种方法精确度的差异。NASS 提供的县级地理位置基于的假设是奶牛场在一县中的随机分布，包括那些不可能分布的地区，例如在沙漠中或山里，以及那些通常远离潜在乳品市场（人口）的地方。这种简化的空间分布假设的结果是，这些随机分布的地点比在现实中更分散。考虑到畜群中 FMD 传播的一个假设是，本地区传播是传播的重要途径，尤其是确诊并限制动物移动以后，预期结果是基于养殖场随机分散假设的模型会低估养殖场的真正密集程度。这反过来会产出的模拟结果是，低估疫病在群体中的传播能力。这个假设已经被模拟结果证实了，这种模拟利用了这些不精确、随机分散的养殖场的地理位置：与利用精确地理位置模拟的结果相比，受感染养殖场的平均数被低估了 60%和受感染养殖场的最大数被低估了 75%（图 7）。同样地，根据这些不精确的地理位置得出的结果，导致低估了 50%的疫病流行平均时限。对疫病影响低估的一个隐含结果是，有效控制手段不能及时施行，因为只有当预测流行规模非常大时，才可能会使用禁运或疫苗接种等措施。根据这些结果，必须明确，空间显示模型虽然可以提高模型的预测水平，但更关键是要获得精确的地理位置数据，这样才能为疫病传播和疫病控制提供有效信息。虽然这种数据的价值特别显著，但更重要的是要明白，由于这样或那样的原因，如保护生产者机密的需要，收集这些信息的成本可能过高。因此，不能使用精确养殖场地理位置的模型时，应当警告结果可能不准确，例如，低估疫病的传播能力和其他控制策略的效果。

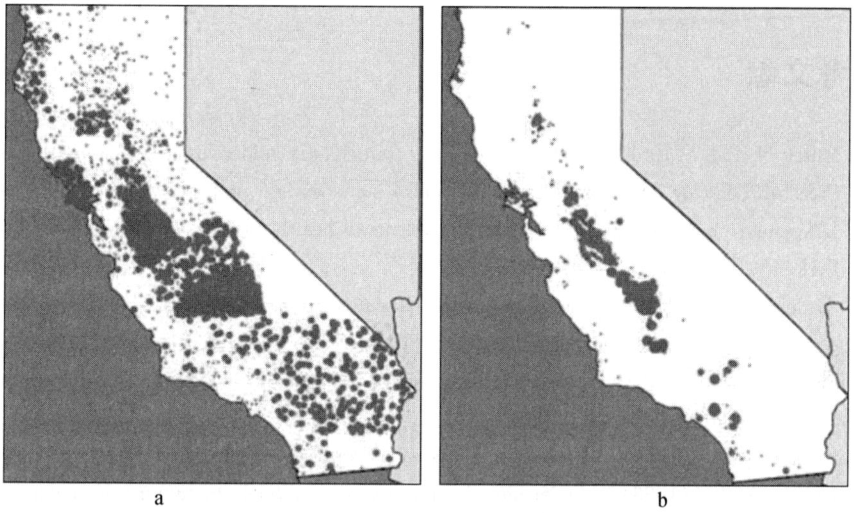

图 6　根据每个县养殖场数量信息的随机分布（a），或使用精确地理信息（b）得到的加利福尼亚州州级养殖场地理位置

注：准确的地理信息由加利福尼亚州食品与农业部提供。各个县养殖场数量的信息由美国国家农业数据服务局（NASS）提供（NASS 有准确的地理信息，但不对外公开）

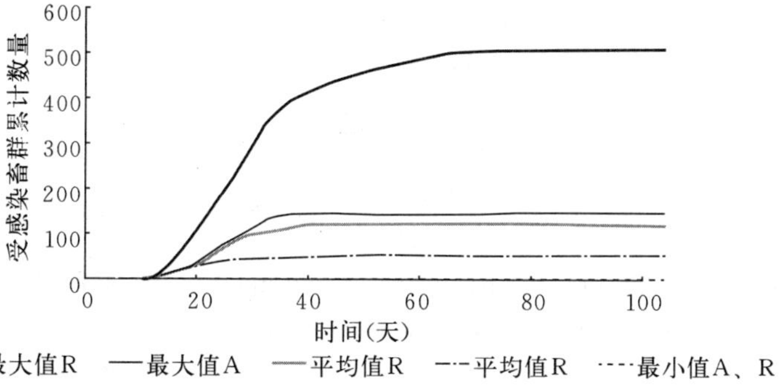

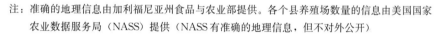

图 7　模拟加利福尼亚州 200 个 FMD 案例的平均值和变化（最小和最大），利用县级精确（A）或随机（R）的养殖场地理位置信息

3　结语

随机空间显示模型是在简单、决定性、非空间疫病传播模型基础上进一步

发展提高的结果。相关的代码编写和计算机运行，以及这些模型的复杂性，尤其是与参数预估有关的复杂性，都提高了这种复杂模型的附加成本；但是，若正确应用，这些模型可以为决策者提供更加准确的信息，这又反过来促进了稀有资源的有效配置，因此，产出的相关利润会证明模型增加的成本物有所值。

参考文献

[1] Bailey N. T. J. (1967). - The simulation of stochastic epidemics in two dimensions. *In* Proc. 5th Berkeley Symposium on mathematical statistics and probability (L. M. Le Cam & J. Neyman, eds). Vol. 4: Biology and problems of health. University of California Press, Berkeley, 237 - 257.

[2] Bailey N. T. J. (1975). - The mathematical theory of infectious diseases and its applications, 2nd Ed. Hafner Press, New York.

[3] Bartlett M. S. (1953). - Stochastic processes or the statistics of change. *J. roy. stat. Soc.*, *C*, *appl. Statist.*, 2, 44 - 64.

[4] Bartlett M. S. (1955). - Stochastic Processes. Cambridge University Press.

[5] Bartlett M. S. (1956). - Deterministic and stochastic models for recurrent epidemics. *In* Proc. 3rd Berkeley Symposium on mathematical statistics and probability (J. Neyman, ed.). Vol. 4: Contributions to biology and problems of health. University of California Press, Berkeley, 81 - 109.

[6] Bartlett M. S. (1957). - Measles periodicity and community size. *J. roy. stat. Soc.*, *A*, 120, 48 - 70.

[7] Bates T. W., Thurmond M. C. & Carpenter T. E. (2003). - Description of an epidemic simulation model for use in evaluating strategies to control an outbreak of foot - and - mouth disease. *Am. J. vet. Res.*, 64, 195 - 204.

[8] Bates T. W., Thurmond M. C. & Carpenter T. E. (2003). - Results of epidemic simulation modeling to evaluate strategies to control an outbreak of foot - and - mouth disease. *Am. J. vet. Res.*, 64, 205 - 210.

[9] Bauch C. T. (2005). - The spread of infectious diseases in spatially structured populations: an invasory pair approximation. *Math. Biosci.*, 198, 217 - 237.

[10] Blyuss K. B. (2005). - On a model of spatial spread of epidemics with long - distance travel. *Physics Lett.*, *A*, 345, 129 - 136.

[11] Breukers A., Hagenaars T., van der Werf W. & Lansink A. O. (2005). - Modelling of brown rot prevalence in the Dutch potato production chain over time: from state variables to individual - based models. *Nonlinear Anal. real World Appl.*, 6, 797 - 815.

[12] Carpenter T. E., O'Brien J. M., Hagerman A. D. & McCarl B. A. (2011). - Epidemic and economic impacts of delayed detection of foot - and - mouth disease: a case study of a simulated outbreak in California. *J. vet. diagn. Invest.*, 23, 26 - 33.

[13] Chowell G., Ammon C. E., Hengartner N. W. & Hyman J. M. (2006). - Transmission dynamics of the great influenza pandemic of 1918 in Geneva, Switzerland: assessing the effects of hypothetical interventions. *J. theor. Biol.*, 241, 193 - 204.

[14] Chowell G., Rivas A. L., Hengartner N. W., Hyman J. M. & Castillo - Chavez C. (2006). - The role of spatial mixing in the spread of foot - and - mouth disease. *Prev. vet. Med.*, 73, 297 - 314.

[15] Gerbier G., Bacro J. N., Pouillot R., Durand B., Moutou F. & Chadceuf J. (2002). - A point pattern model of the spread of foot - and - mouth disease. *Prev. vet. Med.*, 56, 33 - 49.

[16] Jalvingh A. W., Nielen M., Maurice H., Stegeman A. J., Elbers A. R. W. & Dijkhuizen A. A. (1999). - Spatial and stochastic simulation to evaluate the impact of events and control measures on the 1997/1998 classical swine fever epidemic in the Netherlands. I. Description of simulation model. *Prev. vet. Med.*, 42, 271 - 295.

[17] Hilker F. M., Langlais M., Petrovskii S. V. &Malchow H. (2007). - A diffusive SI model with Allee effect and application to FIV. *Math. Biosci.*, 206, 61 - 80.

[18] Kelker D. (1973). - A random walk epidemic simulation. *J. Am. stat. Assoc.*, 68, 821 - 823.

[19] Kendall D. G. (1965). - Mathematical models of the spread of infection. *In* Mathematics and computer science in biology and medicine (Medical Research Council, ed.). Her Majesty's Stationery Office, London, 213 - 225.

[20] Mangen M. - J. J., Jalvingh A. W., Nielen M., Mourits M. C. M., Klingenberg D. &Dijkhuizen A. A. (2001). - Spatial and stochastic simulation to compare two emergency - vaccination strategies with a marker vaccine in the 1997/1998 Dutch classical swine fever epidemic. *Prev. vet. Med.*, 48, 177 - 200.

[21] Morgan R. W. & Welsh D. J. A. (1965). - A two - dimensional Poisson growth process. *J. roy. stat. Soc.*, *B*, 27, 497 - 504.

[22] National Agriculture Statistical Service (NASS), United States Department of Food and Agriculture (2002). - 2002 Census of Agriculture. NASS, Washington, DC.

[23] Schoenbaum M. A. & Disney W. T. (2003). - Modeling alternative mitigation strategies for a hypothetical outbreak of foot - and - mouth disease in the United States. *Prev. vet. Med.*, 58, 25 - 52.

[24] Tran A. &Raffy M. (2006). - On the dynamics of dengue epidemics from large - scale information. *Theoret. Popul. Biol.*, 69, 3 - 12.

[25] Willocquet L. &Savary S. (2004). - An epidemiological simulation model with three scales of spatial hierarchy. *Phytopathology*, 94, 883 - 891.

网络分析及其对动物疫病模型化影响简介

C. Dubé[①], C. Ribble[②],
D. Kelton[③] & B. McNab[④]

摘要：最近，在兽医流行病学上，利用社会网络分析（SNA）研究家畜移动。通过把家畜所有权看作某个网络中的节点，同时把所有权之间的流转看作节点的连接线，可以获得一个网络。SNA使得网络研究成为一个整体，探索所有成对农场的关系。识别网络中关系密切的家畜所有者，可以促进监测和疫病防控活动的展开。各个国家观测到的家畜活动网络表明了一个重要的接触多样性和群体水平（拓扑学，不一定是地理或空间），对这些网络架构的理解帮助人们更好地理解传染是如何扩散的。为了提高这些模型输出结果的可靠性，应当利用SNA对家畜移动研究的结果建立传染扩散的流行病学模型，并将其参数化。

关键词：流行病学模型　传染扩散　家畜移动　网络分析

0 引言

为动物疫病传播建模，特别是为高传染性疫病的传播建模，需要知晓动物移动的形式。例如，动物从一个农场移动到另一个农场，代表疫病病原传播的风险。对动物何时何地来到或离开一个养殖场情况的了解，也是疫病流行期间追踪潜在已被感染动物的关键信息。因此，世界上很多国家均建立了家畜移动数据库。数据库中的信息对有意开发参数以研究流行病学模型的研究者开放。

直到最近，研究动物移动最常见的方法还是获取来到和离开农场活动频率

① 加拿大食品检验局动物卫生与生产部，安大略省渥太华市。
② 卡尔加里大学兽医学院，生态系统与公共卫生系，加拿大阿尔伯塔省卡尔加里市。
③ 加拿大安大略省圭尔夫市，圭尔夫大学安大略兽医学院，群体医学系。
④ 加拿大安大略省农业、食品与农村事务部，动物卫生与福利支部。

的信息[11,16,51,52]。由于家畜移动数据可利用，所以建立通过动物移动相互联系的家畜所有权网络已成为可能。在这些网络中，利益单位指所有权或节点，节点之间的关系指动物移动或纽带，纽带为传染病病原的扩散提供了途径。SNA 为整体地研究这些网络以及理解所有者在网络中的作用提供了工具和方法。这可能会帮助识别所有者，所有者是动物在群体中流动的主要问题，比如可能是因为他们的商业伙伴众多。为了促进检出高传染性疫病，这些所有者可以应用在监测活动中。社会网络分析还可以帮助我们理解隐性感染传播阶段传染病病原潜在的传播性，隐性感染传播阶段是指病原在进入一个群体后，到检测出的一个阶段。

SNA 是以社会实体关系研究及这些关系的形式与含义为基础的一种方法[56]。已发表的两篇综述文章描述了这种方法在预防医学和流行病学模型方面的术语与应用[24,41]。这种方法以图论为基础，图论是用来研究同一个组群中对象的成对关系。这种方式最近才被用来分析家畜活动[12,13,18,23,37,48,49,58,59]。本文目标是介绍 SNA 在动物移动研究中最常用的概念和方法及如何利用这些概念和方法协助动物疫病建模。

1 网络呈现与描述

插文 1 以 Dubé 等[24]文章中的图表为基础，提供了本文中所用 SNA 术语的定义。框中的术语在本文中第一次提到时是用斜体。网络就是相互关联或不关联利益单位的集合。通常把利益单位叫做节点或物理学和数学中的顶点，但是它们在社会科学中通常被叫做作用点。网络的例子包括万维网（网页是可以相互连接的节点）、社交网（谁与谁是朋友）、通信网或电力系统网、运输网（机场是由飞机航线连接的节点）。在众多农场中，每个农场就是这个网络中的一个节点。每个节点都有很多属性，例如拥有的动物品种类别、地理位置、动物数量规模，这些都可以在 SNA 框架下分析。每个节点都通过某种方法彼此相连。例如，农场之间的动物移动使农场联系在一起。当这些联系是双向或非定向时，称这些联系是边。当这些联系是单向或定向时，称这些联系是弧[56]。两个节点之间关系如何进行定义，可以将弧看作边。例如，若我们把方向性看作是从源农场到接收农场，动物从一个农场到另一个农场的移动，可以看作弧（定向的）。但是，若我们把这种关系看作商业交易，那么弧在 SNA 术语中就变成了边（双向的）。所研究的关系特性决定了弧和边可能是由两部分组成或是等同的。

当一个网络由弧组成时，这个网络是定向的，而当一个网络由边组成时，则是非定向的（图 1）。因为 SNA 有图论基础，所以网络可以通过矩阵形式或图形表示（图 1）。矩阵形式可以执行用于提供网络中描述性统计数据的各种方法和计算。网络的大小通过网络中表示的节点总数量呈现出来。

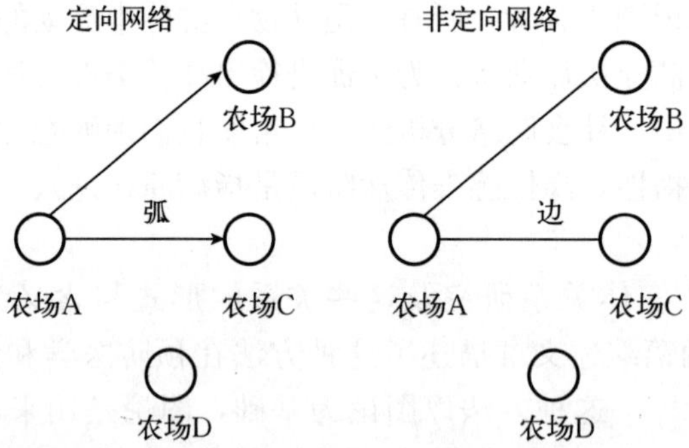

	A	B	C	D
A	0	1	1	0
B	0	0	0	0
C	0	0	0	0
D	0	0	0	0

	A	B	C	D
A	0	1	1	0
B	1	0	0	0
C	1	0	0	0
D	0	0	0	0

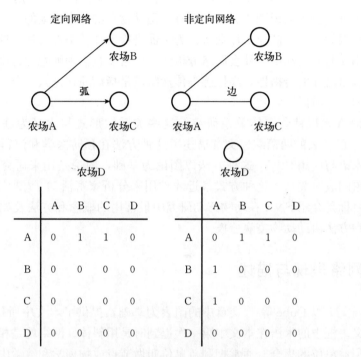

图 1　定向与非定向网络的地理表示

在定向网络中，农场 A 向农场 B 和 C 输入动物。在非定向网络中，农场 A 与农场 B 和 C 是相互关系。在每个网络下面是它们所包含数据的矩阵形式

为建立关系网所研究的时间段的长度是一个重要因素，必须在研究伊始仔细考虑。例如，研究持续一年多的家畜移动，可能会产生与持续一个月的家畜活动迥然不同的网络。在建立家畜活动网时，必须定义所涉及的每个单元。在大多数情况下，一份家畜所有者（市场、农场或经销商）就是一个节点，但在一些情况下，整个村庄可能是网络中的一个节点。其次，必须有在特定时间段出现的节点活动的描述。然后整理数据以便知晓移动的来源和目的地。分析中还包括每个节点的属性信息，以及节点间联系的其他附加信息。

插文 1

在家畜活动框架下解释社会网络分析术语词汇表（改编自［24］）

名　　称	定　　义
可达到的范围	家畜所有者数量可直接（一步）或间接（通过另一个所有权）获得[59]。也叫做社会网络分析的“输出区域”[21]
弧	两个节点之间的定向连接[56]
平均路径长度	网络中两个家畜所有者的平均值超过所有成对家畜所有者的最短路线[57]
中间性	网络中一个家畜所有者离成对所有权最短路径的频率[27]
集聚系数	若邻居被定义为与利益所有者有直接联系的家畜所有者，集聚系数表现了网络中节点邻居的比例，一个节点的邻居也是另一个节点的邻居[57]
紧密度	网络中一个所有者与另外所有者平均距离的倒数[56]
组件	网络中最大限度相连的子区域，网络中所有的成对家畜所有者都是直接或间接相连的[49]
分割点	若一个家畜所有者从网络中移除，则会增加组件的数量，因此会增加网络的碎片化程度[48]
密度	网络中家畜所有者（k）的联系比例（C），实际用公式 $C/k(k-1)$ 表示[56]
定向网络	网络中，节点的纽带表现为弧（非单向的）[56]
边	两个家畜所有者之间非定向、双向的连接[56]
距离	网络中从源家畜所有者到其他可到达所有者最短距离（不是地理距离而是路径长度）的总和[18]
碎片化程度	网络中不可到达成对家畜所有者的比例；它们之间不存在路径[14]
短程线	两个家畜所有权之间的最短路径[21]
最强组件	网络中最大的强组件[32]
最弱组件	网络中最大的弱组件[32]
中心	与网络中其他所有者相比，具有高出入度值的所有者
传染链	网络中可以被一个所有者直接（一步）或间接（通过另外一个所有者）到达的所有者的数量，这决定了适时活动的顺序[23]
入度	为特定家畜所有者提供动物的个体来源数量[56]
k-邻居	从具体某一个所有者经过 k 步能到的家畜所有者的数量[44]
集中方法	理解网络中单个家畜所有者重要性的方法，比如：度分布、中间性、距离[56]
聚合方法	确定网络中联通程度的方法，比如：密度、聚集系数、平均路径长度
节点	社会网络分析的利益单位
出度	从某个具体家畜所有者获得个体接收者的数量[56]

（续）

名　　称	定　　义
路径	农场A与农场C（图1）之间的路径是从农场A到农场C需要的步数。在这个例子中只需要一步。在一个路径中，家畜所有者（节点）和连接（弧）不能在从源农场到接收农场的路径上重复[21]。也可参考短程线和平均路径长度
随机同类混合	在这个网络中，所有个体都有均等的机会通过接触已感染个体受到传染
无标度网络	在这种网络中，出入度分布符合幂律分布（图2b）。允许网络中存在中心[9]
小范围网络	该网络的特点是聚集率高、路径短[53]。在这种网络中，病原会传播得更快，但是与随机混合网络相比，最终传染的个体数量却比较少[43]
源	该家畜所有者的入度为零，但出度≥1。它不接收来自网络的任何输入[21]
强组件	在定向网络中，所有家畜所有者都可以通过追踪网络联系方向相互达到[49]
纽带	网络中节点的关系
拓扑学	也称为网络结构。是研究网络要素（家畜所有者、联系）安排或绘图的学科，也指拓扑性质，例如小范围、集聚、路径长度、无标度特性
非定向网络	在这种网络中，节点纽带以边的形式呈现（双向）[56]
弱组件	在非定向网络中，不考虑连接方向，所有家畜所有者都是连接的[49]。但是，如果考虑连接方向，并非一个农场可以到达所有农场

2　集中方法：节点水平矩阵

SNA的主要目标之一就是辨别网络中心或重要节点。三种方法可以辨别节点：节点度、中间性、距离[56]。本文将展现每种方法及其在家畜活动研究中如何应用的案例。

节点度展现了每个节点接触的次数。在非定向网络中，将展现节点的数量，每个节点都有共同的连接线。例如，在图1中农场A的节点度是2。在定向网络中，度值被分为出度和入度，分别为网络中源于每个节点的弧数量、网络中每个节点接收的弧数量[56]。图1中，农场A的出度为2，入度为0。高出入度值的家畜所有者可以作为网络的中心，在网络中有被感染以及感染大量其他所有者风险。

一个节点的中间性展现了节点在网络成对所有权之间最短“路径”的频率。这表示高中间性的节点在连接网络中众多成对所有者方面非常重要，而在疫病暴发或动物屠宰中因检疫造成的移除，会导致网络的碎片化，继而导致网络中的节点不可到达。

节点距离表示网络中一个节点与其他节点的拓扑距离而非地理距离。从数学上讲，它与紧密度成反比，这是网络中一个节点与其他节点连接亲密度的一种计算方法。可以假定，就传染性疫病的病原传播来说，距离值大的节点不会对网络其他节点构成威胁。

所有这些方法都可以帮助研究者理解单个节点在网络中的重要性。SNA最近关于家畜移动的研究[12,18,23,35]，探索了出入度值的分布，指出每个所有权接触次数重要的异质程度。这些度分布的特点是幂律分布，网络的特点是无标度[3]。之所以叫这些网络无标度网络，是因为幂律分布没有峰值，它的特点是长尾，造成了每个节点接触次数很高的异质程度（图 2）。Barabási 把这解释为，与泊松分布或正态分布中的平均节点相比，缺少一个平均节点。因为网络中出现了中心，平均节点不代表无标度网络中的经典节点。分布中的尾巴可以允许网络中心的出现，而这在传统的泊松随机网络中是不允许的[2]。世界上观测过的不同网络都是无标度网络：因特网[26]、万维网[3]、美国国家电网及电影演员合作网[8]、科技合作引文网[47]、性接触网[39]，已经发表了关于无标度网络的综述论文[2]。

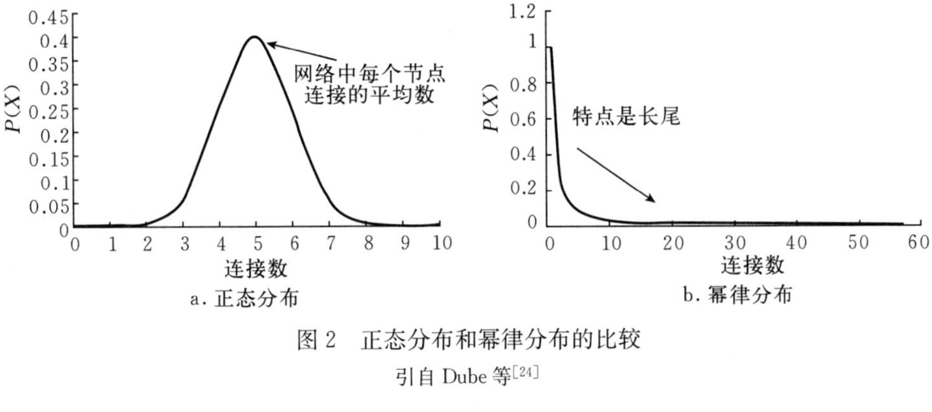

图 2　正态分布和幂律分布的比较

引自 Dube 等[24]

无标度网络对传染病可能传播途径的意义十分重要[9]。这些网络展现了针对随机攻击的高回弹性。这是由网络中出现的大量弱连接节点引起的。在这种情况下，指向中心的随机攻击概率比较低。但是，无标度网络容易受中心使用目标攻击的影响，这会严重影响网络的结构和运行。如果一种流行病病原，如口蹄疫（FMD）病毒，被随机引入到农场群体，其后果并不一定很大；但是，如果病毒进入家畜市场，即网络的中心，就像2001年英国（UK）暴发的疫病一样，在当局发现病毒流行之前，大量农场可能会受到感染。大量感染农场存在使得当局控制病毒扩散就很难了。

因此，节点水平法在评估各种家畜所有者在动物移动网络中的作用就非常重要。找到高中间性的所有者可以帮助我们理解谁控制动物从网络的一个地方向另一个地方的流动。Robinson和Christley[48]研究了英国2002—2004年牛通过拍卖市场的流动，他们发现市场与一些农场的中间性较高。他们把这些所有权称作切点，如果把切点从网络中移除，则会增加组件数量或网络的碎片。提前辨别这些农场的属性、了解它们的地理位置分布，可能会减少传染病病原的扩散，因为这种饲养场在高传染性疫病暴发时可能会使用检疫措施。

3 聚合方法：网络水平矩阵

这些方法评估了网络作为一个整体的连接水平。方法包括密度、碎片化程度、平均路径长度、聚集系数（CC）。网络的密度表现了连接的比例，这些连接是所有可能连接中真实呈现出来的。这个值可能从0到1的任何数，1表示网络中所有节点相互定向连接。碎片化程度表示网络中不可到达的成对节点比例，不可到达表示连接它们的路径不存在。图1中，由于没有路径连接，由农场B和C组成的成对节点不可到达。碎片化值从0到1不等，让我们了解到一种传染病病原的可能传播途径：网络的碎片越多，一种传染病传播到众多家畜所有者的难度就越高。平均路径长度指网络中可到达成对节点的平均最短距离（步数）。社会科学已应用平均路径长度来确定世界的联系程度，产生了“六度分隔”的概念[42]。

在SNA中，聚集系数是一个重要方法，已被应用并确定网络的特点是小范围。Watts和Strogatz[57]将聚集系数定义为网络中节点邻居的比例，一个节点的邻居也是另一个节点的邻居。小范围网络的特点是聚集系数高、平均路径长度短，表现为几个长距离的连接，连接了网络中拓扑距离群。小世界网络的含义是一种传染病不仅会在网络中的聚集群中传播，它还会传播到网络中远拓扑（不一定是地理的）距离的其他聚集群。因此，农场间的地理距离较大可能不能证明这是阻挡传染病在小范围网络中传播的障碍。各种不同网络的特点都是小范围：秀丽隐杆线虫神经网、美国国家电网[57]、英国[18]与丹麦[13]牛群移动网、新西兰家禽工业网[40]、作为乳畜群改进项目一部分的加拿大安大略成年奶牛活动网[23]。

4 寻找聚合子群

在复杂的大网络中，众多子群可能会引起研究者的兴趣，辨别网络中子群的规则多种多样。具有凝聚力的子群，或称为组件，是网络中最大限度连接的子区域，在这个网络中所有成对家畜所有者直接或间接的相连[49]。图 3 展示了家畜移动网等定向网络的组件。在非定向网络中，组件包括所有相互可以到达的节点。而在定向网络中，强组件包括考虑弧方向时所有可以相互接近的节点。弱组件包括当连接为非定向或双向时，所有可以相互接近的节点。在家畜移动网络中，这意味着我们将忽略运输的实际方向。在复杂的大网络中，可以辨认出各类大小的强组件和弱组件，而且通常会出现极强（GSC）和极弱（GWC）组件。

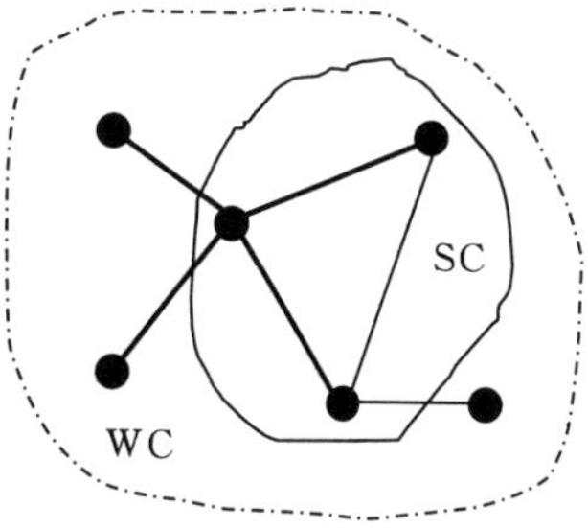

图 3　家畜活动网络中的强组件（SC）与弱组件（WC）

组件的大小已被用来预测疫病流行的潜在规模，这个主题内容会在本文后面展开。组件还被用来描述英国牛群移动网络的演化，这种模型源于 2001 年开始实施的活动管理条例[49]。分析表明，2002—2004 年的周网络 GSC 大小呈线性增长。连通性的增长归因于生产者之间沟通的增加以及这些活动对经销商和市场依赖的增加，在遵守新管理条例的同时，生产者试图尽量增加活动量。虽然新活动管理条例的实施是为了降低大规模流行病的发生率，但是 Robison 等的研究结果表明，此管理条例有相反的效果，导致了自我组织系统的产生，增加了养牛业传染病疫情的潜在规模。

就连接的方向而言，SC 包括所有可以相互到达的家畜所有者。不考虑连接的方向，即连接是双向的，WC 包括所有可以相互达到的家畜所有者。

5 SNA 在兽医流行病学中的应用

直到最近，SNA 才开始应用在兽医流行病学中，2002 年的会议上第一次提出了这种方法[60]，最早于 2003 年发表了关于 SNA 的两篇文章[17,20]。大多数已发表的工作都来自英国，对 SNA 的研究可以分为三大类：①描述性 SNA 研究；②疫情回顾性分析；③网络结构如何影响疫病控制方法的研究以及预测潜在流行病传播的研究。

多数描述性研究集中在探讨集中方法和聚合方法[12,13,15,18,22,23,40,48,55,58,59,60]。

这些研究中的移动网络特点是无标度、小范围，这种一般性特征可以帮助我们理解传染病病原可能会如何扩散，并帮助我们评估什么是阻止病原扩散的最佳干预方法。这些描述性研究的一个重要元素是，使用组件来预测传染病潜在的最大规模，这个内容稍后将在本文中讨论。两组研究评估了 2001 年英国口蹄疫（FMD）发生初期家畜移动网络[44,54]。两组研究都认为市场和经销商在 FMD 病毒传播的初期扮演了关键角色，导致了远距离传播和网络的无标度性结构。Ortiz－Pelaez 等[44]还认为几个高中间性农场在病毒大规模传播的初期起到了关键作用。这表明，一旦介入主要角色，如市场和经销商，应当把高中间性家畜所有者以及众多 k－邻居（当 $k\leqslant2$）作为疫病控制移动的目标。Shirley 和 Rushton[54]建议，由于英国农场聚集度非常高，一旦实施移动限制，就会导致传染性空间聚集传播。为了使控制方法有效，必须在当地快速完全实施控制，同时移除已感染家畜，清除它们所有可能的接触。

SNA 在兽医流行病学的主要应用之一就是作为事后分析工具评估已发生的活动，推断将来可能发生什么。这让我们可以根据网络的结构评估疫病控制方法的影响，在引入一种高传染性疫病以后试着预测流行病的潜在规模。例如，为了理解英国在 2001 年 FMD 流行之后实施的 6 天移动停滞的影响[59]，使用 SNA 分析了英国绵羊移动[58,59,60]。研究结果表明，移动停滞对碎片化绵羊移动网络方面是无效的，因为多数农业展之间为期八天或更长时间。研究结果表明，对将来发生的任何疫病，7 d、14 d 或 21 d 的限制可以达到使网络碎片化、创造非连接组件的预期效果，这样就可以减少传染病病原扩散的可能性[59]。

在活动网络中也分析了接触追踪的影响。流行病期间的追踪被用来辨别为了减少传染可能接收了已感染动物的家畜所有者。Kiss 等[36]评估了理论上无标度随机网络模型中接触追踪以及节点移除的影响。由于中心的存在，传染病在无标度网络中的传播速度更快，所以接触追踪不能捕捉到疫病。出于这个原因，本文作者推荐智能追踪，应用可能与网络最相关的先验知识，在紧密相连的节点传播流行病之前，把它们从网络中移除。这种方法强调必须提前辨认出紧密相连的节点，如果一个群体中发生高度传染性疫病，必须有一种应对策略。

人们应用了各种方法来评估通过 SNA 的疫病流行潜在规模。Christley 等[18]提出，传染病病原介入之后，用 GSC 和 GWC 的大小衡量网络中受威胁群体的规模[18]。这种方法的基础是，组件表现了一个网络中所有家畜所有者中连通程度最高的一个地区，在这个网络中所有节点彼此相连。理论上讲，如果一种传染病病原进入这个地区，一个组件中的所有家畜都可能受到感染。Kao 等[31]继续发展了一个概念：GSC 作为流行病潜在的最大规模的下界、

GWC作为流行病潜在最大规模的上界，有其他研究者使用此概念[32,37,49,55]。

但是，Dubé等[23]表示，组件可能不是评估流行病最大规模的最佳方法，因为考虑到家畜活动和传染病的传播，限定这些组件的规则可能不适合。强组件的隐含要求是，从家畜移动来源的任何既定家畜所有者出发，网络中必须有一个活动形成的路径指回源所有者。然而，流行病传播并不遵循这个规则。而且，弱组件要求所有者之间的所有关系都是双向的，但家畜移动却并非如此。因此，GSC和GWC的大小可能不能反映网络中每个所有权真实的传染链或可接近范围的大小。其实，Dubé等[23]认为，传染链提供了疫病流行潜在最大规模生物学上最可能的评估结果，因为这种技术考虑了运输的方向和它们的时间顺序，这两个因素是疫病传播中需要考虑的重要因素。举一个简单的例子证明这一点，假设有三个农场（A、B、C），农场A运输到B，B反过来运输到C。为了使农场A威胁到农场C，在B运输到C之前，A必须先运输到B。强组件没有考虑这种运输时间顺序，但是，这在传染病传播中是非常重要的。

6　对疫病模型化的影响

依靠网络拓扑学分析传染病传播差别很大[53]。因此，为了提高流行病学模型研究结果的质量，考虑拓扑学非常重要。Keeling和Eames已经发表了关于网络和流行病学模型的论文[33]。流行病学建模标准方法基于的假设是群体中的随机同相混合[4,5,34]，同时使用了质量作用或微分方程模型，如易感—感染—康复（SIR）模型或易感—感染—易受感染（SIS）模型，或离散时间链二项式模型（Reed - Frost）[1]。在这些模型中，连接随机分配，所有个体与彼此接触的概率都很低。这些模型可以用随机图来表示[6,10]。在随机图中（图4），群体中个体的连接是基于Erdös和Renyi[25]开发的算法得出的，算法根据每个节点（或度）连接的平均数随机分配连接。这些网络中的度分布表现为泊松分布或正态分布。与这类网络平均节点相比，很少出现节点有很少或很多连接的情况。

已使用随机网络或随机图，因为生成或分析它们特别容易。这些网络中个体的空间位置是不相关的。由于产生这些网络过程的随机性，所以它们很少展现集聚性，一个节点与自己邻居的邻居相连的可能性与跟网络中随机一个节点相连的可能性没有区别，它们很少展现集聚性。但是，它们确实有比较短的平均路径长度，这是因为，它们之间的连接是随机建立的，到网络中任何一个地方的可能性都相同[53]。这些随机网络模型在各种不看重接触异相性的情况下都可用。例如，这种类型的模型非常适合畜群内部传播模型[46]。

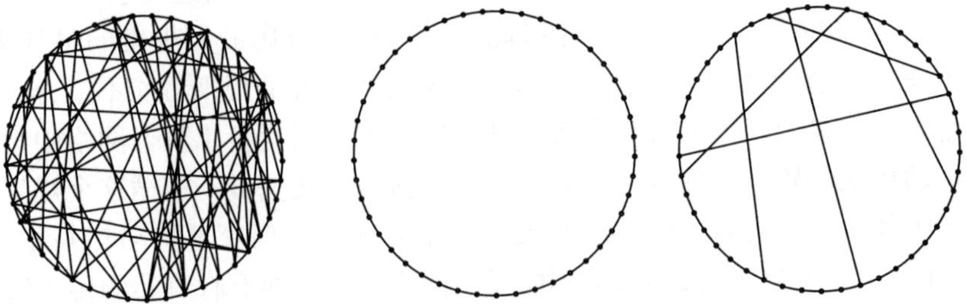

图 4　展示了一些不同的网络模型结构

a. 在随机网络中，所有连接都是根据泊松分布或正态分布随机分配的。这种网络集中性比较低，平均路径比较短

b. 点阵网络集中性高，但平均路径长。所有节点都与它们的邻居相连

c. 小世界网络聚集性高，平均路径短。所有节点都与它们的邻居相连，但是几个连接还与不同的群体相连，与点阵网络相比，这缩短了路径长度

为了解释空间、宿主特征以及各种不同的异相性，改进并扩展了这些标准技术。例如，已经开发了大的、状况转换的空间显示模拟模型研究 FMD 在群体中的传播[29,50]。虽然这些模型可以解释空间聚集性、随机性和影响传染病传播的宿主水平因素，但是它们不能再现观测家畜移动网络中发现的接触异质性。

网络建模的另一种方法就是使用非常规则的点阵结构来连接网络中的所有节点（图 4）。在这种网络中，连接任一邻居的邻居的概率要高于在网络中连接到一个随机节点相连的概率高得多。与同样大小的随机网络相比，这种网络集聚性高，但平均路径要长，这是因为网络中的一些地区从拓扑学上看，离其他地区很遥远[53]。这种网络经常被用来再现节点的空间关系[19,28]。

随机网络和点阵网络都是随机同相混合的形式，在随机同相混合中每个节点接触次的同样性很高；但是，他们在连接建立的方式上是不同的，这就导致了集聚性和平均路径长度的不同[53]。最近，各种不同网络的特征都被描述为无标度和小范围，这些模型在再现异相网络方面作用小了。这些网络拓扑学对传染病传播影响的研究表明，网络特点，如集聚性、平均路径长度和度分布，会影响一种传染病的传播速度，流行病最终的规模、控制方法的影响[30,36,53]。平均路径越短或网络中节点的连接越多，流行病的传播速度就越快[53]。在流行病初期，由于理论上无标度的网络存在于中心，疫病在这种网络中的传播速度比在同样大小的随机网络中要快[36,45]。但是，一旦中心受到感染并感染了它们的搭档，之后传染病的传播速度比在随机网络中要慢很多[31]。在一些案例中，由于无标度网络在流行病初期对潜在接触的损耗特别快，所以，随机网络的流行病整体规模比在无标度网络中大[35]。理论上高聚集性的网络也利用了聚集性（不一定是地理或空间）来减小流行病的规模。但是，聚集性降低了流行病的临界值，使得疫病更容易传播了[43]。

SNA 的研究结果帮助我们探究了网络拓扑学及在传染病传播时考虑这种拓扑学的重要性。但是，在本文写作之际，只有少数流行病学模型考虑了接触的异相性。

7 结语

对流行病学家来说，SNA 是理解家畜活动广泛后果的有益工具。迄今为止，没有其他方法可以用来研究活动产生的家畜所有者的所有关系。为了增加接触网可传播疫病的细节，将来可能会增加其他类型的接触，例如乳品罐运输或输精员的活动。因此，随着我们可以获得越来越多的信息，SNA 在研究潜在流行病方面会变得越来越有益。

SNA 的使用和益处是有限制的。它需要高质量、完整数据来帮助人们恰当地理解真实网络。在一些地区，可能因为财政、政治或机密等原因不能获得这些数据。在这种情况下使用了样品，同时，如其他流行病学研究一样，必须考虑结果的典型性问题。当数据可获得时，网络数据库可能很大，很容易击溃一般 SNA 软件。Martinez - López 等[41]认为，记录向节点的聚集可能代表自治市、区或国家。然后，León 等[38]已筛选了这些数据，以辨别对进一步研究感兴趣的各个区域。

SNA 是研究潜在流行病传播和辨别网络中心或密切连接家畜所有者的工具，因此可能帮助人们制定监测、疫病控制和扑杀政策。它还提供数据以建设传染病传播的流行病学模型，并使其参数化。迄今为止，SNA 研究展示了考虑家畜活动网络拓扑学的重要性，因为拓扑学会影响一种传染病传播的速度和广度。因此，流行病建模者应当评估他们如何再现模型中观察的家畜活动网络的异质水平和拓扑学。Keeling 和 Eames[33]认为研究如接触追踪和疫区接种等传染病控制方法的唯一合适途径是，利用以基于网络的模型，最终目标是开发一组强大的网络统计数据，在群体结构偏离随机同类混合结构时，该数据允许我们预测流行病动力学。

参考文献

[1] Abbey H. (1952). - An examination of the Reed - Frost theory of epidemics. *Hum. Biol.*, 243, 201 - 233.

[2] Albert R. & Barabási A. L. (2002). - Statistical mechanics of complex networks. *Rev. mod. Phys.*, 74, 47 - 97.

[3] Albert R., Jeong H. & Barabási A. L. (1999). - Diameter of the World - Wide Web. *Nature*, 401, 130 - 131.

[4] Anderson R. M. (1982). - The population dynamics of infectious diseases: theory and applications. Population and Community Biology. Chapman and Hall, London.

[5] Anderson R. M. (1991). - Populations and infectious diseases: ecology or epidemiology? *J. anim. Ecol.*, 60, 1 - 50.

[6] Andersson H. (1998). - Limit theorems for a random graph epidemic model. *Ann. appl. Probab.*, 8, 1331 - 1349.

[7] Barabási A. L. (2003). - Linked. Penguin Books, London. Barabási A. L. & Albert R. (1999). - Emergence of scaling in random networks. *Science*, 286, 509 - 512.

[8] Barabási A. L. & Bonabeau E. (2003). - Scale - free networks. *Sci. Am.*, 288 (5), 60 - 69.

[9] Barbour A. & Mollison D. (1990). - Epidemics and random graphs. *In* Stochastic processes in epidemic theory (J. - P. Gabriel, C. Lefèvre & P. Picard, eds). Springer, New York, 86 - 89.

[11] Bates T. W., Thurmond M. C. & Carpenter T. E. (2001). - Direct and indirect contact rates among beef, dairy, goat, sheep and swine herds in three California counties, with reference to control of potential foot - and - mouth disease transmission. *Am. J. vet. Res.*, 62, 1121 - 1129.

[12] Bigras - Poulin M., Barfod K., Mortensen S. & Greiner M. (2007). - Relationship of trade patterns of the Danish swine industry animal movements network to potential disease spread. *Prev. vet. Med.*, 80, 143 - 165.

[13] Bigras - Poulin M., Thompson R. A., Chriel M., Mortensen S. & Greiner M. (2006). - Network analysis of Danish cattle industry trade patterns as an evaluation of risk potential for disease spread. *Prev. vet. Med.*, 76, 11 - 39.

[14] Borgatti S. P., Everett M. G. & Freeman L. C. (1999). - UCINET 6.0 Version 6.17. Natick: Analytic Technologies.

[15] Brennan M. L., Kemp R. & Christley R. M. (2008). - Direct and indirect contacts between cattle farms in north - west England. *Prev. vet. Med.*, 84, 242 - 260.

[16] Christensen J., McNab B., Stryhn H., Dohoo I., Hurnik D. & Kellar J. (2008). - Description of empirical movement data from Canadian swine herds with an application to a disease spread simulation model. *Prev. vet. Med.*, 83, 170 - 185.

[17] Christley R. M., Pinchbeck G. L., Bowers R. G., Clancy D., French N. P., Bennett R. & Turner J. (2003). - Infection in social networks: using network analysis to identify high - risk individuals. *Am. J. Epidemiol.*, 162, 1024 - 1031.

[18] Christley R. M., Robinson S. E., Lysons R. & French N. P. (2005). - Network analysis of cattle movement in Great Britain. *In* Proc. Meeting held in Nairn, Inverness,

30 March to 1 April (D. J. Mellor, A. M. Russell & J. L. N. Wood, eds). Society for Veterinary Epidemiology and Preventive Medicine, 234 - 244.

[19] Cliff A. D. & Ord J. K. (1981). - Spatial processes: models and applications. Pion Press, London.

[20] Corner L. A., Pfeiffer D. & Morris R. S. (2003). - Social - network analysis of *Mycobacterium bovis* transmission among captive brushtail possums (*Trichosurus vulpecula*). *Prev. vet. Med.*, 59, 147 - 167.

[21] De Nooy W., Mrvar A. & Batagelj V. (2005). - Exploratory social network analysis with Pajek. Cambridge University Press, New York.

[22] Dent J. E., Kao R. R., Kiss I. Z., Hyder K. & Arnold M. (2008). - Contact structures in the poultry industry in Great Britain: exploring transmission routes for a potential avian influenza virus epidemic. *BMC vet. Res.*, 4, 27.

[23] Dubé C., Ribble C., Kelton D. & McNab B. (2008). - Comparing network analysis measures to determine potential epidemic size of highly contagious exotic diseases in fragmented monthly networks of dairy cattle movements in Ontario, Canada. *Transbound. emerg. Dis.*, 55, 382 - 392.

[24] Dubé C., Ribble C., Kelton D. & McNab B. (2009). - A review of network analysis terminology and its application to foot - and - mouth disease modelling and policy development. *Transbound. emerg. Dis.*, 56, 73 - 85.

[25] Erdös P. & Renyi A. (1960). - On the evolution of random graphs. *Magy. Tud. Akad. Mat. Kut. Intéz. Kolz.*, 5, 17 - 61.

[26] Faloutsos M., Fa loutsos P. & Faloutsos C. (1999). - On power - law relationships of the Internet topology. In Proc. Conference of the Special Interest Group on Data Communication: SIGCOMM '99. Applications, technologies, architectures, and protocols for computer communication. Association of Computing Machinery, New York, 251 - 262. Available at: doi. acm. org/10. 1145/316188. 316229.

[27] Freeman L. C. (1978/1979). - Centrality in social networks: conceptual clarification. *Soc. Networks*, 1, 215 - 239.

[28] Hägerstrand T. (1969). - Innovation diffusion as a spatial process. University of Chicago Press, Chicago.

[29] Harvey N., Reeves A., Schoenbaum M. A., Zagmutt - Vergara F. J., Dubé C., Hill A. E., Corso B. A., McNab W. B., Cartwright C. I. & Salman M. D. (2007). - The North American Animal Disease Spread Model: a simulation model to assist decision making in evaluating animal disease incursions. *Prev. vet. Med.*, 82, 176 - 197.

[30] Huerta R. & Tsimring L. S. (2002). - Contact tracing and epidemics control in social networks. *Phys. Rev. E*, 66, 056115.

[31] Kao R. R., Danon L., Green D. M. & Kiss I. Z. (2006). - Demographic structure and pathogen dynamics on the network of livestock movements in Great Britain. *Proc. roy.*

Soc. Lond., *B*, *biol. Sci.*, 273, 1999 - 2007.

[32] Kao R. R., Green D. M., Johnson J. & Kiss I. Z. (2007). - Disease dynamics over very different time - scales: foot - and - mouth disease and scrapie on the network of livestock movements in the UK. *J. roy. Soc.*, *Interface*, 4, 907 - 916.

[33] Keeling M. J. & Eames K. T. (2005). - Networks and epidemic models. *J. roy. Soc.*, *Interface*, 2, 295 - 307.

[34] Kermack W. O. & McKendrick A. G. (1927). - A contribution to the mathematical theory of epidemics. *Proc. roy. Soc. Lond.*, *B*, *biol. Sci.*, 115, 700 - 721.

[35] Kiss I. Z., Green D. M. & Kao R. R. (2006). - The effect of contact heterogeneity and multiple routes of transmission on final epidemic size. *Math. Biosci.*, 203, 124 - 136.

[36] Kiss I. Z., Green D. M. & Kao R. R. (2006). - Infectious disease control using contact tracing in random and scale - free networks. *J. roy. Soc.*, *Interface*, 3, 55 - 62.

[37] Kiss I. Z., Green D. M. & Kao R. R. (2006). - The network of sheep movements within Great Britain: network properties and their implications for infectious disease spread. *J. roy. Soc.*, *Interface*, 3, 669 - 677.

[38] León E. A., Stevenson M. A., Duffy S. J., Ledesma M. & Morris R. S. (2006). - A description of cattle movements in two departments in Buenos Aires province, Argentina. *Prev. vet. Med.*, 76, 109 - 120.

[39] Liljeros F., Edling C. R., Amaral L. A. N., Stanley H. E. & Aberg Y. (2001). - The web of human sexual contacts. *Nature*, 411, 907 - 908.

[40] Lockhart C. Y., Stevenson M. A., Rawdon T. G., Gerber N. & French N. P. (2010). - Patterns of contact within the New Zealand poultry industry. *Prev. vet. Med.*, 95, 258 - 266.

[41] Martinez - Lopez B., Perez A. M. & Sánchez - Vizcaíno J. M. (2009). - Social network analysis. Review of general concepts and use in preventive veterinary medicine. *Transbound. emerg. Dis.*, 56, 109 - 120.

[42] Milgram S. (1967). - The small world problem. *Psych. Today*, 2, 60 - 67.

[43] Newman M. E. J. (2003). - Properties of highly clustered networks. *Phys. Rev. E*, 68, 026121 - 1 - 026121 - 4.

[44] Ortiz - Pelaez A., Pfeiffer D. U., Soares - Magalhães R. J. & Guitian F. J. (2006). - Use of social network analysis to characterize the pattern of animal movements in the initial phases of the 2001 foot and mouth disease (FMD) epidemic in the UK. *Prev. vet. Med.*, 76, 40 - 55.

[45] Pastor - Satorras R. & Vespignani A. (2002). - Epidemic dynamics in finite size scale - free networks. *Phys. Rev. E.*, 65, 035108 (R).

[46] Perez A. M., Ward M. P., Charmandarián A. & Ritacco V. (2002). - Simulation model of within - herd transmission of bovine tuberculosis in Argentina dairy herds. *Prev. vet. Med.*, 54, 361 - 372.

[47] Redner S. (1998). - How popular is your paper? An empirical study of the citation distribution. *Eur. Phys. J.*, *B*, 4, 131 - 134.

[48] Robinson S. E. & Christley R. M. (2007). - Exploring the role of auction markets in cattle movements within Great Britain. *Prev. vet. Med.*, 14, 21 - 37.

[49] Robinson S. E., Everett M. G. & Christley R. M. (2007). - Recent network evolution increases the potential for large epidemics in the British cattle population. *J. roy. Soc.*, *Interface*, 4, 587 - 762.

[50] Sanson R. L. (1993). - The development of a decision support system for an animal disease emergency, Unpublished PhD thesis, Massey University, Palmerston North, New Zealand.

[51] Sanson R. L. (2005). - A survey to investigate movements off sheep and cattle farms in New Zealand, with reference to the potential transmission of foot - and - mouth disease. *N. Z. vet. J.*, 53, 223 - 233.

[52] Sanson R. L., Struthers G., King P., Weston J. F. & Morris R. S. (1993). - The potential extent of foot - and - mouth disease: a study of the movements of animals and materials in Southland, New Zealand. N. Z. vet. J., 41, 21 - 28.

[53] Shirley M. D. F. & Rushton S. P. (2005). - The impacts of network topology on disease spread. Ecol. Complex., 2, 287 - 299.

[54] Shirley M. D. F. & Rushton S. P. (2005). - Where diseases and networks collide: lessons to be learnt from a study of the 2001 foot - and - mouth epidemic. *Epidemiol. Infect.*, 133, 1023 - 1032.

[55] Volkova V. V., Howey R., Savill N. J. & Woolhouse M. E. J. (2010). - Sheep movements and the transmission of infectious diseases. *PLoS ONE*, 5, e11185.

[56] Wasserman S. & Faust K. (1994). - Social network analysis: methods and applications. Cambridge University Press, New York.

[57] Watts D. J. & Strogatz S. H. (1998). - Collective dynamics of 'small - world' networks. *Nature*, 393, 440 - 442.

[58] Webb C. R. (2005). - Farm animal networks: unravelling the contact structure of the British sheep population. *Prev. vet. Med.*, 68, 3 - 17.

[59] Webb C. R. (2006). - Investigating the potential spread of infectious diseases of sheep via agricultural shows in Great Britain. *Epidemiol. Infect.*, 134, 31 - 40.

[60] Webb C. R. & Sauter - Louis C. (2002). - Investigations into the contact structure of the British Sheep population. In Proc. Meeting of the Society for Veterinary Epidemiology and Preventive Medicine, 3rd to 5th April, Cambridge, 10 - 20.

野生动物种群疫病传播模型：人造生命模型的应用

M. P. Ward①*，
S. W. Laffan② & L. D. Highfield③

摘要：一直以来，相比于野生动物种群在重要跨境动物疫病［如口蹄疫(FMD)］的入侵和传播上所起的作用而言，人们更加关注疫病可能带来的影响。已应用人造生命模型（Sirca）研究这一问题，这一研究是根据得克萨斯州南部的空间参考数据集进行的。在野猪或野鹿种群中暴发了FMD后，100天以内可能会导致698～1 557头家畜感染，这会影响方圆166～455 km^{2}的区域。虽然可以通过当地鹿种群首次感染的规模来预测鹿种群疫病的规模，但是后续暴发的野猪种群疫病的规模却难以预测。而且，对于野鹿来说，传染病的规模可能取决于当时的季节。本文还讨论了不同疫病传播缓解措施的影响。本文研究综述中使用的方法，显然整合了动物种群的关系和空间分布，这为人们研究潜在的影响、成本和控制策略提供了新框架。

关键词：鹿　野猪　口蹄疫　地理自动控制装置　模拟模型　空间分析　得克萨斯　野生动物

0　引言

在从未发生过FMD疫情的国家暴发FMD会对该国经济、动物福利、社会方面造成严重的后果[9]。据估算，美国控制疫情的成本为140亿美元[29]。但是，这个预估值并不包括潜在的非家养动物种类，这些动物是FMD病毒(FMDV)的储存宿主。如果不受人们控制的野生动物种类受到感染，或作为指示病例，或由于家养动物外逃，疫病控制相当困难，可能需要更长的时间，

---

① 悉尼大学，兽医学系，澳大利亚新南威尔士州卡姆登市。
* 通讯作者：澳大利亚新南威尔士州，电子邮箱：michael. ward@sydney. edu. au。
② 新南威尔士大学，生物、地球与环境科学学院，澳大利亚新南威尔士州悉尼。
③ 得克萨斯兽医学与生物医学A&M大学，兽医综合生命科学学院，美国得克萨斯州大学城。

受感染地区也更广泛。可以想象，如果出现这样的感染种群，在短期内根除并不是有效的方法，而且疫病可能会在地方上流行起来[32,34]。在这种情景下，也很难将未受感染地区和易感染地区划分开来。

在 20 世纪，美国消灭 FMDV 6 次，最后一次暴发是在 1929 年[5]。在这个阶段，野生动物和野生动物种群的感染使得疫病控制努力变得特别复杂。例如，在 1924 年加利福尼亚州中部暴发 FMD，期间灰尾鹿受到感染。在一个国家公园，人们花了两年时间来消除当地鹿群的 FMDV，据报道，在这个公园，扑杀了 22 000 头鹿[11,26]。第二个例子是，1924 年 FMDV 入侵之后，在实施消除病原计划时，必须要考虑到得克萨斯州休斯敦附近一个牧场上的野猪。

据估算，最近美国的白尾鹿和灰尾鹿种群分别为 3 000 万头和 1 200 万头。至少 44 个州都有野猪。野猪在得克萨斯州的某些地区密度很大，据最近估算，其规模为 150 万头。从得克萨斯州完全清除野猪是不可能的：这是因为，一个种群一旦在某个地方安顿下来，清除它们就非常困难，而且这个过程旷日持久、成本高昂。在广泛放牧家畜的地区（得克萨斯州的大多数地区都是这样），放牧家畜可能会接触到如野生白尾鹿和野猪等易感 FMDV 的物种。

美国缺乏关于野生动物感染 FMDV 的信息和经验。在这种情况下，为了研究 FMDV 入侵所带来的影响，并且帮助人们制定应急预案和政策，模拟模型或许是唯一一种选择[35]。疫病暴发是一种时空现象，对疫病而言，如地理自动控制装置等的人造生命模型是一种有效的模型。地理自动控制装置模型把时间和空间看作离散单位，允许当地相邻动物种群之间的互动[36]。每个种群与其邻近种群的互动可以被模拟成一套简单的规则。随着时间的推移，这些规则的重复使用允许模拟流行病复杂的空间状况。最近，开发出来的地理自动控制装置模型，同时用于研究澳大利亚昆士兰[6]和美国得克萨斯州的野生动物种群 FMDV 的传播[39,40]。FMDV 可能会入侵野生动物种群，这种模型可以针对预测出来的 FMDV 制定应急预案和政策，本文回顾并总结了这种模型体系的应用。

1 地理自动控制装置模型——Sirca：易感—感染—康复细胞自动控制装置

自动控制装置模型通过结合易感—潜伏期—感染—康复（SLIR）的概念框架，研究了疫病传播现象的理论基础[1,8,10,20]。但是，把这类模型应用到具体疫病中的案例却比较少见[4]。通过运用 GIS 宏文本模拟非家养动物种群中暴发的传染病，以及这种疫病从非家养动物向家养动物种群的传播，Doran 和 Laffan 第一次使用了这种模型[6]。后来，一种特制的地理自动控制装置模型通过使用 Perl 编程语言（Sirca：易染—感染—康复的细胞自动控制装置）得到应用，这个模型继而被概括为地理自动控制装置模型。

2 模型结构

为了模拟疫病在一个种群内部的传播，作者假设种群中的所有个体位于相互排斥的地点。个体可以是动物个体、畜群或其他功能群、村庄或地区。这种模型还假设种群单位内部的同质混合，而不是种群单位间的同质混合。由于接触在传染病的传播中起着至关重要的作用，作者建议将分析模型与动物功能群（例如畜群）统一起来。

对每个单位来说，比如畜群，模拟疫病传播的最低要求是了解该单位的地理位置。也可以将附加信息囊括到这个模型中来。疫病传播中重要的变量通常是畜群的规模或密度。对种群中传染病的入侵模型来说，通常可以假设每个畜群都易受感染。而对地方性疫病模型而言，需要了解（例如通过调查）或假设每个畜群的疫病发展状态。

通过使用 SLIR 框架，作者假设种群单位会经历四种疫病状态：从易感期到潜伏期，从潜伏期到传染期，从传染期到康复期，最后再回到易受感染期。这些转变状态部分地决定了疫病在单位之间的传播率。

第一个转变状态取决于易受感染种群单位和传染种群单位之间的接触率，以及疫病传播特定接触的概率。当已感染种群单位具有传染性时，疫病传播可能随时会发生。因此，可以运用疫病传播系数的预估值（β）或基本生产率（R_0）来计算传播率。或者，可以利用种群结构来估算传播率。例如，传播率可能取决于易感种群单位和传染性种群单位的相对密度或规模。自动控制装置建模系统的优势，就是将种群空间结构合并到模型体系中。通过其对接触率的影响，将空间分布并入到模型中。基于种群单位间的空间距离或它们的邻域安排，建模者可以具体说明由距离决定的接触率。

在现行的 Sirca 模型版本中，种群单位（畜群）之间的接触，取决于每对单位中易受感染动物的密度。可以使用单位之间的反距离调整联合概率（表现为一小部分预先指定的带宽，例如 1 000 m，直线缩小比例后为区间［0，1］）。在非线性不连续函数形式得到已知反应支持时，可以使用它们。对每个动物种类来说，在事先规定的邻域距离最大值和邻域数量最大值中，可以评估传染性种群相邻种群之间的接触。距离每个具有种属特异性传染性种群最近的邻居，会发生动物类种群之间的接触（如鹿—牛、野猪—家牛），但这限定在这个传染性种群的邻域最大值之内。在 SLIR 框架内，通常认为第二、三、四种转变状态取决于疫病的种属特异性，它们分别是潜伏期、免疫力的发展速度、免疫力丧失的速度。通过使用分段线性函数来模拟 Sirca 中疫病导致的死亡率，并以此来确定经过一段时间后出现死亡率的最大值和最小值。

3 动物空间分布

模拟传染性疫病传播的重要因素包括易感种群的规模和地理密度、易感物种分布的易接触性[7]。这些因素可以通过易感种群的空间数据集有效地再现出来[7]。因此，为了模拟野生动物分布地区的疫病传播状况，第一步是要形成这些分布的空间表现数据。但是，一般来讲，特定研究区域是得不到这些信息的。可以使用不同的统计学方法得到这些分布信息。例如，Doran 和 Laffan[6]运用了野猪密度和分布地图（由一个政府机构提供——澳大利亚农业科学局），在这个地图中，密度分为低、中、高三个等级，这是通过调查问卷和航空测量得到的[41]。在大多数案例中，野生动物分布信息在空间上来说比较粗略，因此必须将其分解为适合疫病传播建模的空间规模。更为精细规模的空间数据可以通过一系列方法获得。为了模拟 FMD 传播，Doran 和 Laffan[6]通过运用季节行为和习性方面的知识得到了野猪更为精细规模的分布信息。一般是从普查结果中获得家畜分布信息，但是这些分布信息可能还需要从测量单位中分解出来。

用来分解空间动物数据的方法，尤其是那些有关野生动物种类的空间数据，可能会对疫病建模过程和结论的归纳产生实质性的影响。例如，在使用 Sirca 模型研究得克萨斯州南部通过野生白尾鹿传播 FMD 时，Highfield 等[17]检验了 15 种应用有效数据的地理统计学方法产生的影响，这些数据是每个县、每个报告抽样单位的县级鹿数量的预估值[25]。根据地理统计学估算程序预估，在研究区域内鹿的数量为 38.6 万～76.8 万头不等。FMD 暴发预估等级为，感染的鹿有 1 500～9 000 头，受影响区域达 50～450 km^2。在所有空间疫病传播模型中，必须考虑动物种群的表现方式。

4 模型参数化

在 Sirca 模型中，种群单位间接触的基础是距离。对野生动物种类来说，巢区是确定潜在接触的重要因素，同时每天的模拟必须以评估潜在接触为前提。例如，在他们的研究中，Highfield 等[17,18,19]假设鹿的巢区在研究区域中是 2 km，这个区域以外鹿没有交互作用。Ward 等[39]运用 Sirca 模型研究了野猪和野鹿假定巢区对 FMD 传播的影响。增加潜在邻域种群的数量就等于扩大疫病暴发的规模。第一等级和第二等级邻域种群的交互作用会最大限度地扩大疫病暴发的规模。在这一研究区域，对野猪种群的影响更为明显，这是因为野猪种群更多的是异相混合分布。

为了把随机性整合到模型中去，当从非随机数生成程序（PRNG）中选出的随机数低于疫病传播的指定概率临界值时，同时也考虑了易感和传染性的成对单位，这时会产生易感地点和传染性邻居之间的交互作用。使用 PRNG 产生的随机顺序对模型结果起着至关重要的作用；但是，这些算法的质量显著不同，很多算法表现出序列相关性，但却受制于其他非随机性因素[37]。为了减少算法受到的影响，人们应用了梅森旋转算法 MT19937[27]，这是因为在随机值顺序重复之前（$2^{19937}-1$），这个算法的周期较长，而且具有良好的光谱性能。此外，随机数顺序内部的相关性结构非常小。

一旦一个种群单位具有传染性，模型中第二、三、四种转变状态便取决于潜伏期、传染期和免疫期的长度。但是，在野生动物种类中，这些参数都是不确定的，通常必须从相应家养动物种类的相关研究中推测出来。例如，Ward 等[39]在白尾鹿的研究中使用了两组实验研究的数值[12,15]。在 Sirca 模型中，会在使用统一分布信息的相应参数范围内随机赋值。

在野猪和野鹿种群中，可能由 FMD 导致的死亡率同样也是不确定的。在 Sirca 模型中，人们已经进行了敏感性分析，分析方法是使 FMD 导致死亡率的最小值和最大值多样化，同时使死亡率在感染期间每天为 0～1.5%，另外，将感染期间产生的死亡率最大值设定为 25%、50%（中点）和 75%。研究发现，模型结果对这些假设并不敏感[39]。

5 应用

本文作者使用 Sirca 模型分析了 FMDV 入侵后潜在的传播性以及控制政策的影响，FMDV 入侵可能会传染得克萨斯州南部的野猪和白尾鹿[17,18,19,39,40]。作者的研究重点放在得克萨斯州南部墨西哥边境一个由 9 个县组成的地区。在这个地区内，据估算，大约有 8.5 万头牛（3.5 km^2）、13.4 万头野猪（5.6 km^2）和 39.5 万头白尾鹿（16.4 km^2）。如前文所述，野猪和野鹿的空间分布信息是通过土地利用数据和生态点的预估承载能力信息获得的。所有动物信息都被转化成了光栅表面，假设一个光栅像素（1 km^2）代表一个功能单位，即一群牛或野猪、野鹿。

研究的一些重要发现包括：

（1）如果没有控制住野猪和野鹿种群中暴发的 FMD，可能会分别影响多达 698［90%预测区间（PI），181～1 387］和 1 557（90% PI，823～2 118）头牛、166 km^2（90% PI，53～306）和 455 km^2（90% PI，301～588）的

地区。

（2）预测的 FMDV 传播，对假设畜群间的邻近活动次数最为敏感。鹿种群中模拟 FMD 暴发，Sirca 模型对假设的潜伏期非常敏感。如何对这些参数进行评估很可能会对 FMD 传播的影响起到关键性作用，因为 FMD 的传播情景是野生动物宿主可能的存在方式。

（3）模拟鹿群中 FMD 的规模，与最先被感染的鹿群规模、鹿种群的总规模、2 km 以内最先感染的鹿种群规模的最小值和最大值都有很高的相关性。

（4）模拟野猪种群中 FMD 的规模，与野猪种群的总规模、畜群规模的最大值、2 km 以内最先感染。

（5）FMD 传播的预测可能还取决于动物密度和季节条件；例如，在模拟过程中发现，高密度鹿群中暴发的疫病，冬天的规模比夏天的规模大 1.15 倍，而低密度鹿群中暴发的疫病，夏天和秋天的规模比冬天的规模大 1.35 倍。

白尾鹿种群实施的事先减缓措施（定向扑杀、随机扑杀和定向减群）可能会对 FMDV 入侵后疫病范围和分布的预测有一定的影响，对此 Sirca 模型已经做出评估。在模拟过程中发现，实施定向减群是最有效的方法，这种方法减少了 52%受感染鹿的预测数量，同时也减少了 31%的预测受影响地区。

6 讨论与结语

人们已经开发了一系列的模型来应对通过家养动物种群传播的疫病[3,13,14,16,24,28,33]；本期刊对其中很多模型都做了介绍。总体上来说，这些模型都忽视了野生动物种群在疫病传播中的潜在参与性。但是，在一些情况下，制定疫病控制政策和应对策略时，必须考虑传染病会从家养畜群逃逸传播到不受控制的动物种群中或疫病在这些野生动物种群中的发生。地理自动控制装置等人造生命模型有很多优点，包括明确地整合空间和生态关系，整合概念简约性和计算简单化[6]。几种因素包括种群密度和分布、栖息地要求、社会组织、年龄结构、巢区以及传播障碍，以一般疫病生态学原则为基础，可能决定了一种传染病会不会在野生动物种群中持续传染。必须把这些因素整合到模型中去。人们已经意识到，应该使用空间显示模型来模拟 FMDV 的传播情况。捕捉到空间相异性可能是真实再现 FMDV 在一个地区传播的主要挑战[9]。在 Sirca 模型中，地理变化被简单明确地包括在模型框架中，根本不需要详尽的动物普查数据（野生动物种类的这些信息通常不可靠或难以获得）。但是，这些方法过去常常是用来评估从非常有限的数据中得到的动物分布信息，这需要进一步调查研究[6,17]。

众所周知，种群之间的接触是社区间传染病的持久性的重要因素[21,23]。

作者已经注意到，在一些情景中，模拟 FMD 暴发是不可行的。如果易感染动物种群密度低，那么在 FMD 感染大量动物之前，一些特定地区的 FMDV 会被清除[7]。清除 FMD 的条件（包括种群密度，季节和地区）需要进一步明确规定。

必须意识到 Sirca 模型的局限性：作者发现，对模拟较小范围内通过野生动物种群传播的疫病，该模型最适合。在这种传播中，生态传播起着非常重要的作用，而非以人类为中介的运输和间接接触。非常值得将这种生态模拟方法与模拟通过家畜种群发生疫病传播的更传统的模型整合到一起去做。Ward 等[38]描述了这种整合的首次尝试。目的是进一步整合疫病传播模型与家畜运输，整合动物尸体处理与经济模型以创造一个可扩展的一般决策支持体系。

Sirca 现行版本假设很多组动物根据它们的相对规模、密度和距离交互活动。这是合乎情理的，因为决定易受感染种群间（所谓的“畜群间”传播）FMDV 传播和持续的最重要因素是种群的地理密度、连通性和规模[7]。但是，这里讨论的研究没有考虑被研究种群的社会组织，这是因为研究者缺乏将模型参数化的信息。将来的工作是评估这些参数并确定社会组织和交互作用在预测疫病传播的重要性。能将这些信息整合到 Sirca 模型中去的计算问题相对来说比较次要。同样地，本文描述的研究假设，处于危险中的种群分布应该在任何给定模型的模拟中都不变，这一假设只包括一个当地巢区。另一个需要研究的细化问题是允许动物种群分布更大的系统性变革，例如，由于季节条件变化而引起的种群分布自北向南的定向流动。

模拟如 FMD 这种通过野生动物传播疫病的一个关键问题就是，这些动物种群与家养动物种群之间可能存在的传播。在大多数情况下，家养动物和野生动物之间的接触率是不确定的。因此，对任何模型参数化都非常困难。即便是需要接触的性质也不知道，包括约 1 m 之内的直接接触、通过如饮水点和饲料点等环境污染进行的间接接触。作者在研究中假设，如果已感染的野猪或白尾鹿在场，那么家养牲畜就会被感染。如果易受感染的种类也在同一个栖息地，这个假设就是合乎情理的[2,31]，因为野猪和野鹿可能会通过水源和食物与家畜发生接触。密歇根州野鹿和牛之间牛型分枝杆菌的传播[30]表明，这样一个疫病传播路径是存在的。另外，家畜与野鹿和野猪之间显而易见的 FMD 传播在 20 世纪 20 年代暴发期间被美国记录了下来。但是，这个假设可能呈现了一种最糟糕的情景。野生动物种类和家养动物种类之间真正的交互活动，很可能因地区、种类、季节的不同而差别巨大，因此，传染病在这些种群中传播的可能性也存在极大差别。

最后，应优先考虑开发一种用户友好型的 Sirca 模型。为了能让更多人使用这个模型，需要开发一个参与疫病控制的工作人员可以使用的用户界面，这个用户界面不能只让模型专家可以使用。图 1 展示了一个例子。使用这个模型研究潜在疫病控制的应对策略，可以给世界各地众多的疫病控制权威人士带来实质性的益处。

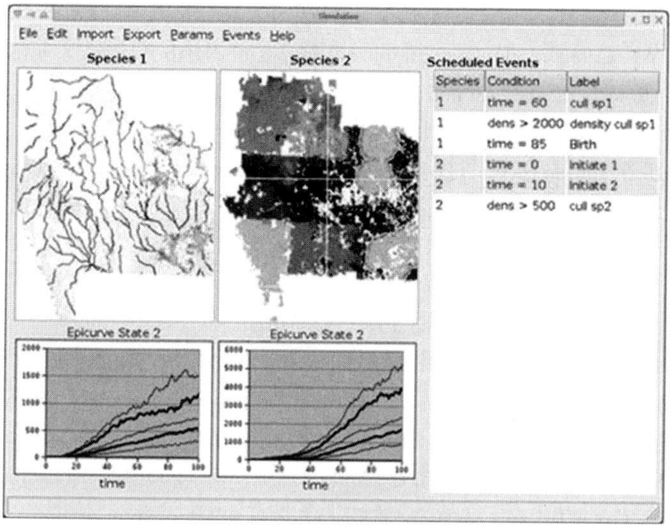

图 1　为人们使用易感染—感染—康复细胞自动控制装置模型（Sirca）提供更多途径的潜在用户界面，可供研究潜在的 FMD 传播

致谢

美国国土安全部通过国家防御外来病和人畜共患疫病卓越中心、得克萨斯 A&M 大学部分地资助了本文讨论的一些研究。我们非常感谢 R. Srinivasan 和 J. Jacobs（得克萨斯 A&M 大学空间科学实验室），他们协助我们准备了该研究中牛、野猪和野鹿的原始空间分布数据。

参考文献

[1] Ahmed E. & Agiza H. (1998). - On modelling epidemics including latency, incubation and variable susceptibility. *Physica A*, 253, 347 - 352.

[2] Bastos A. D. S., Boshoff C. I., Keet D. F., Bengis R. G. & Thomson G. R. (2000). - Natural transmission of foot and mouth disease virus between African buffalo (*Syncerus caffer*) and impala (*Aepyceros melampus*) in Kruger National Park, South Africa. *Epidemiol. Infect.*, 124, 591 - 598.

[3] Bates T. W., Thurmond M. C. & Carpenter T. E. (2003). - Description of an epidemic

simulation model for use in evaluating strategies to control an outbreak of foot - and - mouth disease. *Am. J. vet. Res.*, 64, 195 - 204.

[4] Benyoussef A., Boccara N., Chakib H. & Ez - Zahraouy H. (1999). - Lattice three - species models of the spatial spread of rabies among foxes. *Int. J. modern Physics*, 10, 1025 - 1038.

[5] Bierer B. W. (1939). - History of animal plagues of North America, with an occasional reference to other diseases and disease conditions. Reproduced by the United States Department of Agriculture, 1974.

[6] Doran R. J. & Laffan S. W. (2005). - Simulating the spatial dynamics of foot and mouth disease outbreaks in feral pigs and livestock in Queensland, Australia, using a Susceptible - Infected - Recovered Cellular Automata model. *Prev. vet. Med.*, 70, 133 - 152.

[7] Durand B. & Mahul O. (2000). - An extended state - transition model for foot and mouth disease epidemics in France. *Prev. vet. Med.*, 47, 121 - 139.

[8] Duryea M., Caraco T., Gardner G., Maniatty W. & Szymanski B. (1999). - Population dispersion and equilibrium infection frequency in a spatial epidemic. *PhysicaD: nonlinear Phenom.*, 132, 511 - 519.

[9] Ferguson N. M., Donnelly C. A. & Anderson R. M. (2001). - The foot and mouth epidemic in Great Britain: pattern of spread and impact of interventions. *Science*, 292, 1155 - 1160.

[10] Filipe J. A. N. & Gibson G. J. (1998). - Studying and approximating spatio - temporal models for epidemic spread and control. Proc. roy. Soc. biol. Sci., 353, 2153 - 2162.

[11] Fletcher J. (2004). - Foot and mouth disease in deer. *In* Proc. 1st World Deer Veterinary Congress. Deer Branch of the New Zealand Veterinary Association.

[12] Forman A. J. & Gibbs E. P. J. (1974). - Studies with foot - and - mouth disease virus in British deer (red, fallow and roe). *J. comp. Pathol.*, 84 (2), 215 - 220.

[13] Garner M. G. & Beckett S. D. (2005). - Modelling the spread of foot - and - mouth disease in Australia. *Aust. vet. J.*, 83, 758 - 766.

[14] Gerbier G., Bacro J. N., Pouillot R., Durand B., Moutou F. & Chadoeuf J. (2002). - A point pattern model of the spread of foot - and - mouth disease. *Prev. vet. Med.*, 56, 33 - 49.

[15] Gibbs E. P. J., Herniman K. A. J., Lawman M. J. P. & Sellers R. F. (1975). - Foot - and - mouth disease in British deer: transmission of virus to cattle, sheep and deer. *Vet. Rec.*, 96, 558 - 563.

[16] Harvey N., Reeves A., Schoenbaum M. A., Zagmutt - Vergara F. J., Dubé C., Hill A. E., Corso B. A., McNab W. B., Cartwright C. I. & Salman M. D. (2007). - The North American animal disease spread model: a simulation model to assist decision making in evaluating animal disease incursions. *Prev. vet. Med.*, 82, 176 - 197.

[17] Highfield L. D., Ward M. P. & Laffan S. W. (2008). - Representation of animal distributions in space: how geostatistical estimates impact simulation modeling of foot -

and - mouth disease spread. *Vet. Res.*, 39, 17.

[18] Highfield L. D., Ward M. P., Laffan S. W., Norby B. N. & Wagner G. G. (2008). - The impact of seasonal white tailed deer population variability in southern Texas on the predicted spread of foot and mouth disease. *Vet. Res.*, 40, 18.

[19] Highfield L. D., Ward M. P., Laffan S. W., Norby B. N. & Wagner G. G. (2009). - Critical parameters for modelling the spread of foot and mouth disease in wildlife. *Epidemiol. Infect.*, 138 (1), 125 - 138. doi: 10.1017/S0950268809002829.

[20] Johansen A. (1996). - A simple model of recurrent epidemics. *J. theor. Biol.*, 178, 45 - 51.

[21] Kao R. R. (2001). - The impact of local heterogeneity on alternative control strategies for foot - and - mouth disease. *Vet. Rec.* 148, 746 - 747.

[22] Kao R. R. (2003). - The impact of local heterogeneity on alternative control strategies for foot - and - mouth disease. *Proc. roy. Soc. biol. Sci.*, 270, 2557 - 2564.

[23] Keeling M. J. & Grenfell B. T. (1997). - Disease extinction and community size: modeling the persistence of measles. *Science*, 275, 65 - 67.

[24] Keeling M. J., Woolhouse M. E. J., Shaw D. J., Matthews L., Chase -Topping M., Haydon D. T., Cornell S. J., Kappey J., Wilesmith J. & Grenfell B. T. (2001). - Dynamics of the 2001 UK foot and mouth epidemic: stochastic dispersal in a heterogeneous landscape. *Science*, 294, 813 - 817.

[25] Lockwood M. (2006). - White - tailed deer population trends. Performance report as required by Federal Aid in Wildlife Restoration Act. Project number: W - 127 - R - 14. 31 - Jul - 2005. Texas Parks and Wildlife, Austin, TX.

[26] McVicar J. W., Sutmoller P., Ferris D. H. & Campbell C. H. (1974). - Foot and mouth disease in white - tailed deer: clinical signs and transmission in the laboratory. *Proc. Annu. Meet. U. S. anim. Hlth Assoc.*, 78, 169 - 180.

[27] Matsumoto M. & Nishimura T. (1998). - Mersenne Twister: a 623 - dimensionally equidistributed uniform pseudo - random number generator. *ACM Transact. Model. Comput. Simulation*, 8, 3 - 30.

[28] Morris R. S., Wilesmith J. W., Stern M. W., Sanson R. L. & Stevenson M. A. (2001) - Predictive spatial modelling of alternative control strategies for the foot - and - mouth disease epidemic in Great Britain. *Vet. Rec.*, 149, 137 - 144.

[29] Paarlberg P. L., Lee J. G. & Seitzinger A. H. (2002). - Potential revenue impact of an outbreak of foot and mouth disease in the United States. *J. Am. vet. med. Assoc.*, 220, 988 - 992.

[30] Palmer M. V., Waters W. R. & Whipple D. L. (2002). - Lesion development in white - tailed deer (*Odocoileus virginianus*) experimentally infected with *Mycobacterium bovis*. *Vet. Pathol.*, 39, 334 - 340.

[31] Pech R. & McIlroy J. (1990). - A model of the velocity of advance of foot and mouth disease in feral pigs. *J. appl. Ecol.*, 27, 635 - 650.

[32] Pinto A. A. (2004). - Foot - and - mouth disease in tropical wildlife. *Ann. N. Y. Acad. Sci.*, 1026, 65-72.

[33] Schoenbaum M. A. & Disney W. T. (2003). - Modeling alternative mitigation strategies for a hypothetical outbreak of foot-and-mouth disease in the United States. *Prev. vet. Med.*, 58, 25-52.

[34] Sutmoller P., Thomson G., Hargreaves S., Foggin C. M. & Anderson E. C. (2000). - The foot and mouth disease risk posed by African buffalo within wildlife conservancies to the cattle industry in Zimbabwe. *Prev. vet. Med.*, 44, 43-60.

[35] Taylor N. (2003). - Review of the use of models in informing disease control policy development and adjustment. Department for Environment, Food, and Rural Affairs, London. Available at: www. defra. gov. uk/science/documents/publications/2003/Useof-ModelsinDiseaseControlPolicy. pdf (accessed on 18 October 2006).

[36] Torrens P. M. & Benenson I. (2005). - Geographic Automata Systems. *Int. J. geograph. Inform. Sci.*, 19, 385-412.

[37] Van Neil K. & Laffan S. W. (2003). - Gambling with randomness: the use of pseudo-random number generators in GIS. *Int. J. geograph. Inform. Sci.*, 17, 49-68.

[38] Ward M. P., Highfield L., Carpenter T. E., Garner M. G., Beckett S. D. & Laffan S. W. (2007). - Multi - model investigation of foot - and - mouth disease spread in Texas. *Prev. vet. Med.*, 81, 221-222.

[39] Ward M. P., Laffan S. W. & Highfield L. D. (2007). - The potential role of wild and feral animals as reservoirs of foot-and-mouth disease. *Prev. vet. Med.*, 80, 9-23.

[40] Ward M. P., Laffan S. W. & Highfield L. D. (2009). - Modelling spread of foot-and-mouth disease in wild white-tailed deer and feral pig populations using a geographic automata model and animal distributions. *Prev. vet. Med.*, 91, 55-63.

[41] Wilson G., Dexter N., O' Brien P. & Bomford M. (1992). - Pest animals in Australia: a survey of introduced wild mammals. Bureau of Rural Resources and Kangaroo Press, Kenthurst, Australia.

家养反刍动物大型寄生虫感染模型：概念综述和评论

G. Smith①

摘要： 数学模型是在其他方法都不适用的情况下代表和操作某些事件的一种方式。决策理论学家认为正确的决策应最大限度地利用可用信息，应用感染性和寄生虫性疫病数学模型恰恰能够确保决策者最大限度地利用可用信息。从这个角度来说，模型只是用来辅助思维，因此，就其定义而言，好的模型是有用的。本文旨在讨论家养反刍动物大型寄生虫感染的数学模型历史。有人认为虽然早期仅起预测作用的模型非常成功，但后期较为复杂、为改善预测解决方案而建立的模型大多是失败的。但在建立大量实用活跃模型过程中积累起来的经验仍是非常珍贵的决策工具。

关键词： 反刍动物　肝片吸虫　数学模型　马歇尔线虫

0 引言

对于线虫和吸虫感染传播动力学的数学模型的广泛关注，在英语文献中，最早可追溯至一组小型一般随机模型[27,60,61,62]，以及另一组小型一般确定模型[1,17,36,37]。如果我们不加批判地认定这些一般模型为日后研究某些线虫和吸虫的传播机制，以及某些线虫和吸虫控制建立了数学模型的理论基础[3,19,25,55]，而没有任何例外情况，这是不够客观的。直到最后人们才认识到，每个寄生虫纲内，可适应调节参数值的单一一般模型框架即可基本代表所有相关研究对象的感染[50,51]，但是现有线虫和吸虫感染文献中建立的模型往往是基于“实时实地”、针对某一特定国家、某一特定地区、某一特定种类的寄生虫控制。

尝试建立一个预测疫病发生率模型，可看到一个单独或是集中性的模型阈值，同时伴有牛和羊感染线虫和吸虫所带来的生产损失。在英国，在 1958 年姜片吸虫感染暴发[32]，引起灾难性后果。在澳大利亚，此类尝试的重点在线

① 美国宾夕法尼亚大学兽医学学院。

虫，尝试开始时间较早[18]。其余地区时至今日仍在进行此类尝试[35]。

过去50年对于反刍动物线虫和吸虫感染模型的历史，已有其他文献进行详细回顾[51,54]。本文目的在于阐述建立反刍动物此类寄生虫感染的重要性，以及对已建立模型的一般性评论。本文说明性案例大部分来自已有文献中对肝片吸虫的讨论，但同时对于马歇尔线虫也早有提及。同时，笔者将阐述个人观念中“好”模型的定义，并对建模的一些误解进行反驳，其中包括模型行为和临床收集数据的不匹配必定说明该模型“无效”。最后，笔者将陈述其认为的模型成功之处，以及失败之处。再次强调模型有好有坏似显冗余，但还是必须要强调，因为目前一种怀疑的态度（特别是兽医领域）正逐渐流行，即认为所有模型都是不好的，特别是疫病暴发之时使用的模型[2]。抛开纯学术语境来说，反刍动物寄生虫感染模型几乎都是用于提示决策。这不是一项简单的任务，必须谨慎进行。然而，笔者仍倡导模型的使用，并且绝不赞同“由于应用模型来提醒决策者的方法非常复杂，所以我们应该避免过多使用它”这种观点。

1 好模型特点

数学模型是在其他方法都不适用的情况下代表和操作某些事件的一种方式。从这个角度来说，模型只是辅助思维的，并且，好模型确实是有用的。值得强调的是，有用的模型并不一定是对于观察系统做出面面俱到、详尽的描述。模型可以是不完整的，它可以省略一些有意思的生物，但仍对所要解决的问题有用。比如说，已有大量文献是关于肝片吸虫毛蚴数量统计和传播动力学[6,7,10,11,48,66]，但这一幼虫期寿命太短[53]、对感染后果管理极其严格[11]，因此对于我们通常关注的大型哺乳动物宿主的较大感染动力学几乎没有任何影响；为了解这些动力学，我们不得不去查阅数量有限的关于生长期长的囊蚴期的相关文献[20,22,24,26,34,40,41,65]。只有这样才让人放心。寄生虫的生长周期包括很多不同的阶段，并十分复杂，我们有时甚至认为永远都不能创造出观察系统的整体行为模型。事实上，我们是可以的，因为我们在临床中观察到的大部分情况都可以通过极少量影响力显著的程序进行解释[49,56]。如果我们将宿主/寄生虫系统从农场移到实验室时，这一点很快就会突显出来[4,50,51]。反刍动物常见线虫和吸虫的生物学非常简单，无论哪里都一样。使临床工作环境如此不堪的是噪声和由天气和动物管理实践地区差异造成的季节性变化。要创建一个有用的（比如说）肝片吸虫治理模型，你只需要掌握有关发育迟缓的知识（因为策略性用药将利用这些时滞），以及了解在管理和控制大量寄生虫过程中最重要的生物进程（因为治理将扰乱系统）。如果你对大姜片吸虫病的相关风险有效预测感兴趣，你所需要掌握的知识就很少（下文将进行讨论）。事实上，建模的这一活动远远没有它看上去那么令人望而却步，特别是建模的时候，只要详细到能够为待调查问题提供灵感就可以了，为实现这一目标需要模型相关的实践和经验，以及（最重要的）对生物学文献的深入掌握。最后一点的重要性不可小觑。

2 究竟为何要建立模型？

长久以来，有四个建立反刍动物寄生虫疫病数学模型的原因：

（1）预测疫病的出现和严重程度（预测）；

（2）更好地理解实验室或临床收集到的数据（分析）；

（3）为化学治疗和化学预防药物处置频率和时机提供建议和改进意见（分析和模拟）；

（4）向农民（及其他人）解释为何某种处置方案好于其他方案（教育）。

3 疫病预测

长期以来，肝片吸虫以及其他常见马歇尔线虫变种感染的严重程度每年都有变化。多年以来，寄生虫学家将这些变化全部或部分地诠释为天气对寄生虫生命周期独立生活阶段产生的直接影响，而这种影响是延迟的表现。由于天气相关因素是可测量的、其效果被推迟了，以及感染的严重性是影响疫病严重性的因素之一，因此疫病预测的机遇就很明显了。

Gordon[18]证实了人们可以直接利用简单的生物气候学来预测羊线虫感染的发生率，但这在预测肝片吸虫病方面是个例外，在英国，急需预测疫病的分布和严重程度，因此产生了种类繁多的预测方法[32]。如果羊消化大量处于感染期的（囊蚴）肝片吸虫，它们就会有严重的生命危险，这是因为大量寄生虫幼虫将穿透它们的肝脏，进入肝管（这种疫病称为急性肝片吸虫病），使羊面临严重的生命危险和其他危险。在英国，直到20世纪60年代晚期可杀死寄生虫幼虫的驱虫药才开始正式销售。这对于1958年暴发的导致成千上万只羊死亡的灾难性肝片吸虫疫情来说，是致命的打击[5,28]。当时进行的调查表明，只有不到25%的农民使用[31]市面上可找到的危险的驱虫药对他们的牲畜进行治疗，因此，唯一可行的急性肝片吸虫病处置方案是在囊蚴密度未造成灾难性威胁前，将畜群移到更干燥、感染程度较低的草场上。这种方式很不方便，且昂贵，同时大多时候要使用原可用作其他用途的土地。简而言之，人们移动牲畜受一些因素制约，因此需要提供必需移动牲畜可信建议。

借助1727—1958年的天气记录，相关研究证明了肝片吸虫病多发生在秋天这一事实与夏季较湿润有关[29,33,59]。降雨的角色似乎很简单：肝片吸虫在哺乳动物以外发育时，要么在中间螺类宿主的潮湿栖息环境下发生，要么直接在壳中进行（若栖息环境过于干燥，将进入夏眠状态）。实际上，在其生命周期中确实有一个阶段，即毛蚴阶段，这一阶段对于土壤表面水分有绝对要求。螺类宿主必须足够潮湿、足够温暖，才能保证排泄物中的卵有足够长的时间在草场上发育为囊蚴（在温和地区这一过程耗时3个月）[28,43,44,58]。预测问题在于确定土壤表面温度和湿度指标，这是决定寄生虫幼虫复杂发育过程的基本前提，并且可以提前很早来进行计算，这样使农民有足够时间转移他们的畜群。已创建并测试了已有类似相应指标（多个寄生虫种）[30,38,39,63,64]，但Mt指标或许是最有影响力的。它仅仅是降雨较少蒸发蒸腾，如果五月、六月和七月还要乘上降雨天数（不同地区有简单调整）。这一指标效果很好[29,42]，但存在一些失败之处[21]。测量土壤表面条件的这一基本指标到今天仍在使用（但今天的预测目的更多在于调节治理方案）。它之所以成功，是因为在监视系统的配合支持下，它提供了疫病事件的简单地区性预测（低于平均值、平均值、高于平均值），并且监视系统提供了蜗牛宿主的丰度（土壤表面情况的一个生物指标）。这完美地证实了模型的复杂程度应该取决于必需产出所需结果的复杂程度。比如我们注意到应用预测的地区包括由多个国家构成的大型农业气候区。这在许多人（也包括笔者）看来是一个需要改进的问题，同时也引起了建立更详细肝片吸虫模型系统的呼吁，只有这样我们才有可能在更小范围区域内（如特定农场中）预测相关事件，并提升预测准确率，使生产者疫病控制的投资收益最大化。20世纪70年代曾有更复杂预测模型的大规模尝试，当时建立的模型涉及多种寄生虫[50]，时至今日这种努力仍在继续[3,12,13,15,16,35,50,68]。尽管这些努力在其他领域的价值极其珍贵，但笔者认为，虽然寄生虫生态学和卫星成像技术的复合使用加强了我们建立地区风险地图的能力[23]，但在预测的详细程度方面我们进程不大。

这就是问题所在。在实验室环境下描述寄生虫宿主体外生活期对温度和湿度的反应是完全有可能的[9]，但却没有办法将传统的天气数据和草场表面生活的寄生虫实际经历的详细微气候可靠地联系起来。比如说，高于地表1 m的气温和蔬菜植被中土壤表面的气温是有明显差异的，通常可达数摄氏度，且二者间没有显著的必然关系[44]。而且，我们拥有的相关参数指标，特别是难以接触的传染性宿主体外生活期的指标，实际上是非常差的。临床中提取的数据尤其如此[56]，但这类系统典型的随机错误使实验室数据也更难处理。更糟糕的是，我们确实拥有的寄生虫种群（但质量非常差）或许并不能代表我们想要进行预测的相应种群。当涉及对某一农场进行一定程度的详细预测时，对于笔者来说，数据的质量是一个无法解决的问题。

但是，为改善预测模型而进行尝试过程中取得的经验不会白费，线虫和吸虫的群体生物学模型提供了化学干预和化学预防药物处置频率和时机的建议，以及说明某种处置方案好于另外一种时非常有用。下一部分将详细介绍这些模型。与上文提到的更详细的预测模型不同，笔者认为为介入战略提供建议而设计的模型事实上是非常成功的。

4 分析、模拟和教育

在这一标题下，建模任务，对于笔者所经历的大部分情况来说，分为以下几点：

（1）建立反刍动物寄生虫感染模型，可用于设计和说明使用短期半衰期和长期半衰期药物的寄生虫控制战略，对于所有龄级的寄生虫所产生的效果是不尽相同的。

（2）确保模型在所有驱虫剂可进行正规销售的地区都可适用。这意味着模型必须能够考虑到全球不同地区动物饲养和管理战略的差异性，以及动物饲养和寄生虫出现的整体气候条件差异。

当面对这样的任务时，在开始工作前对于“成功”有一个清晰的定义十分重要。基于建模者过去50年所取得的成就，以下是构成这一定义的补充条件：①模型应产生一些模式，同时有经验的临床工作者会将这些模式看作在特定的农业气象条件下，特定的农场或牧场中的“典型”规律；②模型不应被用来预测某一特定年份内，某一特定区域中的事件；③模型应该能够根据寄生虫控制策略的效率进行排序（并能够复制已开展过临床试验战略的排序）。

为回答经常出现的、是否能够建立满足以上条件模型的问题，应该全面了解在缺乏正式数学框架的条件下已取得的成果，以及其原因。新型有效的控制策略已在没有数学模型的情况下设计出来。它之所以可以实现，是因为寄生虫系统的复杂性在很大程度上是与手头任务无关的。临床上观察到的大部分可以根据相对小量种群加以解释。通过关注这些简单的概念模型（也就是说，通过仔细深入考虑相关问题本身），使得实现成功介入是可能的。数学模型的可行，是基于同样的原因：即我们处理的是相当少但影响力很大的阶段，它们可以很容易地通过数学模型呈现出来。事实上，数学模型是理想的表现、定义和测试概念模型的合理性（即假设）的机制，在寄生虫学文献中屡见不鲜。它认为我们不需要复制所有寄生虫病已观察的全部细节（即使这是可能的），但这不是提示简单模型比复杂模型更有用。因为我们建立模型的目的是为了解决问题，其复杂程度取决于问题的复杂程度。但我们怎么知道何时它才会足够复杂呢？

即使最直接的陈述，如“如果我们处理的是空间显示控制战略，如环形扑杀，那么我们需要空间显示模型”，那也不一定是完全真实的。复制几个空间显示控制战略规定范围内简单规则的一些方面，只使用决定性时间模型，完全不使用任何空间因素，这是完全可能的。对于这一问题，不甚满意的回答根源在于“实验与误差”，以及历史上成功案例的经验。然而，以较为简单的框架开始，然后再进行更精确的实验，往往是更有效率的。

基本模型应包括所有相关的时滞（即最长的），以及在大量寄生虫控制和管理中，生物过程是最有影响的。控制大量寄生虫的过程包括天气和动物管理。天气控制着寄生虫生命周期中宿主体外生活期的繁殖，对发育、死亡和迁移（粪便外）具体阶段的频率都有影响。动物管理与季节性气候变化有关，变化可影响牧草和水分的供给，因为很多系统中产犊、产羔和断奶的季节性特征会导致不稳定、集群性宿主的突然性增长[37,49]，所以动物管理十分重要。大量寄生虫控制因素效果的方向与寄生虫的数量是不相关的。但这不适用于寄生虫数量管理，通过密度制约型因素来影响寄生虫在宿主体内存活、繁殖或发育的情况。这些因素或多或少取决于目前或已发生的感染严重性，其运行目的是为使寄生虫数量控制在寄生虫学家所谓的“正常”上下边界之中。依赖密度因素必须被包含在所有为评估兽医介入而建立的模型中，因为它们能够减弱治理效果。

将以上元素汇集在一起非常简单，这是因为相关文献有大量的成功模型[3,25,45,46,47,48]。显而易见的是，此类模型的生物核心通常非常简单，但复杂之处在于如何保证它普遍适用于所有的动物管理系统，并且复制处置的效果——特别是长期半衰期驱虫剂的处置效果。这是一个与计算机相关的问题，而不是疫病学问题，但计算机编码涉及大部分用户要求的功能性，这一核心本质不容低估。

也许有人会问，“我们怎么知道模型是否起作用呢”？这就需要我们进入到下一个棘手问题：“模型确认”。

5 模型确认

从建模者角度来说，验证一个模型最重要的考量标准之一就是模型是否是正确建立的（构建有效性）。首先我们必须要明确什么是“正确”，但这一标准更为严重的问题是要求掌握相关专业知识，但是对于希望其他人相信模型是正确的人来说，他们往往缺乏这种知识。笔者看来，要回答“我们怎么知道这个模型是否起作用”，一个简单又令人怀疑的答案就是制造一个如图 1 一样的比较。图 1 利用大量寄生虫临床数据比较了奥斯特线虫和肝片吸虫传播动力学的模型表现。图 1a 和 1b 看起来似乎相当精准地模拟了实际观察记录，但需要注意的是二者报告临床数据单元与用于模拟结果报告的单位是有很大区别的。模拟非常成功地追踪了丰度的相关变化，但其结果之所以能够与观察吻合，仅仅是因为选择了正确的左右横向坐标轴。事实上并没有证据显示模型完全正确地追踪了绝对丰度。而且，我们也不确定数据和模拟间的时间匹配是不是全凭运

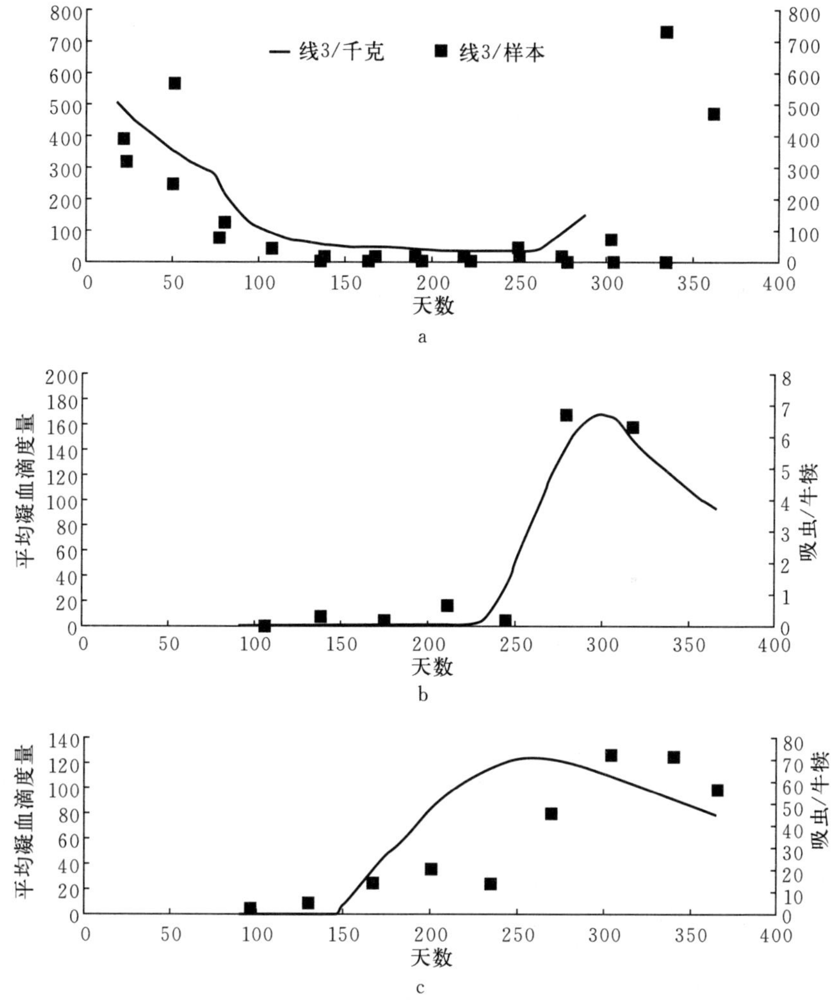

图 1　模型模拟（实线）和已观察规律对比

a. 显示了密苏里州感染了第三阶段线虫幼虫（线 3 为每公顷牧草的幼虫）草场的带犊母牛饲养情况

b 和 c 显示了 1987 和 1988 年荷兰一特定草场所饲养的牛犊吸虫携带情况

（1b 和 1c 中，“已观察”平均间接血凝滴度用作感染强度指数）

来源：数据来自 Couvillion 等[8]和 Gaasenbeek[14]等，模拟来自 Smith 等[52,57]

气。观察和模拟间的吻合关键取决于比如说基本条件（如草场上传染阶段的数量、周边温度和土壤表面湿度），而这些是无须提交的数据。图 1b 和 1c 表明当肝片吸虫传播动力学模型被用于模拟次年相同事件时，连时间匹配都消失了。这是因为模型不起作用还是因为我们在猜测次年基本条件时不够准确呢？我们不可能知道答案，事实上，这甚至不是一个合理的问题，因为比较模型模拟与图 1 中所示数据，就是一个不恰当成功定义的检验。

上文曾提到肝片吸虫病的简单预测模型之所以能够成功，是因为其创建的是地区性预测，而不是针对某个农场的预测。同样的标准也适用于这里。建立模型是为了辅助兽医干预的分析和评估，而通常情况下无须在某个农场内真正模拟事件。但是模型应产生一些模式，有经验的实地工作者将其看作在特定地区和农场的“典型”规律。这里的中心问题是，仅有的可用于对比的公开数据针对的都是特定具体农场。在这种情况下，我们就需要考虑这些农场定义有多典型。然而如果这些农场属于当地正常农场的范畴，我们可以接受的数据和模型产出间的误差空间有多大？

这是另一个问题。我们建立的是我们可以计算的模型。但人们没有提到过的是，一方面实际上可计算模型很难建立，另一方面真正的数据集是十分混乱的。数据集，特别是临床数据集，是由偏差和混杂构成的混乱网络。并且在临床中，我们更倾向于测量那些容易测量的东西（如卵的数量），并更倾向于“相对的”测量数，而不是“绝对的”测量数，对于高度分散的总体数据进行抽样调查和精确估计的方式，我们几乎一直在尝试（也在失败）。即使在实验室中，计算也非常具有挑战性[48]，凡是在实验室计算过母羊皱胃中线虫数量的人都深有体会，虽然数据本身没有那么高深。流行病学模型都是某种系统流行假设的总结，这些总结往往都是建立在定量与定性的多重信息来源基础上的、由专家意见构成的知识臆测。也许有人认为相对于单独的数据集来说，某些模型对系统做出了更好的全面描述（也就是总结），因此把模型确认的基础建立在图 1 展示的对比形式上，这是没有什么意义的。

确实，从定义上来讲，无效模型确实是无用的，但同时无须赘言的是，一个模型如果没有用，不一定是无效的。然而，现实问题是风险管理者能够很快告诉你模型是否有用，但是对于构成其有效性的因素却是不确定的。上文曾建议定义成功的因素之一是模型应产生多种模式，使得有经验的实地工作者将其看作是在特定的农业气象条件下特定的农场或牧场中的“典型”规律（无论有无控制）。笔者认为这应作为模型确认的标准之一。其原因之一在于临床工作者对于“典型”规律的判断是建立在其整体知识和经验基础之上的，而不是建立在某个数据集的基础之上。将模型评估建立在经验的基础上，我们就可以避免非常具体、且非常难以解释的数据集对于模型的制约。

我们不可忽视模型用户的信心通常与建模者的特点有更多关联，而不是与模型本身。建立用户对模型的信任，需要建模者既谦虚，又自信。而且尝试过的人都知道，科技转化的过程是非常痛苦的。在引言部分笔者提到，既有好的模型（和建模者），也有坏的模型（和建模者），正如我们也都会犯错。笔者同样相信有时模型是没有用的，这是因为建模任务超出了我们的能力范围。比如说，在将寄生虫数量处置效果解释为预期生产效率的改变这方面所做的尝试，都会非常难，因为生产效率（像疫病）都是包含多重范畴的（但文献 67 持相反观点）。然而，笔者仍坚持提倡在决策时使用模型，并且认为在某些情况下通过模型产生的解决方案是最有用的（特别是应对我们从未遇见过的情况或事件时）。决策理论学家认为充分利用各种信息进行分析后，做出正确决策。笔者认为决策者通过利用模型完全可以实现这一点，同时笔者承认决策者对于成功的定义有可能与笔者的定义不同，而且在更多情况下，他们会将重点放在其他考虑因素上。他们也许会选用令笔者失望的策略，尽管我们都认为这个模型是对的，而且应该就是对的。模型只是为决策者提供另外一个选择。然而，决策者给其他选择多少考量，就应该给模型多少考量，但绝不应该是更少的考量。

参考文献

[1] Anderson R. M. & May R. M. (1978). - Regulation and stability of host - parasite population interactions. Regulatory processes. *J. anim. Ecol.*, 47, 219 - 247.

[2] Anon. (2001). - Opinion: lessons from an epidemic. *Nature*, 411, 977.

[3] Barnes E. H. & Dobson R. J. (1990). - Population dynamics of *Trichostrongylus colubriformis* in sheep: a computer model to simulate grazing systems and the evolution of anthelmintic resistance. *Int. J. Parasitol.*, 20, 823 - 831.

[4] Barnes E. H., Dobson R. J., Donald A. D. & Waller P. (1988). - Predicting populations of *Trichstrongylus colubriformis* infective larvae on pasture from meterological data. *Int. J. Parasitol.*, 18 (6), 767 - 774.

[5] Boray J. C. & Pearson I. G. (1960). - Anthelmintic efficiency of tetrachlorodifluoroethane against *Fasciola hepatica* in sheep. *Nature*, 186, 252 - 253.

[6] Christensen N. O. (1980). - A review of the influence of host - and parasite - related factors and environmental conditions on the host - finding capacity of the trematode miracidium. *Actatrop.*, 37 (4), 303 - 318.

[7] Coelho L. H. L., Guimaraes M. P. & Lima W. S. (2008). - Influence of shell size of *Lymnaea columella* on infectivity and development of *Fasciola hepatica*. *J. Helminthol.*, 82 (1), 77 - 80.

[8] Couvillion C. E. , Siefker C. & Evans R. R. (1996). - Epidemiological study of nematode infections in a grazing beef cow - calf herd in Mississippi. *Vet. Parasitol.* , 64 (3), 207 - 218.

[9] Coyne M. J. & Smith G. (1992). - The development and mortality of the free - living stages of *Haemonchus contortus* in laboratory culture. *Int. J. Parasitol.* , 22 (5), 641 - 650.

[10] Dreyfuss G. , Vignoles P. & Rondelaud D. (2007). - *Fasciolahepatica*: the infectivity of cattle - origin miracidia hadincreased over the past years in central France. *Parasitol. Res.* , 101 (4), 1157 - 1160.

[11] Dreyfuss G. , Vignoles P. , Rondelaud D. & Vareille - Morel C. (1999). - *Fasciola hepatica*: characteristics of infection in *Lymnaea truncatula* in relation to the number of miracidia atexposure. *Experim. Parasitol.* , 92 (1), 19 - 23.

[12] Durr P. A. , Tait N. & Lawson A. B. (2005). - Bayesian hierarchical modelling to enhance the epidemiological value of abattoir surveys for bovine fasciolosis. *Prev. vet. Med.* , 71 (3/4), 157 - 172.

[13] Fuentes M. V. (2006). - Remote sensing and climate data as a key for understanding fasciolosis transmission in the Andes: review and update of an ongoing interdisciplinary project. *Geospat. Health*, 1 (1), 59 - 70.

[14] Gaasenbeek C. P. H. , Over H. J. , Noorman N. & de Leeuw W. A. (1992). - An epidemiological study of *Fasciola hepatica* in the Netherlands. *Vet. Q.* , 14, 140 - 144.

[15] Goodall E. A. , McIlroy S. G. , McCracken R. M. , McLoughlin E. M. & Taylor S. M. A. (1991). - Mathematical forecasting model for the annual prevalence of fasciolosis. *Agric. Syst.* , 36 (2), 231 - 240.

[16] Goodall E. A. , Menzies F. D. & Taylor S. M. (1993). - A bivariate autoregressive model for estimation of prevalence of fasciolosis in cattle. *Anim. Prod.* , 57 (2), 221 - 226.

[17] Gordon G. , O'Callaghan M. & Tallis G. M. (1970). - A deterministic model for the life cycle of a class of internal parasites of sheep. *Math. Biosci.* , 8, 209 - 226.

[18] Gordon H. McL. (1953). - The epidemiology of helminthosis in sheep in winter - rainfall regions of Australia. I. Preliminary observations. *Aust. vet. J.* , 29, 337 - 348.

[19] Hope Cawdery M. J. , Gettinby G. & Grainger J. N. R. (1978). - Mathematical models for predicting the prevalence of liver fluke disease and its control from biological and meteorological data. *In* Weather and parasitic animal disease (T. E. Gibson, ed.). Technical Note 159. World Meteorological Organization, Geneva, 21 - 38.

[20] Kim J. - H. , Kim J. - T. , Cho S. - H. & Lee C. - G. (1998). - Studies on the viability and infectivity of *Fasciola hepatica* metacercariae. *Korean J. vet. Res.* , 38 (1), 161 - 166.

[21] Leimbacher F. (1978). - Experience with the Mt system of forecasting fascioliasis in France. *In* Weather and parasitic animal disease (T. E. Gibson, ed.). Technical Note 159. World Meteorological Organization, Geneva, 6 - 11.

[22] Luzón - Peña M. , Rojo - Vázquez F. A. & Gómez - Bautista M. (1994). - The

overwintering of eggs, intramolluscal stages and metacercariae of *Fasciola hepatica* under the temperatures of a Mediterranean area (Madrid, Spain). *Vet. Parasitol.*, 55 (1/2), 143 - 148.

[23] Malone J. B., Gommes R., Hansen J., Yilma J. M., Slingenberg J., Snijders F., Nachtergaele F. & Ataman E. (1998). - A geographic information system on the potential distribution and abundance of *Fasciola hepatica* and *F. gigantica* in East Africa based on Food and Agriculture Organization databases. *Vet. Parasitol.*, 78 (2), 87 - 101.

[24] Meek A. H. & Morris R. S. (1979). - The longevity of *Fasciolahepatica* metacercariae encysted on herbage. *Aust. vet. J.*, 55 (2), 58 - 60.

[25] Meek A. H. & Morris R. S. (1981). - A computer simulation model of ovine fascioliasis. *Agric. Syst.*, 7 (1), 49 - 77.

[26] Milian Suazo F., Ibarra Velarde F. & Flores - Crespo R. (1981). - The viability and infectivity of *Fasciola hepatica* metacercariae of different ages. *Téc. pec. Méx.*, 41, 73 - 75.

[27] Nasell I. & Hirsch W. M. (1972). - A mathematical model of some helminthic infections. *Commun. pure app. Math.*, 25, 459 - 477.

[28] Ollerenshaw C. B. (1959). - The ecology of the liver fluke. *Vet. Rec.*, 71 (45), 957 - 963.

[29] Ollerenshaw C. B. (1971). - Forecasting liver fluke disease in England and Wales 1958—1968 with a comment on the influence of climate on the incidence of disease in some other countries. *Vet. med. Rev.*, 2/3, 289 - 312.

[30] Ollerenshaw C. B. & Graham E. G. (1978). - Forecasting the incidence of parasitic gastroenteritis in lambs in England and Wales. *Vet. Rec.*, 103, 461 - 465.

[31] Ollerenshaw C. B. & Rowcliffe S. A. (1961). - A survey and appraisal of the methods used by farmers to control fascioliasis. *Vet. Rec.*, 73 (44), 1113 - 1121.

[32] Ollerenshaw C. B & Rowlands W. T. (1959). - A method of forecasting incidence of fascioliasis in Anglesey. *Vet. Rec.*, 71, 591 - 598.

[33] Ollerenshaw C. B. & Smith L. P. (1969). - Meteorological factors and forecasts of helmithic disease. *Adv. Parasitol.*, 7, 283 - 323.

[34] Over H. J. (1975). - Epidemiological aspects of *Fasciola hepatica* infections. *In* Proc. 20th World Veterinary Congress, 6 - 12 July, Thessaloniki, Greece, Vol. 1, 496 - 497.

[35] Rapsch C., Dahinden T., Heinzmann D., Torgerson P. R., Braun U., Deplazes P., Hurni L., Ba H. & Knubben - Schweizer G. (2008). - An interactive map to assess the potential spread of *Lymnaea truncatula* and the free - living stages of *Fasciola hepatica* in Switzerland. *Vet. Parasitol.*, 154 (3 - 4), 242 - 249.

[36] Roberts M. G. & Grenfell B. T. (1991). - The population dynamics of nematode infections of ruminants: periodic perturbations as a model for management. *IMA J. Math. appl. Med. Biol.*, 8, 83 - 93.

[37] Roberts M. G. & Grenfell B. T. (1991). - The population dynamics of nematode

infections in ruminants: the effect of seasonality in the free - living stages. *IMA J. Math. appl. Med. Biol.*, 9, 29 - 41.

[38] Ross J. G. (1970). - The Stormont 'wet day' forecasting system for fascioliasis. *Br. vet. J.*, 126, 401 - 408.

[39] Ross J. G. (1975). - A study of the application of the Stormont 'wet day' fluke forecasting system in Scotland. *Br. vet. J.*, 131 (4), 486 - 498.

[40] Shaka S. & Nansen P. (1979). - Epidemiology of fascioliasis in Denmark. Studies on the seasonal availability of metacercariae and the parasite stages overwintering on pasture. *Vet. Parasitol.*, 5 (2/3), 145 - 154.

[41] Shiramizu K. & Abu M. (1988). - The preventive investigation of bovine fascioliasis. IV. The length of period of infections ability of *Fasciola hepatica* metacercaria within straw bundle capsules preserved within a vinyl house or on the second floor of a barn. *Yamaguchi J. vet. Med.*, 69 (15), 89 - 92.

[42] Sloan J. E. N. (1971). - The incidence of liver fluke in British cattle during the last twenty years and fluctuations to annual climatic variations. *In* 2nd International Liver Fluke Colloquium, Wageningen, the Netherlands, 2 - 6 October 1967. Merck Sharp and Dohme International, Rahway NJ, 164 - 167.

[43] Smith G. (1978). - A field and laboratory study of the epidemiology of fascioliasis. D. Phil Thesis, Department of Biology, University of York, United Kingdom.

[44] Smith G. (1981). - A three - year study of *Lymnaea truncatula* habitats, disease foci of fascioliasis. *Br. vet. J.*, 137, 398 - 410.

[45] Smith G. (1984). - Analysis of anthelmintic trial protocols using sheep experimentally or naturally infected with *Fasciola hepatica*. *Vet. Parasitol.*, 16 (1/2), 83 - 94.

[46] Smith G. (1984). - Chemotherapy of ovine fascioliasis: use of an analytical model to assess the impact of a series of discrete doses of anthelmintic on the prevalence and intensity of infection. *Vet. Parasitol.*, 16 (1/2), 95 - 106.

[47] Smith G. (1984). - The impact of repeated doses of anthelmintic on the intensity of infection and age structure of *Fasciola hepatica* populations in sheep. *Vet. Parasitol.*, 16 (1/2), 107 - 115.

[48] Smith G. (1987). - The relationship between the density of *Fasciola hepatica* miracidia and the net rate of miracidial infections in *Lymnaea truncatula*. *Parasitology*, 95, 159 - 163.

[49] Smith G. (1990). - The use of computer models in the design of strategic parasite control programs. Epidemiology of bovine nematode parasites in the Americas. *In* Proc. MSD AGVET Symposium, 16th World Buiatrics Congress, Salvador, Bahia, Brazil, 107 - 114.

[50] Smith G. (1994). - Modelling helminth population dynamics. *In* Modelling vector - borne and other parasitic diseases. Proc. Workshop organized by ILRAD in collaboration with FAO, 23 - 27 November 1992, ILRAD, Nairobi, Kenya (B. D. Perry & W. J.

Hansen, eds). International Laboratory for Research on Animal Diseases, Nairobi, Kenya, 67 - 86.

[51] Smith G. (1994). - Population biology of the parasitic phase of trichostrongylid nematode parasites of cattle and sheep. *Int. J. Parasitol.*, 24, 167 - 178.

[52] Smith G. (1998). - The importance of pasture cleanup in the control of nematode parasites of grazing cattle. Abstract. National Cattlemen's Beef Association Conference, IVOMEC SR Bolus Seminar, 29 January 1997, Kansas City, Kansas.

[53] Smith G. & Grenfell B. T. (1984). - The influence of water temperature and pH on the survival of *Fasciola hepatica* miracidia. *Parasitology*, 88, 97 - 104.

[54] Smith G. & Grenfell B. T. (1994). - Modelling of parasitic populations: gastrointestinal nematode models. *Vet. Parasitol.*, 54, 127 - 143.

[55] Smith G., Grenfell B. T., Anderson R. M. & Beddington J. (1987). - Population biology of *Ostertagia ostertagi* and anthelmintic strategies against ostertagiasis in calves. *Parasitology*, 95, 407 - 420.

[56] Smith G. & Guerrero J. (1994). - Potential for application of current models for the improvement of helminth control: advantages, limitations, shortcomings. *In* Modelling vector - borne and other parasitic diseases. Proc. Workshop organized by ILRAD in collaboration with FAO, 23 - 27 November 1992, ILRAD, Nairobi, Kenya (B. D. Perry & W. J. Hansen, eds). International Laboratory for Research on Animal Diseases, Nairobi, Kenya, 309 - 323.

[57] Smith G. & Maciel A. (2002). - A model for population dynamics and control of bovine fascioliasis: a new component of PARABAN. Conference Report, 22nd World Buiatrics Congress, 18 - 23 August, Hannover, Germany.

[58] Smith G. & Wilson R. A. (1980). - Seasonal variations in the microclimate of *Lymnaea truncatula* habitats. *J. appl. Ecol.*, 17, 329 - 342.

[59] Smith L. P. & Ollerenshaw C. B. (1976). - The effects of weather on animal diseases. *ADAS Q. Rev.*, 21, 214 - 219.

[60] Tallis G. M. & Donald A. D. (1970). - Further models for the distribution on pasture of infective larvae of the strongyloid nematode parasites of sheep. *Math. Biosci.*, 7, 179 - 190.

[61] Tallis G. M. & Leyton M. K. (1966). - A approach to the study of parasite populations. *J. theor. Biol.*, 13, 251 - 260.

[62] Tallis G. M. & Leyton M. K. (1969). - Stochastic models of helminthic parasites in the definitive host. *Int. J. math. Biosci.*, 4, 39 - 48.

[63] Thomas R. J. (1974). - The role of climate in thee pidemiology of nematode parasitism in ruminants. *In* The effects of meteorological factors upon parasites (A. E. R. Taylor & R. Muller, eds). Blackwell Scientific Publications, Oxford.

[64] Thomas R. J. (1978). - Forecasting the peak gastrointestinal nematode infection in lambs. *Vet. Rec.*, 103, 465 - 468.

[65] Ueno H., Yoshihara S., Sonobe O. & Morioka A. (1975). - Appearance of *Fasciola cercariae* in rice fields determined by a metacercaria - detecting buoy. *Nat. Inst. anim. Hlth Q.* (*Tokyo*) 15 (3), 131-138.

[66] Vignoles P., Menard A., Rondelaud D., Chauvin A. & Dreyfuss G. (2001). - *Fasciola hepatica*: the characteristics of experimental infections in *Lymnaea truncatula* subjected to miracidia differing in their mammalian origin. *Parasitol. Res.*, 87 (11), 945-949.

[67] Ward C. J. (2006). - Mathematical models to assess strategies for the control of gastrointestinal roundworms in cattle. Validation. *Vet. Parasitol.*, 138, 268-279.

[68] Zukowski S. H., Wilkerson G. W. & Malone J. B. (1993). - Fasciolosis in cattle in Louisiana. II. Development of a system to use soil maps in a geographic information system to estimate disease risk on Louisiana coastal marsh rangeland. *Vet. Parasitol.*, 47 (1/2), 51-65.

大气扩散模型及其在疫病传播评估中的应用

J. Gloster①，L. Burgin②，
A. Jones② & R. Sanson③

摘要： 大气扩散模型可以用来评估可能经空气传播植物和动物疫病。大气扩散模型的研发初衷通常并非如此，但是可以通过调整而用于研究以往疫病的暴发，以及在疫病突然暴发的情况下为控制或消除疫病的人员提供建议。大气扩散模型可以在能够准确测定排毒和感染的那个短暂的时期内运行；或在持续数周、甚至数月的需要进行数据统计的时期内运行。这些模型也可以嵌入其他模拟模型，如旨在代表更广泛的疫病传播机制的模型。大气扩散模型已经成功应用于许多事件之中，但它们将拥有更广泛的应用前景。为了实现效用的最大化，需要建模人员与相应学科科学家的紧密合作。

关键词： 大气扩散模型　蓝舌病　疫病传播　口蹄疫

0　引言

风和气流是控制释放到大气中微粒物运动的重要因素。大气扩散模型（ADMs）通过数学术语描述该过程，并评估空气污染物下风浓度，其污染源包括核电站事故、化学物泄露、火山迸发或常规工业污染物。不同模型的复杂性有所不同，其作用范围从几十米至数千千米；可以实时运行，也可回顾分析。

大气扩散模型并非新发明，描述其应用的出版物至少可以追溯至 1930 年，那时 Bosanquet 和 Pearson[4] 建立了烟雾和气体扩散的模型。Sir Graham Sutton[30,31] 在 1947 年衍生出空气污染物烟羽扩散方程，其中加入了垂直扩散和侧风扩散高斯分布的假设，以及烟羽地面反射影响。然而，直到 1986 年 4

① 气象局。
② 气象局。
③ 新西兰 AsureQuality 有限公司。

月 26 日在乌克兰切尔诺贝利发生核事故之后，大气扩散模型的设计才有重大进展，其应用也愈加广泛。尽管大部分工作都是为了给政府提供应急响应能力的需要，但其中与人类、植物、动物疫病控制相关的部分也借此机会调整了大气扩散模型，以回答与疫病空气传播相关的问题。

长久以来一直认可和记录天气与动植物疫病扩散的关系。例如，Pedgley[24]描述了许多关于花粉、昆虫、病原体被风吹至数百千米之外的事例。在一次皇家学会组织的会议上，许多作者还介绍了其他事例[25]。起初，利用天气预测图，工作人员寻求重建气流运动，手工制作在一定高度范围内的具体空气轨道。20 世纪 80 年代期间，通过计算机解算高斯羽流方程，相关人员首次尝试了解和预测口蹄疫（FMD）的传播[3]。自此以后，大气扩散模型的构建、运行范围和所研究的病原体数量方面取得了长足进展。例如，基于计算机的大气扩散模型现在包括了相关病原体的下风浓度、大气不同高度的具体空气轨道分析、病毒颗粒的衰减、清洗和干沉降。许多作者已经使用大气扩散模型模拟一系列情景，包括 1979 年斯维尔德洛夫斯克炭疽暴发[20]、气味影响[17]和军团菌病[22]、新城疫[9]、伪狂犬病[5]、蓝舌病[16,18]、蛾类害虫的传播[6]。

本文回顾性描述了大气扩散模型的基本组成部分，并介绍了两个用于模拟空气疫病传播的案例。有意深入研究学习扩散模型的读者请参阅 Pasquill 和 Smith[23]或 Arya[2]的文献。

1 模型描述

使用大气扩散模型要考虑三个主要方面：输入参数说明、扩散模型和模型输出数据选择。

2 输入参数

选择合适的模型输入参数十分关键，在这一过程中，必须仔细考量，以保证输出数据的准确性。模型输入参数有两种截然不同的类型。第一种与模型内部参数的选择有关，如模型网格大小、建模域范围、任何已知的衰减和沉降参数、计算频率。此外，有必要考虑小范围地形是否有可能严重影响病原体随风飘移。

第二种输入参数类型包括外部变量，如所释放污染物数量、污染物释放时间以及天气状况；这些参数在模型运行时经常发生变化，因此需要评估。病原体释放位置和高度、病原体释放范围的几何形状（从一点、到一线，或覆盖某一区域）必须获悉或需要另行评估。也需要从源头释放的数量和时间进行估测，其表述方式为某一刻的释放、某一短暂时间的释放或相对较长时间（如24小时）的平均释放。源强度可以通过测量释放源（如果可行）获得，或结合释放源数据、实验数据、发布数据取得。在某些情景中，释放时间可轻易计量，但在许多情景中，需假定释放时间在固定时间段以稳定速率发生。虽然该参数可能很难定义，但估测愈佳，愈有可能测定风中所携带物质的位置和浓度；如果气象条件随时间变化明显，这一原则尤为适用。

需要释放地点和下风区域的典型气象数据。大气扩散模型需要一系列参数的信息，如风向、风速、温度、湿度、降水、云量和云类。此类信息主要有两大来源：① 观测人员或自动气象站做出的观测；② 从数值天气预报（NWP）模型中所获得的数据，该模型在多国运行，为天气预报员所使用。

典型气象数据的选择相当重要，但通常而言并不简单直接。例如，气象观测不可能在源位置处获得。即使可以在源位置处获得，也无法保证下风仅数千米之外的气象条件地面观测、或高纬度大气条件地面观测的代表性。考虑到在大多数情况下最近的观测站也在数千米之外，在根据该数据解读大气扩散模型输出时必须十分谨慎。如果在释放源或观测点附近存在重大地形、海岸、城市的影响，问题将变得更加复杂。

如果使用数值天气预报模型，来自广阔气象观测范围的数据，包括地面气象站观测数据、探空气球观测数据、卫星以及其他遥感平台观测数据，被容纳至许多分立网格点处大气水平或垂直维度的单一描述。这些网格点的空间解析度差别甚大，一般为数十千米的级别，但数千米的高分辨率也逐渐普及。网格数据试图捕捉模型域内总体流动条件的空间和时间变化；当模拟长距离污染物输送时，尤其能提供帮助。然而，如同直接观察，其信息详细程度可能不足以描述释放点的条件，尤其是当所处区域地形复杂时。

3 模型

已开发出许多不同技术应用于模拟空气污染物的输送和扩散。不同模型的复杂性差距甚大。这些模型可能仅仅为了考虑影响一般污染物扩散的物理过程，但也可能涵盖了与具体应用相关的复杂过程，如放射线衰减、化学反应或生物过程。

大气扩散模型可以用多种方式划分，如以方法划分、以可应用性规模划分或按应用划分。例如，早期大气扩散模型采用了简单的高斯烟羽方式计算释放源的下风浓度，但现代高斯烟羽模型使用了更加复杂的结构。一些模型采用了追踪流动中个体模型“颗粒”的拉格朗日法，而其他模型则旨在解决网格结构中明显的对流—扩散方程（欧拉法）。

此外也可根据短程模型和长程模型进行区分：短程模型假设大型气候状态在局部是统一的，长程模型假设气候状态的空间变化会影响烟羽的扩散行为。按照这种区分方式，烟羽趋向于被模拟为靠近其释放源的拟序结构；但随着时间的推移，其变得逐渐扭曲和复杂。读者应当注意，即使是在使用局部气候状态（如临近气象站的观测），在扩散模型中可能存在一些可用的高级流动建模选择，以解释局部地形引导的流动或沿岸区域的海风影响。

4 模型输出

大气扩散模型的输出一般为低水平浓度估测（如每小时/每天的平均值或最大值）、或累计浓度的总和（如相关时间段综合总浓度）。当重点评估特殊动物群体的吸入颗粒剂量时，这些动物的呼吸率和肺活量必须单独计算。

此外，辅之以单独颗粒轨道作为时间函数和初始位置，某一具体位置集中时间段作为有用的解读事件的模型输出。模型输出能够以多种格式提供，但通常通过地理信息系统以图表呈现。

5 大气扩散模型应用示例

5.1 FMD 病毒的空气传播

FMD 是由 FMD 病毒（FMDV）引起、具有高度传染性的偶蹄动物水疱病。其传播方式包括动物间的直接接触、动物制品（乳制品、肉制品、动物精液）的传播、人或污染物的机械转移、空气传播，根据特定疫病暴发特点不同，各种传播机制的重要性也相对不同。

最初，利用高斯烟羽模型帮助理解在 1967 年英国汉普郡 FMD 暴发中 FMDV 空气传播的作用。通过结合基于实验室的气溶胶实验和检验兽医记录的疫病临床描述，得出为期 10 d 的病毒排放简况估测。疫点约 15 km 外的人工观测点提供了每小时的天气观测数据。研究人员总结认为，Sellers 和 Forman[27] 指出，感染归因于疫病的空气传播，空气中存在足够的病毒，可通过直接吸入造成感染。Donaldson 等将该模型与天气分析结合，对 1981 年英国（泽西和怀特岛）和法国（布列塔尼）其他区域 FMD 暴发时的空气传播进行了预测和分析[7]。随后，Sørensen 等[29] 使用远程范围空气传播模型估算了许多疫情暴发中的病毒传播，包括 1981 年英国的疫情暴发。这些作者证实了 Donaldson 等的最初发现。

在英国 2001 年 FMD 暴发之中和之后[12,13,21]，英国政府利用两种空气传播模型提供实时建议。两种模型都表明由风造成的病毒飘移与所观察到的，诺森伯兰郡赫登昂泽沃尔感染猪向许多其他农场（这些农场的疫情在之后得到确认）的传播相一致。

2008年，来自6个国家（澳大利亚、丹麦、加拿大、新西兰、英国、美国）的建模人员集聚，比较了各自的实时操作模型。Gloster等[15]给出了所使用模型的全部细节和相互比较的发现。总而言之，每个建模人员都被提供了与1967年英国汉普郡FMD暴发相关的数据，并被要求预测FMDV的空气传播。总体而言，所有模型都预测了处于危险状态家畜的地点，只是存在与所用气象数据差距极其相关的微小差距。

如前所述，空气传播只是FMDV实现动物之间传播或不同地点之间传播的机制之一。例如，2001年，英国在病毒最初从一个猪场经空气传播出去之后，疫病的传播归因于受感染绵羊在英国境内的移动[8,32]。相比之下，1967/1968年疫情的开端则符合空气传播性病毒在病毒传播过程中发挥重要作用的情况。Gloster等[14]使用空气传播模型回顾性地模拟该疫情的早期阶段，他们确认了当时运用基本气象观测数据所得出的发现，即空气传播性病毒最有可能造成在疫情发生早期，在距疫源地60 km以外快速传播[1,19,34]。考虑到可能暴发新的疫情，快速识别疫病传播机制的潜在作用显然是相当重要的。

为了尝试和评估，结合多种控制方法给予的启示开发了多种模型。其中有的模型包括了空气传播的模块，有的包括参数化空气传播模块，有的包括简化的空气传播模型[26]。

6 蓝舌病的空气传播

蓝舌病（BT）病毒通过库蠓叮咬反刍动物传播，已感染病畜身上的库蠓被风吹移至健康动物[28]。2006年，北欧首次暴发了蓝舌病。蓝舌病病毒在2007年和2008年越过冬天重新出现；北至挪威，南至西班牙、葡萄牙，都有蓝舌病病毒猖獗的足迹。仅法国在2008年就出现了超过2万起确诊疫病的暴发。

在2006年疫情暴发之初，英国环境食品与农村事务部（DEFRA）就欧洲近陆风中携带蓝舌病病毒库蠓的风险向国家气象局（气象办公室）和Pirbright动物卫生研究所寻求指导建议。气象办公室的扩散模型——数值大气扩散建模环境（NAME）——对该风险进行了评估。首先假设每天傍晚一定数量的感染库蠓开始活动，并计算其在夜间的路径和下风浓度。在2007年，改进了该模型，加入了在实验室和野外实验库蠓在不同温度、风速、降水、相对湿度中不同反应。随后，研发了一个基于网页的英吉利海峡库蠓输送预警系统，并每天向英国环境食品与农村事务部提供信息[16]。NAME 识别出蓝舌病病毒感染库蠓最有可能从欧洲近陆由风携带至英国[11]。

7 检验与验证

在向客户提供可靠、高质量的信息之前，所有类型的模型都要进行检验与验证。由于在许多情况下，大气扩散模型的主要研发目的并非评估疫病传播，在其用于动物疫病传播之前，就已先行评估了[33]。这些测试能够向客户确保基本大气扩散模型是可靠的，使其能够专注于保证产出同等高质量的输入、输出和任何模型界面。

8 结论

上述内容表明大气扩散模型为尝试建立某一疫病与大气条件关系的人员，及为在疫情暴发中负责控制扑灭疫情的人员提供了有用的工具。目前，大气扩散模型的运用产生了良好的效果，但笔者认为它们有更广泛的应用前景。例如，Pedgley[24]识别出一些花粉、昆虫、病原体在合适的气候条件下，可以在数十至数百千米甚至数千千米的距离范围内传播疫病。从事这些领域的研究人员应当积极地考虑与气象学家、大气扩散模型建模人员合作，以更好地理解这些物质的传播。

就大气物理的内部建构而言，大气扩散模型可以做得十分出色，但如果输入数据的质量不达标，输出结果也将不可靠。只有通过对相关病原体和颗粒进行全面的了解才能提供该信息。目前认为获得全面的了解可能会耗费大量的时间和资金，但这是能够预测未来事件的基础。提供代表性的气象数据也很重要。如果病原体的携带不低于 10 km，则当前的数值天气数据解析度是足够的。但如果病原体的传播距离低于 10 km（如从一个田地、农场传播至另一个)、或其中涉及复杂的地形，气象数据输入可能就是个大问题了。但乐观来看，数值天气预报模型的解析度和质量一直都在提高，其为扩散应用提供代表性气象数据的能力也不断增强。在接下来的数年中，至少在一些地点，有可能得到数百米级别高分辨数据并在实际应用。此外，为提供测量局部天气，缜密使用气象设备可能帮助模拟短距离疫病传播。

致谢

笔者对气象局以及动物卫生研究所的同事表示感谢，他们在笔者撰写本篇文章时给予了支持；笔者也要感谢环境食品与农村事务部给该工作提供的资助（SE4204、4205）。

参考文献

[1] Anon.（1969）. - Report of the Committee of Inquiry on foot - and - mouth disease 1968. Part 1. Her Majesty's Stationery Office，London.

[2] Arya S. P.（1999）. - Air pollution meteorology and dispersion. Oxford University Press，New York.

[3] Blackall R. M. &Gloster J.（1981）. - Forecasting the airborne spread of foot - and - mouth disease. *Weather*，36，162 - 167.

[4] Bosanquet C. H. & Pearson J. L.（1936）. - The spread of smoke and gases from chimneys. *Trans. Faraday Soc.*，32，1249.

[5] Casal J.，Moreso J. M.，Planas - Cuchí E. &Casal J.（1997）. - Simulated airborne spread of Aujeszky's disease and foot - and - mouth disease. *Vet. Rec.*，140（26），672 - 676.

[6] Chapman J. W.，Nesbit R. L.，Burgin L. E.，Reynolds D. R.，Smith A. D.，Middleton D. R. & Hill J. K.（2010）. - Flight orientation behaviors promote longer migration trajectories in high - flying insects. *Science*，327，682 - 685.

[7] Donaldson A. I.，Gloster J.，Harvey L. D. & Deans D. H.（1982）. - Use of prediction models to forecast and analyse airborne spread during the foot - and - mouth disease outbreaks in Brittany，Jersey and the Isle of Wight in 1981. *Vet. Rec.*，110，53 - 57.

[8] Gibbens J. C.，Sharpe C. E.，Wilesmith J. W.，Mansley L. M.，Michalopoulou E.，Ryan J. B. M. & Hudson M.（2001）. - Descriptive epidemiology of the 2001 foot - and - mouth disease epidemic in Great Britain：the first five months. *Vet. Rec.*，149，729 - 743.

[9] Gloster J.（1983）. - Analysis of two outbreaks of Newcastle disease. *Agric. Met.*，28，177 - 189.

[10] Gloster J.，Blackall J.，Sellers R. F. & Donaldson A. I.（1981）. - Forecasting the spread of foot - and - mouth disease. *Vet. Rec.*，108，370 - 374.

[11] Gloster J.，Burgin L.，Witham C.，Athanassiadou M. & Mellor P. S.（2008）. - Bluetongue in the UK and northern Europe 2007 and key issues for 2008. *Vet. Rec.*，162，298 - 302.

[12] Gloster J.，Champion H. J.，Mansley L. M.，Romero P.，Brough T. & Ramirez A.（2005）. - The 2001 epidemic of foot - and - mouth disease in the United Kingdom：epidemiological and meteorological case studies. *Vet. Rec.*，156，793 - 803.

[13] Gloster J.，Champion H. J.，Sorensen J. H.，Mikkelsen T.，Ryall D. B.，Astrup P.，Alexandersen S. & Donaldson A. I.（2003）. - Airborne transmission of foot - and - mouth disease virus from Burnside Farm，Heddon - on - the - Wall，Northumberland，during the 2001 epidemic in the United Kingdom. *Vet. Rec.*，152，525 - 533.

[14] Gloster J., Freshwater A., Sellers R. F. & Alexandersen S. (2005). – Re-assessing the likelihood of airborne spread of foot-and-mouth disease at the start of the 1967-1968 UK foot-and-mouth disease epidemic. *Epidemiol. Infect.*, 133, 767-783.

[15] Gloster J., Jones A., Redington A., Burgin L., Sørensen J. H., Turner R., Dillon M., Hullinger P., Simpson M., Astrup P., Garner G., Stewart P., D' Amours R., Sellers R. & Paton D. (2009). – Airborne spread of foot-and-mouth disease: model intercomparison. *Vet. J.*, 183 (3), 278-286. (doi: 10.1016/j.tvjl.2008.11.011) (accessed on 21 September 2009).

[16] Gloster J., Mellor P. S., Manning A. J., Webster H. N. & Hort M. C. (2007). – Assessing the risk of windborne spread of bluetongue in the 2006 outbreak of disease in northern Europe. *Vet. Rec.*, 160, 54-56.

[17] Hayes E. T., Curran T. P. & Dodda V. A. (2006). – A dispersion modelling approach to determine the odour impact of intensive poultry production units in Ireland. *Bioresour. Technol.*, 97 (15), 1773-1779.

[18] Hendrickx G., Gilbert M., Staubach C., Elbers A., Mintiens K., Gerbier G. & Ducheyne E. (2008). – A wind density model to quantify the airborne spread of *Culicoides* species during north-western Europe bluetongue epidemic. *Prev. vet. Med.*, 87, 162-181.

[19] Hugh-Jones M. & Wright P. B. (1970). – Studies on the 1967-8 foot-and-mouth disease epidemic. The relation of weather to the spread of disease. *J. Hyg. (London)*, 68, 253-271.

[20] Meselson M., Guillemin J., Hugh-Jones M., Langmuir A., Popova I., Shelokov A. & Yampolskaya O. (1994). – The Sverdlovsk anthrax outbreak of 1979. *Science*, 266, 1202-1208.

[21] Mikkelsen T., Alexandersen S., Astrup P., Donaldson A. I., Dunkerley F. N., Gloster J., Champion H., Sørensen J. H. & Thykier-Nielsen S. (2003). – Investigation of airborne foot-and-mouth disease virus transmission during low wind conditions in the early phase of the UK 2001 epidemic. *Atmos. Chem. Phys. Disc.*, 3, 677-703.

[22] Nguyen T. M. N., Ilef D., Jarraud S., Rouil L., Campese C., Che D., Haeghebaert S., Ganiayre F., Marcel F., Etienne J. & Desendos J.-C. (2006). – A community-wide outbreak of Legionnaire's disease linked to industrial cooling towers: How far can contaminated aerosols spread? *J. infect. Dis.*, 193, 102-111.

[23] Pasquill F. & Smith F. B. (1983). – Atmospheric diffusion. Ellis Horwood, Chichester, United Kingdom.

[24] Pedgley D. (1982). – Windborne pests and diseases. John Wiley & Sons, Chichester, United Kingdom.

[25] Royal Society (1983). – The aerial transmission of disease. *In* Proc. Royal Society discussion meeting held on 1 and 2 February 1983 (J. B. Brooksby, ed.). *Philos.*

Trans. roy. Soc. Lond., *B*, *biol. Sci.*, 302, 535－541.

[26] Sanson R. (1993). － The development of a decision support system for an animal disease emergency. Unpublished PhD thesis, Massey University, Palmerston North, New Zealand.

[27] Sellers R. F. & Forman A. J. (1973). － The Hampshire epidemic of foot－and－mouth disease 1967. *J. Hyg.* (*London*), 71, 15－34.

[28] Sellers R. F., Pedgley D. E. & Tucker M. R. (1978). － Possible windborne spread of bluetongue to Portugal, June－July 1956. *J. Hyg.* (*London*), 81, 189－196.

[29] Sørensen J. H., Mackay D. K. J., Jensen C. Ø. & Donaldson A. I. (2000). － An integrated model to predict the atmospheric spread of foot－and－mouth disease virus. *Epidemiol. Infect.*, 124, 577－590.

[30] Sutton O. G. (1947). － The problem of diffusion in the lower atmosphere. *Quart. J. royal met. Soc.*, 73, 257.

[31] Sutton O. G. (1947). － The theoretical distribution of airborne pollution from factory chimneys. *Quart. J. royal met. Soc.*, 73, 426.

[32] Thrusfield M., Mansley L. M., Dunlop P., Taylor J., Pawson A. & Stringer L. (2005). － The foot－and－mouth disease epidemic in Dumfries and Galloway, 2001. I. Characteristics and control. *Vet. Rec.*, 156, 229－252.

[33] Van Dop H., Addis R., Fraser G., Girardi F., Graziani G., Inoue Y., Kelly N., Klug W., Kulmala A., Nodop K. &Pretel J. (1998). － ETEX: a European tracer experiment － observations, dispersion modelling and emergency response. *Atmos. Environ.*, 32 (24), 4089－4094.

[34] Wright P. B. (1969). － Effects of wind and precipitation on the spread of foot－and－mouth disease. *Weather*, 24, 204－213.

3

参 数 估 计

通过疫情暴发数据及传播实验预估口蹄疫传播参数

T. J. Hagenaars①，A. Dekker①，
M. C. M. de Jong② & P. L. Eblé①

摘要： 近期文献报道，已开发了针对口蹄疫（FMD）传播的数学模型，并已用于不同目的。其中一个重要的目的便是预测那些控制农场间传染病传播策略所产生的影响，以此来支持传染病控制决策。作者简要地回顾了各类建模方法，对其所使用的参数以及如何预估这些参数进行了讨论。他们强调，除对FMD传播参数进行预估之外，模型结构的选择（包括所使用参数的数量及类型）也至关重要。在FMD传播方面，与建模及参数量化相关的研究不足有以下两点：不同物种与疫苗接种影响此传播方式之间的传播；FMD传播特定路径的特性。作者特别强调了小型传播实验在弥补这些不足时所发挥的作用。

关键词： 口蹄疫　数学模型　建模　参数预估　传播实验

0　引言

FMD传播数学模型已用来解释疫情暴发或传染病的观测数据，并对新情况进行推断。对于传染病暴发前的应急计划，以及流行过程中所应用的控制策略二者的实时评估来说，在疫病控制政策制定方面进行推断是极其有必要的。要做到成功推断，仅将观测数据套入模型是不够的，还应使推断背后所隐含模型的传播机制表现必须合理[18]。因此，与建模相结合的实验性研究常常需要对模型建构起指导作用或对以往暂时性的模型假设进行改善。

历史上，FMD传播的第一个模型侧重于农场间的空气传播。这主要是因为在1966年英国（UK）FMD流行，空气传播是一个关键因素[59]。而在近期的2001年英国传染病中，与其他传播途径相比，包括农场间经人或动物进行接触[30,32]，空气传播这一因素所发挥的作用非常小。这一最新的传染病事件

① 瓦赫宁恩大学中央兽医研究所（CVI），荷兰莱斯特塔德。
② 瓦赫宁恩大学，定量兽医流行病学部。

促进了一个重要模型机体的产生，这一模型运用传染病数据对（所有或部分）参数[36]进行预估，并针对传播模型进行分析，且对一系列替代性控制措施所产生的影响进行预测。FMD 模型的第三个目的，正如文献所述，是为了对小规模传播实验所产生的结果进行解释。这些实验对动物群体内的传播，以及疫苗接种[24,51,52,53,54,55,56]对该类传播所造成影响的方式进行研究。下文中作者会阐述，量化空气传播以及传播实验的结果可以预示未来的 FMD 模型工作，对评估新的候选控制策略十分必要。

作者首先简要回顾了上述 FMD 模型活动的方法和不同目的，然后对 FMD 传播模型中的参数进行讨论。他们首先会探究几个非常简单的模型，以此来阐释一个模型究竟该包含哪些参数。其次，就农场内和农场间的传播模型而言，作者会回顾其模型参数化以及 FMD 参数量化现状。最后，他们会对小规模传播实验在近期内（到目前为止）评估尚未实现量化的相关参数方面所发挥的作用进行研究。

1 FMD 传播模型：目的及方法

1.1 预测空气传播

历史上，与其他可能路径相比，对农场间 FMD 传播的空气路径研究则更为具体。FMD 空气传播模型是在 1966 年英国 FMD 传染病之后发展起来的。这是因为许多人认为那次传染病传播的主要诱因是空气传播。为了预测农场间 FMD 空气传播状况，运用风速、风向以及其他气象数据[48]等信息发展了这些模型。例如，2001 年，英国 FMD 流行之初，在地图上标注出空气传播引起感染风险的场。所使用的方法是对空气传播进行机械描述，明确考虑如下几方面：①已感染农场空气中病毒颗粒的排放；②经过一定距离通过风力传播至具有风险的农场；③具有风险农场中动物吸入的剂量；④相关的剂量与应答关系[59]。

空气病毒传播是通过大气弥散[33,58]的羽流模型来进行描述的。FMD 病毒（FMDV）空气传播的结果模型试图包含不同物种在感染剂量和感染后所排出病毒数量方面的差异。牛群极易感染 FMDV，并且一些文献认为，通过呼吸，只需 10～20 个组织培养半数感染量（$TCID_{50}$）就可以感染牛群[20,21]，而猪相对来说对气溶胶感染具有一定的抵抗力[1,2]。然而，通过全面分析所公开的，包括牛群在内的空气传播感染试验，表明如此低剂量的感染概率是很小的[28]。另一个困难之是 FMDV 七个血清型和多个亚型的存在，这会出现不同的排毒特征[1]。

2 计算农场间流行传播控制策略的影响

英国 2001 年 FMD 流行推动了许多 FMD 模型工作的进行，在传染病期间这些工作开始支持控制策略的政策制定[36]。传染病流行过后需要建模，以便从流行数据中揭示更多的流行病学信息，包括所采取的控制措施的实际影响[27,67]。可用政策选项及当时所采取的政策包括限制动物移动、扑杀疫点动物和预防性环行扑杀。鉴于许多控制措施具有地区独特性，这就需要一个空间模型方法。正如 Kao[36]和 Keeling[39]所讨论及回顾，三种技术不同的空间模型方法，一个运用了确定性模型[26]，另外两个运用了随机性模型：Keeling 模型[43]和 Morris 模型[50]。

这篇文章中，作者将农场间传播模型方法分为（有且只有）两种：试图明确为不同农场间传播路径/机制建立的模型[49,50]，和更为简洁的模型——描述所有可能路径的综合影响，以及将其集中在一个数学量化模型中[9,26,27,37,38,40,42,43,62,63,64]。本文以下部分，作者将第一种模型类型称为“分层”模型，而第二种模型类型称为“非分层”模型，两种模型所需参数概况见图 1。

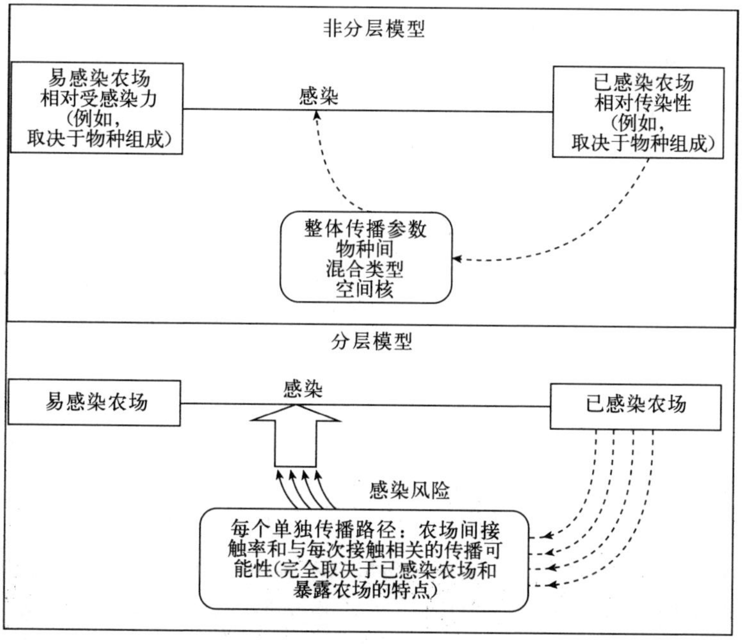

图 1 农场间 FMD 传播模型纲要展示，非分层模型及分层模型

（按传播路径分）

当运用非分层模型对环行扑杀半径和速度不同的情景做出推断，所有模型参数均可依据 2001 年传染病观测数据进行预估。近期农场间传播模型工作也注意到了控制策略，其中不仅包括疫苗接种，例如紧急环行接种[7,64]甚至包括大范围预防性疫苗接种[42]。与此同时，该工作也探究利用风险地图确定 FMD 传播高危地区，以及对该区域[9]不同控制策略影响进行评估。显然，当控制措施中包含疫苗接种时，有关疫苗接种对农场间传播影响的模型无法从 2001 年英国传染病数据中得到信息。因此，疫苗接种的影响模型只能基于暂时的模型假设。

因此，相比于通过分析推断出 2001 年所采取的实际控制策略中只在清除参数方面有所不同的情景，这些模型推断的准确性要低。尤为困难的一点是使用紧急疫苗接种代替预防性清除也对农场间移动的人及物的数量造成了影响。与依据 2001 年传染病所估测的风险相比，这可能会导致未接种疫苗农场间传播风险的变化。

在各类出版物中[12,19,29,35]，除 Morris 及其同事[49,50]的模型之外，还可以看到关于使用分层 FMD 模型的进一步研究。

3 计算疫苗接种对动物间传播产生的影响

接种 FMD 疫苗是一种已确立的预防性工具，且仍在全世界许多国家使用。大范围疫苗接种策略使欧盟（EU）成功地实现了无 FMD 疫情状态。20 世纪 60 年代在欧洲大部分地区开始实行大范围疫苗接种，在 20 年里，疫病暴发率几乎下降为零。1992 年，欧盟成员国采取了一种非预防性疫苗接种政策。虽然紧急疫苗接种在传染病期间仍被允许使用，但因其产生了一定的经济后果，因此人们不会使用，尤其是大量出口牲畜的国家更不会用。

2001 年荷兰流行期间，荷兰进行了紧急疫苗接种。在经济制约条件下，为了尽快恢复无 FMD 疫情状态，之后也扑杀了接种过疫苗的动物。而现在，使用现代标记实验可以将接种过疫苗的动物与被感染动物[11]区分开来，并且在 2003 年，欧盟立法做出修改，规定了在紧急疫苗接种控制疫病暴发后，动物及动物产品的贸易条例应该更为具体。因此，西欧国家近期重新恢复了 FMD 紧急疫苗接种，免疫后不扑杀的政策因其有效性以及其干预策略方式更易为公众所接受，而在几个国家也成为预防性扑杀的替代性措施[8]。

与不同的疫苗接种策略进行比较时，我们必须为疫苗接种对农场间传播所产生的影响建模。因此，对小型实验结果进行推断十分重要，该实验测试了疫苗对更为广泛（例如，农场）群体的有效性。为实现这一目的，随机 SIR 模型框架[5]最为常用。作者强调，农场内疫苗的有效性或许不是其在控制方面有效性的唯一依据：无法完全控制农场内传播的疫苗在控制病毒从一个农场传播到另一个农场[24]时仍可能有效。紧急疫苗接种之后[7,8]（J. A. Backer 等，预防领域），为宣布疫情结束而对最终筛查策略进行分析时，农场内和农场间的传播均需包含在内，这是因为物种内部的血清阳性率十分重要。对农场间模型来说，从包含疫苗接种的小型传播实验中所预估的参数与其直接相关。

4 FMD 传播参数：哪些是模型研究目的所必需的？

由于目的及方法不同，上述简要介绍的各类 FMD 模型在所使用的参数数量和类型方面也有所不同。针对某一固定目的，正如 Keeling 和 Rohani[40] 书中所述，为传染性疫病建模常常需要处理模型真实度与模型易处理程度之间的“平衡”，FMD 建模也不例外。易处理方面与进行参数预估所需要的数据问题紧密相关。模型复杂性的最佳程度取决于模型分析旨在回答的具体研究问题以及可获取的（或在未来研究中可获取的）以校准模型的定量信息。作者已经认识到，为地方性控制措施建模，如 2001 年英国传染病预防性环行扑杀措施，该模型必须具有空间性。也就是说，模型必须将农场的地理位置包含在内，或至少测量农场之间的距离。因此，该模型必须明确指出传播的可能性是如何随着农场之间的距离而发生变化的。

作者通过两个非常基本的农场间传播模型案例，来解释如何使模型的复杂性与可获取的校准数据的类型相符合。这些例子也可以用来介绍三种基本的传播参数，以供后来参考。

例 1

有一个 SIR 模型[5,41]，如图 2a 所示，描述了一个单物种（例如，牛）、数量为 N[41] 的农场的 FMD 传播。

这里，β 是传播速度参数，代表在一个大型易感染群体中，单位时间内由一个已感染动物所造成的新感染的平均数量，同时 γ 另一个重要参数的倒数，也就是平均感染期。第三个相关参数为基本传染数，R_0 定义为在整个易感染群体中由单一主要被感染动物而引起的继发感染的预估数量。R_0 具有阈值特性[5,41]：只要 $R_0>1$，感染会大范围传播（可能会发生大型疫病暴发）；但一旦 $R_0<1$，正在发生的传染病则会慢慢减弱，新的传染病只能引起小型疫病暴发。在这个模型 2a 中，基本传染数可计为：

$$R_0=\frac{\beta}{\gamma}$$

该参数 β 可被看作是动物间接触率 c 的结果，也就是说，每个单位时间内动物间接触的平均数量，以及每次接触的传播可能性，p：

$$\beta = pc$$

因此，替换 2a 模型中 p 和 c 的结果 β，可以得到一个替代性、更为复杂的模型，如图 2b 所示。尽管这一替代性模型在生物学上更为直观，但其在数学上更为复杂，因为该模型有一个新的参数。非常关键的一点是，与第一个模型相比，运用第二个模型获取有效校准数据会更加困难。

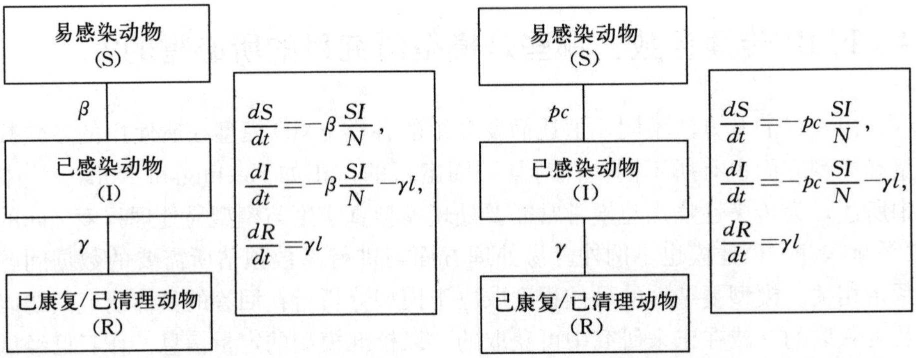

a. 标准SIR模型　　b. 标准SIR模型微变体

图 2　FMD 传播范例模型数学示意图

注：在数学展示中，作者运用决定性一般差别等效方式来描述该模型，尽管从参数预估来说，随机等效模型更为适合。

例 2

现在有一个 SIR 模型，描述了一个单物种、（有且只有）疫苗接种动物农场的 FMD 传播，其两个模型参数为 β_v 和 γ_v，其中，下标的 v 表示动物在 FMDV 进入农场之前已接种疫苗。该模型如图 3a 所示。

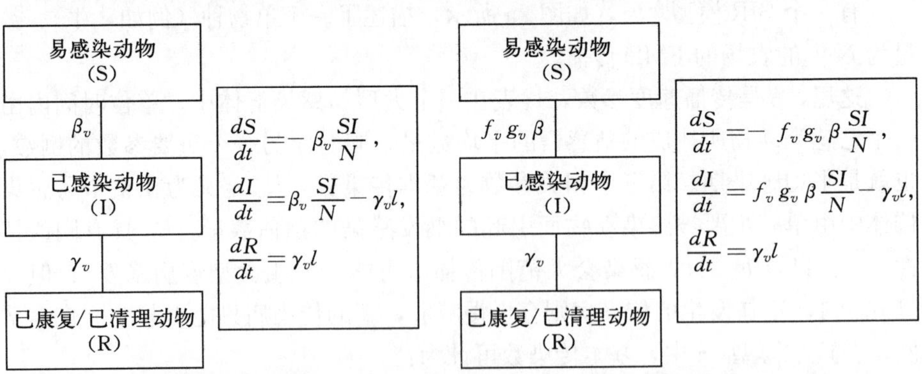

a. 疫苗接种群体SIR模型　　b. 标准SIR模型微变体

图 3　FMD 传播范例模型进一步数学示意图

注：在数学展示中，作者运用决定性一般差别等效方式来描述该模型，尽管从参数预估来说，随机等效模型更为适合。

例如，虽然现有来源于实地或传播实验的传染病数据可能非常详细，足以对这两个参数进行预估，并预估 p、c 的三个参数，以及 2b 模型中的两个参数，而这就需要额外对动物间接触事件（例如，每天）的定义和量化有所研究。若无此类研究，则更适合运用更为简单的模型 2a，只需对两个参数进行评估。

相比之下，对通过人工授精感染而造成传播的例子而言，2b 模型公式（扩展到对公牛和奶牛的区分）比 2a 更为自然，因为参数 c 已知（来自受精记录），且可能性 p 仍为可预估参数。

可以通过例如一组已接种疫苗动物[16,25]的传播实验结果来对模型参数 β_v 和 γ_v 进行预估。另一个模型描述了接种疫苗动物（可能）减少 β，更为直观的是因易感染性 g_v 和传染性 f_v 减少而产生的综合影响（$0 \leqslant f_v \leqslant 1$ 且 $0 \leqslant g_v \leqslant 1$）。该模型详见图 3b。

即使假设可以对 β 进行预估，已知模型 3a 中的两个参数 β_v 和 γ_v 仍不够，对剩余三个参数 f_v、g_v 及 γ_v，3b 模型进行预估则需要更多信息。若可以获取一组已接种疫苗动物的传播实验结果，则仍需另一组精心设计的实验，最理想的是已感染但未接种疫苗的动物同已接种疫苗和未接种疫苗的动物[56]均进行接触的传播实验，以对 f_v 和 g_v 进行预估[8]。

然而，将模型 3b 运用到完全接种疫苗的群体时，事实上运用该模型计算时，只需要复合参数 $f_v g_v \beta$ 的值，相当于模型 3a 中的 β_v，并不需要 f_v 和 g_v 单独的值。因此，分开考虑接种疫苗对易感染性和传染性的影响是不必要的，也就是说，应选择更为简单的模型 3a。值得注意的是，为不同物种间传播建模时，分开 f_v、g_v 和 β 则较为有用，因这一模型可以将上述结果结合起来，因此得出牛群最易被感染而猪最具传染性。

5　FMD 传播参数量化：现状

对于最为相关的 FMD 传播参数以及这些参数的量化现状，作者在这一节简要地进行了讨论。他们首先关注的是农场内的传播参数，然后是农场间传播建模的参数。

5.1　农场内传播

与农场内 FMD 传播相关的参数包括潜伏期与感染期的分布、传播参数 β 以及农场内基本传染数 R_0。后两个参数间最主要的不同在于 β 包含一个时间维度，而在分析传染病时间进程时则需将其包含在传染病模型当中。

假如我们想要预估疫情暴发期间检测/清理动物的时间，为农场临床疫病检测建模很重要，潜伏期分布也与此相关。

传染期通常指某些排泄物或血液中可以检测出病毒的时期。这就涉及传染性与可衡量的病毒存在相符合的假设。然而作者称，不同病毒株表现出排毒不同，但传播却并非必定不同[12]。下列是可以进行潜伏期和传染期分布预估的研究举例：①牛群[54]；②猪群[23,53]；③绵羊和山羊[4,47]。

Tenzin 等[61]讨论过“携带者”的传染性（传染期较长而病毒排除较少）对猪群和绵羊来说，预估同一个围栏里一组动物的基本传染数可通过一系列传播[24,56]实验进行。

FMD 潜伏期分布预估[47]，以及其对接种感染剂量和病毒株的依赖性可以通过文献中一系列实验获得[17,44,45,46,56]。

描述混合农场的模型时，很有必要对不同物种 a 和 b 所有相关组合之间的传播参数 β_{ab} 进行预估。一个近期量化活动正在接种疫苗的情况下对传播参数进行预估。该类预估对由政策制定者委任的模型研究尤为重要，这些政策制定者将紧急疫苗接种视为大范围预防性清除[64]的可能替代选择（J. A. Backer 等，预防领域）。2a 模型中相关参数为：①β_v，（减少的）已接种疫苗群体的传播速度参数；②γ_v，减少的传染期。

然而，由于疫苗接种和疫苗发挥保护作用之间存在间隔，这些参数与疫苗接种到攻毒/接触之间的时间相关，与疫苗接种相关的其他重要细节也值得注意。

Eblé 等[23]的研究表明，尽管已接种疫苗的猪在进行短时间接触后不会感染 FMDV，但若与同一围栏里已感染的猪长时间接触，疫苗则无效。然而进一步研究证据表明，给猪接种疫苗可以预防围栏间传播[21,64]。

在疫苗接种的情况下需要更为完善准确的参数量化，尤其是在为了运用这些参数的值对部分疫苗接种群体或有多个物种农场的农场间传播而进行的模型预估情况下。在发生 FMD 期间，当评价紧急疫苗接种作为控制措施是否有效时，该类模型推断是有重要意义的。因此，不同物种间的传播，以及疫苗接种对此产生什么样的影响，成为广泛参数量化方面的第一处不足之处。

5.2 农场间传播

2001 年英国 FMD 流行因其范围较广而产生了一个可用来对模型参数进行预估的非常强大的数据集，这些数据集主要对此次 O/UKG/2001 毒株或类似 FMDV 的农场间传播，以及 2001 年采取的控制措施类型的效果进行描述，促进了与传播路径相关的非分层农场间传播模型的参数预估。因此，在英国，通过参数预估足够精度的模型，研究者可对与 2001 年[37,42,64]实际采取的控制措施所不同的一些控制措施组合进行有效预估。这些参数基本为：

（1）农场间传播整体平均速度参数。

（2）描述该速度如何通过以下方式进行调节的参数：

① 来源农场动物品种（“相对传染性”）；

② 目的农场动物品种（“相对易感染性”）；

③ 来源农场和目的农场的物种组合（“物种间混合模式”）；

④ 来源农场与目的农场之间的距离（“空间核心”）。

除此之外，来源农场与目的农场的大小也会对传播[13,27,43]造成影响。在疫区之外且农场平均大小有所不同的地区进行推断时，模型在这一方面则较为重要。作者强调，整体传播速度值会随着传染病的进展而随时发生变化，正如 Ferguson 等[13,27]以及 2001 年英国传染病案例所示。他们的例子揭示了，模型通过揭示数据之下传播动态模式，建模有助于解读传染病数据。

与牛群和羊群[30]相比，在 2001 年流行期间，猪群对受感染的农场总数影响较小。因此，在考虑描述物种影响的参数时，对牛场和羊场的参数预估不确定性较小，但与猪场相关的参数不确定性却很大。事实上，Keeling 等[43]在研究中只建立了牛场和羊场的模型。Ferguson 等[27]的分析中包含猪场类别，但这一类别以猪群相对较多的农场（通常是混合农场）为基础，而非以这些猪是否感染为基础。因此，与之相关的相对传染性和易感染性无法解释为真正意义上的物种影响。虽然早期的分析假设了农场间的同种混合与所包含的种群相关，但 Chis Ster 等[13]发现“选择性混合”证据，也就是说，相比与牛场的接触，羊场与其他羊场的接触更多，反之亦然。在对英国 2001 年传染病数据组进一步统计分析之后，Chis Ster 等[14]在以下方面也对参数值进行了预估，即随着时间变化农场感染的大致情况以及农场易感染性和传染性在多大程度上取决于农场规模。

作者强调，除参数值之外，农场间传播模型还需要空间位置输入值、研究区域内可能感染的所有农场的大小和物种。一般情况下，可通过与该国家或地区地理信息相关联的识别和登记数据库获得这类信息。显然，此类信息库中的信息并非 100%准确或完整。而个别农场数据的不准确（例如地点）很可能在模型计算过程中拉低平均数。数据库中一组农场数据的缺失可能导致对传播速度的低估，因而对模型预估结果的质量造成影响。

对未暴发过传染病以及那些无法预估国家具体传播参数的国家来说，2001 年英国流行预估的数据值因而可能是修改可行模型情景的最好起点。显然，一些参数值具有国家特殊性。特别是，整体传播参数可能在国家间有所不同，这是因为它取决于（符合）生物安全性措施和行动限制。除此之外，该参数以及与物种有关的参数可能因农场管理和典型农场规模的差别而有所不同。此外，一些相关国家，例如丹麦[62]，在一些地区有高密度的养猪场。但英国养猪场却没有如此高的密度，即使不考虑由国家相关因素导致的不确定性时，英国养猪场的物种相关参数也使结果产生了很多不确定性。

2001年荷兰流行比英国（病毒引入的来源）所暴发的疫情要小得多，主要影响到了共26家养牛场。该传染病数据集使得Boender等[9]能对整体的传播参数以及另外两个决定空间核的参数进行预估。由于荷兰规模较小，这些参数的不确定性比英国要高得多。此外，由于养羊场和养猪场并未暴发疫情，因此对物种影响参数进行预估是不可行的。Boender等因此暂时假设三种类型农场的相对传染性和易感染性均为1。

对于2001年荷兰和英国大部分的传播事件来说，其路径是无法进行追溯的，因而无法运用数据对特定路径参数进行有效预估。因此，明确考虑不同路径的模型，例如乳品运输车移动、动物运动、风力传播和“本地传播”，是无法通过2001年疫情暴发数据对模型中所需的大量参数进行预估的。因此，许多参数现在仅通过猜测，或向寻求专家意见获得的[12]。尽管专家意见对特定模型简化较为重要，但作者并未将其视为预估（高度）非确定性参数的良好依据（见de Jong和Hagenaars[18]，禽流感传播情况）。相反，若无法根据定量数据预估参数，我们应当考虑是否可以建立更为简洁的模型，虽然缺乏所讨论的参数但仍能进行有效的模型预估。如果只能将高度不确定性参数包含在内，那么就应当在不同情景下对该模型进行评估，因为该模型的参数是在可信范围值内进行波动的。特别地，在区分不同传播路径的模型中，假定此类途径会发生接触（与模型2b中参数P进行比较），那么非常难以预估的参数则为传播提供了可能性。接触率（与模型2b中参数c进行比较）本身可经常通过具体的数据进行预估，例如动物运输和乳品运输车移动记录。

在决定使用明确考虑或未考虑不同传播路径的模型时，指导原则与图2和图3所列举的模型相同。若更为复杂的模型（多参数）与更为简单的模型有相同的目的，则应使用[36]更为简单的模型。事实上，作者认为，在试图评估干预策略对不同传播路径所造成的影响时，明确考虑不同路径的模型更为有用。而在过去对疫病控制的分析中，控制策略到目前为止仅集中于（环形）选择和疫苗接种，而他们对单个传播路径的传播缩减影响并未有所不同。然而，如果我们想针对单个路径具体的生物安全策略造成的影响进行研究，很明显就需要将模型中这些单独路径包含在内。这就引出了第二个宽泛参数量化不足：特定路径传播的可能性。传播实验可弥补这一不足，详见下一节的讨论。

6 传播实验未来在量化模型参数中的作用

6.1 不同物种内及不同物种间传播参数

到目前为止实施了很多小范围FMD传播实验，设计这些实验是为了量化同一个物种群体内的传播。同时对养殖场内牛[54,55]、羊[56]和猪的 FMD 传播感染数及传播速度也进行了量化[24,53]。在相似类型研究中，对疫苗接种的影响也同样进行了量化。这些研究使得早先模型中[64]暂时的模型假设有了巨大的改善，这些假设不仅与疫苗接种和保护之间的时间差而且还与疫苗接种在农场层面上的易感染性和传染性有关。

然而，作者强调，由于目前为止研究数量较少，进一步量化是有必要的，比如，进一步量化 FMD 血清型之间传播的不同；同一物种内年龄类型之间传播的不同；物种间传播的不同，以及畜牧业状况的影响。同样，疫苗接种对传播的影响在疫苗接种后 14 d 或 7 d 进行了量化，但是更长时间之后的量化却从未进行过。除此之外，更加值得注意的是，疫苗接种与攻击病毒株之间可能缺乏同源。这些类型研究的结果可以预示模型结构（所需参数的数量及类型）和参数预估。

显然，通过进行其他的传播实验也可以获取更多的信息。然而，这些实验成本非常高，且从动物福利的角度来说，进行非严格需要的实验是无法接受的。因此，只有预计到实验结果可以产生无法从现有数据来源获取的新信息时，才可以实施新的实验，但必须要仔细设计并实施该实验。

即使这些实验当初的目的并非如此，且这些实验的设计与通常情况下用来预估传播的实验设计有所不同时，有时也可以根据以往的动物实验对传播参数进行预估。例如，由猪到牛的传播参数可以通过攻毒实验进行量化，供体猪是用来对（已接种疫苗的）牛进行自然感染的一种方式。另一个“非标准”设计的例子是在实验进行了一段时间之后，将另外的（几组）动物加入接触动物的集合中。这两种例子在近期欧洲卓越网络（European Network of Excellence）及欧洲研究小组对过去实验进行联合分析的过程中遇到过。这些分析已用来对不同物种内部几种血清类型[34]（S. J. Cox 等，预防领域）的传播参数进行预估。初步结果表明，不同血清型的传播参数并非大相径庭。除此之外，还对一系列不同物种间[34]（S. J. Cox 等，预防领域）的传播参数进行了预估。理论上，对模型的目的来说，应当在已接种疫苗或未接种疫苗的群体中，对物种间传播参数的全部“基质”进行预估。要构建该基质所需的独立参数的数量是这里要解决的相关“模型结构”问题。

另一项首要任务是为了获取已接种疫苗和未接种疫苗动物群体之间的传播参数。需要考虑从已接种疫苗地区到未接种疫苗地区的传播（反之亦然），特别是在紧急疫苗接种情况下。包含这些参数不仅利于预估 FMDV 在运用紧急疫苗接种情况下疫情暴发期间的传播，而且在预估最终筛查的样本数量以及检测亚临床感染群体上也有重要意义。

而量化感染 FMDV 的动物其传染性可能发生的时间变化是另一个需要研

究的问题。在文献中关于动物间 FMD 传播的模型里，传染性被假设为在传染期保持不变，这也是标准 SIR 模型中的基本假设。然而一般情况下，由于病毒排出的时效性，传染性预计也具有时间依赖性。在感染 FMDV 后以及潜伏期后，病毒在所有的分泌物及排泄物中排出[3]。病毒分泌物可能在潜伏期之后达到最高值，之后逐渐减少。此外，由于共同排出免疫活性成分，特定病毒载量排泄物的传染性也并非持续不变。具有时效性的传染性可能会引起具有时效性的传播率，正如猪圆环病毒 2 型[6]中所发现的。在模型计算过程中，加入具有时效性的传染性对绵羊十分重要，因为传染病在绵羊身上可以存在相对较长一段时间而不被发现。

6.2 特定路径传播参数

FMDV 主要通过已感染动物和尚未感染动物的直接接触进行传播。因此，当检测到疫情暴发时，立即停止对疑似感染 FMDV 动物运输预计将会极力降低该病毒传播到其他农场的风险。然而，近期疫情暴发表明，尽管禁止动物活动，疫病仍会大范围传播，因为大部分很可能是通过间接途径传播。这一间接传播由运送已感染动物的排泄物和分泌物所造成，并可经由若干条路径进行，例如运输车辆、人类和被污染的食物等。

如上所述，分层 FMD 传播模型中，包含某些接触事件的详细信息，即不同动物群体间的直接或间接接触。尽管通过一些传播路径可以找到高质量的接触速度信息，例如动物运输，但其他许多可能的农场间接触事件非常复杂而且非常难以分析。除此之外，疫情暴发期间的接触结构很可能与其他时间段的结构有所不同。除尽量精确地确定疫情暴发之外的时间段正常的接触结构之外，还应当考虑要记录下在疫情暴发期间所有农场的接触，以揭示实际的接触并克服采访中发生的回忆偏颇。采访及（全部的）通过检测新的疫情暴发得到的序列信息可能会被用来推断造成疫情暴发的传播路径。例如，完全排序在近期 2007 年 FMD 暴发时成为推断传播模式的方法[15]。

某些特定传播路径相关接触速度的具体信息，以及通过这些路径每次事件所转移感染材料的数量均需进行量化。这事实上是对 FMDV 传播根本机制以及在整体传播中发挥作用的研究。这样的研究可以按以下方式设计。首先，需要病毒载量在排泄物和分泌物方面的定量数据。然后可以通过特别设计的传播实验将观察到的病毒载量和传染性联系在一起。在此基础上，还需要病毒在排泄物和分泌物中存活的数据，这样可以建立一个传播模型，更清楚地说明各类排泄物和分泌物在传播中的定量重要性。这种方法近期被用来探究经典猪瘟病毒[66]。这样的模型，若其结构有合适的实验以及量化充足的参数，可以成为改善消毒程序的基础，或使用可能含有 FMDV 材料的指导准则。

FMDV 传播的特定路径之一是空气传播[1,3]，对此大部分实验工作已经研究过。这些研究为羽流模型[33]中生物参数的预估提供了重要数据。然而，人们尚未完全理解 FMD 空气传播。历史上，动物，尤其是猪，所排泄最大量的病毒经常被用来设定模型中的排泄参数。之后，Sellers 等发现[60]，不论是用同样的或其他的病毒株[3]，那些猪最初的高排泄物均无法被繁殖。事实上，所发现排泄物的量要低 100 到 1 000 倍。此外，猪对空气传播 FMD 的易感染性要比之前所假设的[1]低得多。在许多情况下，羽流模型[31]中，当使用平均而非最大量的排泄物进行预估时，无法解释由空气传播所造成的并已经被观察到的农场间传播事件。牛群的易感染性同样被高估了。后来的研究表明，1996 年疫情暴发之后所发展的空气传播模型中，牛群吸入 10 $TCID_{50}$感染的可能性非常低[28]。

我们可以得出结论，在现有羽流模型结果的基础上，空气路径的重要性比之前所假设的要低。这表明羽流模型，同参数预估与疫情暴发数据相结合，有助于提高我们对 FMD（空气）传播的量化理解。因此，羽流模型还有助于建立分层的 FMD 传播模型。

7 结论

作者对 FMD 传播模型以及相关的模型参数预估进行了回顾。对出现在不同模型方法中的模型参数进行讨论时，作者强调了良好模型实践的一个关键要素：仔细选择模型的复杂程度（这涉及参数的数量），要避免包含那些对模型目的来说并非严格需要的参数。作者还强调，当模型依照过去的控制措施推断出新的控制措施（例如紧急疫苗接种）时，必须要注重设计一个生物学上清晰的模型代表，并且展现新措施的影响。与详细模型建设特别相关的研究，通过实验量化和模型组合，注重于 FMDV 传播的特定方面。

这次回顾可发现两种类型的研究：①农场间 FMDV 空气传播的羽流模型；②测量疫苗接种对动物间传播的影响。

在讨论小型传播实验在 FMD 参数量化现状中的作用时，作者具体强调了一系列 FMD 传播方面所进行的进一步研究。他们知道，除这些传播方面之外，许多 FMDV 在生物方面同样值得探讨，例如，动物内感染早期路径量化。在近期研究中，Pacheco 等[57]对感染 FMDV 牛的早期情况进行了详细研究。该研究不仅对疫病的发病机理进行深入探究，同时还有助于揭开导致动物间传播的宿主传染性的精确机制。

除此之外，作者还集中讨论了在描述没有 FMDV 地区的疫情暴发/传染病时，模型有一定作用。地方性疫病地区与其他因素相关，例如：被感染的野生动物、FMDV 携带者的出现以及进行预防性疫苗接种时，幼畜从母体获得抗体影响了所接种的疫苗，以及疫苗浓度随时间下降等。因此，若为地方性地区 FMDV 传播建模，重要的是要囊括一系列其他参数。

致谢

作者感谢 Jantien Backer 参与讨论。本文由荷兰农业部、自然及粮食质量（WOT－01－003－011）以及欧洲卓越网、欧洲研究小组赞助（Contract No. FOOD－CT 2006－016236）。

参考文献

[1] Alexandersen S. & Donaldson A. I. （2002）. － Further studies to quantify the dose of natural aerosols of foot － and － mouth disease virus for pigs. *Epidemiol. Infect.*，128（2），313－323.

[2] Alexandersen S.，Brotherhood I. & Donaldson A. I. （2002）. － Natural aerosol transmission of foot － and － mouth disease virus to pigs：minimal infectious dose for strain O1 Lausanne. *Epidemiol. Infect.*，128（2），301－312.

[3] Alexandersen S.，Quan M.，Murphy C.，Knight J. & Zhang Z. （2003）. － Studies of quantitative parameters of virus excretion and transmission in pigs and cattle experimentally infected with foot- and -mouth disease virus. *J. comp. Pathol.*，129（4），268－282.

[4] Alexandersen S.，Zhang Z.，Reid S. M.，Hutchings G. H. & Donaldson A. I. （2002）. － Quantities of infectious virus and viral RNA recovered from sheep and cattle experimentally infected with foot－and－mouth disease virus O UK 2001. *J. gen. Virol.*，83（Pt 8），1915－1923.

[5] Anderson R. M. & May R. M. （1991）. － Infectious diseases of humans：dynamics and control. Oxford University Press，Oxford.

[6] Andraud M.，Rose N.，Grasland B.，Pierre J. S.，Jestin A. & Madec F. （2009）. － Influence of husbandry and control measures on porcine circovirus type 2（PCV－2）dynamics within a farrow－to－finish pig farm：a modelling approach. *Prev. vet. Med.*，92（1－2），38－51. E－pub.：31 August 2009.

[7] Arnold M. E.，Paton D. J.，Ryan E.，Cox S. J. & Wilesmith J. W. （2008）. － Modelling studies to estimate the prevalence of foot－and－mouth disease carriers after reactive vaccination. *Proc. roy. Soc. Lond.*，*B*，*biol. Sci.*，275（1630），107－115.

[8] Backer J. A.，Hagenaars T. J.，van Roermund H. J. W. & de Jong M. C. （2009）. － Modelling the effectiveness and risks of vaccination strategies to control classical swine

fever epidemics. *J. roy. Soc.*, *Interface*, 6 (39), 849 - 861. E - pub.: 3 December 2008.

[9] Boender G. J., van Roermund H. J. W., de Jong M. C. M. & Hagenaars T. J. (2010). - Transmission risks and control of foot - and - mouth disease in the Netherlands: spatial patterns. *Epidemics*, 2 (1), 36 - 47. E - pub.: 15 March 2010.

[10] Bouma A., de Jong M. C. M. & Kimman T. G. (1996). - Transmission of two pseudorabies virus strains that differ in virulence and virus excretion in groups of vaccinated pigs. *Am. J. vet. Res.*, 57 (1), 43 - 47.

[11] Brocchi E., De Diego M. I., Berlinzani A., Gamba D. & De Simone F. (1998). - Diagnostic potential of Mab - based ELISAs for antibodies to non - structural proteins of foot - and - mouth disease virus to differentiate infection from vaccination. *Vet. Q.*, 20 (Suppl. 2), S20 - S24.

[12] Carpenter T. E., Christiansen L. E., Dickey B. E., Thunes C. & Hullinger P. J. (2007). - Potential impact of an introduction of foot - and - mouth disease into the California State Fair. *JAVMA*, 231 (8), 1231 - 1235.

[13] Chis Ster I. & Ferguson N. M. (2007). - Transmission parameters of the 2001 foot - and - mouth epidemic in Great Britain. *PLoS ONE*, 2 (6), e502.

[14] Chis Ster I., Singh B. K. & Ferguson N. M. (2009). - Epidemiological inference for partially observed epidemics: the example of the 2001 foot and mouth epidemic in Great Britain. *Epidemics*, 1 (1), 21 - 34. E - pub.: 17 November 2008.

[15] Cottam E. M., Wadsworth J., Shaw A. E., Rowlands R. J., Goatley L., Maan S., Maan N. S., Mertens P. P. C., Ebert K., Li Y., Ryan E. D., Juleff N., Ferris N. P., Wilesmith J. W., Haydon D. T., King D. P., Paton D. J. & Knowles N. J. (2008). - Transmission pathways of foot - and - mouth disease virus in the United Kingdom in 2007. *PLoSPathog*, 4 (4), e1 000050.

[16] Cox S. J. & Barnett P. V. (2009). - Experimental evaluation of foot - and - mouth disease vaccines for emergency use in ruminants and pigs: a review. *Vet. Res.*, 40 (3), 13. E - pub.: 2 December 2008.

[17] Cox S. J., Voyce C., Parida S., Reid S. M., Hamblin P. A., Paton D. J. & Barnett P. V. (2005). - Protection against direct - contact challenge following emergency FMD vaccination of cattle and the effect on virus excretion from the oropharynx. *Vaccine*, 23 (9), 1106 - 1113.

[18] De Jong M. C. M. & Hagenaars T. J. (2009). - Modelling control of avian influenza in poultry: the link with data. *In* Avian influenza (T. Mettenleiter, ed.). *Rev. sci. tech. Off. int. Epiz.*, 28 (1), 371 - 377.

[19] Dickey B. E., Carpenter T. E. & Bartell S. M. (2008). - Use of heterogeneous operation - specific contact parameters changes predictions for foot - and - mouth disease outbreaks in complex simulation models. *Prev. vet. Med.*, 87 (3 - 4), 272 - 287. E - pub.: 24 June 2008.

[20] Donaldson A. I. &Alexandersen S. (2001). - Relative resistance of pigs to infection by natural aerosols of FMD virus. *Vet. Rec.*, 148 (19), 600 - 602.

[21] Donaldson A. I., Gibson C. F., Oliver R., Hamblin C. &Kitching R. P. (1987). - Infection of cattle by airborne foot - and - mouth disease virus: minimal doses with O1 and SAT - 2 strains. *Res. vet. Sci.*, 43 (3), 339 - 346.

[22] Eblé P., de Koeijer A., Bouma A., Stegeman A. & Dekker A. (2006). - Quantification of within - and between - pen transmission of foot - and - mouth disease virus in pigs. *Vet. Res.*, 37 (5), 647 - 654. E - pub.: 17 June 2006.

[23] Eblé P. L., Bouma A., de Bruin M. G. M., van Hemert - Kluitenberg F., van Oirschot J. T. & Dekker A. (2004). - Vaccination of pigs two weeks before infection significantly reduces transmission of foot - and - mouth disease virus. *Vaccine*, 22 (11 - 12), 1372 - 1378.

[24] Eblé P. L., de Koeijer A. A., de Jong M. C. M., Engel B. & Dekker A. (2008). - A meta - analysis quantifying transmission parameters of FMDV strain O Taiwan among non - vaccinated and vaccinated pigs. *Prev. vet. Med.*, 83 (1), 98 - 106. E - pub.: a) August 2007.

[25] Elbers A. R. W., Stegeman J. A. & de Jong M. C. M. (2001). - Factors associated with the introduction of classical swine fever virus into pig herds in the central area of the 1997 epidemic in the Netherlands. *Vet. Rec.*, 149 (13), 377 - 382.

[26] Ferguson N. M., Donnelly C. A. & Anderson R. M. (2001). - The foot - and - mouth epidemic in Great Britain: pattern of spread and impact of interventions. *Science*, 292 (5519), 1155 - 1160. E - pub.: 12 April 2001.

[27] Ferguson N. M., Donnelly C. A. & Anderson R. M. (2001). - Transmission intensity and impact of control policies on the foot and mouth epidemic in Great Britain. *Nature*, 413 (6855), 542 - 548.

[28] French N. P., Kelly L., Jones R. & Clancy D. (2002). - Dose - response relationships for foot and mouth disease in cattle and sheep.

[29] Garner M. G. & Beckett S. D. (2005). - Modelling the spread of foot - and - mouth disease in Australia. *Aust. vet. J.*, 83 (12), 758 - 766.

[30] Gibbens J. C., Sharpe C. E., Wilesmith J. W., Mansley L. M., Michalopoulou E., Ryan J. B. M. & Hudson M. (2001). - Descriptive epidemiology of the 2001 foot - and - mouth disease epidemic in Great Britain: the first five months. *Vet. Rec.*, 149 (24), 729 - 743.

[31] Gloster J. & Alexandersen S. (2004). - New directions: airborne transmission of foot -and-mouth disease virus. *Atmos. Environ.*, 38, 503 - 505.

[32] Gloster J., Freshwater A., Sellers R. F. &Alexandersen S. (2005). - Re - assessing the likelihood of airborne spread of foot - and - mouth disease at the start of the 1967 - 1968 UK foot - and - mouth disease epidemic. *Epidemiol. Infect.*, 133 (5),

767 - 783.

[33] Gloster J. , Jones A. , Redington A. , Burgin L. , Sørensen J. H. , Turner R. , Dillon M. , Hullinger P. , Simpson M. , Astrup P. , Garner G. , Stewart P. , D' Amours R. , Sellers R. & Paton D. (2010). - Airborne spread of foot - and - mouth disease - model intercomparison. *Vet. J.* , 183 (3), 278 - 286. E - pub. : 12 January 2009.

[34] Goris N. E. , Eblé P. L. , de Jong M. C. M. & De Clercq K. (2009). - Quantification of foot - and - mouth disease virus transmission rates using published data. *ALTEX*, 26 (1), 52 - 54.

[35] Harvey N. , Reeves A. , Schoenbaum M. A. , Zagmutt - Vergara F. J. , Dubé C. , Hill A. E. , Corso B. A. , McNab W. B. , Cartwright C. I. & Salman M. D. (2007). - The North American Animal Disease Spread Model: a simulation model to assist decision making in evaluating animal disease incursions. *Prev. vet. Med.* , 82 (3 - 4), 176 - 197. E - pub. : 5 July 2007.

[36] Kao R. R. (2002). - The role of mathematical modelling in the control of the 2001 FMD epidemic in the UK. *TrendsMicrobiol.* , 10 (6), 279 - 286.

[37] Kao R. R. (2003). - The impact of local heterogeneity on alternative control strategies for foot - and - mouth disease. *Proc. roy. Soc. Lond.* , *B*, *biol. Sci.* , 270 (1533), 2557 - 2564.

[38] Kao R. R. , Green D. M. , Johnson J. & Kiss I. Z. (2007). - Disease dynamics over very different time - scales: foot - and - mouth disease and scrapie on the network of livestock movements in the UK. *J. roy. Soc.* , *Interface*, 4 (16), 907 - 916.

[39] Keeling M. J. (2005). - Models of foot - and - mouth disease. *Proc. roy. Soc. Lond.* , *B*, *biol. Sci.* , 272 (1569), 1195 - 1202.

[40] Keeling M. J. &Rohani P. (2008). - Modeling infectious diseases in humans and animals. Princeton University Press, Princeton, New Jersey.

[41] Keeling M. J. , Brooks S. P. & Gilligan C. A. (2004). - Using conservation of pattern to estimate spatial parameters from a single snapshot. *Proc. natl Acad. Sci. USA* , 101, 9155 - 9160.

[42] Keeling M. J. , Woolhouse M. E. J. , May R. M. , Davies G. & Grenfell B. T. (2003). - Modelling vaccination strategies against foot - and - mouth disease. *Nature*, 421 (6919), 136 - 142. E - pub. : 22 December 2002.

[43] Keeling M. J. , Woolhouse M. E. J. , Shaw D. J. , Matthews L. , Chase - Topping M. , Haydon D. T. , Cornell S. J. , Kappey J. , Wilesmith J. & Grenfell B. T. (2001). - Dynamics of the 2001 UK foot and mouth epidemic: stochastic dispersal in a heterogeneous landscape. *Science*, 294 (5543), 813 - 817. E - pub. : 3 October 2001.

[44] Kitching R. P. (2002). - Clinical variation in foot and mouth disease: cattle. *In* Foot and mouth disease: facing the new dilemmas (G. R. Thomson, ed.). *Rev. sci. tech. Off. int. Epiz.* , 21 (3), 499 - 504.

[45] Kitching R. P. & Alexandersen S. (2002). - Clinical variation in foot and mouth disease: pigs. *In* Foot and mouth disease: facing the new dilemmas (G. R. Thomson, ed.). *Rev. sci. tech. Off. int. Epiz.*, 21 (3), 513 - 518.

[46] Kitching R. P. & Hughes G. J. (2002). - Clinical variation in foot and mouth disease: sheep and goats. *In* Foot and mouth disease: facing the new dilemmas (G. R. Thomson, ed.). *Rev. sci. tech. Off. int. Epiz.*, 21 (3), 505 - 512.

[47] Mardones F., Perez A., Sanchez J., Alkhamis M. & Carpenter T. (2010). - Parameterization of the duration of infection stages of serotype O foot - and - mouth disease virus: an analytical review and meta - analysis with application.

[48] Mikkelsen T., Alexandersen S., Astrup P., Champion H. J., Donaldson A. I., Dunkerley F. N., Gloster J., Sorensen J. H. & Thykier - Nielsen S. (2003). - Investigation of airborne foot - and - mouth disease virus transmission during low - wind conditions in the early phase of the UK 2001 epidemic. *Atmos. Chem. Phys.*, 3, 2101 - 2110.

[49] Morris R. S., Sanson R. L., Stern M. W., Stevenson M. & Wilesmith J. W. (2002). - Decision- support tools for foot and mouth disease control. *In* Foot and mouth disease: facing the new dilemmas (G. R. Thomson, ed.). *Rev. sci. tech. Off. int. Epiz.*, 21 (3), 557 - 567.

[50] Morris R. S., Wilesmith J. W., Stern M. W., Sanson R. L. & Stevenson M. A. (2001). - Predictive spatial modelling of alternative control strategies for the foot - and - mouth disease epidemic in Great Britain, 2001. *Vet. Rec.*, 149 (5), 137 - 144.

[51] Orsel K. (2008). - The effectiveness of vaccination to prevent foot - and - mouth disease in several species [in Dutch]. *Tijdschr. Diergeneeskd.*, 133 (1), 14 - 16.

[52] Orsel K. & Bouma A. (2009). - The effect of foot - and - mouth disease (FMD) vaccination on virus transmission and the significance for the field. Can. vet. J., 50, 1059 - 1063.

[53] Orsel K., de Jong M. C. M., Bouma A., Stegeman J. A. & Dekker A. (2007). - Foot and mouth disease virus transmission among vaccinated pigs after exposure to virus shedding pigs. *Vaccine*, 25 (34), 6381 - 6391. E - pub.: 28 June 2007.

[54] Orsel K., de Jong M. C. M., Bouma A., Stegeman J. A. & Dekker A. (2007). - The effect of vaccination on foot and mouth disease virus transmission among dairy cows. *Vaccine*, 25, 327 - 335.

[55] Orsel K., Dekker A., Bouma A., Stegeman J. A. & de Jong M. C. M. (2005). - Vaccination against foot and mouth disease reduces virus transmission in groups of calves. *Vaccine*, 23 (41), 4887 - 4894.

[56] Orsel K., Dekker A., Bouma A., Stegeman J. A. & de Jong M. C. M. (2007). - Quantification of foot and mouth disease virus excretion and transmission within groups of lambs with and without vaccination. *Vaccine*, 25 (14), 2673 - 2679. E - pub.: 6 December 2006.

[57] Pacheco J. M., Arzt J. & Rodriguez L. L. (2010). - Early events in the pathogenesis

of foot - and - mouth disease in cattle after controlled aerosol exposure. *Vet. J.*, 183 (1), 46 - 53. E - pub.: 17 October 2008.

[58] Schley D., Burgin L. & Gloster J. (2009). - Predicting infection risk of airborne foot - and - mouth disease. *J. roy. Soc., Interface*, 6 (34), 455 - 462. E - pub.: 29 August 2008.

[59] Sellers R. F. & Gloster J. (1980). - The Northumberland epidemic of foot - and - mouth disease, 1966. *J. Hyg. (Lond.)*, 85 (1), 129 - 140.

[60] Sellers R. F., Herniman K. A. J. & Gumm I. D. (1977). - The airborne dispersal of foot - and - mouth disease virus from vaccinated and recovered pigs, cattle and sheep after exposure to infection. *Res. vet. Sci.*, 23 (1), 70 - 75.

[61] Tenzin, Dekker A., Vernooij H., Bouma A. & Stegeman A. (2008). - Rate of foot - and - mouth disease virus transmission by carriers quantified from experimental data. *Risk Anal.*, 28 (2), 303 - 309.

[62] Tildesley M. J. & Keeling M. J. (2008). - Modelling foot - and - mouth disease: a comparison between the UK and Denmark. *Prev. vet. Med.*, 85 (1 - 2), 107 - 124. E - pub.: 6 March 2008.

[63] Tildesley M. J., Bessell P. R., Keeling M. J. & Woolhouse M. E. J. (2009). - The role of pre - emptive culling in the control of foot - and - mouth disease. *Proc. roy. Soc. Lond., B, biol. Sci.*, 276 (1671), 3239 - 3248. E - pub.: 1 July 2009.

[64] Tildesley M. J., Savill N. J., Shaw D. J., Deardon R., Brooks S. P., Woolhouse M. E. J., Grenfell B. T. & Keeling M. J. (2006). - Optimal reactive vaccination strategies for a foot - and - mouth outbreak in the UK. *Nature*, 440 (7080), 83 - 86.

[65] Van Roermund H. J. W., Eblé P. L., de Jong M. C. M. & Dekker A. (2010). - No between - pen transmission of foot - and - mouth disease virus in vaccinated pigs. *Vaccine*, 28 (28), 4452 - 4461. E - pub.: 21 April 2010.

[66] Weesendorp E., Loeffen W. L. A., Stegeman J. A. & de Vos C. J. (2011). - Time - dependent infection probability of classical swine fever via excretions and secretions. *Prev. vet. Med.*, 98 (2 - 3), 152 - 164. E - pub.: 10 December 2010.

[67] Woolhouse M., Chase - Topping M., Haydon D., Friar J., Matthews L., Hughes G., Shaw D., Wilesmith J., Donaldson A., Cornell S., Keeling M. & Grenfell B. (2001). - Epidemiology. Foot - and - mouth disease under control in the UK. *Nature*, 411 (6835), 258 - 259.

破坏性紧张局面：数学对经验——2001 年英国口蹄疫的进展与控制

L. M. Mansley[①]，A. I. Donaldson[②]，
M. V. Thrusfield[③] & N. Honhold[④]

摘要： 2001 年英国控制口蹄疫（FMD）措施的特点是同时使用传统与新型手段，这些措施部分是通过数学模型分析得出的。对此英国采取了全部扑杀和已感染养殖场相邻的养殖场内所有易感牲畜的措施，但在这一争议性措施实施的七天前，疫病传播已经通过采用传统铲除政策与全国牲畜移动禁令相结合的措施得到控制。另一个争议性的新政策则要求扑杀已确认疫区 3 km 以内的绵羊。这一政策在传染散播高峰期出现后开始实施，但它没有具体针对性目标，需要几周时间才能完成。对被扑杀的绵羊进行血清监测，发现只有一个羊群被感染，这表明绵羊的隐性感染不会使传染病扩散。对绵羊进行大范围的传染病血清监测，仅在少量羊群中发现一小部分动物血清呈阳性反应，这说明 FMD 传播在大范围的羊群中可能存在自身局限。随着农业活动限制及生物安全措施的加强，传染病终于得以平息。人们要求建立一个扑杀未感染动物福利的机制，以支持已在全国实施的牲畜移动禁令。用于支持邻近扑杀政策、基于不同疫病数据的模型是有严重缺陷的；使用了不精确背景的群体数据，以及包含了高度不可能的受感染牲畜群中感染及病毒释放时间和定量参数的生物假设。

关键词： 2001 年　3 km 绵羊扑杀　生物安全　英国　邻近扑杀　控制程序　口蹄疫　英国　数学模型　扑灭

0　引言

2001 年 2 月 20 日至 9 月 30 日期间，英国（当时由英格兰，苏格兰和威

① 英国，珀斯。
② 英国，萨里。
③ 英国，爱丁堡大学皇家（迪克）兽医研究学院兽医临床科学系。
④ 英国，爱丁堡。

尔士组成）共暴发了2026起由O型泛亚谱系口蹄疫病毒（FMDV）引起的FMD。这标志着最近历史上最长的无FMD时代已经结束，英国大陆最近的一次传染病发生在1967年和1968年[9]。2001年采取了各种控制政策（有些是传统的，有些是新型的）后，最终扑杀了6 500 000多头动物。

1 病毒

2001年英国FMD是由O型泛亚系病毒引起的。该病毒最早于1990年出现在印度，1993年向北蔓延至尼泊尔，1994年又向西蔓延至沙特阿拉伯，之后遍及整个中东地区，逐渐取代了其他传播性O型谱系病毒，成为主要的传染病。1996年该病毒蔓延至土耳其，并由此扩散至希腊和保加利亚。该病毒于1999年蔓延至中国，并于2000年出现在韩国、蒙古、俄罗斯东部地区及日本，日本是最近一个世纪没有发生FMD的国家。2000年9月，该病毒引发了南非，南非共和国的德班附近，首次暴发了O型FMD，起因是猪食用了未处理的船上的废弃食物。进化分析显示英国和南非病毒分离物之间有密切的关系[42]，但是作为英国并不是南非FMD的来源，因为南非早在好几个月前就已经将该病毒根除了。或许英国和南非的传染病来源相似却尚未被发现。

2 指示病例及原发病例的搜索

2001年FMD的首个疑似病例于2月19日（周一）由英格兰东南部艾赛克斯屠宰场的官方兽医（OV）上报给了农渔业食品部（MAFF），该机构后来在6月份变为环境食品与农村事务部（DEFRA）[23]。那天早上OV发现有水泡性病变的母猪在2月16日（周五）的时候由英格兰南部的两个农场被送到了屠宰场。从这些母猪身上采集的样品，送到萨里Pirbright FMD世界参考实验室，并于2月20日（周二）确认该传染病系O型FMD。此时，2月18日从英格兰北部农场送来屠宰场的野猪中也出现了FMD早期病变。MAFF兽医随即到这三个农场进行探访，但是未发现疫情。对之前运送牲畜至屠宰场的运输车辆所到过的所有农场进行鉴定和探访，并对其所有的牲畜进行检测，结果是阴性。由于这些农场及屠宰场周围区域均未发现疫情，所以极有可能是屠宰场被之前购买的已感染动物所传染了，而之前并未从这些动物身上检测到该疫病。

兽医立即开始探访过去两周曾提供牲畜（大部分是猪）给屠宰场的600家农场，先去的是那些有许可证的养殖场，即被允许喂食经加工处理废物的养殖场。

3 传染病的原发病例

2月22日（周四），人们在英格兰东北部泰恩河畔纽卡斯尔附近的海登敖德沃养殖场中给猪喂食了废弃食物，猪出现了疫病，距离已确认疫情的艾赛克斯屠宰场400 km。早些天和该养殖场的经营者联系时，其拒绝了直接探访，并且回应他的猪没有任何异常。两天后（2月24日）屠宰之前，该养殖场的540头猪中有90％被发现感染FMD，包括被淘汰的母猪和公猪（之前被喂肥的种畜）。该病临床症状会持续1～12 d，几乎一半猪的病变持续了9 d以上时间。根据当时血样检测结果，剩下临床表现正常的猪FMDV抗体几乎都呈阳性[1]。据推测此农场的猪至少在2月12日就已经出现临床症状了，应该早在1月26日就已经有FMDV进入了猪群，原因是猪食用了该养殖场内未经处理的废弃食物。在猪饲料槽和围栏里发现的餐具和骨头明显表明这些废弃物未经浸渍处理[1,23]。之后，在2001年4月，MAFF调查员在一个批发商的经营场所里，发现了从亚洲非法进口、用于商业的大量风干带骨的猪腿，该批发商为泰恩河畔纽卡斯尔区域当地餐厅的供应商，饲养员就是从该区域的餐厅收集废弃食物做的饲料[66]。然而，被送往Pirbright动物卫生研究所进行检测的猪腿，并未显现出感染FMDV的迹象。经营者的各种记录显示他每周将猪正常送往艾赛克斯屠宰场，但是在1月9日至2月7日期间并未送过，之后在2月8～15日才恢复派送。据推测该猪群中有近一半的猪在2月15日之前体内已有病毒排出，因此，在过去几周大量的FMDV在养殖场的空气中传播开来[24,56]。自1月初，这200家养殖场或为其他经营场所提供猪，或与海登敖德沃农场有过某种形式的接触，均未发现任何疫情。此外，在该猪场发现疫情之前，方圆3～10 km的保护和监测区域以及其他养殖场均未发现疫情。发生传染病期间，发现动物，且农场猪受感染的最早日期是在2月12日，由此确定这个给猪喂食废弃食物的农场为此次传染病的最早发生地。

4 通过羊的营销进行早期传播

2月12日之后，应该会有大量的病毒从海登敖德沃养殖场受感染的猪身上释放出来，从而形成病毒性的空气传播。2月初的气象数据分析结果显示当时的气候条件有利于病毒的风媒传播，能覆盖10 km范围内的农场，特别是在2月12～13日[24]。空气传播被认为是FMDV由农场向周边5 km范围内传播并感染羊群和牛群最可能的途径[24]。对该农场的传染源进行大量的调查，结果显示与之在2001年1月期间接触的所有农场，以及其周边3 km辐射范围内的所有农场均未发现疫情[66]。因此，很可能是2月13日该农场的羊群和牛群在那16只羊被卖到诺森伯兰郡赫克瑟姆牲畜拍卖市场进行屠杀前不久，就已经被感染了。其中的7只被一个牲畜经销商买走，带回到了英格兰北部的养殖场，不久便被宰杀；之后，该经销商农场中的羊以及屠宰场围栏中的羊均被确认有疫情。剩下的9只被另一个牲畜经销商买走了，并将其与另外的175只羊混在了一起。这184只羊在接下来的48 h内被围在一起，先在赫克瑟姆市场，之后又转移至坎布里亚长镇牲畜市场附近，最后于2月15日进入全国绵羊营销系统[46]。市场围栏及牲畜运输车辆的使用使得动物间产生密切接触，特别有助于FMDV的传播，不论是由感染动物到易感染动物的直接传播，还是由感染物品到动物的间接传播[16]；已清晰记载了有关FMDV在离开宿主之后的存活能力[11]。对这两个市场进行流行病学调查，结果显示在2月20日疫情首次得到确认之前，这184只羊的移动导致了病原的入侵，传染了英国的79家养殖场。它们当中的20家都是大型经销商，占了12个已感染养殖场（IPs）中独立地域流行病学集群的10个。羊群的移动还感染了爱尔兰和法国[23,46]。动物的移动，特别是羊群的移动，在首次疫情被确认的前5 d里，这些病毒又被进一步由这些养殖场传至了当地以及更远的距离。

5 传染病的发展

这些传染过程为这次流行病的初期严重流行埋下了伏笔。在此期间，截至4月底的10周内，共确认了约1 600起病例[23]。此后，在接下来的几周里，这些最先被影响的区域相对而言疫情较少，只有几个单独的感染养殖场偶尔被确认有疫情[23]。国家IP报告日期曲线图（图1）显示的日期为上报给MAFF或DEFRA的疑似病例的日期，以及最终确认的日期。结果显示该日期曲线在3月27～29日达到峰值[23]。这1 600家在初期被确认有疫情的养殖场中有近一半（640家）位于英格兰西北部的坎布里亚。该地区是英国牲畜生产最密集的区域。流行病学调查结果显示该镇的100多家农场，特别是长镇市场附近的北部区域应该在3月1日该区域首次确认疫情之前就已经有疫病发生[67]。

因此，全国疫情峰值（约2001年3月28日）很大程度上是受坎布里亚北部动物群疫情暴发的影响。当地的传染高峰期较其他地区而言早了近一周时间，如敦夫里斯和加洛韦均（177 IPs）疫情高峰期出现在3月21日[64]。初期过后就是疫情末期，这个时期持续时间较长，从5月份到9月份的20多周内，全国之前未被大面积传染并且地理位置比较分散的6个区域内有400个IP（图1）。在每个区域内都有单独的IP集群，但是这些地区各自上报的首次疫情传染源基本不相同。

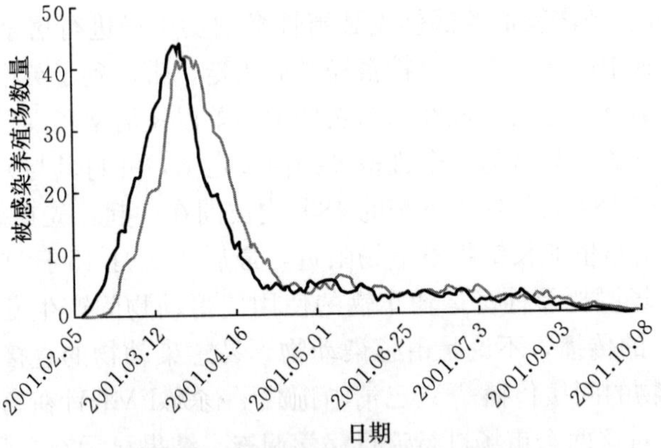

图1　200 年英国根据疫情上报日期和预测感染日期确认的感染养殖场传染病曲线图（波动平均值为 7 d）

在限制措施出台之前，动物移动[1]可能造成大部分主要疫情暴发地存在的局面[66]。各养殖集群内的疫情传播是由污染物引起的[23]，因为疫情是在牲畜移动禁令之后暴发的。在传染病进入疫情末期，疫情通常会在农场的划分区域内（指农场由几块单独土地构成）传播。当时，农场里大部分的动物已经被牵出去喂草或农场主从事主要的季节性生产活动，如青贮饲料，割晒干草，剪羊毛，除寄生虫等。这些活动的高峰期导致各农业区之间或内部人员和车辆流动都十分频繁。各 IP 的几个潜在传染源通常可以鉴定出来，但是各 IP 之间的确切联系却难以证实。事实上，传染病期间仅鉴定了 101 个 IP（5%）的确切传染来源[22]，尽管有迹象表明病毒通过污染物进行远程传播而且羊群中也呈现出不明显的感染[23]。

2001 年确认的最后一次疫情是一场于 9 月 30 日发生在坎布里亚羊群有临床表现的疫情，但是实验室对此次及之前三次疫情的检测结果却是阴性。

6　2001 年英国采取的控制措施

6.1　扑杀政策和全国性畜移动禁令

2 月 20 日疫情确认后，MAFF 采取了针对疫情的扑杀政策。简而言之，该政策包括以下内容：

（1）通过焚烧和掩埋 IP 场所及其他兽医认为暴露于感染环境中养殖场内的所有已感染和易感动物：所谓的“危险接触”（DCs）。

（2）根据欧盟和英国的立法指导，在每个 IP 场所周围半径 3 km 内设立保护区，半径 10 km 内设立监测区。这些区域内禁止动物移动，农业活动也受到严格限制。

（3）增加农场生物安全措施。

（4）加强兽医监管。

（5）完善兽医流行病学监测以鉴定潜在传染源和疫情传播并检测“风险”养殖场[64,67]。

当明确了 FMD 不仅限于艾赛克斯地区的时候，首席兽医（CVO）在 2 月 22 日宣布了全国动物移动禁令，并于 2 月 23 日开始实施[66]。因此，全国性牲畜移动禁令成为扑杀政策的一项补充措施。扑杀政策是针对 IPs 和 DCs。然而，扑杀政策局限性在于它是被动的：对相关养殖场的经营进行控制这一措施仅当该养殖场被怀疑有疫情或被报道有疫情时才会实施，到那时疫情可能早开始传播了。2 月 23 日，艾赛克斯和海登敖德沃均被发现有疫情，但是没人知道这两个区域外的疫情规模有多大或传染面积有多广。之后的事件证明该疫情规模和发生面积均非常大。根据 IP 接触跟踪数据，以及为各 IP 计算的预测传染日期，可以确定可能已感染了 200 家场所的动物，且在 2 月 23 日已处于疫病潜伏期。该预测传染日期是等于各 IP 出现早期病变迹象日期减去最大潜伏期 14 天[22,68]。

6.2 国家兽医服务在紧急应对能力方面所面临的初步挑战

事实上，当全国牲畜移动禁令有效地遏制了疫病传染后，英国已经开始面临许多 FMD 的初始病源地，它们广泛分布于全国。在首次疫情确认的 7 天前，这些病毒就已经开始传播了。因此，不论在疫情首次确认之后采取的应急计划多么有效，异常空前规模的疫病将在所难免。不久之后，12 个地理位置相对独立的地方疫病控制中心（LDCs）和全国疫病控制中心先后成立，并配备了相应人员和资源。在该传染病暴发后的 3 周里，国家兽医服务机构（SVS）面临 8 300 项紧急任务以控制疫情（表 1）。兽医团队需要应对 1 100 例上报的疑似病例，最后确认了它们当中的 257 例为传染性病例，最终导致这些兽医调查员被从该区域撤离并隔离 5 d（之后是 3 d）。此外，兽医们还对在暴发初期与牲畜市场、牲畜经销商及其他 IP 接触的养殖场进行了近 4 700 次紧急调查，对 IP 邻近的养殖场进行了 2 500 次的每日监测探访。该兽医团队仅有 240 名长期员工，他们当中的大部分刚从英格兰东部长达 6 个月的典型猪瘟控制和根除行动中归来[4]，还有一小部分人并没有 FMD 控制的任何经验。因此，SVS 正面临着一场空前规模的任务，而所拥有的人力资源却很有限。

表 1　2001 年英国 FMD 疫情发生前三周执行的紧急兽医任务

调查类型		任务数量
上报的疫情调查	第一周	166
	第二周	427
	第三周	541
受感染的养殖场调查	第一周	39
	第二周	72
	第三周	146
指数和初期病例的追踪		800
市场追踪		900
经销商追踪		3 000
邻近养殖场的每日探访		2 500

6.3　3 km 扑杀

在传染病发生的 3 周里，SVS 兽医调查员明显感受到，疫情的初期传播是在全国牲畜移动禁令被迫实施前由传染迹象不明显的羊群移动造成的，特别是那些来自长镇市场的羊。

人们开始担心这些感染已被带入其他羊群，而且并非在短时间内可以追踪到具体羊群。羊群中 FMD 通常会导致动物温和或不明显的临床症状[11,19]，而且通常只有通过彻底的临床检查或血样和血清检测才可以知晓。人们还担心病毒会在未检测的状态下通过与长镇市场有密切接触地区的羊群进行“前行传播”，从而在当地形成一个“隐藏性”的传染区域，并可能传染其他易感染的动物[3]。此外，积累的证据表明，未记录在坎布里亚北部及敦夫里斯和加洛韦周边有一些通过羊群市场和经销商网络移动的羊群。英国农渔和食品部在 3 月 15 日宣布要扑杀这些县城中三个当地 IP 半径 3 km 内的小反刍动物（尤其是羊，山羊也包括在内）和猪。此措施的初衷是先发制人，扑杀 IP 附近及其 3 km保护区域边缘附近的羊群以设立一个无羊区，也包括猪在内，因为它们有能力生产出大量的空气传播病毒[2]。当扑杀开始后，这三个区域已经逐渐扩大到可以合并的局面，需要创建一个无羊区，一直延伸到坎布里亚的北部、敦夫里斯和加洛韦。3 km 半径区域由当地的拍卖商和军队负责这一扑杀行动，于 3 月 22 日在敦夫里斯和加洛韦执行，3 月 28 日在坎布里亚北部执行。活羊先被搜集，之后经许可的运输工具被运送到两个指定的屠宰场中的一家，或两个大型屠宰处理厂中的一家进行扑杀。在扑杀前，还要对其进行死前检验。扑杀后的尸体会被送往处理厂掩埋。在敦夫里斯和加洛韦，扑杀是强制性的，但在坎布里亚，则是农场主的自愿行为。当坎布里亚考虑采取强制扑杀时，当地的疫情已有显著改善，于是强制扑杀得以停止。总体而言，有一百多万只（外加近100万的小羊）绵羊及少量的山羊和猪在3 km半径扑杀行动中被扑杀。

6.4 邻近扑杀

3月23日，为了执行政府首席科学官的建议[36]，MAFF发布了有关自动强制扑杀的指示，像DC那样，扑杀掉所有邻近3月16日或之后确认疫情IP养殖场内的所有易感染FMD的牲畜群。这一政策取代了现有的政策，现有政策需要在养殖场被认定为DC之前，对牲畜群受感染的可能性做一个兽医风险评估。这项证明有争议的新政策受到数学模型专家的辩护，这些模型专家预测平均每四个临近的养殖场中就有一个易受感染的畜种会被传染，除非转移动物，否则这会将传染病带入不可阻挡的境地[20]。3月29日强制性的临近扑杀行动在各地展开，除了坎布里亚郡，它从没有实施过这一行动。该行动要求相关的IP在确认疫情的48 h内自动扑杀这些动物。同时，该行动还设定了一个疫情确认后扑杀各IP内的动物目标时间是24 h。因此该政策也被称为“24/48 h规则”。该政策的实施中也有过一些特例没有实施该政策，根据当地兽医的自由裁定权，后来都被允许了；例如，牛和稀有牲畜物种，其兽医风险评估表明它们并没有被感染[67]。3 369个养殖场中有超过1 200 000只动物作为临近扑杀的一部分而被扑杀了[4]。

坎布里亚从未实施过自动临近扑杀这一政策，因为缺少资源，当时坎布里亚LDCC正在努力处理大量的疫情，以及来自坎布里亚农民和兽医对该政策的强烈反抗。养殖场中易受感染的牲畜被认定为是某一IP的临近场所时，就会成为传统兽医风险评估的对象，如果被怀疑受到感染，就会被当做DC进行扑杀。对该措施的后传染病分析结果显示，这样的兽医风险评估鉴别出了那些存在感染风险的临近养殖场，而且也保护了那些没有风险的养殖场[29]。

6.5 临床症状确认及疑似病例扑杀

随着传染病的升级，SVS的兽医工作人员可以在探测到明显FMD临床迹象时确认疫情；当动物身上出现疑似病变时，才会利用实验室方法进行确认。对于减少病毒排出和控制疫情而言，将以最短的时间确认、上报疫情并快速扑杀被感染动物是非常至关重要的事情[9,30,31]。这一点在后来的实地数据分析中得以确认。3月26日出台了一项指令，只根据临床迹象确认动物是否感染，并在24 h内所有依此定义IP内的所有牲畜，对于可疑病例，不再等待实验室确认的结果。“因疑而杀”（SOS）这一方法就在这时被引入，允许那些出现可疑FMD症状的动物被扑杀，同时扑杀范围也包括养殖场内的所有易受感染的牲畜，而无须启动临近扑杀及3 km内扑杀措施，不用直到获得确定的实验室结果。当实验室检测证明为FMD阳性时，SOS经营场所被认定为IPs，也会实施强制扑杀临近场所牲畜和兽医鉴定为DC的牲畜。上述过程中，取自205个SOS场所的五类动物样本被确认存在FMD，且在SOS操作中扑杀了125 000多只动物[4]。

6.6 限制性传染区域（“蓝盒子”）

当疫情末期持续时，兽医的详细疫情暴发实地调查分析报告显示疫情靠机械手段进行传播，特别是依靠受感染人员和车辆的移动传播的。7月27日通过的立法旨在加强地理学描绘的“限制性感染区域”或“蓝盒子”（之所以这样称呼，是因为他们在DEFRA出版物中被描绘成了蓝色）的生物安全措施，最终使得疫情得到有效控制，并最后铲除了病毒[55]。这些特殊的措施包括：①对所有进入或离开农场的车辆进行适当的清洁和消毒；②饲料卡车和奶罐车要有许可证，后者要求由DEFRA员工陪同；③对进入和离开RIA的农业车辆进行清洁和消毒；④由警务人员对区域不断进行针对生物安全方面的巡逻；⑤所有农业活动如制备泥浆、饲料作物收割、剪羊毛等均要有许可证；⑥对所有羊群进行有组织的血清监测以鉴定是否存在病毒感染[4]；⑦哪里有RIA，哪里就要在三周内清除疫病。

6.7 福利扑杀

随着牲畜移动限制措施的推行，引发的一个重大问题，就是有越来越多的农场动物将不能进入食品或牲畜的繁殖链，停止肉类和活动物出口贸易形势恶化。为了缓解潜在的福利问题，3月22日通过了牲畜福利（动物处理）机制，但是，在执行的过程中，仍面临着很多问题，尤其是缺少补偿或处理被扑杀动物的能力。最终，在该机制及其后续机制中扑杀了250万只动物[4]。

6.8 传染病后期监测

为了表明全国在传染病后期已无FMDV，人们有必要对所有易感染的牲畜群进行临床检查，并对保护和监测区域的牲畜群进行血清采样，以探测是否存在特定概率的传染[70]。约27 000家养殖场的2 500 000只羊接受了临床监测和血样测试。结果，发现来自46个牲畜群的640个样本为FMDV抗体阳性。在这些样本中，每两个群就会有一只羊经咽喉探杯采样后发现为病毒阳性，最终导致该农场被认定为IP。扑杀了其他44家农场的阳性羊，剩余易感染FMD的牲畜群会接受常规、集中的兽医检测——结果为阴性。

6.9 排斥免疫

在疫病发生期间，接种疫苗的可能性持续受到争议。SVS提出的一项特别战略是，对坎布里亚和德文在2001年春季外出吃草前的牛群进行疫苗接种。为了实现这一目的，人们准备了紧急储备疫苗，因为全国农民联合会对此表示反对，该政策并没有实施。他们认为长期禁止出口牲畜和动物产品可能会增加经济损失。2001年仅荷兰一个国家使用了疫苗，在那也是采取减少疫苗免疫的策略。

7 传染病控制的各阶段

疫情暴发报告日期曲线图（图1）通常会被用来显示传染病的进展，可能会误导人们对疫情的分析，因为它们是根据疫情被发现和上报的日期做的。整个流程会受到许多变量的影响[22]。控制措施最终必须被评价的日期就是疫病传染被控制的日期（图1）。Gibbens和Wilesmith[22]在对各IP FMD症状首次出现的实地调查中，为2001年的传染病制作了一份全国传染日期曲线图，是用疫病传染预测日期减去泛亚谱系FMDV平均潜伏期（5 d）[38]得出。根据此图，人们发现曲线图在3月21日达到峰值，可以说截止到当日，已经控制了传染病初期病毒强烈的快速扩散。但是，在一些地方，疫病扩散仍在继续，并保持在较低水平，且到达了以前未被传染的地区——传染病的“尾巴”。这一扩散随着7月和8月RIA措施的引入，在最后三个被感染区域最终得以停止。接下来进行了大量的临床和血清监测以表明传染已不复存在，2002年1月22日，OIE认可英国重新获得了FMD非免疫无疫状态[70]。

8 2001年数学模型的作用

数学模型可以定量表示事件，在200多年里已将其应用于人类及兽用医药领域[63]，也有几个是有关FMD的。在2001年之前，有关FMD的唯一有效模型就是丹麦里瑟国家实验室开发的Rimpuff模型和丹麦应急响应大气扩散模型（DERMA）[58,60]。Rimpuff扩散模型可以与当地范围的大气流动模型LINCOM相关联，并模拟拥有不同土地利用特征的山丘及地形上空的气流。这些模型会分别模拟FMD在长和短距离内的空气传播，并通过使用来自1981年法国和英国（怀特岛）及1982年丹麦和德意志民主共和国FMD暴发时的历史数据，从而发挥数学模型的作用。

在2001年传染病初期，一些IP还饲养猪。人们认为这会排除大量经空气传播的病毒，所以有人担心这会导致当地境内存在潜在的病毒，通过空气传播到邻近大陆。人们对空气传播的风险进行了实时分析。此外，当收集到较多的详细病毒排放数据时，人们使用上文提到的有效的丹麦大气扩散模型[48]及另外两个英国气象局开发的模型，10 km 高斯烟羽及大气扩散模型环境(NAME)[24]进行分析。分析结果显示从海登放德沃最初暴发地点产生的病毒远距离传播的风险是有限的。然而，短程模型显示仍存在较大风险，使得病毒可以依靠空气传播到 5～10 km 内的牛群及羊群。在羊群被贩卖到全国市场体系中之前，方圆 5 km 外的牛群和羊群最可能通过此途径被感染。

2001 年期间 MAFF/DEFRA 每天都使用 InterSpread 模型来监测传染病发生规模，持续时间及空间传播[50]。该模型包括已被认可的兽医专家的一些设想，例如动物从临床迹象出现前到扑杀过程中的感染过程；疫情不同阶段的病毒分泌率也不同；受影响的物种；场内传染病的发生；以及各种农场因素。该模型也允许通过特定的接触路径进行传输，同时也考虑到了制定控制措施后带来的影响，如 DC 评估并联系跟踪数据，允许参数有较大的灵活性。对于该模型的输出，要谨慎看待，要认识到 FMD 传染病的本质是动态和常常难以预料的，尽管结果与实地观察非常吻合。因此，我们应对该模型的输出有更大的信心。例如，实地观察员的结论是机械手段维持了疫情的传播，特别是靠已感染的人员和车辆的移动。他们的这一结论有 InterSpread 模型的输出做支撑，还有实施强化生物安全措施的需求最终在“蓝盒子”区域得以实现。

在经历 1967—1968 年英国传染病参数使用的缺陷后，该模型推荐在 2001 年引入自动强制扑杀邻近畜群政策，主要包括牛群，但是也包括来自猪场的远程传播，以及 1997 年中国台湾的传染病，该传染病仅包括猪[20,30]。2001 年英国的传染病，从另一方面而言，首先是由羊群引发的，然后通过牛群传播[23,64,67,69]。此外，在传染病期间开发的这些模型以及更精细的模型[20,34]都有显著的缺陷，因为它们使用的历史畜群普查数据是有缺陷的。例如，在该国的一些区域，遗漏了 15%以上的养殖场，登记为未有牲畜群的养殖场，近 20%的这类场所有牲畜，而有 10%的场所实际没有牲畜却登记为有牲畜[27]。另外，它们依赖 MAFF/DEFRA 的接触跟踪数据，且该数据只鉴别了约 5%IP 的有限传染源[22]。或许最重要的是，这些模型包含非常难以置信的生物假设：例如，任何特定的养殖场内的所有动物，不论地点、饲养、品种、年龄、并发疫病、压力因素、以及暴露的程度与途径：① 都将同时被感染；② 经过一个潜伏期，尽管都知道潜伏期有变化[53]；③ 开始从病毒进入农场的 1～4 d 后最大限度地排出病毒。根据此模型，这一现象会一直持续到被扑杀，尽管在疫病发生后的 4 d 里开始产生抗体[2]，事实证明这会快速减少病毒血症的发生[32]。

人们还进一步假设，不论动物的位置在哪儿，病毒之后会由养殖场周边开始进行均匀快速地传播。从一个 IP 到其邻近养殖场传播风险的最初预测为

26%[20]，后来降低到 20%，之后又变为 17%[35]。这些模型假说不可避免地造成了对其结论的偏见。该结论是正如这些模型模拟的那样，彻底或邻近扑杀会对控制疫情传播很有效。

9 讨论

2001 年 FMD 规模与严重程度取决于首例疫情上报前发生的一系列相互独立的事件。所有这些事件的偶然性叠加影响会带来毁灭性后果。首先最重要的是，在英国海关防御体系被 FMDV 入侵几周后，兽医当局才知道该病毒的存在。疫情暴发初期，猪也被感染，而且是很强的空气传播性病毒造成的。在一些情况下，特定的气候条件有利于牛羊农场附近的病毒烟羽的形成和移动。当羊群的季节性迁移达到顶峰时，通过此路径被感染的羊群就会进入全国的羊经销和营销市场，最终导致病毒在全国范围内的扩散。此外，现有寒冷、潮湿的气候条件特别有利于病毒在动物体外存活，因而支持病毒通过机械手段进一步扩散。最后，SVS 也缺乏紧急有效处理如此规模、且迅速扩散的传染病的应对能力。

病毒进入英国很可能是通过从亚洲走私带有病毒的猪肉食品。那些通过走私而来的垃圾肉类被一个废弃食物处理商收集，之后将这些废弃食物在未经预热处理的情况下又喂食给处理商本人的猪[66]。最后当猪群中出现 FMD 病例时，该废弃食物处理商并没有进行上报——该疫情的出现只是在 SVS 进行“回溯追踪”时才被监测出。回顾性分析表明猪排出的病毒烟羽很可能就是顺风方向 5 km 处的牛羊混合农场的感染源[24]。在农场未发生疫情之前，有一群羊被转移和贩卖到了一个当地市场，进入了全国牲畜营销体系。当时正赶上羊群销售的旺季[46]，英国的羊群经销和营销系统非常庞大复杂，每天可以运送成千上万只动物至数百千米的地方。2001 年，不可能对每个羊群进行单独鉴定，很少记录它们的一些迁移，这就使得追踪很困难。当时的环境条件和动物管理措施也很有利于病毒通过机械手段进行传播。例如，在寒冷和潮湿气候盛行的环境中，病毒可能会存活很多天。然而，近年来牲畜数目，农场规模及农场划分的增加，以及对合同劳工及共用设备的较大依赖也会有利于病毒通过污染物和受感染的人进行传播。

因此，在 2001 年 2 月末及 3 月初，疫情通过动物移动，特别是羊群的移动，以及机械手段进行传播表现得较显著，这就为之后传染病的广泛传播埋下了隐患。

自上次 1967/1968 年 FMD 传染病后，SVS 的数量显著减少。这是为了减少公共部门的运行成本，然而，这也导致了大量有专业知识和经验人员的流失[4]。因此，当 2001 年面对严峻挑战时，SVS 被发现既缺少应对能力也缺少专业技能。2001 年的传染病，明显体现了“和平年代”被忽视和全国兽医服务不足的危险性，以及由此产生的对国家、农业、旅游业及其他领域造成的严重经济后果。

2001 年传染病的规模和时间格局与 1967—1968 年的类似[4]，只是传染病曲线图有略微区别，因为 1967—1968 年的峰值比 2001 年的要高，且出现的要略早。二者都反映出了控制疫情的操作性难题，都是初期发生各种隐患，紧接着便是当地的疫情传染。尽管各病例的初期隐患都拥有不同路径，1967—1968 年传染病的开始是暴发性的，起因是来自传染源农场的猪群通过空气将病毒传染给了顺风方向 60 km 外的牛群[25]，结果导致三周内就暴发 300 例病例[80]。与此对比，2001 年的疫情，除了最初在海登的猪农场暴发外，其依靠空气传播的特征不是很明显，而且疫病最初的传染主要涉及羊群的远距离移动。

2001 年全国传染病扩散的高峰期预测为 3 月 21 日[22,26]，且早在 3 月 16 日就出现自敦夫里斯及加洛韦等地的单独动物群中[65]。因此，疫情发生剧烈的初期，病毒的扩散在首个病例 2 月 20 日确认之后的 31 d 之内得到全国范围内的控制，而且在当地动物集群中控制得更快。例如，北部坎布里亚花费了 20 d，敦夫里斯和加洛韦从首个病例 3 月 1 日确认后一直到传染达到高峰期，控制疫情花费了 15 d。此时，唯一有用的控制措施就是传统的扑杀政策以及全国牲畜移动禁令。

坎布里亚的疫情达到高峰期后的 5 d 及敦夫里斯和加洛韦达到高峰期后的 6 d，开始采取 3 km 羊群扑杀行动。扑杀没有具体针对目标，需要六周才能完成。在扑杀期间，对 115 只样本进行血清监测，发现只有一个羊群里的一些动物血清呈阳性（56 只羊中有 9 只呈阳性）[10]。该农场的牛群会接收常规的兽医检测，但是没有显示任何临床疫病迹象。因此，尽管有人可能会为有限地理区域内羊群的扑杀进行申辩，怀疑此区域内有未记录或非法移动羊只的情况，但只有极小部分证据支撑 2001 年的扩大羊群扑杀行动。事实上，也存在另一方面的情况。一些实验性感染的羊群在临床和前临床阶段可以分泌大量的病毒[32]。在实地环境下，动物间的亲密接触，或许会受压力因素而加剧，这对传染病的持续和传播是必须的。这些条件就存在于运输和营销期间，因此，在确诊疫病之前的几天内，一小部分已感染羊就可将病毒传遍整个英国。然而，当阻止动物移动时，羊群在 2001 年传染病中的传播作用也被削弱了。虽然，在 2001 年羊群中偶尔会出现严重的临床疫病，通常是与亲密接触和分娩相关的，但是通常会被发现存在轻微的或不明显的临床感染[5,15,23]。有人曾设想一个羊群中的感染可以降低并且“消灭”[3,39]。来自希腊[45]和北非[43,44]的实地证据支撑了这一设想。在英国[8] 1967—1968 年传染病的后期情况，以及来自 Kitching 和 Hughes 报告的实验工作也证明了这一设想[39]。2001 年传染病期间及后期进行了大量的绵羊血清监测，仅发现在一小部分的牲畜群中有少量羊群的血清呈阳性。这说明，FMD可能在大量的羊群中存在这一设想，具有一定的自身局限性，例如，那些在英国发现的疫病传播现象。然而，这些证据都是间接的，且基于较少的传播实例，而非排出病毒直接数量的证据。

3月29日对临床症状进行了强制确认，并实施了SOS政策；也就是在传染病达到高峰期后进行，这势必会导致被认定感染但是未通过实验室进行确认IP的增加。事实上，来自90%的IP样本中，23%显示阴性结果[37]；大部分有感染嫌疑的病例出现在羊群中。考虑到羊群中FMD诊断的困难性[2,16,19]，这个现象是不足为奇的，但是当与此类IP周围的自动持续扑杀相关联时，后果非常严重。在今后的FMD应急准备中，应该优化和发展现地使用的快速检测试剂[37]，并认识到羊群中FMD临床诊断的困难性，而且要将强制性临床“确认”和SOS政策排除在外。

全国牲畜移动禁令是一项严厉措施，其首次使用是在英国。当时英国并没有控制FMD的先例。毫无疑问，这一单项措施在缩减传染病规模时起到了关键作用。因为感染动物移动是目前最常见的FMD传播机制[16]。与此相比，在1967—1968年全国性移动禁令实施前三周，英国受到一次大规模FMD的侵袭[9]。然而，全国性牲畜移动禁令确实有一些严重的负面影响，特别是对动物福利及农场收入的影响。因为那些已经被卖出去的动物通常要在农场保留、圈养并饲喂较长时间。2001年一项由政府资助的牲畜福利扑杀项目终于得以实施，但是仍遇到很多问题，特别是尸体处理问题。为了支持今后的全国牲畜移动禁令，人们需要发起一项结构合理、有资金资助的动物福利扑杀项目。但是此项禁令的持续时间要有一个最低限度。例如，直到全部完成初步追踪[9]或者后续的风险分析[54]。即使扑杀政策和全国牲畜移动禁令在2001年实施后，大量养殖场内仍未知晓或怀疑出现的疫情。农业活动照常进行以及执行各种各样生物安全措施，这些都为病毒通过机械手段的持续传播提供了契机，例如，通过人（仓库管理员）及污染物，包括车辆的传播。一些国家在紧急事件中比较幸运，因为它们可以请求警方或军方来加强对当地动物流动性的限制，以及请求消防部门协助消毒。尽管调动部队包括在MAFF全国和地方应急预案之中，但2001年，请求派遣军队转移尸体还要提前4周提出[4]。

在等待整个疫情浮出水面的过程中，大家普遍有些急躁。与此同时，不断增加的疫情及堆积如山待处理的动物尸体，视为缺少成功的传统控制措施先例的表现。这些也为那些自封的“专家”，包括一些兽医、生物学家和数学家，创造契机来发布未证明的新举措。

这并不是一个新现象。1952年，加拿大暴发了一场FMD。加拿大的CVO曾说：“我觉得真的是太令人吃惊了，一夜之间似乎涌现出好多自诩为

FMD 专家[7]”。正是在这种传染病例不断增加且疫情明显失去控制的背景下，大力推行自动、先发制人的扑杀邻近 IP 养殖场内可疑牲畜的新政策。因为这是唯一的解决方案而且媒体的报道也对其表示信任[6]。理论上讲，由缺少养殖场饲养经验、也未考虑兽医和病毒学家假设的数学家们，他们建立的非有效疫病模型被大范围宣传，并用于首次推动大型传染病控制的相关政策，尽管拥有 FMD 控制经验的兽医对这些模型的有效性和可行性表示担心[18,33,47]。这些模型兽医假设既不符合现地情形，也不符合实验室情形，且代表一种不同（纯理论）的病毒传染情况。鉴于该病毒有能力一下子传染整个牲畜群，且在临床症状出现前几天就大量排出，除非动物被杀死，或许最适合称其为“哈米吉多顿（世界末日）病毒”。还有一个深入的假说，认为“哈米吉多顿病毒”之后会从养殖场的边界进行均匀快速地传播，不论动物的地理位置在哪儿，并创造出一种自我实现的假说，该假说不可避免加重了必要的辐射/持续扑杀以阻止疫情扩散。对坎布里亚传染病的时空分析得出的结论表明，约 50%的病例中，疫病在 1.5 km 外传播，这表明把疫病控制措施局限于邻近养殖场（例如持续性扑杀 1.5 km 内养殖场）不足以消灭传染病，而且最终会造成大量农场牲畜被扑杀。邓弗里斯和加洛韦的 Thrusfield 等[65]和德文和坎布里亚的 Wilesmith 等[69]也得出了相似的结论。

自动持续扑杀开始于 3 月 29 日，是传染病初期剧烈传播在全国范围内达到顶峰的 8 d 后，也是敦夫里斯和加洛韦地区达到顶峰的 13 天后[65]。因此，在传染病已经开始消退的时候，实施由数学模型假设提出新的 48 h 持续扑杀政策。此外，坎布里亚北部并没有实施持续扑杀政策，但是坎布里亚的传染病曲线反映出了 2001 年英国其他地区的情景（图 1，图 2)，以及 1967—1968 年的传染病曲线图[4,3]。坎布里亚及英国 1967—1968 年的曲线图表明传统的扑杀政策，再辅以全国牲畜移动禁令便可以有效控制疫情。2001 年英国其余地区的曲线与此有着同样的性质，并让人们开始怀疑这项持续性扑杀政策是否有必要，以下描述是否准确：“……这里有大量的证据表明我们所遵循的扑杀政策……是一项可以控制疫情的政策。”[35]

后传染病分析已经为传统控制政策的有效性及持续扑杀政策影响的不足提供了进一步的支持。Honhold 等[28]认为传染病将会得到控制，当农场中牲畜出现首次症状到完成扑杀时间后减少至 3.5 d 的这段时间。同样没有说明通过扑杀邻近养殖场的动物来控制疫情的显著成效，然而，这是经兽医评估、非邻近 DCS 确实有显著的统计性和生物性影响的扑杀。数学模型推动了自动邻近养殖场的扑杀。该数学模型假设风险是平均分散的，而且/或不能被快速评估以有效控制疫情。进一步分析[29]显示邻近养殖场的兽医风险评估可以实时区分不同级别的风险以及将某些动物从那些可能成为 IP 的养殖场中转移。但是，

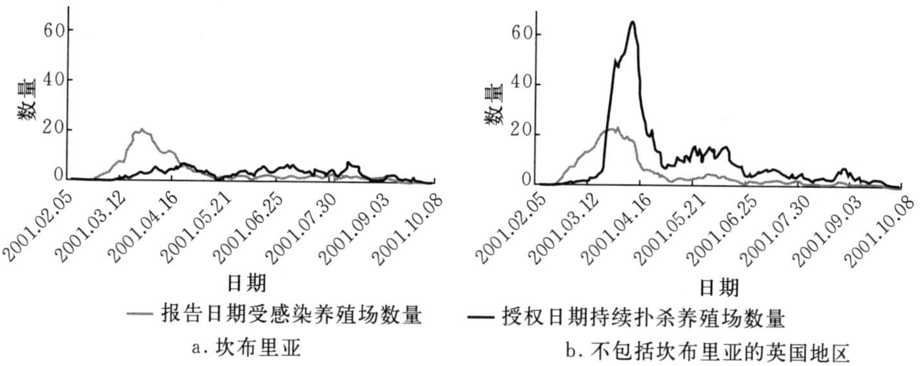

图 2　坎布里亚及不包括坎布里亚的英国地区的受感染养殖场（IP）及持续扑杀养殖场（CP）的 7 d 滚动式措施，按报告日期、授权日期统计

要将养殖场的储存量保持在低风险的水平，且之后可以保持不受疫病的侵害。此项分析及其他现地分析[29,65]还表明即使对于邻近养殖场而言，通过污染物进入农场是最可能的感染路径，而不是通过邻近的农场。因此，较容易通过加强生物安全的实施力度控制疫情。RIA 系统对传染病“尾巴”的最终控制有积极的影响。该影响表明了限制农场间的接触，以及增加对那些出于业务原因无法避免接触的适当卫生和消毒措施是至关重要的。RIA 系统就是一个很好例子，清楚地展示了将病毒及农场活动的相关知识与兽医常识及多领域合作相结合的益处。

数学模型的主要作用就是进行初步的预测，但不能区分各农场的风险以及最糟糕的情况，以及可能对 FMD 传染病学进行不准确的陈述。最终，这些模型既不能准确地预测传染病的进程和持续时间，也不能预测传统的控制措施的有效性以及提议新措施的有效性[61]。因此，他们未能经受住驳斥、测试及有用的考验[41]。在决策时仓促采用非有效的数学模型，没有权衡明显的数字确定性与包含的生物假设的不可能性，结果导致经过几代兽医[8,9]验证的传统方法也遭到忽视[40,65]。正如 Kitching 等说的：“英国的经历为我们提供了很有益的警告，让我们明白模型是如何在科学机会主义利益下被滥用的”[41]。

持续性扑杀政策的后果是严重的。不仅有 3 000 多个农场的上百万动物被扑杀，而且还引发了更深远的问题：①稀缺资源由首要的 IP 和 DC 追踪和扑杀任务开始转移；②越来越多的动物尸体等待处理；③保护区域内涉及扑杀的车辆和人员的移动显著增加，或许也利于当地传播病毒；④来自农民的合作减少（有时候会导致有意识或无意识地拖延上报疑似病例，由于害怕对邻近区域扑杀造成影响）；⑤对英国人，特别是在农民，带来巨大的堕落灾难性的影响；⑥流行病学数据的大量流失[17]。

数学模型可以成为研究内部传染病阶段、疫情应急计划中的有用工具，而且对于模拟操作期间的培训也是有帮助的。但是，他们仍然是理论型系统，必须要有理论该有的谨慎性[14]。使用“真实”数据的回顾分析可以通过为假设情景及介入策略创建模型来协助我们理解传染病后果，当与兽医专业知识相结合时，可以为决策者提供宝贵的指导[61]。在 FMD 传染病期间使用非有效模型作为指导决策的预测工具仍受到高度质疑，特别是鉴于可用数据不准确及 FMDV 生物复杂性的情形下[26,41,61]。此外，假设可以认为一个模型“在数学上是成功的”，但未能解释生物学的真相，这种假设有一种忽视广泛而潜在的“回避问题”谬论的风险。数学上成功理论可以成功解释现实问题—可以命名为一种信念，“伽利略的罪行”—这一信念已经在广泛的科学界进行了带有倾向性的编辑[57]。

从英国 2001 年 FMD 中可以吸取很多经验，当 2007 年英国再一次遭遇 FMDV 袭击时，很快检验了这些经验。重要的是，在这些经验中有使用传统，健全的 FMD 控制和根除政策，不使用非有效数学模型基础上的新措施。这一策略被证明是正确的，而且可相对较快地清除病毒。

参考文献

[1] Alexandersen S., Kitching R. P., Mansley L. M. & Donaldson A. I. (2003). - Clinical and laboratory investigations of five outbreaks of foot - and - mouth disease during the early stages of the 2001 epidemic in the United Kingdom. *Vet. Rec.*, 152 (16), 489 - 496.

[2] Alexandersen S., Zhang Z., Donaldson A. I. & Garland A. J. M. (2003). - The pathogenesis and diagnosis of foot - and - mouth disease. *J. comp. Pathol.*, 129 (1), 1 - 36.

[3] Alexandersen S., Zhang Z., Reid S. M., Hutchings G. H. & Donaldson A. I. (2002). - Quantities of infectious virus and viral RNA recovered from sheep and cattle experimentally infected with foot - and - mouth disease virus O UK 2001. *J. gen. Virol.*, 83 (Pt 8), 1915 - 1923.

[4] Anderson I. (2002). - Foot and mouth disease 2001: lessons to be learned inquiry report. The Stationery Office, London, 187 pp. Available at: http://webarchive.nationalarchives.gov.uk/20100807034701/http://archive.cabinetoffice.gov.uk/fmd/fmd_report/report/index.htm (accessed on 27 February).

[5] Ayers E., Cameron E., Kemp R., Leitch H., Mollison A., Muir I., Reid H., Smith D. & Sproat J. (2001). - Oral lesions in sheep and cattle in Dumfries and Galloway. *Vet. Rec.*, 148 (23), 720 - 723.

[6] BBC Newsnight (2001). - Foot and mouth crisis. Interview with Roy Anderson, 21 March. BBC, London.

[7] Childs T. (1952). - Foot - and - mouth disease Saskatchewan, Canada. *Proc. U. S.*

Livest. Sanit. Assoc.，56，153－165.

[8] Committee of Inquiry on Foot and Mouth Disease (1969). －Report of the Committee of Inquiry on Foot and Mouth Disease 1968 [the Northumberland Report], Part I. Cmnd. 3999. Her Majesty's Stationery Office, London.

[9] Committee of Inquiry on Foot and Mouth Disease (1969). －Report of the Committee of Inquiry on Foot and Mouth Disease 1968 [the Northumberland Report], Part II. Cmnd. 4225. Her Majesty's Stationery Office, London.

[10] Cook A. J. C. & Davison H. C. (2001). －Sheep and goat foot and mouth disease serology. Final report, June 12. Epidemiology Department, Veterinary Laboratories Agency, Weybridge, 35 pp.

[11] Cottral G. E. (1969). －Persistence of foot－and－mouth disease virus in animals, their products and the environment. *Bull. Off. int. Epiz.*，71，549－568.

[12] Crispin S. M.，Roger P. A.，O'Hare H. & Binns S. H. (2002). －The 2001 foot and mouth disease epidemic in the United Kingdom: animal welfare perspectives. *In* Foot and mouth disease: facing the new dilemmas (G. R. Thomson, ed.). *Rev. sci. tech. Off. int. Epiz.*，21 (3)，877－883.

[13] Davies G. (2001). －Foot－and－mouth disease control measures. *Vet. Rec.*，148 (12)，386－387.

[14] Davies J. T. (1973). －The scientific approach. Academic Press, London, New York.

[15] De la Rua R.，Watkins G. H. & Watson P. J. (2001). －Idiopathic mouth ulcers in sheep. *Vet. Rec.*，149 (1)，30－31.

[16] Donaldson A. I. (1987). －Foot－and－mouth disease: the principal features. *Irish vet. J.*，41，325－327.

[17] Donaldson A. I. (2002). －Role of IAH in the 2001 epidemic－input of experimental data into models, current FMD spread models, strengths and weaknesses of the models. *In* Foot and Mouth Disease Modelling Workshop, 23 May 2002. Summary Report. Science Directorate, Department for Environment, Food and Rural Affairs, London, 25－31.

[18] Donaldson A. I.，Alexandersen S.，Sørensen J. H. & Mikkelsen T. (2001). －Relative risks of the uncontrollable (airborne) spread of FMD by different species. *Vet. Rec.*，148 (19)，602－604.

[19] Donaldson A. I. & Sellers R. F. (2007). －Foot－and－mouth disease. *In* Diseases of sheep (I. D. Aitken, ed.), 4th Ed. Blackwell Publishing, Oxford, 282－288.

[20] Ferguson N. M.，Donnelly C. A. & Anderson R. M. (2001). －The foot－and－mouth epidemic in Great Britain: pattern of spread and impact of interventions. *Science*，292 (5519)，1155－1160. E－pub.：12 April 2001.

[21] Garland A. J. M. & Donaldson A. I. (1990). －Foot and mouth disease. *Surveillance*，17，6－8.

[22] Gibbens J. C. & Wilesmith J. W. (2002). - Temporal and geographical distribution of foot - and - mouth disease during the early weeks of the 2001 epidemic in Great Britain. *Vet. Rec.*, 151 (14), 407 - 412.

[23] Gibbens J. C., Sharpe C. E., Wilesmith J. W., Mansley L. M., Michalopoulou E., Ryan J. B. M. & Hudson M. (2001). - Descriptive epidemiology of the 2001 foot - and - mouth disease epidemic in Great Britain: the first five months. *Vet. Rec.*, 149 (24), 729 - 743.

[24] Gloster J., Champion H. J., Sørenson J. H., Mikkelsen T., Ryall D., Astrup P., Alexandersen S. & Donaldson A. I. (2003). - Airborne transmission of foot - and - mouth disease virus from Burnside Farm, Heddon - on - the - Wall, Northumberland, during the 2001 epidemic in the United Kingdom. *Vet. Rec.*, 152 (17), 525 - 533. Erratum: *Vet. Rec.*, 152 (20), 628.

[25] Gloster J., Freshwater A., Sellers R. F. & Alexandersen S. (2005). - Re - assessing the likelihood of airborne spread of foot - and - mouth disease at the start of the 1967 - 1968 UK foot - and - mouth disease epidemic. *Epidemiol. Infect.*, 133 (5), 767 - 783.

[26] Haydon D. T., Kao R. R. & Kitching R. P. (2004). - The UK foot - and - mouth disease epidemic - the aftermath. *Nat. Rev. Microbiol.*, 2 (8), 675 - 681.

[27] Honhold N. & Taylor N. M. (2006). - Data quality assessment: comparison of recorded and contemporary data for farm premises and stock numbers in Cumbria, 2001. *In* Proc. Soc. Veterinary Epidemiology and PreventiveMedicine (SVEPM), 29 - 31 March, Exeter, United Kingdom. SVEPM, 152 - 163.

[28] Honhold N., Taylor N. M., Mansley L. M. & Paterson A. D. (2004). - Relationship of speed of slaughter on infected premises and intensity of culling of other premises to the rate of spread of the foot - and - mouth disease epidemic in Great Britain, 2001. *Vet. Rec.*, 155 (10), 287 - 294.

[29] Honhold N., Taylor N. M., Wingfield A., Einshoj P., Middlemiss C., Eppink L., Wroth R. & Mansley L. M. (2004). - Evaluation of the application of veterinary judgement in the pre - emptive cull of contiguous premises during the foot - and - mouth disease epidemic in Cumbria in 2001. *Vet. Rec.*, 155 (12), 349 - 355.

[30] Howard S. C. & Donnelly C. A. (2000). - The importance of immediate destruction in epidemics of foot - and - mouth disease. *Res. vet. Sci.*, 69 (2), 189 - 196.

[31] Hugh - Jones M. E. & Tinline R. R. (1976). - Studies on the 1967 - 68 foot and mouth disease epidemic: incubation period and herd serial interval. *J. Hyg.* (*Lond.*), 77 (2), 141 - 153.

[32] Hughes G. J., Mioulet V., Kitching R. P., Woolhouse M. E., Alexandersen S. & Donaldson A. I. (2002). - Foot - and - mouth disease virus infection of sheep: implications for diagnosis and control. *Vet. Rec.*, 150 (23), 724 - 727.

[33] Kahn L. H. (2009). - Who's in charge? Leadership during epidemics, bioterror

attacks, and other public health crises. Praeger Security International, Santa Barbara, California, 115 - 139.

[34] Keeling M. J., Woolhouse M. E. J., Shaw D. J., Matthews L., Chase - Topping M., Haydon D. T., Cornell S. J., Kappey J., Wilesmith J. & Grenfell B. T. (2001). - Dynamics of the 2001 UK foot and mouth epidemic: stochastic dispersal in a heterogeneous landscape. *Science*, 294 (5543), 813 - 817. E - pub.: 3 October 2001.

[35] King D. (2001). - Select Committee on Environment, Food and Rural Affairs. Minutes of evidence. Examination of witnesses. Wednesday, 7 November. Available at: www.publications.parliament.uk/pa/cm200102/cmselect/cmenvfr/323/1110708. htm (accessed on 18 September 2009).

[36] King D. (2001). - The impact of foot and mouth disease. *In* First Report of Session 2001 - 2002, House of Commons, Environment, Food and Rural Affairs Committee, 25 April, Column 399. Her Majesty's Stationery Office, London, 60 - 82.

[37] King D. P., Dukes J. P., Reid S. M., Ebert K., Shaw A. E., Mills C. E., Boswell L. & Ferris N. P. (2008). - Prospects for rapid diagnosis of foot - and - mouth disease in the field using reverse transcriptase - PCR. *Vet. Rec.*, 162 (10), 315 - 316.

[38] Kitching R. P. (2002). - Submission to the Temporary European Union Commission on foot - and - mouth disease. European Parliament, Brussels, 16 July.

[39] Kitching R. P. & Hughes G. J. (2002). - Clinical variation in foot and mouth disease: sheep and goats. *In* Foot and mouth disease: facing the new dilemmas (G. R. Thomson, ed.). *Rev. sci. tech. Off. int. Epiz.*, 21 (3), 505 - 512.

[40] Kitching R. P., Hutber A. M. & Thrusfield M. V. (2005). - A review of foot - and - mouth disease with special consideration for the clinical and epidemiological factors relevant to predictive modelling of the disease. *Vet. J.*, 169 (2), 197 - 209.

[41] Kitching R. P., Thrusfield M. & Taylor N. M. (2006). - Use and abuse of mathematical models: an illustration from the 2001 foot and mouth disease epidemic in the United Kingdom. *In* Biological disasters of animal origin. The role and preparedness of veterinary and public health services (M. Hugh - Jones, ed.). *Rev. sci. tech. Off. int. Epiz.*, 25 (1), 293 - 311.

[42] Knowles N. J., Samuel A. R., Davies P. R., Kitching R. P. & Donaldson A. I. (2001). - Outbreak of foot - and - mouth disease virus serotype O in the UK caused by a pandemic strain. *Vet. Rec.*, 148 (9), 258 - 259.

[43] Mackay D. (1994). - Foot and mouth disease in North Africa. *FMD Bull.*, 1, 24.

[44] Mackay D. K. J. & Rendle T. (1996). - A serological survey of small ruminants in Morocco for antibody to FMD. *FMDNewsletter*, 1, 6.

[45] Mackay D. K. J., Newman B. & Sachpatzidis A. (1995). - Epidemiological analysis of the serological survey for antibody to FMD virus, Greece 1994. Food and Agriculture Organization of the United Nations (FAO) report. FAO, Rome.

[46] Mansley L. M., Dunlop P. J., Whiteside S. M. & Smith R. G. H. (2003). - Early dissemination of foot - and - mouth disease virus through sheep marketing in February 2001. *Vet. Rec.*, 153 (2), 43 - 50.

[47] Mendick R. & Lean G. (2001). - Revealed: the needless slaughter of 2m animals. *Independent on Sunday*, 24 June, 1. Available at: www. independent. co. uk/news/uk/this britain/revealed - the - needless - slaughter of 2m animals 675345. html (accessed on 23 February 2011).

[48] Mikkelsen T., Alexandersen S., Astrup P., Champion H. J., Donaldson A. I., Dunkerley F. N., Gloster J., Sørensen J. H. & Thykier - Nielsen S. (2003). - Investigation of airborne foot - and - mouth disease virus transmission during low - wind conditions in the early phase of the UK 2001 epidemic. *Atmos. Chem. Phys.*, 3, 2101 - 2110.

[49] Mikkelsen T., Larsen S. E. & Thykier - Nielsen S. (1984). - Description of the Risø puff diffusion model. *Nuc. Technol.*, 67, 56 - 65.

[50] Morris R. S., Sanson R. L., Stern M. W., Stevenson M. & Wilesmith J. W. (2002). - Decision - support tools for foot and mouth disease control. *In* Foot and mouth disease: facing the new dilemmas (G. R. Thomson, ed.). *Rev. sci. tech. Off. int. Epiz.*, 21 (3), 557 - 567.

[51] Mumford L. (1970). - The Pentagon of power. Harcourt Brace Jovanovich Inc., New York.

[52] Reid H. W. (2002). - FMD in a parturient sheep flock. *Vet. Rec.*, 150 (25), 791.

[53] Sartwell P. E. (1950). - The distribution of incubation periods of infectious disease. *Am. J. Hyg.*, 51 (3), 310 - 318.

[54] Schley D., Gubbins S. & Paton D. J. (2009). - Quantifying the risk of localised animal movement bans for foot - and - mouth disease. Doi: 10. 1371/journal. pone. 0005481. *PLoS ONE*, 4 (5), e5481. Available at: www. plosone. org/article/info% 3Adoi% 2F10. 1371%2Fjournal. pone. 0005481 (accessed on 18 September 2009).

[55] Scudamore J. M. & Harris D. M. (2002). - Control of foot and mouth disease: lessons from the experience of the outbreak in Great Britain in 2001. *In* Foot and mouth disease: facing the new dilemmas (G. R. Thomson, ed.). *Rev. sci. tech. Off. int. Epiz.*, 21 (3), 699 - 710.

[56] Sellers R. F. & Parker J. (1969). - Airborne excretion of foot - and - mouth disease virus. *J. Hyg.* (*Lond.*), 67 (4), 671 - 677.

[57] Smolin L. (2006). - The trouble with physics. Penguin Books, London.

[58] Sørensen J. H. (1998). - Sensitivity of the DERMA long - range dispersion model to meteorological input and diffusion parameters. *Atmos. Environ.*, 32, 4195 - 4206.

[59] Sørensen J. H., Jensen C. ?., Mikkelsen T., Mackay D. K. J. & Donaldson A. I. (2001). - Modelling the atmospheric dispersion of foot - and - mouth disease virus for

emergency preparedness. *Phys. Chem. Earth* (*B*), 26, 93 - 97.

[60] Sørensen J. H., Mackay D. K. J., Jensen C. ? . & Donaldson A. I. (2000). - An integrated model to predict the atmospheric spread of foot - and - mouth disease virus. *Epidemiol. Infect.*, 124 (3), 577 - 590.

[61] Taylor N. (2003). - Review of the use of models in informing disease control policy development and adjustment. A report for DEFRA. Available at: webarchive. nationalarchives. gov. uk/20080820232926/& www. defra. gov. uk/science/Publications/2003/ UseofModelsinDiseaseControlPolicy. pdf (accessed on 24 August 2009).

[62] Taylor N. M., Honhold N., Paterson A. D. & Mansley L. M. (2004). - Risk of foot - and -mouth disease associated with proximity in space and time to infected premises and the implications for control policy during the 2001 epidemic in Cumbria. *Vet. Rec.*, 154 (20), 617 - 626.

[63] Thrusfield M. (2007). - Veterinary epidemiology, 3rd Ed., rev. Blackwell Scientific, Oxford, 386 pp.

[64] Thrusfield M., Mansley L., Dunlop P., Taylor J., Pawson A. & Stringer L. (2005). - The foot - and - mouth disease epidemic in Dumfries and Galloway 2001. 1: Characteristics and control. *Vet. Rec.*, 156 (8), 229 - 252.

[65] Thrusfield M., Mansley L., Dunlop P., Pawson A. & Taylor J. (2005). - The foot - and - mouth disease epidemic in Dumfries and Galloway, 2001. 2: Serosurveillance, and efficiency and effectiveness of control procedures after the national ban on animal movements. *Vet. Rec.*, 156 (9), 269 - 278.

[66] United Kingdom Department for the Environment, Food and Rural Affairs (DEFRA) (2002). - Origin of the UK foot and mouth epidemic in 2001. DEFRA, London. Available at: www. defra. gov. uk/animalh/diseases/fmd/2001/index. htm (accessed on 24 August 2009).

[67] United Kingdom Department for the Environment, Food and Rural Affairs (DEFRA) (2005). - Detailed investigation of the methods and characteristics of spread of FMD in special geographic clusters and the effects of control measures during the 2001 epidemic (SE 2932). Final project report. DEFRA, London.

[68] United Kingdom Ministry of Agriculture, Fisheries and Food (MAFF) (1986). - Foot - and - mouth disease. Ageing of lesions. Reference book 400. Her Majesty's Stationery Office, London.

[69] Wilesmith J. W., Stevenson M. A., King C. B. & Morris R. S. (2003). - Spatio - temporal epidemiology of foot - and - mouth disease in two counties of Great Britain in 2001. *Prev. vet. Med.*, 61 (3), 157 - 170.

[70] World Organisation for Animal Health (OIE) (2008). - Foot and mouth disease. Chapter 8. 5. *In* Terrestrial Animal Health Code, Vol. II., 17th Ed. OIE, Paris, 347 - 369.

4

检验、验证与灵敏性分析

评估兽医流行病学模型的途径：验证、有效、局限

A. Reeves*，M. D. Salman & A. E. Hill

摘要：评估动物疫病传播与控制模型非常关键，尤其利用这些模型制定管理和控制这些疫病政策时。流行病学模型的评估有两个关键步骤：模型验证性和模型有效性。验证性意在证明电脑驱动的模型可以正确运行，并符合它的设计初衷。有效性意在判定该模型符合代表系统的程度。对于兽医流行病学模型而言，有效性将解决几个问题，例如该模型在应用群体问题上对疫病的动力学体现得如何，对不同疫病控制措施的应用体现得如何等等。

正如流行病学模型的发展一样，该模型的评估是一个主观、持续的过程，期间也会经历一些变化和改进。对模型进行评估的目的不是为了展示一个模型是否“真实”或“精确”反映一个系统，而是要对其进行充分的监督，从而用它来协助政策制定时能被给予恰当程度的信心。

为了给模型的验证性和有效性提供便利，流行病学建模者应该清楚阐述模型的目的、假设和局限性；为概念模型提供一个具体的描述；记录那些已使用的模型测试步骤；全面描述数据来源以及相应的模型输入参数生成的流程。

关键词：模型评估　模型可信度　模型有效性　模型验证性　模型的验证

0　引言

计算机驱动的流行病学模型越来越成为评估动物疫病潜在影响以及传播可能性的普遍方法。动物疫病模型用于评估一次疫情可能的规模以及应对其所需资源，并告知决策者疫病控制的措施[4,6,14,15,17,28,29,47,58]。流行病学模型可能有几种形式。一些是基于分析公式的，这些公式应用数学严格描述所涉及的系统[14,15,28,29,63]。另一些是使用计算机驱动的模拟物来模仿一个系统内的真实运行机制[15,16,24]。

---

* 美国科罗拉多州立大学兽医与生物医学学院临床科学系动物群体健康研究所。

通讯作者：Aaron. Reeves@colostate. edu。

不论哪种形式，所有的模型，特别是风险应对计划者和决策者要使用的模型，都需要谨慎评估。为了在此种情景下更有效地使用模型，模型必须实现足够高水平的可信度并能够得出评估结果，这样决策者及其他利益相关者才可以对它们的应用产生合理程度的信心。同样，对模型进行谨慎评估能够帮助鉴定和明确这些模型的局限性和弱点，调整过度依赖明显“客观”模型得出结果的倾向性，并将它们的错误使用最小化。

模型评估的方法多种多样；正如几位作者指出的，没有哪一个标准或方法是适用于所有模型的[32,41]。基本上，随着流行病学模型的数学或计算复杂性的增加，很有必要说明模型所用数学框架或软件没有重大错误，这些错误对于该模型生成计算结果的准确性而言是一大威胁。还有一些评估方法难免是定性的。例如，对于一个模型概念性质量的任何评估，在本质上基本是定性的。在一些情况下，可能会使用定量或统计性方法来展示一个模型与一个自然系统间的对应，尽管使用这样的定量方法并不能从概念方面确保该模型是可靠的。

本文旨在描述流行病学模型评估的方法，以帮助提供有关动物疫病管理的政策决策，并重点突出“验证性”和“有效性”这两种方法。作者的具体目标包括以下内容：

（1）简要阐明和描述模型验证性和有效性的流程；

（2）讨论解决流行病学模型有效性所面临挑战的几种方法，利用该模型制定紧急应对方案；

（3）根据作者之前作为北美动物疫病传播模型研究小组（NAADSM）[24]成员的经验，阐述模型验证性和有效性的实用方法；

（4）最后，在采取措施提高动物疫病管理流行病学模型的可信度和接受度方面给出一些建议。

1 模型内容、开发与评估

图 1 展示了模型开发和应用过程中的概念性步骤。其中几步明显与模型评估相关。但几乎图中的每一步都显示了对开发模型的赞许。在模型开发初期，人们就该模型的具体用途及欲解决的问题进行了讨论并做出有关决定。这些决定会影响模型使用的方式及可信度评估的方式。

第一，也是最重要的，模型必须从欲解决问题的角度进行评估[35,43,53]。用于量化评判提出宽泛问题模型的标准与用于评估提供具体预测性能力模型的标准是截然不同的。

第二，对于模型监测的结果，要想使其可信，必须要建立在可信数据基础之上[51,62]。建立在不完整或理论型的输入数据基础上的模型可能会得出对今后研究和评估有用的假说，但是应该清楚地说明这些模型的局限性。模型的输入数据越完整，输出结果越可信。

第三，正如模型的概念性开发一样，很多方面的主观措施也是对模型的一种评估。单独的建模者必须权衡流行病学系统各方面的相对重要性，而且在如何再现模型中的不同流程方面可能会得出不同结论。任何有关模型可信度的评估必须要将这些主观设计决策考虑在内。

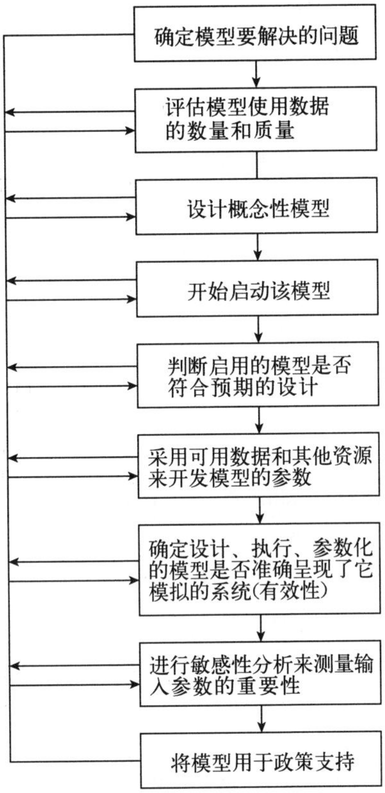

图 1　模型开发、评估和应用阶段的机制图
引自 Dent 和 Blackie[8]，Martin 等[38]
及 Taylor[62]

第四，图 1 将概念性模型或模型框架与一种特定的模型进行了区分。该特定模型应用的是一个特殊的概念性框架以及一个特殊的数据组或参数值组来代表一种特定的情景。例如，北美动物疫病传播模型就是一个为流行病学模拟模型的开发而设置的框架，并用于构建不同背景和群体下疫病的特定模型，例如口蹄疫（FMD）[46,66]，伪狂犬病（PR）[47]以及高致病性禽流感（HPAI）[45]等。概念性框架及其使用的特定情景都需要评估。前者的使用不必依赖后者，但是特定模型的质量却非常依赖概念框架及其构建中使用的数据。

最后，图 1 表明模型开发及评估的过程是周期性和重复性的。评估不是单一和分离的步骤，也“不是模拟模型开发后要实现的某一事项，除非当时间和金钱剩余的时候才会这样”[35]。相反，模型评估应该被视作是持续向前的：随着获得新的信息源，应该持续重新评估模型假说。

一个模型计算准确性的评估被称作“验证性”。验证性解决的问题包括计算机程序的计算是否都正确以及程序与设计师的意图是否相匹配吗等。评估一个模型遵循或例证其代表系统的好坏时就是指其“有效性”[32,53,57]。有效性的目的是解决一个问题，那就是“一个模型足够代表一个真实系统吗?”注意其作者们会遵循“验证性”和“有效性”定义，但是同时要注意的是这些定义并不是普遍通用的。例如，Oreskes 等[42]使用“验证性”和“有效性”来表示不同的概念。验证性和有效性的综合应用可以帮助调查员确认模型整体的质量和可信度。

2 模型的验证性

模型的验证性指判断软件中应用的模型是否符合预想的概念性模型[53]。换言之，验证性将对模型的软件应用是否正确进行评估。评估模型验证性的标准包括准确性（一个模型符合其规格的程度）以及可靠性（一个模型按照要求的精确度实现其预期功能的程度）[40,59]。任何用于科学研究或政策支持的模型都应达到这些特征相应的高标准。

虽然，从概念上讲，模型的验证性很简单，但是却很耗时，特别是当模型变得较复杂的时候。Sargent[53]和 Scheller 等[56]就一些软件工程的实践进行了讨论，很有帮助。这些实践可以促进经验证模型的构建，特别是对于那些较大型项目而言。已有作者对验证性评估途径进行了详细的描述[33,70]。本文中，作者主要关注模型验证的两个核心内容，不论这些模型的形式、规模或范围如何，它们会对流行病学模型的可信度产生直接影响，一是创建文档，对概念性模型进行详细描述；二是全面测试以确保该模型按照预期运行。

2.1 概念性模型的描述

如图 1 所示，概念性模型的设计处于模型开发的初期阶段。对这一概念性模型进行明确记录有很大价值。这类记录文件可以用来评估该模型的概念有效性，但是，更基础的是，它还可以提供一个标准，以便判断该模型的准确性[33,56]。书面模型规格的使用是为了运用清楚易懂的语言描述一个模型的构建目的、要求以及概念性细节。该文件的目标读者包括建模者自己，以及任何与模型应用及其他相关的技术人员（见“概念有效性”）。模型规格还可以为模型的测试提供基础[23,56]。

对于 NAADSM 而言，模型规格文件[23]详细描述了建模框架的每一个组成部分，它是一种权威资源，描述了概念性模型如何运作，也是一项标准，用于评判概念性模型的软件运行情况。虽然该规格可能会按需要更新，以更正含糊不清的地方或加入新特征，但是该规格的完整历史是可以被追踪的，且每个版本都可以供参考，并由独立的调研员对其进行评估[22,23]。

2.2 模型测试

Fairley[12]、Whitner 和 Balci[70]对两种类型的模型测试进行了区分，分别为“静态”和“动态”模型测试。对于简单的模型，静态测试可能就足够了。这一方法需要对模型应用中使用到的计算公式、运算法则及代码进行有组织的检测，最好是由几个不直接参与编写应用的评审员来做。Garner 和 Beckett[16] 描述了该方法在 AusSpread 开发中的应用，最初设计模拟平台是为了模拟 FMD 的传播和减少。

对于较复杂模型，动态测试通常很管用。在动态测试中，根据概念模型，一个计算机程序会在不同的情景下反复运转，以确保它输出的结果是正确并且符合预期结果的。通常情况下，这些测试被建立，然后反复、自动地运行，以确保软件应用的任何变更都不会带来无故的错误；这一流程被称作回归测试。Scheller 等[56]描述了不同级别的测试，从评估特定单个功能的简单单元测试，到评估模型所有组成成分间相互作用的更宽泛的系统测试。本文作者会在接下来的篇章里介绍这些方法，并配以 NAADSM 开发的实例。

2.3 北美疫病传播模型框架的自动软件测试

为了确保 NAADSM 能正确启动概念性模型的规格，NAADSM 使用了一种自动回归测试的方法。人们利用已经构建简单模型对 NAADSM 应用的各方面进行测试。目前该测试组里有 1 000 多个单个的模型，而且也一直不断地开发新测试。当 NAADSM 应用通过程序源代码编辑好后，每项测试都可自动运行，且结果是可以通过使用软件测试自由框架就能追踪到的[55]。在任何新版本的 NAADSM 正式发布前，测试组里的每项测试必须要通过。为测试开发的每个简单模型都会连同 NAADSM 应用的完整源代码一起公布。

2.4 北美动物疫病传播模型的人工测试

除了简单测试的自动使用外，也在 NAADSM 框架下，启动了使用环境更加复杂的人工测试。单独操作程序的分析专家测试了该模型框架的各方面，以确认模型与公布的规格相吻合。人工测试中发现的任何错误都会被注意到，且必须在发布前进行更正。

2.5 模型验证的局限性

模型验证的程序是相当客观和全面的。软件工程中开发的许多技巧模型编制中可以严格应用[7,56]。然而，模型验证不会为一些关键性问题提供答案，如“该模型有用吗?”以及“该模型足够达到设计的目的吗?”像这类问题，可以通过许多途径来解决，而这些途径都包括在“模型有效性”这一大标题下。

3 模型有效性

鉴于该模型或研究的目的，有效性指判断一个模型是否可接受地呈现需要其代表系统的过程[35,53]。Schlesinger[57]给出了一个更加明确的定义：模型的有效性即是“证实一个模型在其可用范围内所拥有的与最初应用意图相一致的准确性的满意范围”。需要注意的是以上定义中的“可接受的呈现”并不意味着一个“准确的”或“真实的”呈现：Oreskes 等[42]确信要想证明一个特定模型能否准确代表一个自然系统是不可能的，而且“有效性”这一术语在这里的使用会引起严重的误解。

3.1 模型有效性问题

与模型验证性流程相比，实现模型的有效性不是很明确，而且有很多问题。正如 McCarl 观察到的，“没有，也绝不会有一个完全客观且能被大家接受的途径来实现模型有效性”。判断模型有效性的标准有一部分是依据模型的目的而设立的。设计用于解决调研问题（例如，生成并测试有关群体或疫病动力的假说，或者发现新的研究领域）的模型有效性不必像用于获取操作管理决策的模型评估那样严苛。当这些决策根据建模研究结果被制定好后，了解这些研究的适用性、准确性及精确性很重要。鉴于研究非常复杂的多因素问题的困难性、建模自身的主观因素以及像 Oreskes 等提出的哲学性问题，模型接受的临界值不能用于证明其精确性或有效性。当然，这一临界值应该对模型生成的结果有合理的信心。正如 Holling 所言，“对任何模型的临时性接受并不代表对其完全确定，而是对进一步研究的充分信任”。正如这里所描述的，模型有效性这项任务是在对模型进行评估，在它们对政策或管理决策造成影响前对其结果有一个比较公平的信心。

按照思考科学假说的方式去思考模型很有助益。例如，一个流行病学模型代表着建模者的假设。这些假设包括一个群体中成员间的互动，群体中疫病的动力学，疫病传播的机制以及不同疫病控制措施的效力。同其他假说一样，模型需要被测试和挑战。模型应经受住不同情景下不断升级的考察，它们的可信度也随之增加。如果人们一直清楚地明白没有哪个模型可以真正代表物质现实，且任何模型的接受必须要通过不断地评估，则可以充满信心地将模型应用于管理及政策的问题。

接踵而来的并不是一套可以证明一个模型能代表一个真实系统的方法，而是一套用来提供证据的活动，用以支持或反驳一个模型呈现的假说。几位作者对用来评估模型有效性的方法进行描述和详细的分类[33,34,51,53]。在接下来的内容里，作者主要想对来自自身经验及其他已发表的动物疫病建模报告的一些方法进行演示和讨论，并配以相关的应用实例。作者还为读者带来一些有关模型有效性的精彩讨论，包括 Oreskes 等[42]，Rykiel[51] 和 Taylor[62] 提出来的观点。

3.2 概念有效性

流行病学模型有效性的一个非常有用且基本的判断标准可以回答“模型的结构是否符合逻辑和生物学原理”这个问题[51,53]。对于一个拥有概念有效性的模型，它的理论支柱应该在其已知晓且经科学认可的相关系统属性的基础上，或至少在这些属性的合理设想基础上进行呈现。在评估模型概念有效性过程中需要解决以下问题：

（1）该模型符合它的设计初衷吗？

（2）该模型的结构能够充分捕捉到建模系统中各组成部分间的关系和互动吗？

（3）鉴于模型的设计目的，该系统的关键性组成部分是否缺失或过于简化？是否需要组成部分的其他细节？

（4）根据已有知识和经验，该模型得出的结论是否合理？

与主题相关的独立专家对该模型的回顾可以被视为评估的一种方法。有时这也被称作建立“表面有效性”[51]。正如之前说的那样，在此种情况下，若有一份文件能对概念性模型进行详细描述的话，将非常有帮助。像这样的文件可以为模型运作细节的讨论和评估提供基础。模型描述的发表[5,24,26,61]极大地便利了模型概念有效性的评估。

使用文献同行审阅可以为流行病学模型提供一个概念评估通道。NAADSM 开发团队也采用了一种更直接的方式，对主题专家的一系列会议进行赞助，包括流行病学家、病毒学家、经济学家、政策决策者及其他建模家，以对 NAADSM 建模框架进行回顾[10,64,65]。有关建模平台的结构和假说已经在这些工作小组中进行了详细解释，并向所有参与者咨询了意见与建议。这些专家小组的评估结果将用于指导今后的研究与开发。

3.3 模型有效性的数据使用

正如在“模型情景、开发和评估”中提到的，将概念框架从模型信息数据中分离出来进行评估是可行的。实验性数据在建模中通常有两种使用方式：①输入数据用于开发影响模型结果的参数；②代表系统的结果或结论的数据用于为同模型结果对比提供基础。

在少数情况下，特别是在地方疫病情况下，大量来自这两种类型的数据可能会被用于创建群体中疫病传播的模型。然而，在很多情况下，我们所获得的信息仅与特定背景下的一次单一病例相关。英国 2001 年 FMD 暴发期间收集的信息被广泛应用于模型研究[14,15,28,29,54]，且代表此项数据。在其他情景下，模型的开发用于探索假设情景[5,6,16,45]。在这些情况下，有些信息的建立通常是为了通知模型输入，但是仍无法得到有关（不存在的）系统结果的数据。

不管建模的数据形式和来源如何，都应该考虑它们的准确性和有效性。正如里基尔指出的，我们无法保证获取的数据，可以为真实系统提供的描述比概念模型提供的还要好或者精确。保证所谓的数据有效性[51,53]这一过程本身就很复杂。

几位作者已经强调说，为了演示有效性，需要用建模期间未使用的数据对模型进行测试[30,60]。Green 和 Medley[20]表示在模型用于得到政策决策之前，此项步骤应该是必要条件。它是“操作有效性”中可能用到的途径之一[53]。

尽管这一建议看起来很简单，但是执行有关不被完全理解的生物学及流行病学系统却很困难。首先，它指出可靠有效的数据至少存在于两种环境中，一种是开发参数，一种是与实际系统结果的对比。其次，这一步骤要求建立一种合适的评估手段，这样就可以对模型结果与系统结果的相似度进行评估。再次，它还指出这些情景各有不同，代表不同的模型测试，但是仍然存在一定相似性，即与为某一情景开发的模型使用途径完全一致且可以被合法利用于其他情景。作者已经提到过第一个难题了。接下来讨论剩下的两个难题。

大量用来显示模型结果与生物系统结果之间对应关系的定量数据性途径，已经在一些情景下得以设计和应用[13,32,36,39,48,49,50,69]。实现数据性有效性的大部分数据是基于有关自然系统结果的大量数据（如：许多观察结果），这会限制它们在动物疫病建模过程中大部分相关环境下的应用能力。

Waller 等[69]提议使用蒙特卡洛假说测试。该测试的本质是将一个真实系统的单一结果数据组与多重模型结果数据组进行对比，从而寻求问题的答案。问题就是“观察到的数据与模型相一致吗”，而非更典型的问题“模型与观察到的数据一致吗”。尽管这一途径不是没有价值，但是它还是引发另外一个问题：任意一个单一的结果会有多大的代表性？就拿英国近期暴发的 FMD 来说，它是 2001 年的病例，感染了 2 000 多个群体[1]，而 2007 年的病例只感染了 8 个群[2]，是否前者或多或少比后者更具代表性？这两个结果需要与模型数据有多“一致”才能肯定地说该数据与模型是一致的？在对流行病学模型的结果与单个病例的数据进行对比时，需要注意：这类型的对比信息量非常大，但是会导致过分依赖定量途径来对模型进行评估，从而造成误导。

英国近期两次 FMD 疫情的不同也说明又产生了第三个潜在问题：即使是同一类群体中的同一类疫病也会有不同，这就使得采用未在建模中使用的数据对模型进行测试时会存在一定困难。正如“模型情景、开发与评估”中描述的那样，数据的使用要与模型的构建保持整体性。尽管模型的概念性框架及用于通知模型的数据是有区别的，而且可以（也应该）对其进行单独评估，但是模型生成的输出结果与这两个元素的组成是分不开的。在不考虑概念性模型及源数据的情况下，模型输出与自然系统的一致性无法被评估。

3.4 模型成分的有效性

尽管很难通过以上描述的方法去演示一个完整模型的有效性，特别是在没有相关数据的情况下，但是对一个较复杂模型的一些单独成分的有效性进行评估还是可以的。这种基于成分的有效性评估手段有时还是被推崇使用的[38]。例如，NAADSM 使用近期完成流程的有效性就是为了模拟动物的移动及农场经营场所之间的接触[9]。

简言之，本项研究的目的是通过比较模拟移动与记录的加拿大安大略成年奶牛真实农场间的移动，从而对 NAADSM 中使用的接触组件进行验证。该研究得出的结论是：NAADSM 使用的方法在模拟真实情景移动数据中，发现平均网络特征时表现得相当好，但是在模拟移动网络成分超过百分位数时表现得并不好。这些成分中包括少有的但运输货物频率非常的观察农场。本研究结果将被用于未来的开发，目的是对实际事件进行更好地呈现，从而增强对建模研究结果的信心。

3.5 模型的比较

对几个独立开发模型的结果进行比较，可帮助提高人们对测试模型的信心等级。这一过程被称作“相对有效性”[11]。

Dubé 等[11]对三种使用简单疫病情景的模拟模型进行了比较。这一比较的调查结果显示，尽管在模型输出中发现了显著的数据差异，但是，三个模型的结果在疫病控制措施方面都支持同一或非常相似的结论。这一发现可以用于增强终端用户及决策者对建模结果的信心[11]。后续有关更复杂情景的调查结果在其他地方有汇报[52]。

类似的有关动物疫病控制与传播模型的对比已经开展了很多。Vigre 等[68]对数学性模型及模拟性模型的对比进行了汇报。指出的区别比 Dubé 等汇报的更多[11]，而且可能反映单个模型的基础性假说间更广泛的区别。在这一方面进行持续的调查可能会很有帮助。像 Dubé 等[11]一样，Gloster 等[19]近期也汇报了对靠空气传播 FMDV 几个模型的对比结果。他们的汇报内容是被评估模型结果总体上相似，但是，当然也会非常依赖不同建模群组使用的数据及做出的假说。

Loehle[36]将模型间的对比看作是他所谓的结构分析这一较大流程中的一个组成部分，或者是内在假设的一种评估以及不同模型缺陷的一种识别。Loehle认为，由于模型间存在这类结构性差异，而且将多个模型进行对比是识别并判断这些差异所带来影响的最有效方式，所以，很有必要将多重建模措施引向重要的政策或管理问题方面。

3.6 灵敏性分析：有效性的一种表现形式

当来自真实系统的数据受到限制时，有时会建议采用灵敏性分析来获知模型的有效性[6,27,32]。灵敏性分析用于确定特殊参数对模型结果的影响力。灵敏性分析还可以用于评估模型的概念有效性：如果根据系统先前的经验，某些特定的参数在系统中被认为很重要，那么应用灵敏性分析证实这些期待。

使用灵敏性分析去判定模型中哪些参数重要是非常有价值的。如果一个模型中包含的参数存在非常大的不确定性，但是通过敏感性分析得知这些参数会对模型结果带来非常大的影响后，这些参数就会成为研究的好目标。在本文中的其他地方，你会发现一个应用这一灵敏性分析为动物疫病建模的事例[44]。

4 构建有用可信的动物疫病模型的建议

正如之前所讨论的，模型验证性和有效性的初衷不是为了展示一个模型的真伪或者是否能非常精确地呈现一个真实系统，而是提供一套评估模型的方法和标准。对于那些可能被用作政策或管理决策部分的基础模型，这一评估为其支持度和可信度奠定基石很有必要。为了实现这一目标，作者建议兽医流行病学社区的成员可以采取以下实践步骤来创建动物群体中疫病传播与控制的有用且可靠的模型。这些建议源自作者自身的经验以及本文引用的其他宝贵的资源；尤其是Bart[3]，Rykiel[51]，Law和McComas[35]及Sargent[53]所写的文献。

4.1 模型设计目的清晰明确

如图1所示，第一步的重要性：即确定并清晰准确地将有关模型的问题表述出来，可能看起来有些不言自明，但是却常常忽视了这一步[3]。Overton[43]曾说："评判大部分模型都是与模型首次设置的能力有关"。清晰地了解模型的设计目的是之后评估的一个前提条件。

4.2 概念模型的详细描述以及模型假说及局限性的文档记录

实际上，每篇有关模型验证性和有效性技术的文章都在强调概念模型文档的重要性[3,33,35,53,56]。一个模型的描述不应该是为了一个单独模型的开发者而单独创建或甚至初步创建的。这些文档的最大获益者就是其他模型使用者，广义上讲就是：其他研究人员，分析专家及决策者，这些都是可能应用或评估该模型及其结果的人。当这类文档中包括了有关模型假说和局限性的讨论，并以一种清晰且与生物学相关的方式呈现出来时，它们显得尤为有益。

4.3 模型验证性所需的详细步骤

一个模型的可信度，从最基本水平而言，取决于模型的呈现，正如在软件中的应用那样，执行所期望的操作。如果有人被要求对一个模型进行评估，尤其当该模型会被用于影响政策时，他/她应该获取该模型的运算执行操作信息，所采用的验证性流程的细节，以及为验证性所使用的任何测试信息，这样他/她就可以对模型的运算准确性进行再创建和评估。

4.4 对开发模型参数所用数据进行描述并为模型参数所用的途径和假说创建文档

将原始数据转换为可使用的模型参数这一过程绝非易事。然而，如果评审人想对模型结果有一个充分的评判基础，那么对该过程进行了解是很有必要的。近期的两份报告对这一建议做了很好的诠释：Mardones 等[37]在 21 份研究论文基础上做了一个分析，并对 FMD 不同病情持续时间的预估流程做了详细记录。在另一份不同的研究里，Patyk 等[45]为美国南卡罗来纳州 HPAI 的传播与控制创建了一个模型。该研究包括一个在线附录，详细描述了该研究所使用的所有信息源，以及作者为开发参数所使用的计算工具。

4.5 独立专家加入模型及其结果的评估

兽医流行病学建模是一项跨学科举措。建模者可以利用来自不同领域的大量专业知识。对于用于决策的模型，还需要其他利益相关者的加入，例如那些决策负责人或者某一领域的政策实施者。根据这些作者对 NAADSM 的自身经验，他们发现该模型的广泛应用使得他们从其他使用或评估模型人员身上获益良多。

在过去几年里，有大量的论坛开始分享和讨论收益流行病学建模工作[10,64,65,67]。作者们鼓励创建、使用或评估模型的人员都参与寻找并利用他们所发现的机遇。

4.6 如果可能，使用模型或要素有效性数据的现有信息

作者已在上文的“模型有效性的数据使用”和“模型成分的有效性”中讨论过这一途径的局限性和优势。这类途径在使用时需谨慎，而且要认识到所得

结果并不是决定性的：一个不好的概念性模型也可能会创建出一个适合所得数据的结果，反之亦然。然而，当有合适的信息可以用时，将使用模型所得结果与真实数据进行对比，仍具有启迪意义。回顾分析以前疫情对理解它们至关重要，而且此时的建模也会是一个非常有用的工具[18,31]。

4.7 呈现一系列可能的结果，包括“最好”和“最坏”的情景

正如上述讨论的，模型并不是现实的完全呈现。我们经常会对系统中一些成分的运作方式及特定参数值感到不确定。呈现一系列结果是证实这种不确定的一种方式。

4.8 使用灵敏性分析来确定模型中使用参数的重要性

除了在“灵敏性分析：有效性的一种表现形式”中讨论的益处之外，对模型参数的重要性进行评估，特别是当数据有限的时候，可以帮助预测那些建模者不确定参数的潜在影响。

4.9 对比不同模型的目的、概念基础及结果

在建模过程中，不同的建模者有不同的主观决断和假设。有些模型中的定性协议可能会为模型研究所得结论提供可信度。模型中的分歧应该激发额外的研究和调查以提高对质疑系统成分的理解。

4.10 最后，要将模型评估看作一种持续的过程，而不是既定事实

随着疫病动力学新旧知识不断更新，农业和社会实践的变化，以及可用数据的形式、来源及质量的更新，都会促使不断改进每一个流行病学模型；在新情况下，或随着我们知识的不断进步，应持续评估任一流行病学模型的有效性。

5 结论

对于任何将用于管理或政策决策的模型而言，对其进行谨慎评估非常重要。验证性和有效性是评估流行病学模型的质量和用途的两大关键步骤。不幸的是，没有纯粹的定量及完全客观的模型评估方法。每个模型及每个模型应用的场景都是独一无二的，因此可能在对模型及其特殊应用进行评估时需要使用独特的方法。

Holling[25]曾指出，“对任何模型的临时性接受并不代表对它的完全确定，而是对进一步研究的充分信任”。作者已经列出一系列建议供流行病学建模者使用，以培养他们对将这种技术应用到动物群重要健康问题中的信心。仍会继

续开发和对比单个模型，也会随着人们的详细审查而不断改善。通过这些实践，我们就可以实现我们的共同目标，那就是为协助决策制定提供有用工具。

要想模型的结果有一个高水平的可信度，参与评估的建模者不能太单一。正如 Rykiel[51] 所说，“鉴于一个模型科学实践或理论开发的程度，它的测试和有效性是在科学群体范围内的”。作者同意并认为对于动物疫病的模型，它的评估也应该在相关领域人员即流行病学家、兽医从业者、政策规划人员、决策者及畜牧业代表的范围内。

致谢

作者在此感谢 Ric Hupalo 和 Marian Talbert，感谢他们为本文的撰写提供调查文献。还要感谢参与建模课程及工作小组的成员们，他们为模型的评估和有效性提供了宝贵的讨论意见。感谢由美国农业部国家粮食和农业学院拨款资助的科罗拉多州立大学重要经济性动物传染病项目对本文的资金支持。本文的编纂部分是为了完成科罗拉多州立大学临床科学的博士学位。

参考文献

[1] Anderson I. （2002）. – Foot and mouth disease 2001：lessons to be learned inquiry report. Available at：webarchive. nationalarchives. gov. uk/20100807034701/archi ve. cabinetoffice. gov. uk/fmd/fmd _ report/documents/index. htm（accessed on 26 June 2011）.

[2] Anderson I. （2008）. – Foot and mouth disease 2007：a review and lessons learned. Available at：webarchive. nationalarchives. gov. uk/20100807034701/archive. cabinet of fice. gov. uk/fmdreview/（accessed on 26 June 2011）.

[3] Bart J. （1995）. – Acceptance criteria for using individual – based models to make management decisions. *Ecol. Applic.*，5（2），411 – 420.

[4] Bates T. W.，Carpenter T. E. & Thurmond M. C. （2003）. – Benefit – cost analysis of vaccination and preemptive slaughter as a means of eradicating foot – and – mouth disease. *Am. J. vet. Res.*，64（7），805 – 812.

[5] Bates T. W.，Thurmond M. C. & Carpenter T. E. （2003）. – Description of an epidemic simulation model for use in evaluating strategies to control an outbreak of foot – and – mouth disease. *Am. J. vet. Res.*，64（2），195 – 204.

[6] Bates T. W.，Thurmond M. C. & Carpenter T. E. （2003）. – Results of epidemic simulation modeling to evaluate strategies to control an outbreak of foot – and – mouth disease.

[7] Baxter S. M.，Day S. W.，Fetrow J. S. & Reisinger S. J. （2006）. – Scientific software development is not an oxymoron. *PLoS Comput. Biol.*，2（9），e87.

[8] Dent J. B. & Blackie M. J. (1979). - Systems simulation in agriculture. Applied Science Publishers, London.

[9] Dubé C. (2009). - Network analysis of dairy cattle movements in Ontario to support livestock disease simulation modelling. Ph. D. dissertation submitted to the University of Guelph, Ontario, Canada.

[10] Dubé C., Geale D. & Sanchez J. (2008). - NAADSM orientation workshop and project plan for pilot studies, software development, and oversight of NAADSM application in South America. Canadian Food Inspection Agency, Ottawa, Ontario, Canada.

[11] Dubé C., Stevenson M. A., Garner M. G., Sanson R. L., Corso B. A., Harvey N., Griffin J., Wilesmith J. W. & Estrada C. (2007). - A comparison of predictions made by three simulation models of foot - and - mouth disease. *N. Z. vet. J.*, 55 (6), 280 - 288.

[12] Fairley R. E. (1978). - Tutorial: static analysis and dynamic testing of computer software. *Computer*, 11 (4), 14 - 23.

[13] Fay T. H., Greeff J. C., Eisenberg B. E. & Groeneveld H. T. (2006). - Testing the model for one predator and two mutualistic prey species. *Ecol. Modell.*, 196 (1 - 2), 245 - 255.

[14] Ferguson N. M., Donnelly C. A. & Anderson R. M. (2001). - The foot - and - mouth epidemic in Great Britain: pattern of spread and impact of interventions. *Science*, 292 (5519), 1155 - 1160. E - pub.: 12 April 2001.

[15] Ferguson N. M., Donnelly C. A. & Anderson R. M. (2001). - Transmission intensity and impact of control policies on the foot and mouth epidemic in Great Britain. *Nature*, 413 (6855), 542 - 548. Erratum: *Nature*, 414 (6861), 329.

[16] Garner M. G. & Beckett S. D. (2005). - Modelling the spread of foot - and - mouth disease in Australia. *Aust. vet. J.*, 83 (12), 758 - 766.

[17] Garner M. G., Cowled B., East I. J., Moloney B. J. & Kung N. Y. (2011). - Evaluating the effectiveness of early vaccination in the control and eradication of equine influenza - a modelling approach. *Prev. vet. Med.*, 99 (1), 15 - 27. E - pub.: 16 March 2010.

[18] Garner M. G., Dubé C., Stevenson M. A., Sanson R. L., Estrada C. & Griffin J. (2007). - Evaluating alternative approaches to managing animal disease outbreaks - the role of modelling in policy formulation. *Vet. ital.*, 43 (2), 285 - 298.

[19] Gloster J., Jones A., Redington A., Burgin L., Sørensen J. H., Turner R., Dillon M., Hullinger P., Simpson M., Astrup P., Garner G., Stewart P., D'Amours R., Sellers R. & Paton D.

[20] Green L. E. & Medley G. F. (2002). - Mathematical modelling of the foot and mouth disease epidemic of 2001: strengths and weaknesses. *Res. vet. Sci.*, 73 (3), 201 - 205.

[21] Guitian J. & Pfeiffer D. (2006). - Should we use models to inform policy development? *Vet. J.*, 172 (3), 393 - 395. E - pub. : 16 May 2006.

[22] Harvey N. & Reeves A. (eds) (2008). - Model description: North American Animal Disease Spread Model 3.1, version Available at: www.naadsm.org/documentation/specification (accessed on 10 September 2010).

[23] Harvey N. & Reeves A. (eds) (2010). - Model description: North American Animal Disease Spread Model 3.1, version. Available at: www.naadsm.org/documentation/specification (accessed on 10 September 2010).

[24] Harvey N., Reeves A., Schoenbaum M. A., Zagmutt - Vergara F. J., Dubé C., Hill A. E., Corso B. A., McNab W. B., Cartwright C. I. & Salman M. D. (2007). - The North American Animal Disease Spread Model: a simulation model to assist decision making in evaluating animal disease incursions. *Prev. vet. Med.*, 82 (3 - 4), 176 - 197. E - pub. : 5 July 2007.

[25] Holling C. S. (1978). - Adaptive environmental assessment and management. John Wiley & Sons, New York.

[26] Jalvingh A. W., Nielen M., Maurice H., Stegeman A. J., Elbers A. R. W. & Dijkhuizen A. A. (1999). - Spatial and stochastic simulation to evaluate the impact of events and control measures on the 1997 - 1998 classical swine fever epidemic in the Netherlands. I. Description of simulation model. *Prev. vet. Med.*, 42 (3 - 4), 271 - 295.

[27] Karsten S., Rave G. & Krieter J. (2005). - Monte Carlo simulation of classical swine fever epidemics and control. Ⅱ. Validation of the model. *Vet. Microbiol.*, 108 (3 - 4), 199 - 205.

[28] Keeling M. J., Woolhouse M. E. J., May R. M., Davies G. & Grenfell B. T. (2003). - Modelling vaccination strategies against foot - and - mouth disease. *Nature*, 421 (6919), 136 - 142. E - pub. : 22 December 2002.

[29] Keeling M. J., Woolhouse M. E. J., Shaw D. J., Matthews L., Chase - Topping M., Haydon D. T., Cornell S. J., Kappey J., Wilesmith J. & Grenfell B. T. (2001). - Dynamics of the 2001 UK foot and mouth epidemic: stochastic dispersal in a heterogeneous landscape. *Science*, 294 (5543), 813 - 817. E - pub. : 3 October 2001.

[30] Kitching R. P., Taylor N. M. & Thrusfield M. V. (2007). - Veterinary epidemiology: vaccination strategies for foot - and - mouth disease. *Nature*, 445 (7128), E12 - E13.

[31] Kitching R. P., Thrusfield M. V. & Taylor N. M. (2006). - Use and abuse of mathematical models: an illustration from the 2001 foot and mouth disease epidemic in the United Kingdom. *In* Biological disasters of animal origin. The role and preparedness of veterinary and public health services (M. Hugh - Jones, ed.). *Rev. sci. tech. Off. int. Epiz.*, 25 (1), 293 - 311.

[32] Kleijnen J. P. C. (1999). - Validation of models: statistical techniques and data availability. *In* Proc. of the 1999 Winter Simulation Conference (P. A. Farrington,

H. B. Nembhard, D. T. Sturrock & G. W. Evans, eds), 5 - 8 December, Phoenix, Arizona, 647 - 654. Institute of Electrical and Electronics Engineers, Piscataway, New Jersey.

[33] Knepell P. L. & Arangno D. C. (1993). - Simulation validation: a confidence assessment methodology. IEEE Computer Society Press, Los Alamitos, California.

[34] Law A. M. & Kelton W. D. (2000). - Simulation modeling and analysis. McGraw - Hill, Boston, Massachusetts.

[35] Law A. M. & McComas M. G. (2001). - How to build valid and credible simulation models. *In* Proc. of the 2001 Winter Simulation Conference (B. A. Peters, J. S. Smith, D. J. Medeiros & M. W. Rohrer, eds), 9 - 12 December, Arlington, Virginia, 22 - 29. Institute of Electrical and Electronics Engineers, Piscataway, New Jersey.

[36] Loehle C. (1997). - A hypothesis testing framework for evaluating ecosystem model performance. *Ecol. Modell.*, 97 (3), 153 - 165.

[37] Mardones F. O., Perez A. M., Sanchez J., Alkhamis M. A. & Carpenter T. E. (2010). - Parameterization of the duration of infection stages of serotype O foot - and - mouth disease virus: an analytical review and meta - analysis with application to simulation models. *Vet. Res.*, 41 (4), 45. E - pub.: 8 March 2010.

[38] Martin S. W., Meek A. H. & Willeberg P. (1987). - Veterinary epidemiology: principles and methods. Iowa State University, Ames, Iowa.

[39] Mayer D. G. & Butler D. G. (1993). - Statistical validation. *Ecol. Modell.*, 68 (1 - 2), 21 - 32.

[40] McCall J. A., Richards P. K. & Walters G. F. (1977). - Factors in software quality. Air Development Center, Rome.

[41] McCarl B. A. (1984). - Model validation: an overview with some emphasis on risk models. *Rev. Market. agric. Econ.*, 52 (3), 153 - 173.

[42] Oreskes N., Shrader - Frechette K. & Belitz K. (1994). - Verification, validation, and confirmation of numerical models in the Earth sciences. *Science*, 263 (5147), 641 - 646.

[43] Overton W. S. (1977). - A strategy of model construction. *In* Ecosystem modeling in theory and practice (C. A. S. Hall & J. W. Day Jr, eds). John Wiley & Sons, New York, 49 - 74.

[44] Owen K., Stevenson M. A. & Sanson R. L. (2011). - A sensitivity analysis of the New Zealand standard model for foot - and - mouth disease. *In* Models in the management of animal diseases (P. Willeberg, ed.). *Rev. sci. tech. Off. int. Epiz.*, 30 (2), 513 - 526.

[45] Patyk K. A., Helm J., Martin M. K., Forde - Folle K. N., Olea - Popelka F. J., Hokanson J., Fingerlin T. & Reeves A. (Submitted for publication). - Establishing input parameters for an epidemiologic simulation model scenario of the spread and control of highly pathogenic avian influenza (H5N1) among commercial and backyard poultry flocks in South Carolina.

[46] Pendell D. L.，Leatherman J.，Schroeder T. C. & Alward G. S. (2007). – The economic impacts of a foot – and – mouth disease outbreak: a regional analysis. *J. agric. appl. Econ.*，39，13 – 33.

[47] Portacci K.，Reeves A.，Corso B. & Salman M. (2009). – Evaluation of vaccination strategies for an outbreak of pseudorabies virus in US commercial swine using the NAADSM. *In* Proc. 12th International Symposium on Veterinary Epidemiology and Economics (ISVEE)，10 – 14 August，Durban，South Africa，78. Available at: www. sciquest. org. nz/node/68285 (accessed on 26 June 2011).

[48] Power M. (1993). – The predictive validation of ecological and environmental models. *Ecol. Modell.*，68 (1 – 2)，33 – 50.

[49] Reynolds Jr. M. R.，Burkhart H. E. & Daniels R. F. (1981). – Procedures for statistical validation of stochastic simulation models. *Forest Sci.*，27 (2)，349 – 364.

[50] Robinson A. P. & Froese R. E. (2004). – Model validation using equivalence tests. *Ecol. Modell.*，176 (3 – 4)，349 – 358.

[51] Rykiel E. J. (1996). – Testing ecological models: the meaning of validation. *Ecol. Modell.*，90 (3)，229 – 244.

[52] Sanson R. L.，Harvey N.，Garner M. G.，Stevenson M. A.，Davies T. M.，Hazelton M. L.，O'Connor J.，Dubé C.，Forde – Folle K. N. & Owen K. (2011). – Foot – and – mouth disease model verification and 'relative validation' through a formal model comparison. *In* Models in the management of animal diseases (P. Willeberg，ed.). *Rev. sci. tech. Off. int. Epiz.*，30 (2)，527 – 540.

[53] Sargent R. G. (2009). – Verification and validation of simulation models. *In* Proc. of the 2009 Winter Simulation Conference (M. D. Rossetti，R. R. Hill，B. Johansson，A. Dunkin & R. G. Ingalls，eds)，13 – 16 December，Austin，Texas，162 – 176. Institute of Electrical and Electronics Engineers，Piscataway，New Jersey.

[54] Savill N. J.，Shaw D. J.，Deardon R.，Tildesley M. J.，Keeling M. J.，Woolhouse M. E. J.，Brooks S. P. & Grenfell B. T. (2007). – Effect of data quality on estimates of farm infectiousness trends in the UK 2001 foot – and – mouth disease epidemic. *J. roy. Soc.*，*Interface*，4 (13)，235 – 241.

[55] Savoye R. (2004). – DejaGnu: the GNU testing framework. Free Software Foundation，Boston，Massachusetts. Available at: www. gnu. org/software/dejagnu/manual/ (accessed on 10 September 2010).

[56] Scheller R. M.，Sturtevant B. R.，Gustafson E. J.，Ward B. C. & Mladenoff D. J. (2010). – Increasing the reliability of ecological models using modern software engineering techniques. *Front. Ecol. Environ.*，8 (5)，253 – 260.

[57] Schlesinger S. (1979). – Terminology for model credibility. *Simulation*，32 (3)，103 – 104.

[58] Schoenbaum M. A. & Terry Disney W. (2003). – Modeling alternative mitigation strategies for a hypothetical outbreak of foot – and – mouth disease in the United

States. *Prev. vet. Med.*, 58 (1-2), 25-52.

[59] Scholten H. & Udink ten Cate A. J. (1999). - Quality assessment of the simulation modeling process. *Comput. Electron. Agric.*, 22 (2-3), 199-208.

[60] Spedding C. R. W. (1988). - An introduction to agricultural systems. Elsevier Applied Science, London.

[61] Stärk K. D. C., Pfeiffer D. U. & Morris R. S. (2000). - Within-farm spread of classical swine fever virus - a blueprint for a stochastic simulation model. *Vet. Q.*, 22 (1), 36-43.

[62] Taylor N. (2003). - Review of the use of models in informing disease control policy development and adjustment. Department of Environment, Food, and Rural Affairs, London. Available at: epicentre. massey. ac. nz/resources/acvsc _ grp/docs/Taylor _ 2003. pdf (accessed on 10 September 2010).

[63] Thornley J. H. M. & France J. (2009). - Modelling foot and mouth disease. *Prev. vet. Med.*, 89 (3-4), 139-154. E-pub.: 27 March 2009.

[64] United States Department of Agriculture (USDA), Animal and Plant Health Inspection Service (APHIS), Veterinary Services (VS), Centers for Epidemiology and Animal Health (CEAH) (2002). - North American Animal Health Committee Conference. Fort Collins, Colorado. USDA - APHIS - VS - CEAH, Fort Collins, Colorado.

[65] United States Department of Agriculture (USDA), Animal and Plant Health Inspection Service (APHIS), Veterinary Services (VS), Centers for Epidemiology and Animal Health (CEAH) (2004). - Validation of SpreadModel: minutes of the subject matter expert team meeting. USDA - APHIS - VS - CEAH, Fort Collins, Colorado.

[66] United States Department of Agriculture (USDA), Animal and Plant Health Inspection Service (APHIS), Veterinary Services (VS), Centers for Epidemiology and Animal Health (CEAH) (2009). - Vaccine bank requirements for foot-and-mouth disease in southwest Kansas: a preliminary report. USDA-APHIS-VS-CEAH, Fort Collins, Colorado.

[67] United States Department of Agriculture (USDA), Animal and Plant Health Inspection Service (APHIS), Veterinary Services (VS), Centers for Epidemiology and Animal Health (CEAH) & World Organisation for Animal Health (OIE) (2008). - Proc. CEAH - OIE Epidemiological Modeling Workshop, 11 - 13 August, Fort Collins, Colorado. USDA-APHIS-VS-CEAH, Fort Collins, Colorado.

[68] Vigre H. (2008). - A comparison of three simulation models - the EpiLab project. *In* Proc. Centers for Epidemiology and Animal Health (CEAH) World Organisation for Animal Health (OIE) Epidemiological Modeling Workshop, 11 - 13 August, Fort Collins, Colorado. United States Department of Agriculture, Animal and Plant Health Inspection Service, Veterinary Services & CEAH, Fort Collins, Colorado.

[69] Waller L. A., Smith D., Childs J. E. & Real L. A. (2003). - Monte Carlo assessments of goodness - of - fit for ecological simulation models. *Ecol. Modell.*, 164 (1), 49 - 63.

[70] Whitner R. B. & Balci O. (1989). - Guidelines for selecting and using simulation model verification techniques. *In* Proc. of the 1989 Winter Simulation Conference (E. A. MacNair, K. J. Musselman & P. Heidelberger, eds), 4 - 6 December, Washington, DC. IEEE, Piscataway, New Jersey, 559 - 568.

新西兰口蹄疫标准模型敏感性分析

K. Owen[①], M. A. Stevenson[②*] & R. L. Sanson[③]

摘要： 为应对外来疫病入侵制定计划，疫病模拟模型是一个有价值的工具。因为它们可以提供一个快速、低成本的机制，来帮助识别一系列疫病暴发情景的可能后果以及疫病控制策略。为了有效且充满信心地使用这些工具，决策者必须明白一个模型结构的基础，即简单化与框架假设。敏感性分析正是培养这种理解的一个重要步骤，它是一种分析过程，旨在识别哪些输入变量是模型输出的驱动力。

本文描述应用于新西兰标准模型（NZSM）的基于样本的敏感性分析。该模型是一个参数集，是为 InterSpread Plus 模型平台开发的，可以探索新西兰不同口蹄疫（FMD）暴发情景。根据 NZSM 的 200 个迭代，为期 60 天的模拟，与农场至牲畜交易市场之间移动相关的设置，以及传染病主动监测阶段的检测，极大地影响了预测受感染场所的数目。少数反直觉研究表明，应该对模型设计，应用或参数化做进一步研究。本文得出结论将有可能有助于对非影响性模型设置进行分组或删除。这会在某种程度上降低 NZSM 整体的复杂度，同时还能保持与目的的协调性。

关键词： 疫病模拟模型　流行病学　口蹄疫　建模　新西兰　新西兰标准模型　敏感性分析

0　引言

对于那些拥有良好边境生物安全管控的国家而言，像 FMD 这类外来疫病的入侵很少见。因此，对它们而言预测既定暴发情景下的可能后果是困难的，因为当考虑到易感家畜（日常）独特的地理分布以及农场间互动的方式这两方面的因素时，动物卫生当局所拥有的有关疫病行为的经验往往非常少。当如

① 新西兰农业与林业生物安全部，新西兰惠灵顿。

② 梅西大学兽医、动物与生物医学科学研究所流行病学中心。

* 通讯作者：m. stevenson@massey. ac. nz

③ AsureQuality 有限公司，新西兰北帕默斯顿。

FMD这样的外来疫病入侵时，需要采取一系列战略措施，包括扑杀受感染牲畜、预先扑杀风险性牲畜以及使用大量疫苗的综合措施。根据各自的开展速度，每一策略通常都会给农业领域的不同参与者带来一系列正面和负面影响或“冲击反应”。人们需要及时做出有效决断以确定危急时刻需要采取什么样的管控和根除措施。此种环境下，用于制定决策的证据及其假设要透明，且有关特殊方案的决策进程应该囊括不同的观点、价值判断及框架假设[22]，这一点很重要。

不论是哪一学科，建模的根本目的是为了给相关系统提供一个精确的呈现（不是复制）[22]。符合这些目标的模型会提供一个低成本的快速机制，以确定一系列复杂情况和场景的可能结果，从而提高对整个系统的理解并对决策的制定提供帮助[7,9]。

在动物卫生领域，传染病模型有将一些信息组合起来的潜力，使之成为支持决策的一项有用工具[29]，其中包括受感染群体信息、感染源的流行病学特征、以及管控措施的逻辑及其经济影响。如果模型的工作方式及其框架假设信息不透明，那么会导致决策者对他们的输出缺乏信心，最终，就不能充分发挥他们的潜力。此外，决策者可能会忽视或未注意到模型重要的内在简化，且可能过于信赖它的输出结果，这导致他们做出不恰当（“有风险”）的决策[15]。减少这些潜在问题的唯一方式就是增强决策在以下方面的意识：①整个建模过程包含哪些内容；②好的模型使用实践由哪几部分组成；③如何审视模型的结果；④用户会问建模者哪些问题。

依据开发、报告及重要综述，这意味着详述良好模型实践[13]。敏感性分析应该被视为好模型操作的一个重要组成部分。它是一个分析过程，用于确定哪些输出变量是模型输出的关键驱动力。

InterSpread Plus（IS+）[23,28]是一个传染病的模拟模型，是为国内牲畜群设计的。在IS+这一框架下，相关单位就是农场：一个确定的空间位置包含一种或多种易感染相关疫病的动物物种。IS+是一个状态转换模型[5,14]，拥有一套确定的状态，显示农场在某一时间点的状态：①易受感染；②已感染；③临床；④检测；⑤免疫。

IS+结构需要一系列的模型定义，由拥有较少参数相对简单的传播模型（例如，单一区域的传播机制，使用放射状的传输内核）到更复杂的模型，它们拥有一系列传播机制（如，地方性、依靠空气传播、直接或间接接触传输通道）。利用该结构还可以使用一系列控制措施，包括资源制约型群体减少、监测、移动管控、追踪活动及疫苗接种。用于确定各参数的设置需要对IS+模型做一些调整，但是总体而言，需要点估计的数值，确定的分布及查询表。

2005 年，新西兰农业和林业部委托相关人员开发了一套 IS＋参数，为的是在病毒入侵且暴发疫情时能很好地呈现 FMD 的行为。该参数集被称作“新西兰标准模型”（NZSM）[27]，其初衷是为 FMD 暴发前与暴发时的决策提供支持。新西兰标准模型将该疫情的已知流行病学知识与新西兰农场或牲畜市场间牲畜移动的当前知识相整合。这使得研究人员可以对不同暴发情景进行探索，对比其在不同管控和监测措施下的规模、持续时间或经济影响。

本文描述了应用于新西兰标准模型基于样本敏感性分析技术。作者的目标是通过确定模型的设置来帮助证实新西兰标准模型。该设置对新西兰 FMD 模拟疫情中受感染经营场所的预测数量有很大影响。

1 材料与方法

将 NZSM 模型设置为两大类：一类解释疫病如何从一个位置传染到另一个位置的设置；另一类解释疫情在确认后如何得到控制。

解释疫病传染的设置包括以下细节：①离场移动（它们的频率及发生的距离）；②地方性传播（疫情从传染源扩散到距离其一定空间一时间目的经营场所的可能性）；③被模拟 FMDV 特征（如：从感染到临床症状出现的天数，以及从感染到传染发生的天数）。

解释疫情控制的设置包括：①监测强度的细节；②移动限制、追踪活动及农场数量减少的时间、程度和效力。

NZSM 阐述了三种独特的移动限制：①隔离 14 d 禁止全国牲畜移动；②疫区的隔离封锁活动（涵盖了全国受影响的区域）；③检测隔离感染农场周围 10 km 划定监测隔离区。

NZSM 总共由 107 个单独设置组成，包括 51 个参数。这些参数的细节及每个参数的设置详见表 1 至表 4。

表 1 新西兰标准模型内描述农场—农场以及农场—牲畜市场间移动的 10 项参数细节：
还包括新西兰标准模型使用的设置及敏感性分析的候选设置

参数	设置	候选设置
1. 散养牲畜，对农场而言高风险		
每个时间段内数量	泊松（=0.03）	=均匀（0，0.1）
直接接触数量	常量 $n=1$	n=均匀（0，5）
传播概率	表（6，11，16；0.525，0.8，1）[(a)]	6，11，16；0.12，0.52，1
		6，11，16；0.25，0.62，1
		6，11，16；0.525，0.8，1

（续）

参　　数	设　　置	候选设置
2. 奶牛场，对农场而言高风险		6，11，16；0.7，0.88，1
每个时间段内数量	泊松（=0.042）	=均匀（0，0.1）
直接接触数量	常量 $n=1$	n=均匀（0，5）
传播概率	表（6，11，16；0.62，0.8，1）	6，11，16；0.12，0.52，1
		6，11，16；0.25，0.62，1
		6，11，16；0.525，0.8，1
3. 放牧牲畜，对农场而言高风险		6，11，16；0.7，0.88，1
每个时间段内数量	泊松（=0.115 2）	=均匀（0，1）
直接接触数量	常量 $n=1$	n=均匀（0，5）
传播概率	表（6，11，16；0.673，0.8，1）	6，11，16；0.12，0.52，1
		6，11，16；0.25，0.62，1
		6，11，16；0.525，0.8，1
4. 饲养猪，对农场而言高风险		6，11，16；0.7，0.88，1
每个时间段内数量	泊松（=0.131）	=均匀（0，1）
直接接触数量	常量 $n=1$	n=均匀（0，5）
传播概率	表（6，11，16；0.458，0.8，1）	6，11，16；0.12，0.52，1
		6，11，16；0.25，0.62，1
		6，11，16；0.525，0.8，1
5. 对农场而言中等风险		6，11，16；0.7，0.88，1
每个时间段内数量	泊松（=0.474 3）	=均匀（0，1）
直接接触数量	常量 $n=1$	n=均匀（0，5）
传播概率	常量 $n=0.05$	n=均匀（0，0.1）
6. 对农场而言低风险		
每个时间段内数量	泊松（=0.059 5）	=均匀（0，0.1）
直接接触数量	常量 $n=1$	n=均匀（0，5）
传播概率	常量 $n=0.05$	n=均匀（0，0.1）
7. 散养牲畜对牲畜市场而言		
每个时间段内数量	泊松（=0.013 5）	=均匀（0，0.1）
间接接触数量	泊松（=1.942）	=均匀（0，5）
传播概率	表（6，11，16；0.458，0.776，1）	6，11，16；0.12，0.52，1
		6，11，16；0.25，0.62，1
		6，11，16；0.525，0.8，1

（续）

参　数	设　置	候选设置
8. 奶牛场对牲畜市场而言		6，11，16；0.7，0.88，1
每个时间段内数量	泊松（=0.005）	=均匀（0，0.1）
间接接触数量	泊松（=1.942）	=均匀（0，5）
传播概率	表（6，11，16；0.458，0.776，1）	6，11，16；0.12，0.52，1
		6，11，16；0.25，0.62，1
		6，11，16；0.525，0.8，1
9. 放牧对牲畜市场而言		6，11，16；0.7，0.88，1
每个时间段内数量	泊松（=0.003）	=均匀（0，0.01）
间接接触数量	泊松（=1.942）	=均匀（0，5）
传播概率	表（6，11，16；0.458，0.776，1）	6，11，16；0.12，0.52，1
		6，11，16；0.25，0.62，1
		6，11，16；0.525，0.8，1
10. 饲养猪对牲畜市场而言		6，11，16；0.7，0.88，1
每个时间段内数量	泊松（=0.036）	=均匀（0，0.1）
间接接触数量	泊松（=1.942）	=均匀（0，5）
传播概率	表（6，11，16；0.458，0.776，1）	6，11，16；0.12，0.52，1
		6，11，16；0.25，0.62，1
		6，11，16；0.525，0.8，1
		6，11，16；0.7，0.88，1

注：NZSM：新西兰标准模型。

a. 表（6，11，16；0.525，0.8，1）可以理解为：

6	11	16
0.525	0.8	1

此表显示的是根据传染源农场临床症状出现与移动发生期间的天数，目的地农场被感染的概率。在如上例子中，如果一个受感染农场的离场移动发生在临床症状出现 6 d 后，那么传播概率为 0.525。

表 2　新西兰标准模型详细描述了检测疫病前后监测 6 项参数

表中还包括新西兰标准模型使用的设置及敏感性分析的候选设置

参　数	设　置	候选设置
1. 背景监测：		
所有农场类型挑选概率	常量 $n=1$	$n=$均匀（0，1）
散养牲畜检测概率	表[a]	
奶牛场检测概率	表[a]	

（续）

参　　数	设　　置	候选设置
放牧检测概率	表[a]	
猪群检测概率	表[a]	
2. 自报监测：		
所有农场类型挑选概率	常量 $n=1$	$n=$均匀（0，1）
散养牲畜检测概率	表[a]	
奶牛场检测概率	表[a]	
放牧检测概率	表[a]	
猪群检测概率	表[a]	
3. 高风险接触监测：		
所有农场类型挑选概率	常量 $n=1$	$n=$均匀（0，1）
牛群检测概率	常量 $n=1$	$n=$均匀（0，1）
奶牛检测概率	常量 $n=1$	$n=$均匀（0，1）
鹿群检测概率	常量 $n=1$	$n=$均匀（0，1）
山羊群检测概率	常量 $n=1$	$n=$均匀（0，1）
猪群检测概率	常量 $n=1$	$n=$均匀（0，1）
绵羊群检测概率	常量 $n=1$	$n=$均匀（0，1）
4. 中等风险接触监测：		
所有农场类型挑选概率	常量 $n=0.9$	$n=$均匀（0，1）
牛群检测概率	常量 $n=1$	$n=$均匀（0，1）
奶牛检测概率	常量 $n=1$	$n=$均匀（0，1）
鹿群检测概率	常量 $n=1$	$n=$均匀（0，1）
山羊群检测概率	符号逻辑（0.25，0.8，0.74，1.7）[b]	0.25，0.2，0.74，1.7
		0.25，0.4，0.74，1.7
		0.25，0.6，0.74，1.7
		0.25，0.8，0.74，1.7
		0.25，1.0，0.74，1.7
猪群检测概率	常量 $n=1$	$n=$均匀（0，1）
绵羊群检测概率	符号逻辑（0.25，0.8，0.74，1.7）[b]	0.25，0.2，0.74，1.7
		0.25，0.4，0.74，1.7
		0.25，0.6，0.74，1.7
		0.25，0.8，0.74，1.7
		0.25，1.0，0.74，1.7

（续）

参　　数	设　　置	候选设置
5. 低风险接触监测：		
所有农场类型挑选概率	常量 n=0.5	n=均匀（0，1）
牛群检测概率	常量 n=1	n=均匀（0，1）
奶牛检测概率	常量 n=1	n=均匀（0，1）
鹿群检测概率	常量 n=1	n=均匀（0，1）
山羊群检测概率	符号逻辑（0.25，0.8，0.74，1.7）[b]	0.25，0.2，0.74，1.7
		0.25，0.4，0.74，1.7
		0.25，0.6，0.74，1.7
		0.25，0.8，0.74，1.7
		0.25，1.0，0.74，1.7
猪群检测概率	常量 n=1	n=均匀（0，1）
绵羊群检测概率	符号逻辑（0.25，0.8，0.74，1.7）[b]	0.25，0.2，0.74，1.7
		0.25，0.4，0.74，1.7
		0.25，0.6，0.74，1.7
		0.25，0.8，0.74，1.7
		0.25，1.0，0.74，1.7
6. 巡逻访问监测		
所有农场类型挑选概率	常量 n=1	n=均匀（0，1）
牛群检测概率	常量 n=1	n=均匀（0，1）
奶牛检测概率	常量 n=1	n=均匀（0，1）
鹿群检测概率	常量 n=1	n=均匀（0，1）
山羊群检测概率	符号逻辑（0.25，0.8，0.74，1.7）[b]	0.25，0.2，0.74，1.7
		0.25，0.4，0.74，1.7
		0.25，0.6，0.74，1.7
		0.25，0.8，0.74，1.7
		0.25，1.0，0.74，1.7
猪群检测概率	常量 n=1	n=均匀（0，1）
绵羊群检测概率	符号逻辑（0.25，0.8，0.74，1.7）[b]	0.25，0.2，0.74，1.7
		0.25，0.4，0.74，1.7
		0.25，0.6，0.74，1.7
		0.25，0.8，0.74，1.7
		0.25，1.0，0.74，1.7

a. 详见图 1；b. Logistic（a，b，c，d）$=a+\frac{c}{1+\exp[-b(x-m)]}$

表 3　详细描述新西兰标准模型追踪有效性的八项参数

表中还包括新西兰标准模型使用的设置及敏感性分析的候选设置

参　数	设　置	候选设置
1. 散养牲畜，高风险：		
离场移动的忽视概率	常量 n=0.11	n=均匀（0，1）
	表（0.5，1；0，1）[a]	0.5，1；0，1
离场移动的追踪延误		0.25，0.75，1.00；0，1，2
		0.25，0.50，0.75，1；0，1，2，3
进场移动的忽视概率	常量 n=0.082	n=均匀（0，1）
	表（0.5，1；0，1）	0.5，1；0，1
进场移动的追踪延误		0.25，0.75，1.00；0，1，2
		0.25，0.50，0.75，1；0，1，2，3
2. 奶制品，高风险：		
离场移动的忽视概率	常量 n=0.11	n=均匀（0，1）
离场移动的追踪延误	表（0.5，1；0，1）	0.5，1；0，1
		0.25，0.75，1.00；0，1，2
		0.25，0.50，0.75，1；0，1，2，3
进场移动的忽视概率	常量 n=0.082	n=均匀（0，1）
	表（0.5，1；0，1）	0.5，1；0，1
进场移动的追踪延误		0.25，0.75，1.00；0，1，2
		0.25，0.50，0.75，1；0，1，2，3
3. 放牧：		
离场移动的忽视概率	常量 n=0.11	n=均匀（0，1）
离场移动的追踪延误	表（0.5，1；0，1）	0.5，1；0，1
		0.25，0.75，1.00；0，1，2
		0.25，0.50，0.75，1；0，1，2，3
进场移动的忽视概率	常量 n=0.082	n=均匀（0，1）
进场移动的追踪延误	表（0.5，1；0，1）	0.5，1；0，1
		0.25，0.75，1.00；0，1，2
		0.25，0.50，0.75，1；0，1，2，3
4. 家猪喂养：		
离场移动的忽视概率	常量 n=0.11	n=均匀（0，1）
离场移动的追踪延误	表（0.5，1；0，1）	0.5，1；0，1
		0.25，0.75，1.00；0，1，2
		0.25，0.50，0.75，1；0，1，2，3

（续）

参　　数	设　　置	候选设置
进场移动的忽视概率	常量 $n=0.082$	n=均匀（0，1）
进场移动的追踪延误	表（0.5，1；0，1）	0.5，1；0，1
		0.25，0.75，1.00；0，1，2
		0.25，0.50，0.75，1；0，1，2，3
5. 中等风险：		
离场移动的忽视概率	常量 $n=0.212$	n=均匀（0，1）
离场移动的追踪延误	BetaPert（$a=1$，$b=2$，$c=3$）	b =均匀（1，3）
进场移动的忽视概率	常量 $n=0.194$	n=均匀（0，1）
进场移动的追踪延误	BetaPert（$a=1$，$b=2$，$c=3$）	b =均匀（1，3）
6. 低风险：		
离场移动的忽视概率	常量 $n=0.36$	n=均匀（0，1）
离场移动的追踪延误	BetaPert（$a=2$，$b=3$，$c=4$）	b=均匀（2，4）
7. 奶制品容器：		
离场移动的忽视概率	常量 $n=0.014$	n=均匀（0，1）
离场移动的追踪延误	表（0.5，1；0，1）	0.5，1；0，1
		0.25，0.75，1.00；0，1，2
		0.25，0.50，0.75，1；0，1，2，3
进场移动的忽视概率	常量 $n=0.014$	n=均匀（0，1）
进场移动的追踪延误	表（0.5，1；0，1）	0.5，1；0，1
		0.25，0.75，1.00；0，1，2
		0.25，0.50，0.75，1；0，1，2，3
8. 寄养场，高风险：		
离场移动的忽视概率	常量 $n=0.063$	n=均匀（0，1）
	表（0.5，1；0，1）	0.5，1；0，1
离场移动的追踪延误		0.25，0.75，1.00；0，1，2
		0.25，0.50，0.75，1；0，1，2，3
进场移动的忽视概率	常量 $n=0.058$	n=均匀（0，1）
进场移动的追踪延误	表（0.5，1；0，1）	0.5，1；0，1
		0.25，0.75，1.00；0，1，2
		0.25，0.50，0.75，1；0，1，2，3

注：NZSM：新西兰标准模型。

表（0.5，1；0，1）可以理解为

0.5	1
0	1

此表显示了追踪特定方向的特定移动类型所需要的时间段数量。在如上例子中，检测当天可以追踪到50%的移动，检测1天内可以追踪到100%的移动。

表 4　详细描述新西兰标准模型移动限制效力的三个参数以及表述群体减少可用资源的单一参数

表中还包括新西兰标准模型使用的设置及敏感性分析的候选设置

参　　数	设　　置	候选设置
1. 限制高风险移动概率：		
初期隔离	常量 n=0.914	n=均匀（0，1）
内部感染区域	常量 n=0.942	n=均匀（0，1）
内部监测区域	常量 n=0.951	n=均匀（0，1）
外部控制区域	常量 n=0.951	n=均匀（0，1）
2. 限制中等风险移动概率：		
初期隔离	常量 n=0.604	n=均匀（0，1）
内部感染区域	常量 n=0.804	n=均匀（0，1）
内部监测区域	常量 n=0.850	n=均匀（0，1）
外部控制区域	常量 n=0.850	n=均匀（0，1）
3. 限制低风险移动概率：		
初期隔离	常量 n=0.238	n=均匀（0，1）
内部感染区域	常量 n=0.390	n=均匀（0，1）
内部监测区域	常量 n=0.520	n=均匀（0，1）
外部控制区域	常量 n=0.520	n=均匀（0，1）
4. 各时间段的群体减少数量：		
散养牲畜	三角形（a=0，b=0，c=5）	b=均匀（0，5）
奶牛	三角形（a=0，b=1，c=3）	b=均匀（0，3）
放牧	三角形（a=0，b=0，c=3）	b=均匀（0，3）
猪群	三角形（a=0，b=0，c=3）	b=均匀（0，3）

本文中描述的敏感性分析方法严格遵守 Blower 和 Dowlatabadi 的方法论[2]。在他们 1994 年的著作里，二人对人类免疫缺陷病毒的确定性模型做了一次敏感性分析。他们的模型由 34 个不同方程式构成，包括 20 个参数。作者们为这 20 个参数各分配了一个概率密度函数，并用拉丁超立方抽样[11,16]对每个分布进行取样，确保分布中概率数值的整个范围能够得到体现。由于 NZSM 中的许多输入参数自身就是概率分布，所以作者们采用了略微不同的方法。根据作者们的分析，NZSM 内的每个概率分布，都明确生物学合理设

置的上下界值。这些界值之后被用于确定均匀分布的上下界值。例如，如果一个奶牛场每天离场活动数量所采用的参数是平均值为 0.04（相当于每 25 天有一次离场活动）的泊松分布，那么作者确定的合理数值范围就是 0.01～0.1，也就是说，他们认为一个奶场的单一移动，每 100 天（=0.01）发生一次或每 10 天发生一次（=0.1）。经验分布函数这一设置是作为查询表导入模型的，而且也对一组三个候选表的定义进行了解释。如图 1，即为农场检测到疫病概率作为临床症状出现的天数函数以及三个候选分布。为了编辑出一组适合敏感性分析的数据，作者从每个均匀分布中进行了随机抽取，以此来为 107 个相关设置生成各自的适当设置。对于查询表设置，随机抽取了 1～4 的数字，并挑选了一些相应的查询表细节。生成长度矢量 k（包括 NZSM 中每个 $k=107$ 输入设置的样本），之后将这些数值用作单一模型运行的设置。单一模型运行结束后，对模拟期 60 天受感染农场的总预测数量进行计算和存储。这一过程被重复 200 次后，便生成一个表格，包括 108 列数据（107 个输入设置加代表受感染农场预测数量的单一数值）和 200 行数据（运行模型的数量）。

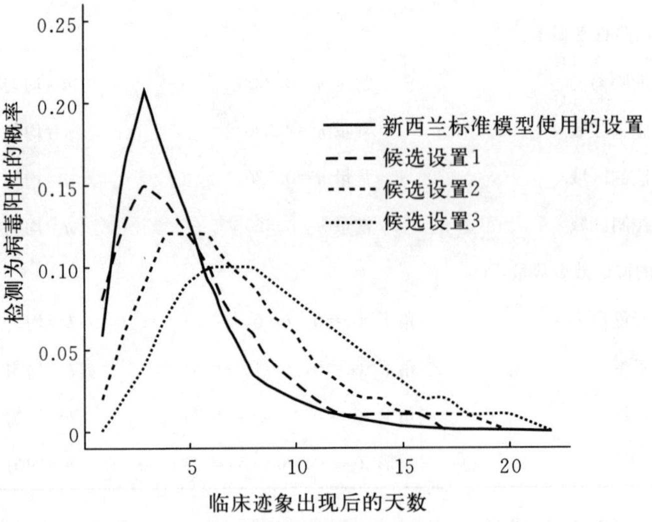

图 1　线条图展示了一个养猪场或一个奶牛场被检测为病毒阳性的概率，是自临床症状出现后天数的函数

注：实线代表新西兰标准模型（NZSM）使用的设置。虚线代表敏感性分析中使用的 3 个候选设置。

通过计算偏等级相关系数（PRCC）及使用 Iman 和 Conover[10]，Iman 和 Helton[11]，以及 Iman 等[12]描述方法，对每个输入参数及结果变量进行敏感性分析。通过计算检验统计量 t 来监测非零 PRCC 值。该统计量接近于一个

$N-2$ 自由度的分布 t，其中 N 等于模型运行的数量。

由于 PRCC 显示的是两个变量之间的单调性程度，所以要留意确保使用只有那些与输出变量单调相关的设置。单调关系指随着解释变量的增加，一个结果变量只向一个方向移动（增加或减少），但是这种关系不必（但是可以）是线性的。受感染经营场所数量的平面图，作为模拟设置值函数，存在目的是为了确定那些满足单调性假设的设置[11]。

PRCC 提供了两条有用信息。首先，PRCC 符号显示了输入设置与输出间的定性关系：当输入设置的值增加导致输出变量增加时，就会产生正 PRCC；当输入设置值增加导致输出变量减少时，就会产生负 PRCC。其次，PRCC 的大小显示了输入设置对输出变量值的重要性。PRCC 离零越远，该变量对结果的影响就越显著。因此，可以通过对比 PRCC 值来直接评估每个输入设置的相对重要性。

2 结果

对于这些分析而言，组成农场的相关群体分布在新西兰的北岛。每次疫情暴发都是由北岛下半部的单一农场受感染所引发的。60 d 后受感染农场（根据迭代次数 200）平均预测值为 7（最小为 1；最大 99）。疫情平均持续时间为 22 d（最小 1；最大 60）。

受感染农场的预测数量散布图，作为各设置模拟数值的函数，显示了所有被评估的 107 个设置的单调性假设，而且采样技术提供了一系列备选值。这些数值合理分布在既定设置的合理数值范围内（结果未显示）。

图 1、图 2、图 3、图 4 分别显示了农场—农场与农场—牲畜市场间移动、疫病检测前后的监测、追踪及移动限制确定参数的设置细节。表 4 还提供了群体减少可用数据的参数细节。图 2、图 3、图 4 和图 5 分别显示了与移动、监测、追踪、移动限制及减少群体资源相关设置的 PRCC 值。图 2 和图 5 中，PRCC 值显著大于或低于零的均已用实心圆标出。

在所有 NZSM 使用的移动设置中，农场—牲畜市场间的移动从整体而言，对 60 天的受感染场所的预测数量影响最大（图 2）。这些设置显示了各时间段内散养牲畜和养猪场外的移动事件频率；散养牲畜、奶牛场、吃草及养猪场与牲畜市场间移动产生的间接接触；以及来自散养牲畜、奶牛场、吃草及养猪场移动的疫情传输概率，其 PRCC 值为正数，且数据很显著，维持在 0.05 的 α 水平。其他拥有 PRCC 显著数值的移动类型包括奶牛场及放牧场外的高风险移动频率；中等风险移动（所有农场类型以外）频率以及放牧场与养猪场外的高风险移动后的传输概率。

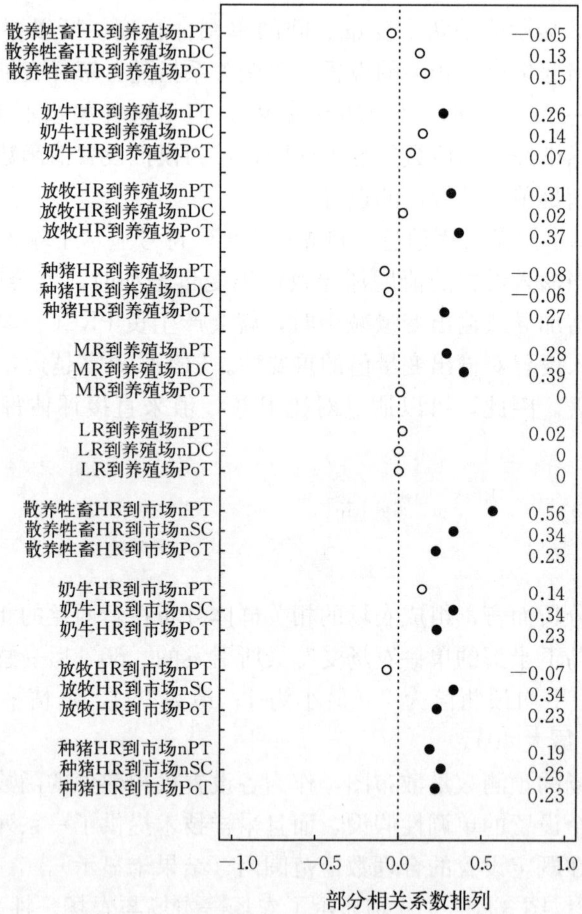

图 2　描述新西兰标准模型下农场—农场以及农场—牲畜市场间移动的十项参数内的设置 PRCC

注：实心圆（•）标注的是那些 PRCC 数值在 α（0.05）显著性水平上的设置。

HR：高风险；nPT：时间段数量；LR：低风险；nSC：间接接触数量；MR：中等风险；PoT：传播概率；nDC：直接接触数量。

在 NZSM 中，“背景”监测设置显示 FMD 流行前监测的程度。该数据最终会导致首个被感染场所的检测及控制措施的出台。对放牧及散养牲畜企业进行背景监测期间，检测概率的增加会降低受感染农场的预测数量（图 3）。自报疫情的放牧及猪饲养场检测概率的增加显著降低了受感染场所的数量。那些涉及牛、猪、鹿群且存在较低或中等风险接触场所检测概率的增加降低了受感染场所的预测数量。那些存在低风险接触鹿群农场检测概率的增加与受感染场所预测数量的增加有一定关联。

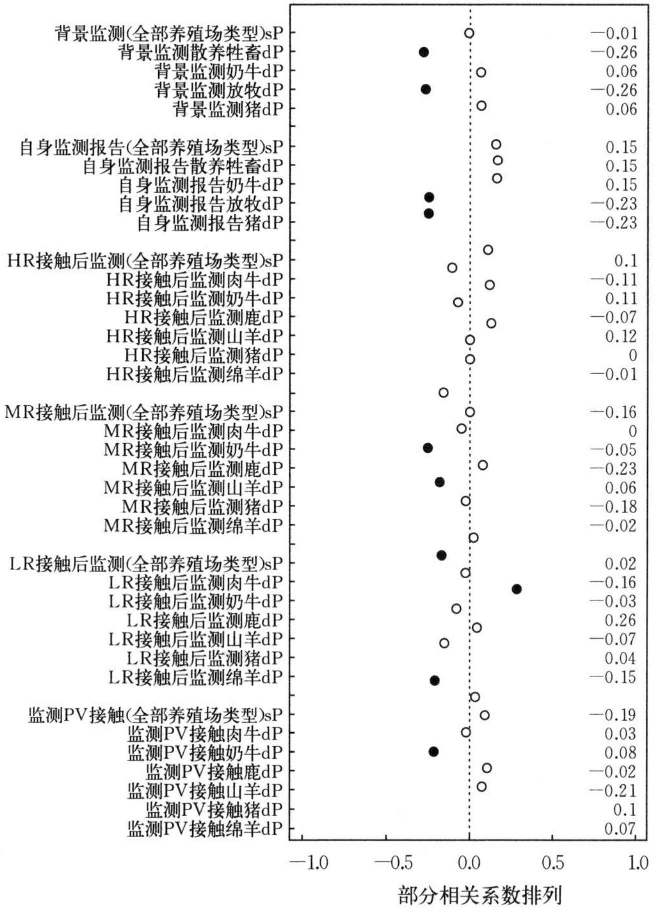

图 3　新西兰标准模型下监测六项参数内的设置 PRCC

注：实心圆（•）标注的是那些 PRCC 数值在 α（0.05）显著性水平上的设置。LR：低风险；sP：选择概率；dP：检测概率；MR：中等风险；HR：高风险；PV：过往侵袭。

图 4 显示每一监测溯源参数值的相关系数。离开和进入散养牲畜场的移动事件忽视概率的增加与传染病规模预测的减少有关。进入奶牛场和猪饲养场的高风险移动追踪延误的增加与传染病规模预测的减少有关。农场外低风险移动与农场内奶罐车移动忽视概率的增加与传染病规模预测的增加有关。

就控制措施而言，受感染区域内限制性高风险移动的比例、控制区域外高风险移动及监测区域内低风险移动的增加，显著降低了受感染场所的预测数量（图 5）。初步隔离期间，中等风险移动受限概率的增加，以及控制区域外中等风险移动受限概率的增加，与受感染区域的预测数量的增加有关。

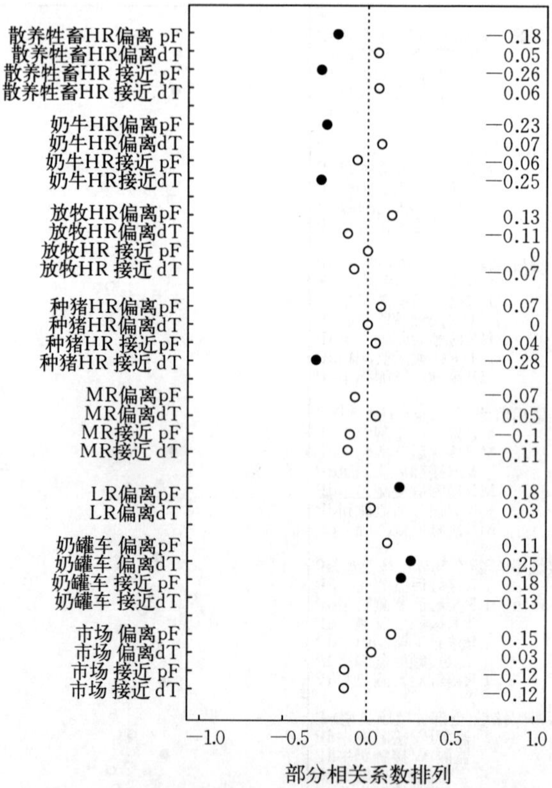

图 4　新西兰标准模型下追踪效力八项参数内的设置 PRCC

注：实心圆（·）标注的是那些 PRCC 数值在 α（0.05）显著性水平上的设置。
dT：追踪延误；MR：中等风险；HR：高风险；
pF：农场内/外移动的忽视概率；LR：低风险。

3　讨论

总的来说，作者调查结果有一定的生物学意义，间接使大家相信若 FMD 传入新西兰的农场牲畜群中，NZSM 参数集可以恰当地呈现 FMD 可能传播的方式。总体而言，农场—牲畜市场间牲畜移动设置对受感染场所的预测数量有显著影响（图 2)：该项发现与 2001 年英国暴发 FMD 的分析数据相符[8,19,30]。这表明用于准确记录农场—牲畜市场间移动频率的措施、间接接触的数量，以及一次移动过后疫病传播概率预测，应该会增强 NZSM 预测的准确性。

根据作者所掌握的信息，Sanson[25] 的著作是唯一一项记录新西兰农场—牲畜市场间移动细节的研究。考虑到农场—牲畜市场间移动形式对模型输出的

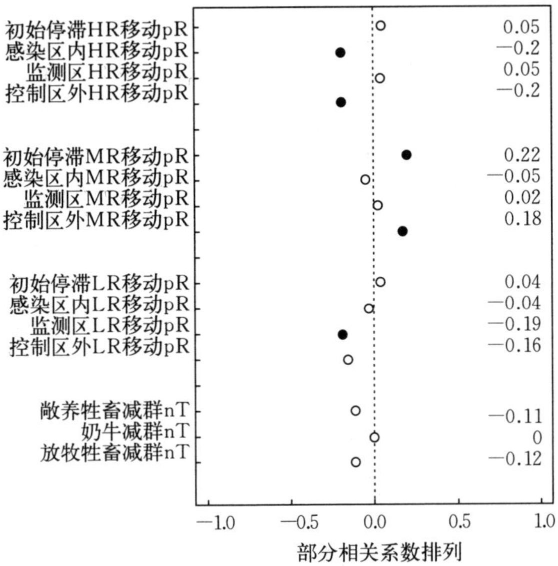

图5　新西兰标准模型下移动限制效力三项参数及群体减少所需资源的单一参数内的设置 PRCC

注：实心圆（•）标注的是那些 PRCC 数值在 α（0.05）显著性水平上的设置。

HR：高风险；nT：各时间段内（天）可以处理的牲畜群数量；LR：低风险；pR：限制概率；MR：中等风险。

影响，此类型研究提供的频率和距离预测需要定期更新，因为牲畜所有者将牲畜转移至销售市场的习惯是会随着单个动物的屠宰价值以及放牧、运输和季节因素的成本而变化的。

国家动物识别和追踪系统（www.nait.co.nz）的实施，及其记录的路线分析数据满足部分上述要求。但是，当某一移动发生时，还需要提供疫病运输的预测概率。

10 个监测设置的检测概率中有 9 个显著性 PRCC 数值是负值。这意味着检测概率的增加与受感染农场检测概率的增加有一定的关联。一次低风险接触后鹿群牧场的检测概率这一单一设置的 PRCC 值是正数（图 3）。这一发现是反直觉的。

模型行为的详细分析将会是进一步调查这一反常现象显而易见的方法。该行为指进入鹿群场低风险移动事件后传染事件逐步带来的影响。通过识别反直觉模型行为，敏感性分析可以帮助我们识别该模型的特定领域。该模型在设计、实施和参数配置过程中可能存在的错误还需详细调查。

通过对高风险散养牲畜场和奶牛场移动相关追踪参数的敏感性分析，得出了反直觉的研究结果。要想进一步调查这些反常现象，需要使用类似于上述的方法阐明和分析这些影响机制。需要补充说明的一点是，具体的模拟天数不够[60]，因而在模型输出中追踪效力变化的结果不能充分表现出来。

受感染区域内和控制区域外高风险移动限制概率的增加与受感染经营场所预测数量的减少有关（图 5）。这一发现与已知 FMD 的生物学信息相一致[24]。隔离初期及控制区域外中等风险移动限制概率的增加与受感染经营场所预测数量的增加相关。这又是一项反直觉的发现。要想对此进行调查，需要进一步地分析。

如果一个模型是非线性或非叠加性的，那么一个变量的影响会在输入空间的不同点发生变化，这是由于该变量与其他变量间互动导致的。在此类无法假设线性和叠加性的情况下，当地的敏感性方法就不太适合了，而应该使用独立于模型的全球方法，或至少假设单调性而不是线性或独立性[18,21]。全球方法包括同步调整，它可以帮助对整个参数区或至少是实质性区域进行分析。该方法还描述了一系列全球技术，可以对经济、工程、化学及物理领域的模型行为进行探索。这些技术包括“基本效果”方法（例如，Campolongo 等的研究[3]，给予所谓的“Morris”方法[17]）；基于方差的方法，以及基于选样的方法，使用了本项研究里描述类型分级数据的参数检测[2]。在这一群组里，最适用于复杂疫病模拟模型的方法包括使用分级数据参数检测的基本效果方法及选样方法。

第二类错误（未能识别对模型有很大影响的因素）被视作使用分级数据参数测试时存在的潜在问题（A. Saltelli，个人交流）。另一种方法就是使用基本效果法，例如改编的 Morris 方法[3]。Morris 方法没有此处描述的方法那么需要计算，而且也能更灵活地应对第二类错误。

将多重敏感性分析技术应用到同一模型的好处就是经整合的信息可以提供一份更详细的资料，让人们知晓参数间是如何互动，如何影响模型输出的不确定性，从而对模型的行为进行进一步审视[4]。

尽管化学工程、生物统计学及风险分析中使用的模型敏感性分析已有很好的实践[13,20]，但是在更广的科学领域中对这些技术的摄取却似乎相对贫乏。敏感性分析是好的科学实践的一项重要组成部分，应该被视作模型开发的一部分，而不是附加非必需的分析[20]。本文中描述的方法应该被视作在特定问题，尤其是管理情景下确定 IS+与 NZSM 的一项基本元素。目前使用的其他方法是类似疫情情景的多重模型对比[6,26]，以及持续地寻求专家意见。

人类疾病和动物群体疫病的模拟模型通常由一系列逻辑过程组成。在该过程中，人们可以对模型反应（在某一位置疫情的存在或缺失）进行预测，从而作为既定决策规则的函数[1]。这些模型在技术层面非常有用，因为它们遵循一个有逻辑的生物学有效流程。该流程非常灵活，囊括很多细节[29]。尽管疫病模拟模型的逻辑流倾向于简单，但是如果想囊括更高标准细节，会给开发者带来一些困难，因为他们需要为非专业人员提供一个有关模型整体设计的精确描述。这对于“常规”模拟模型而言尤为如此（例如，那些用于模拟一系列传染病情况的模型，例如 IS+），因为这些模型通常囊括很多设置，可能不能直接应用于给定的相关疫病情景。因此，需要在复杂与简单之间进行平衡，确保模拟模型能够在容易理解前提下，给调查中的系统提供足够的信息。

本文描述的分析代表是应用于细化 NZSM 的一些初期步骤。本著作的一个潜在用途是对了解非影响性设置的分组非常有帮助（如，低、中等风险移动参数）。这在某种程度上将有助于降低 NZSM 的整体复杂性，同时仍能使它满足设计目的。这一简化模型将为决策者提供更多的透明信息，但是也保持了原模型复杂性所带来的益处。简化模型得出的结果可以与配置完整参数的有效性版本进行对比。

还需要进一步研究几类其他的可能性。尤其是，模拟期间要在不同时段开展敏感性分析，这一点很重要；例如，在首次检测出疫病时，随后在传染病控制和根除过程中定期分析。这一过程会识别模拟期间模型的敏感性是如何变化的，量化预测准确度的变化方式，以及时间对 PRCC 值及其相对级别的影响。

参考文献

[1] Bagni R., Berchi R. &Cariello P. (2002). - A comparison of simulation models applied to epidemics. *J. artificial Soc. social Stimulation*, 5 (3). Available at: http://jasss.soc.surrey.ac.uk/5/3/5.html (accessed on 15 January 2011).

[2] Blower S. &Dowlatabadi H. (1994). - Sensitivity and uncertainty analysis of complex models of disease transmission - an HIV model, as an example. *Int. stat. Rev.*, 62, 229 - 243.

[3] Campolongo F., Cariboni J. &Sattelli A. (2007) - An effective screening design for sensitivity analysis of large models. Environ. Modell. Softw., 22 (10), 1509 - 1518

[4] De Pauw D. J. W., Steppe K. & De Baets B. (2008). - Unravelling the output uncertainty of a tree water flow and storage model using several global sensitivity analysis methods. *Biosyst. Engin.*, 101 (1), 87 - 99.

[5] Dietz K. (1966). - On the model of Weiss for the spread of epidemics by carriers. *J. appl. Prob.*, 3 (2), 375 - 382.

[6] Dubé C., Stevenson M. A., Garner M. G., Sanson R. L., Corso B. A., Harvey N., Griffin J., Wilesmith J. W. & Estrada C. (2007). - A comparison of predictions made by three simulation models of foot - and - mouth disease. *N. Z. vet. J.*, 55 (6), 280 - 288.

[7] Frey H. &Patil S.R. (2002). - Identification and review of sensitivity analysis methods. *Risk Anal.*, 22 (3), 553 - 578.

[8] Gibbens J.C., Sharpe C.E., Wilesmith J.W., Mansley L.M., Michalopoulou E., Ryan J.B. & Hudson M. (2001). - Descriptive epidemiology of the 2001 foot - and - mouth disease epidemic in Great Britain: the first five months. *Vet. Rec.*, 149 (24), 729 - 743.

[9] Guitian J. & Pfeiffer D. (2006). - Should we use models to inform policy development? *Vet. J.*, 172 (3), 393 - 395. E - pub.: 16 May 2006.

[10] Iman R.L. & Conover W.J. (1980). - Small sample sensitivity analysis techniques for computer models, with an application to risk assessment. *Commun. Stat. Theor. Methods*, 9 (17), 1749 - 1842.

[11] Iman R.L. & Helton J.C. (1988). - An investigation of uncertainty and sensitivity analysis techniques for computer models. *Risk Anal.*, 8 (1), 71 - 90. E - pub.: 29 May 2006.

[12] Iman R.L., Helton J.C. & Campbell J.E. (1981). - An approach to sensitivity analysis of computer models: part 1 - introduction, input variable selection and preliminary variable assessment. *J. Qual. Technol.*, 13 (3), 174 - 183.

[13] Jakeman A.J., Letcher R.A. & Norton J.P. (2006). - Ten iterative steps in development and evaluation of environmental models. *Environ. Modell. Softw.*, 21 (5), 602 - 614.

[14] Kernack W.O. &McKendrick A.G. (1927). - A contribution to the mathematical theory of epidemics. Proc. Roy. Soc. Lond., A, 115, 700 - 721.

[15] Kitching R.P., Hutber A.M. &Thrusfield M.V. (2005). - A review of foot - and - mouth disease with special consideration for the clinical and epidemiological factors relevant to predictive modelling of the disease. Vet. J., 169 (2), 197 - 209.

[16] McKay M., Conover W. & Bec kman R. (1979). - A comparison of three methods for selecting values of input variables in the analysis of output from a computer code. *Technometrics*, 21, 239 - 245.

[17] Morris M.D. (1991). - Factorial sampling plans for preliminary computational experiments. *Technometrics*, 33 (2), 161 - 174.

[18] Morris M.D., Moore L.M. & McKay M.D. (2006). - Sampling plans based on balanced incomplete block designs for evaluating the importance of computer model inputs. *J. stat. Plan. Inf.*, 136, 3203 - 3220.

[19] Morris R.S., Wilesmith J.W., Stern M.W., Sanson R.L. & Stevenson M.A. (2001). - Predictive spatial modelling of alternative control strategies for the foot - and - mouth disease epidemic in Great Britain, 2001. *Vet. Rec.*, 149 (5), 137 - 144.

[20] Refsgaard J.C., van der Sluijs J.P., Højberg A.L. &Vanrolleghem P.A. (2007). - Uncertainty in the environmental modelling process - a framework and guidance.

Environ. Modell. Softw., 22 (11), 1543 - 1556.

[21] Saltelli A., Chan K. & Scott E. (2000). - Sensitivity analysis. John Wiley & Sons, New York.

[22] Saltelli A., Ratto M., Tarantola S. &Campolongo F. (2006). - Sensitivity analysis practices. Strategies for model - based inference. *Reliab. Engin. Syst. Safe.*, 91, 1109 - 1125.

[23] Sanson R. (1993). - The development of a decision support system for an animal disease emergency. PhD thesis submitted to Massey University, Palmerston North, New Zealand.

[24] Sanson R. L. (1994). - The epidemiology of foot - and - mouth disease: implications for New Zealand. *N. Z. vet. J.*, 42 (2), 41 - 53.

[25] Sanson R. L. (2005). - A survey to investigate movements off sheep and cattle farms in New Zealand, with reference to the potential transmission of foot - and - mouth disease. *N. Z. vet. J.*, 53 (4), 223 - 233.

[26] Sanson R. L., Harvey N., Garner M. G., Stevenson M. A., Davies T. M., Hazelton M. L., O'Connor J. O., Dubé C., Forde - Folle K. N. & Owen K. (2011). - Foot and mouth disease model verification and 'relative validation' through a formal model comparison. *In* Models in the management of animal diseases (P. Willeberg, ed.). *Rev. sci. tech. Off. int. Epiz.*, 30 (2), 527 - 540.

[27] Sanson R., Stevenson M., Mackereth G. & Moles - Benfell N. (2006). - The development of an InterSpread Plus parameter set to simulate the spread of 口蹄疫 in New Zealand. *In* Proc. 11th International Symposium on Veterinary Epidemiology and Economics (ISVEE), 6 - 11 August, Cairns, Australia.

[28] Stevenson M., Sanson R., Stern M., O' Leary B., Mackereth G., Sujau M., Moles - Benfell N. & Morris R. (2006). - InterSpread Plus: a spatial and stochastic simulation model of disease in animal populations. *In* Technical paper for research project BER - 60 - 2004. Biosecurity New Zealand, Wellington, New Zealand.

[29] Taylor I. (2003). - Policy on the hoof: the handling of the foot and mouth disease outbreak in the UK 2001. *Policy Polit.*, 31 (4), 535 - 546.

[30] Thrusfield M., Mansley L., Dunlop P., Taylar J., Pawson A. & Stringer L. (2005) - The foot - and - mouth disease epidemic in Dumfries and Galloway, 2001. 1: Characteristics and control. Vet. Rec., 156 (8), 229 - 252.

形式模型比较在口蹄疫模型验证和“相对有效性”中的应用

R. L. Sanson[1]，N. Harvey[2]，M. G. Garner[3]，M. A. Stevenson[4]，
T. M. Davies[5]，M. L. Hazelton[5]，J. O'Connor[6]，
C. Dubé[7]，K. N. Forde - Folle[8] & K. Owen[9]

摘要： 来自澳大利亚、新西兰、加拿大和北美的研究人员一起合作，完成了对他们的口蹄疫（FMD）模型 AusSpread、InterSpread Plus，以及北美动物疫病传播模型的验证，以增加其用作决策支持工具的可信度。该项目的最后阶段是利用这三个模型对爱尔兰共和国提供的数据模拟一系列疫病暴发的情景。模拟的情景包括一次无控制的疫情和一次通过扑杀和疫苗接种控制疫情的场景。比较感染区的预测数量、疫情持续时间以及预测暴发区域的范围，同时也对不同情景下由于不同控制措施或资源限制，导致相关模型内及情景间的变化进行量化和对比。尽管各模型之间的绝对结果是不同的，但是各模型内部情景之间的对比是类似的。在这三类模型中，与规范的扑杀政策相比，早期使用疫苗环行接种可以极大地降低受感染场的数量。此一致性表明这三组建模团队各自的假设是合适的，进而增加了终端用户对这些模型预测的信心。

关键词： 动物疫病建模　口蹄疫　模拟　接种疫苗　有效性

---

① AsureQuality 有限公司，新西兰。
② 圭尔夫大学计算机与信息科学系，加拿大安大略省。
③ 澳大利亚农渔林系首席兽医师办公室。
④ 梅西大学兽医、动物与生物医药科学研究所流行病学中心，新西兰。
⑤ 梅西大学基础科学研究所，新西兰。
⑥ 意大利罗马爱尔兰大使馆。
⑦ 加拿大食品检验局动物卫生和管理科，加拿大安大略省。
⑧ 美国科罗拉多柯林斯堡流行病学与动物健康中心。
⑨ 新西兰 MAF 生物安全，新西兰惠灵顿。

0 引言

疫病模型是用于制订计划的工具，通过对不同暴发情景及控制措施的评估和对比，支持决策的制定。它们有助于对各种有争议性控制措施实施效果进行深入分析，例如针对FMD紧急疫苗接种会提供经济层面可行性的支持。考虑到大范围控制动物群体中传染性疫病的成本[15,28]以及在此类疫病初期所做决策带来的长短期影响，决策者在使用模型预测协助制定疫情控制政策时，需要对这一工具具有足够的信心。

模型验证是一种程序，用于准确描述疫病如何从一个场所传到另一个场所（由负责模型设计的论题专家提供），并准确转换为计算机代码[23,27]。有效性是确保一个模型能充分描述它所代表的程序[24,27]。考虑到潜在的群体数据集以及用于启动特定情景的参数集，当一个传染病模型的输出结果在流行病学层面有意义时，就可以说该模型内部有效。当将模型预测与一个或多个真实流行病进行对比时才可以评估一个模型的外部有效性。对于很少或者近期没有发生相关疫病的国家而言，缺乏足够的经验，有效性就成为一个难题，因为不能假设从一场疫病获取的经验可用于为其他疫病的行为提供信息，尤其当这种推论是从过去传染病中获取有限且不全面的数据情况下做出时。

尽管模型有效性和模型验证被认为是建模程序的关键步骤，但用于疫病模型有效性验证的方法缺乏明确的定义[23]。Law 和 Kelton[14]提出一个“三步走”方法：

（1）开发一个拥有高表面效度的模型，也就是说，对于在研究中了解该模型的使用者而言，表面上是有效的。

（2）对模型的假设进行经验性检测。

（3）确定模拟输出数据的代表性如何。

前两步确保内部有效性，而第三步用于确保外部有效性。另一个用于传染性疫病模型的方法就是采用作者所说的“相对有效性”[5]。

这里解释一个或多个测试情景，并用两个或多个独立开发的模型在各测试情景下对疫病的传播进行模拟。依据预测将感染数量、整个模拟期间的感染开始时间及（对于空间模型例子）受感染场所的空间分布，都表明在模拟易感单位群体疫病传播时，各模型的开发者所使用的方法都是一致的。该一致性表明各开发团队的假设都在生物学层面有意义，从而增强了终端用户对这些模型预测的信心。此外，这种对比经验在识别和强调需要解决模型假设间的区别，并进而指出需要进一步研究领域方面大有助益。

2005年3月，来自四方国家的参与者（QUADs：澳大利亚、加拿大、新西兰和北美）相聚在澳大利亚的堪培拉，一起讨论使用模拟模型来协助控制FMD政策的制定。大家一致认为，应将各国进行的模型间的正式对比视作一种相对有效性的表现形式。对比模型包括 AusSpread[2,7]、InterSpread Plus[18,26]以及北美动物疫病传播模型（NAADSM）[9,25]，它们分别代表了澳大利亚、新西兰和北美模型。大家提议进行一项三阶段式的程序研究。首先要求各国提供各自模型的正式描述。其次，对一系列假设研究群体中的相对简单情景下的模型进行模拟，对比各个模型结果。Dubé 及其同事[5]已经对前两阶段的结果进行了汇报。本文汇报的是模型对比实践的第三阶段，包括一系列基于真实农场数据及实际牲畜移动和营销数据之上较复杂的情景。

1 材料和方法

这些数据是由爱尔兰同事提供的，他们参与了该项目第三阶段的研究团队。该数据集囊括来自爱尔兰共和国韦斯特米斯郡中心 90 km 辐射范围内50 125家农场的位置数据。同时还提供了整个爱尔兰共和国 90 个牲畜市场的位置细节。每个农场在 FMD 易受感染牲畜的类型和数量方面都是独特的，目前已确定八种农场企业类型（表 1）。各模型配的参数均代表了所有重要的FMD病毒（FMDV）流行病学传播通路，包括农场与当地间的直接或间接传播。模型中对五种情景进行了解释，并对特定疫病入侵状况及不同控制策略也做了介绍（表 2）。

表 1　爱尔兰数据集中的牲畜企业类型和数量

企业类型	数　量	企业类型	数　量
牛肉	28 790	奶制品	806
牛肉和奶制品混合	7 373	奶制品和羊混合	76
牛肉、奶制品和羊混合	1 314	猪	324
牛羊混合	8 957	羊	2 485

表 2　一系列评估情景的开始状态和控制政策

情景	开始状态	控制政策
情景 1	研究区域中心的单一农场	没有控制
情景 2	识别出研究区域中心原发病例感染 17 天后的单一农场（所引案例检出时，有 41 个已感染但未检测出的农场）	经欧盟（EU）批准的标准扑杀政策：减群、移动控制、监测[6]

（续）

情景	开始状态	控制政策
情景 3	同情景 2	经 EU 批准的标准扑杀政策以及受感染场所（IP）周围 0.5 km 内邻近扑杀；经 EU 批准的标准扑杀政策以及疫情被首次检测出之后 8 天开始施行的 3 km 强制性大面积接种疫苗
情景 4	同情景 2	
情景 5	同情景 2	经 EU 批准的标准扑杀政策以及延迟的 3 km强制性大面积接种疫苗措施的实施（疫情被首次检测出之后的 21 天）

1.1 疫病传播参数

不同农场企业类型间的牲畜移动被称作“直接移动”。不同农场类型间的牲畜移动频率参数取自 2006 年末一个 90 天的爱尔兰动物移动数据库。该数据库提供了该项研究数据集里包括各农场的动物移动（农场—农场与农场—市场）的细节。移动细节包括发起移动农场的识别符，动物移动的日期、数量和类型以及目的地农场的标识符。在适当的地方记录了涉及移动交易的动物市场的标识符。鉴于移动事件的发生，疫情传染到牲畜群目的地可能性的概率来源于已发表的研究[12,17]。农场企业间的人员、车辆和污染物的移动被称作“非直接移动”（这些带毒者每个都携带着 FMDV，然后间接地传染于目的地的受感染的动物）。通过将相关比例因子应用于同等直接移动传播值，对所有 8 种农场类型的参数进行评估，该参数代表间接移动的频率和疫病传输的概率。这些比例因素源自新西兰的一项农场间移动调查[20]。根据此调查，可以获取相关农场类型的间接与直接接触移动频率的比例。爱尔兰团队成员对这些比例因素进行了回顾，并做了相应的调整以反映爱尔兰牲畜生产系统的相关值。

“当地传播”指的是在没有明确联系而只有邻近地理位置关系[8,19]时，覆盖牲畜单位间短距离内的疫病传播（通常为 5 km 或者更少）。在疫情暴发的情况下，当调查员不能识别任何特定事件如动物、人群、动物产品或污染物等时，就会假设当地传播的发生，并把它们算作疫病的传播。这是一个非特定用语，包含许多概率，且还可能包括短距离依靠空气的传播，有传染性动物间通过栅栏的接触，狗、猫、鸟、啮齿动物或其他野生动物等产生病毒的机械运输，以及邻近区域的互动。1967/1968 年 2 365（91%）个 FMD IP 中的 2 160 个[19]，以及 2001 年英国 FMD 发生的前 4 个月超过 80%的 IP 都属于当地传播的范围。当地传播在这 3 个模型中由放射状传播内核代表，传播到相邻农场的概率也依距离和时间的不同而不同，且与 IP 源受感染状态的发生时间有关。本研究中使用的当地传播概率是基于英国 2001 年 FMD 数据分析[22]。

自 2006 年末为期 4 个月天气观察的 MetOffice（英国国家天气服务）NAME 模型（数值大气扩散模拟环境[11]）被启用后，就已经准备好一份代表疫病靠空气传播可能性的参数集，用作被感染泛亚谱系 FMDV 的单一猪群排毒资料[1]。起初，这些参数不能用于情景 1 至情景 5，但是最后情景 2 至情景 5 反复出现空气传播，这可以使人们看到这些情景里是否存在差别。

1.2 情景

对于情景 1，在研究区域的中心挑选了一个单一农场作为侵入地，使传染病在未控制传播状态下发展或平息。

情景 2 至情景 5 的初始化条件包括同情景 1 一样的原发病例。这些情景的初始条件是在 16 d 的“无声蔓延”后发现一个单一受感染的农场，在这 16 d 期间，共有 41 个农场被感染。情景 2 模拟的标准是欧盟（EU）扑杀政策的执行[6]，包括检测到受感染农场的群体减少，10 km 监测区域内的严格移动限制，以及对通过追踪 IP 内外的移动而识别的所有风险性农场、以及 3 km 保护区内的农场进行全面监测。根据爱尔兰动物卫生当局有关应对能力的建议，资源限制被应用于群体的减少和监测。

情景 3 认为在每个 IP 周围 0.5 km 内执行邻近扑杀标准和政策。这种先发制人的扑杀如 IP 扑杀使用相同的数量减少群体，但是优先级别较低。

情景 4 是在每个被识别的 IP 周围 3 km 施行强制性大面积疫苗接种。首次监测到疫情时决定采取接种疫苗措施，7 d 后，进行病毒类型检测，与疫苗毒株进行对比，从欧洲疫苗库运输疫苗，以及集结疫苗团队。60 个团队，每天能处理五个群，在首次检测后的第 8 d 开始接种疫苗。两天过后，团队数目增加至 80～100。团队工作由各 IP 周围设立的 3 km 辐射区域外向中心及无明显疫情的疫苗牲畜群推进。假设使用高效能疫苗（＞6 PD_{50}，保护剂量或保护 50%攻毒动物的疫苗剂量），免疫力需要 4～6 d 才能在接种疫苗的牲畜群里充分发挥作用。情景 5 类似于情景 4，只是它的“接种疫苗决策”是在首次检测后的 21 d 实施的。

对于每一个情景，传染病从侵入当天就会被模拟，一直持续 60 d（情景 1）或者从被检测到当天一直持续到传染病结束（情景 2 至情景 5），每个模拟都会被重复 40 次以生成预测分布。

1.3 统计分析

对于每个情景和每个模型而言，通过使用 Kruskal - Wallis 测试，在模拟结束时，对 IP 预测数量和流行病持续时间进行对比。通过各情景的 40 个迭代次数预测 IP，对其位置点进行绘制，并在每个 IP 集合周围设置一个最小覆盖区，从而对预测暴发区域的范围进行评估。这些覆盖区的合成区域会通过 Kruskal - Wallis 测试进行对比。

通过使用内核平滑技术，对即将感染经营场所的风险空间分布进行评估。对于各情景中的每个更迭代数，对数相对风险函数-表现为 $\rho(x)$ 对位置 x -计算方法为非案例农场密度的预测案例比例的对数（以 2 为底）。系数被转化为对数范围，以对单个密度进行系统处理。在此应用中，案例是那些在给定更迭代数中预测要感染的经营场所，而非案例指的是那些不被预测感染的经营场所。所有密度预测都用 9.3 km 这一固定平滑参数。通过使用 Kelsall 和 Diggle[13] 描述的方法对这些密度预测的边界偏差进行更正。

为了确定风险函数中“峰值”的统计显著性（其与传染的高风险相对应），人们使用了 Hazelton 和 Davies[10] 描述的固定宽带内核平滑风险函数的渐进法。此方法对给定风险函数的均匀性做了一个零假设（H_0），H_0：$\rho(x)=0$。考虑到检测显著高风险“热点”，我们的备用假设（H_1）为 H_1：$\rho(x)>0$。ρ 值描述的是 H_0 证据的力度，并将黑兹尔顿—戴维斯应用于每个地点 x 的方法进行计算。然后对这些 ρ 值的表面求平均值。

2 结果

表 3（IP 的数量）、表 4（流行病持续时间）与表 5（暴发区域范围）显示了情景 2 至情景 5 预测的描述性统计，同时还显示了 Kruskal - Wallis 测试 p 值与测试统计在预测方面的显著差异，这些预测是针对每个情景由不同模型完成。图 1 显示每个情景中每个模型与最小 IP 数量有关的 IP 预测数量。图 2 显示流行病持续时间的对比。图 3 显示预测暴发区域的对比。

表 3

情景 2 至情景 5 根除策略下 IP 预测数量统计及各情景中各模型预测 IP 数量间的 Kruskal - Wallis 测试 p 值显著差异

情景	描述	模型	平均值（范围）	$K(a)$	p 值
2	标准 EU 控制	澳大利亚	87（62～136）	78.6	<0.01
		北美	226（120～584）		
		新西兰	87（56～139）		
3	EU 控制 0.5 km 邻近扑杀	澳大利亚	85（61～124）	70.2	<0.01
		北美	150（85～300）		

（续）

情景	描述	模型	平均值（范围）	K（a）	p 值
4	EU 控制＋8 d 疫苗接种	澳大利亚	81（57～109）	64.2	＜0.01
		北美	112（80～144）		
		新西兰	78（55～124）		
5	EU 控制＋21 d 疫苗接种	澳大利亚	88（61～125）	71.4	＜0.01
		北美	136（94～198）		
		新西兰	84（56～121）		

表 4

情景 2 至情景 5 根除策略下预测疫病流行持续时间统计及各情景中各模型预测的疫病流行持续时间的 Kruskal－Wallis 测试 p 值显著差异

情景	描述	模型	平均值（范围）	K（a）	p 值
2	标准 EU 控制	澳大利亚	68（45～117）	84.1	＜0.01
		北美	152（69～344）		
		新西兰	44（20～91）		
3	EU 控制 0.5 km 邻近扑杀	澳大利亚	69（44～108）	80.3	＜0.01
		北美	97（58～220）		
		新西兰	35（17～85）		
4	EU 控制＋8 d 疫苗接种	澳大利亚	64（46～113）	61.7	＜0.01
		北美	53（37～85）		
		新西兰	34（15～91）		
5	EU 控制＋21 d 疫苗接种	澳大利亚	70（48～127）	57.0	＜0.01
		北美	56（44～87）		
		新西兰	36（18～175）		

表 5

情景 2 至情景 5 根除策略下预测疫情暴发区域及各情境中各模型预测的疫情暴发区域的 Kruskal－Wallis 测试 p 值显著差异

情景	描述	模型	平均值（范围）	K（a）	p 值
2	标准 EU 控制	澳大利亚	8 548（7 576～13 660）	0.82	0.66
		北美	8 473（7 802～14 510）		
		新西兰	8 657（7 610～17 560）		

（续）

情景	描述	模型	平均值（范围）	K（a）	p 值
3	EU 控制 0.5 km 邻近扑杀	澳大利亚	9 005（7 571～13 980）	0.64	0.72
		北美	8 725（7 744～16 060）		
		新西兰	8 804（7 569～19 550）		
4	EU 控制＋8 d 疫苗接种	澳大利亚	8 361（7 702～13 990）	1.29	0.52
		北美	8 291（7 593～12 420）		
		新西兰	8 679（7 569～14 870）		
5	EU 控制＋21 d 疫苗接种	澳大利亚	8 596（7 576～13 970）	1.88	0.39
		北美	8 875（7 735～15 600）		
		新西兰	8 825（7 569～13 920）		

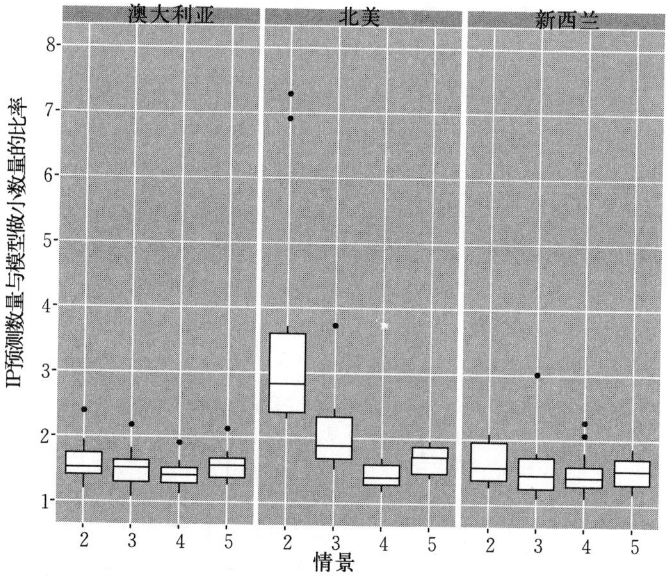

图 1

箱线图显示根除疫病策略下受感染 IP 预测数量占给定模型预测受感染场所最小数量的比例（所有情景）

箱图显示的四分位差，中线代表均值。线图显示的是里面的数据点

从第一象限减去 1.5 倍的四分位差或加在第三象限。这些数值外的异常值已用黑点标注

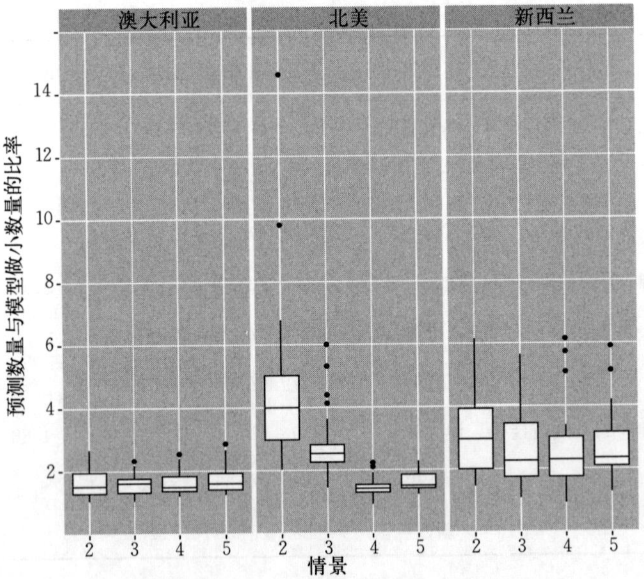

图 2

箱线图显示根除疫病策略下预测疫病流行持续时间占各模型的疫病流行最低持续时间的比例（所有情景）

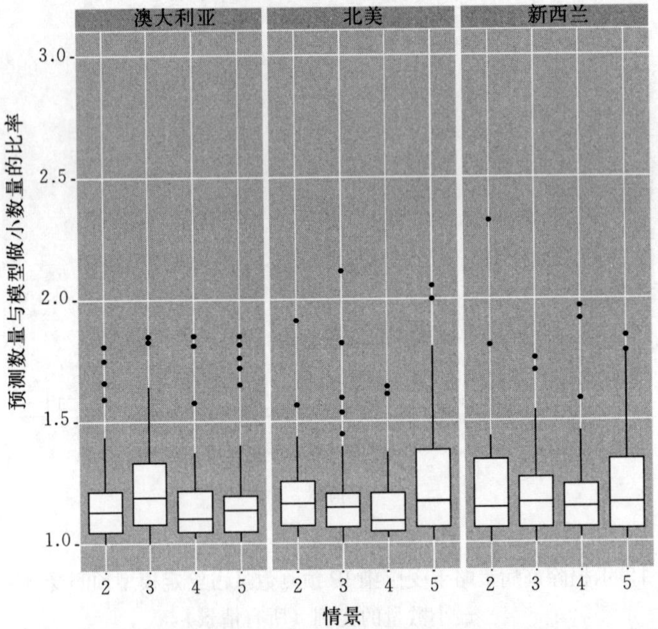

图 3

箱线图显示根除疫病策略下预测疫情暴发区域占各模型的最小疫情暴发区域的比例（所有情景）

重复空气传播的情景2至情景5，结果截然不同，因此并未呈现这些结果。

每个情景的细节变动都会带来相关结果的生物学变动。在为期16 d无声蔓延后采取的标准EU控制（情景2）导致传染病规模从56个IP发展到584个（表3，图1）。欧盟采取了扑杀0.5 km内邻近场所牲畜的方法来扩大它的控制措施，从而使平均传染范围缩小到87、226和87个IP，它们分别代表了澳大利亚、北美及新西兰模型。疫情被检测后的第8 d开始执行疫苗接种将澳大利亚、北美和新西兰的IP预测数量的平均值分别降低至81、112和78。检测后第21 d启动了疫苗接种，虽然并没有产生太多显著影响，但是它将澳大利亚、北美和新西兰模型的IP预测数量分别减至88、136和84。调查的3个备用策略中（情景3至情景5），早期疫苗接种会极大地减少与标准EU控制相关的IP预测数量。

Kruskal-Wallis测试结果显示4个控制情景中，各自模型中的IP预测数量均不同，且这些不同不可能是偶然的。当对比澳大利亚和新西兰模型时，北美的模型一直预测的是较大规模的疫病流行（表3，图1）。此外，就经过测试介入的预测影响（邻近扑杀，早晚期疫苗接种）而言，北美模型的预测影响比澳大利亚和新西兰模型的要大。就邻近扑杀而言（情景3），北美模型预测的是与标准EU控制预测数量相关的平均IP预测数量会降低33%，而澳大利亚和新西兰分别预测的是平均数量减少2%和8%。就早期疫苗接种而言，北美模型预测IP平均数量减少50%，而澳大利亚和新西兰模型预测的分别为7%和10%。根据各情景40的迭代次数，相关模型内情景间IP数量的减少对于澳大利亚和北美模型而言很显著（$p<0.05$，Kruskal-Wallis测试），但是对于新西兰模型而言却并非如此。然而，当每个情景都是100迭代次数时，新西兰模型是显著的。

对于情景2（标准EU控制），预测流行病会在首次检测后持续20～344 d，澳大利亚、北美和新西兰模型的平均流行病持续时间分别为68 d、152 d和44 d（表4，图2）。邻近扑杀的使用（情景3）导致检测后澳大利亚、北美和新西兰模型的疫病流行平均持续时间分别为69、97和35 d。早期疫苗接种（情景4）产生的流行平均持续时间的缩短更显著，澳大利亚、北美和新西兰分别持续了64、53和34 d。延迟疫苗接种（情景5）产生的澳大利亚、北美和新西兰的流行平均持续时间分别为70、56和36 d。Kruskal-Wallis测试表明每个模型预测的流行持续时间存在显著差异（表4）。

就各情景的预测暴发区域而言，这三种模型并没有显著区别（表5，图

3）。对于情景 2（标准 EU 控制），预测平均暴发区域范围为 8 473 km^2 至 8 657 km^2。每个经测试的介入方法对暴发区域预测的影响都没有对 IP 数量预测的影响那么明显或一致。与标准 EU 控制相比，邻近扑杀（情景 3）会使预测暴发区域的平均范围有略微的增加（8 725 km^2 至 9 005 km^2）。后期疫苗接种（情景 5）会使预测暴发区域的平均范围落在 8 596 km^2 与 8 875 km^2 之间。图 4 是等高线图，描绘的是农场风险区域，预测它偶尔会超出期待（$p<0.05$）。各模型为情景 3、情景 4 和情景 5 预测的高风险区域的位置是相似的。情景 3 和情景 5 中的两个模型（分别为图 4b 和 4d）以及情景 4 中的 3 个模型（图 4c）均预测出了一个较小的高风险感染区集中在首个 IP 的西北部。情景 2 中的澳大利亚模型预测的高风险区域比北美和新西兰模型预测的要大（图 4a）。

3 讨论

创建和配置传染病传播模型的前提包括对目标有一个清晰的界定。理想中，该项工作包括多领域团队成员，如兽医、建模者、经济学家、统计员、计算机程序员及政策顾问。以下内容的细化需要基线数据：①相关国家或地区的农场和市场位置；②对牲畜、动物产品和其他潜在风险传播者农场间移动形式有一定了解（这个或许要求动物追踪数据库和实地研究）；③基于文献、之前疫情分析、专家启发、实验研究及计算机化传染病管理系统有关建模疫病的流行病学知识。这些知识可用于真实疫情暴发期间相关系数的实时调取。

最后，一旦开发了一个模型，就需要一个有效性验证过程。本研究记录了解决这一需求的 3 个独立建模组的成果。

此系列的第一份文件展示的是澳大利亚、北美和新西兰模型使用假设数据集和一系列简单情景的相关有效性实践的结果。在本文的研究中，已延伸了相关有效性程序，且使用了实际群体数据和真实暴发情景。这些研究结果代表的是增强终端用户对传染性疫病模型预测信心的备选步骤。

类似于使用假设数据的有效性实践[5]，本研究描述的了五个情景开发参数过程，这为各建模团队提供了契机，以此来对模型核心函数的运行方式进行深入调查。在程序推进过程中会遇到很多挑战。首要挑战就是在爱尔兰共和国农场和动物移动源数据中的企业类型集方面达成一致（表 1）。在没有标准农场类型分类的情况下，按照各牲畜类型所在经营场所中的牲畜数量、以及按照不同牲畜类型卖出或买入经营场所的相对频率进行分类。这些界定很重要，因为它们可以帮助模型整合空间数据中范围相对细化的异类数据，并利用不同农场

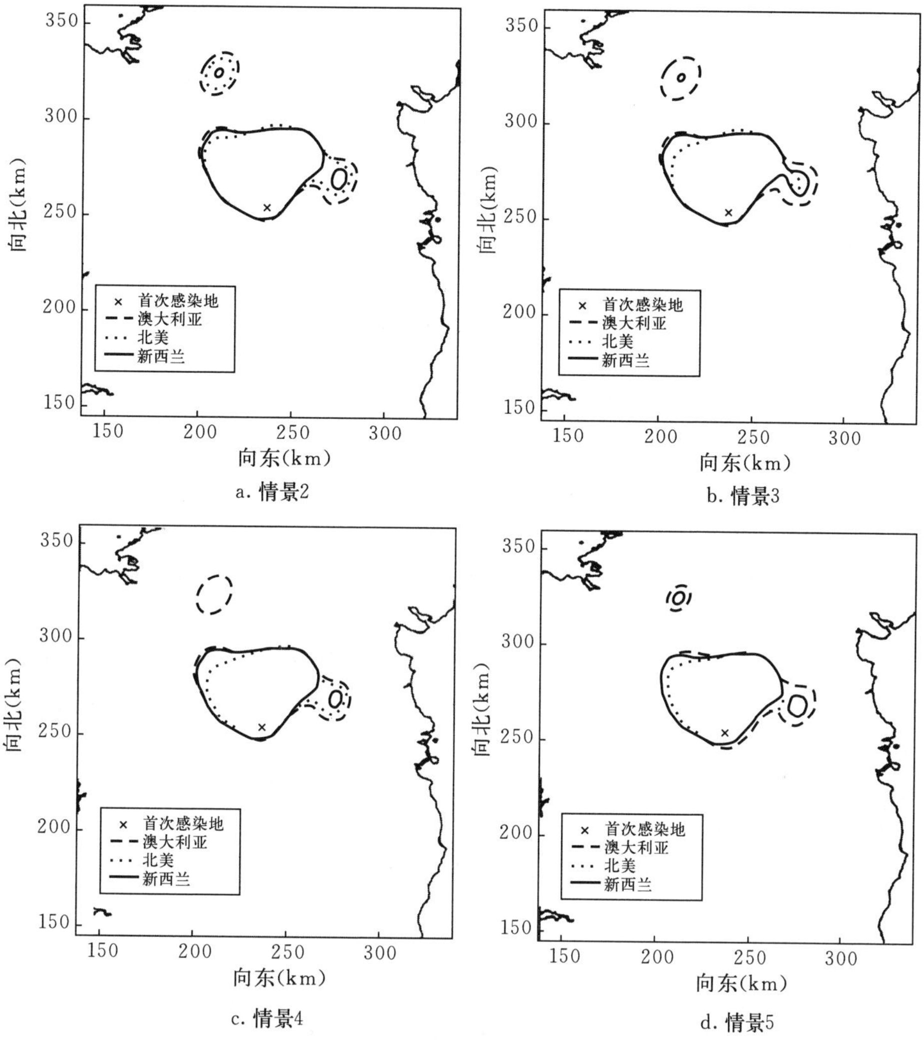

图 4

等高线图，描绘的是一个 IP 风险区域，正如澳大利亚、北美和新西兰模型预测的那样，将在模拟第 60 d 时有机会超出预期（$p<0.05$）

类型的特定接触率。后者源自动物移动数据库，一旦大家对这些界定达成一致。第二组挑战就是每个控制措施的实施细节，有赖于对疫病流行病学的全面了解。例如，对于疫苗接种模型，真实基于时间的参数必须对以下事项作出界定：①需要距离控制程序多久制定疫苗接种决策；②获取疫苗及集结疫苗团队需要多久；③鉴于可用资源，每天可以为多少牲畜群接种疫苗；④需要多久免疫力才能在牲畜群中发挥作用（如：各牲畜群中 FMD 易感染度的渐进降低率)；⑤疫苗产生的免疫力可持续多久。

考虑到模型都是随机系统，许多参数必须使用参数频率分布进行细化。有关 FMD 流行病学的文献及专家意见，特别是来自爱尔兰团队的成员，使得真实资源需求得到模拟。

各情景中 3 个模型预测的 IP 数量、疫病流行持续时间及 IP 的空间分布在统计层面都有显著不同（各情景内的模型间）。总体而言，澳大利亚和新西兰模型得出类似规模的流行病，而北美模型倾向于得出较大规模的流行病。当模型首次被开发时，IP 数量上的差异可以通过变成决策来解释。例如，在澳大利亚和新西兰的模型中，受感染但是未被检测出（因此未被检疫）农场仍可以送牲畜到已检测的 IP，尽管它们对接受农场的疫病状况并无影响。相比之下，北美模型通常选择非检测农场来接受移动，使未被传染农场疫病传播的可能性增加，从而引发较大的疫情（表 3，图 1）。此外，当为模型间的不同移动事件挑选目的地农场时，会采用潜在的空间搜索路线，毫无疑问，这会导致预测疫情暴发区域方面（表 5，图 3）及高风险区域位置方面的差异（图 4）。还可能产生被模拟流行病空间幅度方面的差异，因为各源农场挑选直接和间接接触农场的过程涉及每个情景概率分布所随机生成的方向和距离。

模拟有或没有空气传播的情景 2 至情景 5 对 IP 数量或流行病持续时间并没有太大差异。通过对这些情景中农场进行详细调查，结果显示受感染养猪场很少，因此，空气传播发挥作用的机会较小。此外众所周知，相比 1967/1968 年英国 FMD 而言，我们的传播参数集所代表的泛亚谱系 FMDV 排出量少而且对牲畜的传染性较小[1,21]。

尽管各情景中不同模型生成的 IP 绝对数量有显著不同，应用不同控制战略导致相关模型内部和情景之间的差异仍具有一致性（图 1 至图 3），但是并不是所有的影响都显著。新西兰结果缺乏显著性可能是由于疫病流行的规模仅是中等程度。情景 2 至情景 5 的初始条件相同，都有 41 个 IP。因此，仅有相对中等数量的新 IP 生成，来为不同的控制策略提供不同的统计结果。然而，关于不同控制策略观点的相对优势，决策者接收到的建议在各模型间都是相似的。例如，与经 EU 批准的标准扑杀政策（情景 2）相比时早期大面积接种疫苗（情景 4）导致三个模型 IP 数量下降得最多。这一发现给人们带来巨大的鼓舞，并且与一个观点一致，那就是此类型的疫病模型无法准确预测（或按照预期预测）疫病流行的规模，但是对显示流行病和无病情景下，不同疫情缓解策略的相关影响还是有一定作用的。

这些模型的其他潜在作用包括：①探索某疫病多快会入侵之前未被感染的国家或地区；②对比和评估早期疫病检测的不同监测策略；③经济信息研究，如根除程序的收益—成本分析；④评估应对策略的资源需求；⑤对疫病流行病学产生新见解，包括指出进一步研究的领域。

致谢

本项目中 M. A. Stevenson 和 R. L. Sanson 的工作受命于新西兰农林部生物安全合约 07－10675。

参考文献

[1] Alexandersen S. & Donaldson A. I. (2002). －Further studies to quantify the dose of natural aerosols of foot－and－mouth disease virus for pigs. *Epidemiol. Infect.*，128，313－323.

[2] Beckett S. & Garner M. G. (2007). －Simulating disease spread within a geographic information system environment. *Vet. ital.*，43，595－604.

[3] Burrell A. (2002). －Outbreak control and prevention of animal diseases：economic aspects and policy issues. AGR/CA/APM (2002) 19. Working Party on Agricultural Policies and Markets，Directorate for Food，Agriculture and Fisheries，Committee for Agriculture，Organisation for Economic Co－operation and Development (OECD)，Paris.

[4] Davies T.，Hazelton M. L. & Marshall J. C. (2011). －Sparr：Analyzing spatial relative risk using fixed and adaptive kernel density estimation. *J. stat. Software*，39，1－14.

[5] Dubé C.，Stevenson M. A.，Garner M. G.，Sanson R. L.，Corso B. A.，Harvey N.，Griffin J.，Wilesmith J. W. & Estrada C. (2007). －A comparison of predictions made by three simulation models of foot－and－mouth disease. *N. Z. vet. J.*，55 (6)，280－288.

[6] European Union (2003). －Council Directive 2003/85/EC on Community measures for the control of foot－and－mouth disease repealing Directive 85/511/EEC and Decisions 89/531/EEC and 96/665/EEC and amending Directive 92/46/EEC. Article 21 & 45. *Off. J. Eur. Union*，L306，1.

[7] Garner M. G. & Beckett S. (2005). －Modelling the spread of foot－and－mouth disease in Australia. *Aust. vet. J.*，83，30－38.

[8] Gibbens J. C.，Wilesmith J. W.，Sharpe C. E.，Mansley L. M.，Michalopoulou E.，Ryan J. B. M. & Hudson M. (2001). －Descriptive epidemiology of the 2001 foot－and－mouth disease epidemic in Great Britain：the first five months. *Vet. Rec.*，149，729－743.

[9] Harvey N.，Reeves A.，Schoenbaum M. A.，Zagmutt－Vergara F. J.，Dubé C.，Hill A. E.，Corso B. A.，McNab B.，Cartwright C. I. & Salman M. D. (2007). －The North American Animal Disease Spread Model：a simulation model to assist decision making in evaluating animal disease incursions. *Prev. vet. Med.*，82，176－197.

[10] Hazelton M. L. & Davies T. M. (2009). －Inference based on kernel estimates of the

relative risk function in geographical epidemiology. *Biometr. J.*, 51, 98 - 109.
[11] Jones A., Thomson D., Hort M. & Devenish B. (2007). - The UK Met Office's next - generation atmospheric dispersion model, NAME III. Air Pollution Modeling and its Application XVII. Springer, New York, 580 - 589.
[12] Kao R. R., Danon L., Green D. M. & Kiss I. Z. (2006). - Demographic structure and pathogen dynamics on the network of livestock movements in Great Britain. *Proc. Roy. Soc. Lond.*, *B*, *biol. Sci.*, 273, 1999 - 2007.
[13] Kelsall J. & Diggle P. (1995). - Kernel estimation of relative risk. *Bernoulli*, 1, 3 - 16.
[14] Law A. M. & Kelton W. D. (2006). - Simulation modelling and analysis. McGraw - Hill Publishing, New York, 800 pp.
[15] Mangen M. - J., Burrell A. & Mourits M. (2004). - Epidemiological and economic modelling of classical swine fever: application to the 1997/1998 Dutch epidemic. *Agric. Syst.*, 81, 37 - 54.
[16] R Development Core Team (2009). - R: a language and environment for statistical computing. R Foundation for Statistical Computing, Vienna, Austria. ISBN 3 - 900051 - 07 -0. Available at: www. R - project. org (accessed on 14 September 2009).
[17] Risk Solutions (2005). - Cost benefit analysis of foot and mouth disease controls. A report for the Department for Environment, Food and Rural Affairs (DEFRA), May 2005, 109 pp. Available at: www. defra. gov. uk/foodfarm/farmanimal/diseases/atoz/fmd/documents/costben. pdf (accessed on 6 January 2011).
[18] Sanson R. L. (1993). - The development of a decision support system for an animal disease emergency. PhD thesis, Massey University, Palmerston North, New Zealand, 264 pp.
[19] Sanson R. L. (1994). - The epidemiology of foot - and - mouth disease: implications for New Zealand. *N. Z. vet. J.*, 42, 41 -53.
[20] Sanson R. L. (2005). - A survey to investigate movements off sheep and cattle farms in New Zealand, with reference to the potential transmission of foot - and - mouth disease. *N. Z. vet. J.*, 53 (4), 223 - 233.
[21] Sanson R. L., Morris R. S., Wilesmith J. W. & Mackay D. K. J. (2000). - A re - analysis of the start of the United Kingdom 1967 - 1968 foot - and - mouth disease epidemic to calculate transmission probabilities. *In* Proc. 9th Symposium of the International Society for Veterinary Epidemiology and Economics, 6 - 11 August 2000, Breckenridge, Colorado.
[22] Sanson R. L., Stevenson M. A. & Moles - Benfell N. (2006). - Quantifying local spread probabilities for foot - and - mouth disease. *In* Proc. 11th International Symposium on Veterinary Epidemiology and Economics, 6 - 11 August 2006, Cairns, Australia, 681 pp.
[23] Sargent R. G. (2005). - Verification and validation of simulation models. *In* Proc. 37th

Winter Simulation Conference (M. E. Kuhl, N. M. Steiger, F. B. Armstrong & J. A. Joines, eds), 4 - 7 December, Orlando, Florida, 130 - 143.

[24] Schlesinger S., Crosbie R., Gagne R., Innis G., Lalwani C., Loch J., Sylvester R., Wright R., Kheir N. &Bartos D. (1979). - Terminology for model credibility. *Simulation*, 32, 103 - 104.

[25] Schoenbaum M. & Disney W. (2003). - Modelling alternative mitigation strategies for a hypothetical outbreak of foot - and - mouth disease in the United States. *Prev. vet. Med.*, 58, 25 - 52.

[26] Stevenson M. A., Morris R. S., Wilesmith J. W. & Stern M. W. (2003). - Predicting when and where foot - and - mouth disease will occur - how well did InterSpread perform in 2001? *In* Proc. 10th Symposium of the International Society forVeterinary Epidemiology and Economics, 17 - 21 November 2003, Viña Del Mar, Chile, 343 pp. Available at: www. sciquest. org. nz (accessed on 20 October 2007).

[27] Taylor N. (2003). - Review of the use of models in informing disease control policy development and adjustment. Department for Environment, Food and Rural Affairs, London. Available at: www. defra. gov. uk/science/documents/publications/2003/UseofModelsinDiseaseControlPolicy. pdf (accessed on 20 October 2007).

[28] Thompson D., Muriel P., Russell D., Osborne P., Bromley A., Rowland M., Creigh - Tyte S. & Brown C. (2002). - Economic costs of the foot and mouth disease outbreak in the United Kingdom in 2001. *In* Foot and mouth disease: facing the new dilemmas (G. R. Thomson, ed.). *Rev. sci. tech. Off. int. Epiz.*, 21 (3), 675 - 687.

5

流行病学模型应用

模型作为风险评估过程的一部分在后果预估中的作用

K. Forde-Folle，D. Mitchell & C. Zepeda①

摘要： 疫病的风险程度表现在疫病入侵、传播或通过进口牲畜及动物食品而诱发一种或几种疫病等几个方面。进口国家会通过风险分析对疫病的风险程度进行评估。风险分析的因素包括危险识别、风险评估、风险管理以及风险交流。风险评估开始于危险识别，接着是 4 个相关步骤：发布评估、暴露评估、后果评估和风险预估。风险评估既可以是定性的也可以是定量的。然而，本文通过整合流行病学及经济学模型，描述了如何量化暴露出的潜在负面生物学及经济学影响。

关键词： 生物学影响　后果评估　经济学影响　模型　量化的风险评估

0　引言

国际动物卫生部门的决策者要求对动物及其产品的进口风险进行客观、重复以及有文件的评估，以此来制定出可靠的决策和管理风险措施[3]。在本文中，作者概括了风险评估形成的关键步骤，并着重强调后果评估。此外，作者还描述了模型可以在量化疫病暴露的生物学和经济学影响中发挥作用，并为开发和应用模型提供一些指导标准。

“风险”“风险分析”和“风险评估”这几个术语经常被交替使用。本文以下情况会用到这些词组[3]：

（1）风险可以理解为负面事件发生的概率以及相应影响的大小。

（2）风险分析指一个系统性程序，包括 4 个部分：对已识别危险的描述；风险的定量或定性评估；用于避免或减小风险的集成策略，以及用于向利益相关方通知风险的资源和工具。

（3）风险评估是风险分析的一个组成部分，它包括对风险的识别、评价和预测，特点是 4 个相关步骤：发布评估、暴露评估、后果评估与风险预估。

---

①　美国农业部动植物卫生检验署兽医服务部门，流行病学与动物卫生中心，美国柯林斯堡。

1 风险评估的组成部分

在本文所描述的动物进口风险分析中，风险评估指的是患病动物混群、暴露于幼小动物群体之后，对产生负面影响概率的系统性评估。这一科学性过程始于对危险的识别，之后是 4 个相关步骤：发布评估、暴露评估、后果评估和风险预估[3]。

危险识别包括识别病原体。如果该病原体传入某一地区，就可能会带来负面影响。

发布评估是对潜在的风险传入途径进行识别和描述，并对疫情发生的概率进行预测。这些风险传播途径会导致病原体侵入某一地区或国家。

暴露评估描述的是进口国家中易受感染的动物和人类暴露于相关病原体所需的生物途径和条件，并对这些事件发生的可能性进行预测。这一预测既可以是定性的也可以是定量的。

后果评估会识别潜在的结果，并且对疫病暴露相关的负面生物学和经济学影响进行描述。之后会对这一影响发生的概率进行预测（定量或定性）。

风险预估包括对发布评估的结果、暴露评估及后果评估进行整合，以此来产生一套全面且与初期识别危险相关的风险应对措施。因此，风险预估需考虑从危险识别到发生意想不到事件的全部风险途径。

2 流行病学和经济学模型在预测疫病侵入后的影响与作用

世界贸易组织（WTO）《卫生与植物卫生措施协议》（《SPS 协议》）中提到“各成员需要考虑以下相关经济因素：害虫或疫病入侵、传播时造成了哪些生产或销售损失方面潜在危害；进口成员对此进行控制和根除的成本；限制风险的备用方法的相对成本费用”[4]。为了满足 WTO《SPS 协议》的相关规定，风险分析员可以通过使用流行病学建模与经济建模或建模技术相结合，采用跨领域方法对疫情暴发情景的多样性进行评估。这样对于疫情传出国家的疫情确认或传播所带来的直接与间接影响，成员就可以进行描述和量化。疫病侵入和传播的“直接”影响事例包括受感染动物的数量，生产损失以及动物健康和环境影响。“间接”影响与动物进口风险分析有关，一般包括经济影响但不局限于此，如控制和根除成本，补偿、监测和监管成本，加强生物安全成本，消费者与生产者福利变化，消费者负面反应，相关产业影响以及贸易损失影响（插文 1）。

插文 1

一项研究的摘要。该研究描述将流行病学及经济学模型整合以预测高致病性禽流感入侵美国北卡罗来纳州后的影响。

该研究的作者是斯通，题目为“高致病性禽流感暴发对经济的影响和对市场的潜在破坏”[2]，模拟预测美国北卡罗来纳州一个养殖场中暴发高致病性禽流感 H5N1 后对经济的影响，通过用来自北美动物疫病传播模型的结果使部分平衡的经济模型受到冲击。这种冲击被引入该模型并且以生产、贸易和需求作为变量因素。在此种情况下，疫病会给这些变量带来负面影响。此外，该研究还引入了一项有关贸易市场恢复的分析。

这些结果显示，国外市场的损失或者至少是生产损失会给生产商带来负面影响，但是消费者可以从国内市场过剩的产品中获得部分利益。消费者对疫情暴发的负面反应对生产者和消费者都造成了负面影响，但是这些影响是短期的，因此会缓冲对经济的影响。由于美国其他地区仍保持原有的贸易状态，所以北卡罗来纳州的区域化贸易减少了疫情暴发对经济的影响。所以，区域化贸易可被视为一项有效地减轻经济损失的策略。

参考文献

Beach R. H.，Kuchler F.，Leibtag E. & Zhen C.（2008）. – The effects of avian influenza news on consumer purchasing behavior：a case study of Italian consumers’ retail purchases. Economic Research Report Number 65. Economic Research Service，Washington，DC.

Harvey N.，Reeves A.，Schoenbaum M. A.，Zagmutt – Vergara F. J.，Dubé C.，Hill A. E.，Corso B. A.，McNab W. B.，Cartwright C. I. & Salman M. D.（2007）. – The North American Animal Disease Spread Model：a simulation model to assist decision making in evaluating animal disease incursions. *Prev. vet. Med.*，82，176 – 197.

Paarlberg P. L.，Seitzinger A. H. & Lee J. G.（2007）. – Economic impacts of regionalization of a highly pathogenic avian influenza outbreak in the United States. *J. agric. appl. Econ.*，39（2），325 – 333.

United States Department of Agriculture，Animal and Plant Health Inspection Service（2007）. – News Release No. 0296. 06：avian influenza low pathogenic H5N1 vs highly pathogenic H5N1. Latest update 23 July，2007. Available at www. usda. gov.

模型可以通过用程序语言编写代码来建立，并用模拟建模语言进行状态描述或使用不同类型的软件在电子表格中创建公式。根据模型试图解决的问题，它们既可以是简单的，也可以是复杂的，既可以是确定的，也可以是随机的。

举个例子，如北美动物疫病传播模型（NAADSM）。该模型属于流行病学模型，风险分析家可用它来预测疫病发生后的影响，从而作为风险评估程序中的一部分。这是一个随机、空间性、状态转换的模型，主要用来模拟易感染动物群体中高传染性疫病的传播和控制[1]。用户可以在模型中设定一些疫病传播进程中的相关参数；疫病通过直接接触、间接接触以及空气媒介进行传播；控制措施包括移动限制、减少大规模动物群体及疫苗接种。之后人们还需考虑实施减少大规模养殖群体及疫苗接种程序，可用资源以及与所实施的控制策略相关的直接成本的预算。该模型记录了一些细节性、总结性的数据，可用于模拟分析疫情暴发过程中的一些情况。这些地理方位信息可用于绘制地图，该地图可用作一种视觉工具，帮助人们理解模拟疫情的分布特点。

表 1　高致病性禽流感 H5N1 入侵北卡罗来纳州后，对美国生产者和消费者的经济影响[2]

通过使用北美动物疫病传播模型获取的结果显示，北卡罗来纳州的家禽贸易区域化可能会是一项减轻疫情的有效策略，美国其余地区与该地区仍保持一定的其他贸易。消费者对疫情的负面消极反应可能会对生产者和消费者都造成负面经济影响；但是，这些影响都会是短期、温和的经济影响。以下结果显示的是一年的影响。

	无贸易区域化	贸易区域化
生产者影响	−9%	−5%
消费者影响	−2%	−3%

注：利用监测证明该区域存在疫情且其他区域没有疫情。

通过国际间持续的合作对 NAADSM 进行开发。这些合作包括来自美国和加拿大的研究人员以及来自相关领域的国际专家们的支持与参与。NAADSM 应用可以在 www.naadsm.org 网站上免费获取。

表 1 提供了一个例子显示，NAADSM 预测高致病性禽流感 H5N1 入侵后对美国商业与家禽养殖业造成的后果。表 1 显示的是此次疫病入侵的经济影响[2]。

3　开发和使用模型进行后果评估的原则

当使用模型开展后果评估（风险评估的组成部分）时，需遵循以下原则：

（1）所设计开发的模型需符合最初的设计目标或目的。

（2）模型要透明，相关记录要全面，且对其假设、局限性和简化性要有全面的描述；

（3）需要对模型进行评估：评估手段包括同行评审、验证（对模型进行测试，确保按照它的特殊规范运行）以及有效性验证（将现场数据与模型输出数据进行对比）。

模型的输入，例如相关的群体和其他相关因素，应该建立在最佳信息基础上，并辅助以科学文献及其他参考资料，包括专家意见。应该记录所有的不确定性、假设及其对评估的影响。

4 结论

风险分析是为了通过回答以下问题为决策者提供风险评估[3]：

（1）什么样的不良事件会导致负面影响？

（2）影响是什么，有多严重？

（3）这些影响发生的可能性有多大？

（4）如何减小这些影响？

模型可能会成为风险评估中解决因素的一部分而发挥一定作用。采用流行病学和经济学模型等跨领域多学科措施可用于评估和量化负面事件暴露后的潜在生物学与经济学影响。

致谢

本文作者非常感谢 Steve Weber 极具价值的评论及建议。

参考文献

[1] Harvey N.，Reeves A.，Schoenbaum M. A.，Zagmutt - Vergara F. J.，Dubé C.，Hill A. E.，Corso B. A.，McNab B.，Cartwright C. I. & Salman M. D. （2007）. - The North American Animal Disease Spread Model（NAADSM）：a simulation model to assist decision making in evaluating animal disease incursions. *Prev. vet. Med.*，82，176 - 197.

[2] Stone K.，Johnson K.，Mitchell D. & Hillberg - Seitzinger A. （2009）. - Economic impacts of an outbreak of highly pathogenic avian influenza and potential market disruptions. *In* Abstracts of invited and selected papers and organized symposia. Western Agricultural Economics Association Annual Meeting，14 - 26 June，Kauai，Hawaii. *J. agric. resour. Econ.*，34（3），545.

[3] World Organisation for Animal Health（OIE） （2010）. - Chapter 2. 1. Import risk analysis. *In* Terrestrial Animal Health Code，19th Ed. OIE，Paris. Available at：www. oie. int/international - standard - setting/terrestrial - code/access - online/（accessed on 31 January 2011）.

[4] World Trade Organization (WTO) (1995). - The WTO Agreement on the Application of Sanitary and Phytosanitary Measures (SPS Agreement). WTO, Geneva. Available at: www. wto. org/english/tratop _ e/sps _ e/spsagr _ e. htm (accessed on 14 September 2010).

疫病传播建模术语词汇表

K. Patyk①，C. Caraguel②，
C. Kristensen① & K. Forde-Folle①

摘要： 在过去十年里，有关动物卫生领域建模工作在规模和多样性上都有了显著增长。同样，在动物卫生政策研究方面，建模的使用率也越来越高。对建模的逐渐依赖，使人们意识到需要加强政策决策者（负责提出政策或科学问题、委任建模工作并在政策研究中使用模型输出结果的人员）、中介机构（负责与建模师合作并将模型结果告知政策决策者）与建模人员三者之间的理解和联系。创建一个有关疫病传播建模术语词汇表，有助于在所有参与者之间实现清晰的沟通与合作。

关键词： 字典　疫病传播模型　术语表　词汇表　建模术语　术语学

A

Actual epidemic curve

实际流行曲线

绘制单位时间内新发病例的“真实”或“实际”数量。亦可参见表观流行曲线；流行曲线[5]。

Adequate contact

适度接触

如果一个个体具有传染性，同时另一个体具有易感性，那么它们之间的接触将导致疫病的传播，这种接触被称为适度接触[9]。亦可参见有效接触。

Airborne transmission

空气传播

由部分或全部可以被吸入肺泡的微生物组成的微生物气溶胶的传播方式[6]。此类型传播包括通过滴核和灰尘进行传播[6]。亦可参见直接传播；间接

① 美国农业部，动植物卫生检验署兽医服务部，动物卫生与流行病学中心。

② 加拿大食品检验局，位于爱德华王子岛大学亚特兰大兽医学院兽医流行病研究中心。

传播；传播。

Apparent epidemic curve

表观流行曲线

绘制单位时间内新近“检测到”的病例数的图[5]。如果检测方法并不完美，“检测到”的病例数会比“实际”病例数少。亦可参见实际流行曲线；流行曲线。

Assumption

假设

模型中使用、被认为是真实的，未知或未确定特性的信息被称为假设。模型通常是建立在假设之上，假设可以帮助简化要建模的系统。有人建议，所有假设应该有明确阐述且不断被重新评估，而且还应该对那些可能影响模型结果的“隐藏性假设”进行描述。如果所使用的假设是不正确的，那么模型的输出就会受到质疑[9]。

AusSpread

澳大利亚疫病传播模型

澳大利亚农林和渔业部开发的随机、空间、州际转移性疫病传播模型，用于澳大利亚防控外来疫病[3]。

B

Backward trace（Syn. Trace back，Trace－in）

反向追踪（同义词追溯、内向追踪）

出于对潜在传染源[13]的识别，对检测到、已感染养殖场的动物、人员、车辆或设备（如直接或间接接触）的移动情况进行追踪和识别。亦可参见正向追踪；追踪。

Basic reproductive number（Ro）

基本再生数（Ro）

因一个具有传染性个体进入另一个完全易感群体而产生第二代病例的数量[8]。亦可参见再生数。

Beta distribution

Beta 分布

用于描述一个概率或比例的不确定性或变异性的概率密度函数。该分布由两项参数确定：alpha（α）和 beta（β）函数[15]。亦可参见概率密度函数。

BetaPERT distribution

BetaPERT 分布

来自 Beta 分布的概率密度函数，用于描述任何连续参数预测的不确定性或变异性。该分布由三项参数确定：最小值、最大值和最可能值（或众数）。人们常常会咨询论题专家的意见以对分布参数进行评估。与三角分布相比，BetaPERT 分布给予极值的权重较少[15]。亦可参见概率密度函数。

C

Clinically infectious

临床感染

一种疫病状态，其特点是出现临床症状，且排出病原体[5]。

Cluster

集群

位于同一个空间或时间集合或群组中的个体或观察结果被称为一个集群。同一集群里的个体或观察结果会比其他集群里的相似度要高[10]。

Conceptual validity

概念有效性

参见表面有效性。

Control measures

控制措施

为了阻止群体中疫情的蔓延、降低其发生频率或消除疫情而采取的一系列举措和行动。控制措施可以限制疫病在易感群与已感染畜禽间的传播概率，或通过隔离（如移动限制和检疫），或通过减少病原体的产生（如治疗、扑杀），或通过增强易感畜禽群的抵抗力（如接种疫苗）[10,13]。

D

Deterministic models

确定性模型

一种数学模型，其模型输入参数为点估计值。此类模型不包括随机变异性和不确定性[13]。亦可参见随机模型。

Direct contact

直接接触

单位（经营场所、圈舍、围栏）内或从一个单位到另一个单位的动物移动[5]。亦可参见适度接触；有效接触；间接接触。

Direct transmission

直接传播

病原体通过直接接触或亲密接触进行的转移[14]。亦可参见空气传播；间接传播；传播。

Disease spread models

疫病传播模型

该类模型包含模拟群体内疫病传播的流行病学原理。当实验观察或现场观察受到限制或不可行时，流行病学建模可以为模拟疫病传播提供一个有用的途径。疫病传播模型的例子包括：AusSpread、InterSpread Plus 和 NAADSM。

Disease state

疫病状态

按照某一传染病进程而经历的一系列有序的阶段。不同疫病状态的识别以及各状态间的转换是状态转换模型建立的基础。疫病状态包括：潜伏感染、亚临床感染、临床感染以及自然免疫。

Distribution

分布

概述所有可能值中每一个值或是值域的频率[6]。

Distribution fitting

分布拟合

一个筛选理论分布的过程，该分布能对样品数据集内的经验数据进行最好的描述[15]。

E

Effective contact

有效接触

感染个体与易感个体间能导致疫病传播的接触[9]。亦可参见适度接触。

Empirical distribution

经验分布

概述样品数据集中，每一个观测值或是观测值范围的频率。数据点会被直接用于解释经验分布。当可用数据不能满足理论概率密度函数时，可用经验分布建模。亦可参见概率密度函数；理论分布。

Epidemic

流行

在某一个群体或地区内发生超出正常期望值的疫病[4]。

Epidemic curve

流行曲线

呈现单位时间内新发病例数的图[13]。亦可参见实际流行曲线；表观流行曲线。

Expert opinion

专家意见

通过向具有当前相关主题知识的人员进行咨询，从而收集到的信息。该信息会被作为疫病传播模型中参数的输入值。专家意见是建立在个人经验、观点及假设基础之上的。当需要某些数据，但通过其他途经无法获得时，专家意见就是一个重要的信息来源[12]。

F

Face validity（Syn. Conceptual validity）

表面有效性（同义词：概念有效性）

一个过程，用于确定模型是否将真实系统中的相互关系充分呈现，以及模型结果是否体现出生物学层面的合理性[11,7]。亦可参见有效性。

Forward trace（Syn. Trace forward，Trace－out）

正向追踪（同义词：前向追踪；外向追踪）

为了对感染潜在传播范围进行识别，对检测到的、已感染养殖场及其他养殖场的动物、人员、车辆或设备（如直接和/或间接接触）的移动情况进行追踪和识别[13]。亦可参见反向追踪；追踪。

I

Immune（Syn. Recovered）

免疫（同义词：痊愈的）

一种疫病状态，其特点是不再出现临床症状及不再排出病原体。亦可参见自然免疫；疫苗免疫。

Incidence

发病率

在给定时间段内，一个群体中的新发病例数[4]。

Incubation period

潜伏期

疫病的早期阶段，其特点是畜/禽群中存在病原体，但尚未表现出临床症状。此阶段开始于首次暴露于病原体，结束于最初临床症状的出现。潜伏期中的畜/禽可能具有感染性，也可能没有[6]。亦可参见潜伏状态。

Indirect contact

间接接触

人、车辆、设备等从一个饲养动物的养殖场到另一个饲养动物的养殖场之间的移动[5]。亦可参见适度接触；直接接触；有效接触。

Indirect transmission

间接传播

病原体经人、车辆、设备等的移动传播[14]。亦可参见空气传播；直接传播；传播。

Infectious state

传染状态

一种疫病状态，特点是排出病原体，同时出现或不出现临床症状。亦可参见临床感染；亚临床感染。

Input parameter（Syn. Model input，Parameter）

输入参数（同义词：模型输入；参数）

一些数值，有时以分布的形式出现，用于模型中代表被建模的过程或事件的组成成分。动物疫病传播模型中输入参数通常包括畜和禽的地点、代表不同疫病状态的持续时间分布、以及经营场所间发生接触的次数。

InterSpread Plus

由梅西大学流行病学中心开发的用于动物群体疫病建模的一种精确的空间随机模拟。更多信息请见 www. interspreadplus. com。

Iteration（Syn. Realisation，Run）

迭代（同义词：实现；运行）

通过连续重复一系列步骤而获得结果的过程[1]。

L

Latent state

潜伏状态

一种疫病状态，特点是暴露于病原体至传染发生（排出病原体）之间的时间段[8]。亦可参见潜伏期。

M

Mean

平均数

对集中趋势的一种衡量。用所有样本值的和除以样本的总数量，从而计算一个数据集的平均值[13]。

Median

中位数

对集中趋势的一种衡量。从低到高排序的观察值集合中的中间数值，这样一半的观察值在该值以下，一半在其以上[13]。

Mode

众数

对集中趋势的一种衡量。一系列观察值中出现次数最多的数值[6]。

Model

模型

意图模拟现实的一个系统或过程的某种呈现形式。模型通常被用来调查系统对各种干涉措施的应答[12]。

Model stability

模型稳定性

参见稳定性。

Monte Carlo simulation

蒙特卡洛模拟

一种模拟模型，其输入值来自该模型各迭代的输入分布的随机取样[10]。

N

NAADSM（North American Animal Disease Spread Model）

（北美动物疫病传播模型）

一种随机的状态转换型模型，包含空间和时间信息以模拟高传染性动物疫病的传播。NAADSM 为流行病学模拟模型的建立提供框架。NAADSM 信息可参见网站：www. naadsm. org[5]。

Natural immunity

自然免疫

一种疫病状态。处于该状态中的畜/禽群由于自然康复（如，之前曾暴露于病原体）而具有免疫性[5,6]。亦可参见免疫性；疫苗免疫。

P

Parameter

参数

参见输入参数。

Prediction interval

预测区间

一个观察值的预期范围，存在之前的观察值的特定概率区间内[2]。

Premises

养殖场所

一片土地及其中存在的动物。有时会对养殖场间、畜、禽群间或围栏间，而非单个动物之间的疫病传播进行模拟，因此某些输入参数（如，直接和间接接触频率和距离）需要被建立以呈现养殖场所之间的动态。

Prevalence

流行率

在特定时间受疫病或环境影响群体的比例[4]。

Probability density function

概率密度函数

一种连续变量的数值分布，它代表疫病传播模型输入参数的可能值域范围[2,5]。

Probability distribution

概率分布

对于一个离散随机变量，指的是一个给出变量每个赋值概率的函数（如泊松分布）。连续随机变量指用于描述频率分布变量值在某个确定取值点附近可能性的曲线（如概率密度函数）[6]。亦可参见概率密度函数。

Probability of infection

感染概率

当一个易感个体暴露于传染源时，将发生疫病传播和导致感染的概率。根据病原体、宿主及环境的不同，感染概率也会发生变化。

R

Realisation

完成

参见迭代。

Recovered

痊愈的

参见免疫。

Relative validity

相对有效性

比较几个独立开发模型对某一疫病情景的输出结果，识别结果中的相似性与差异性的过程[7]。亦可参见有效性。

Reproductive number（R）

再生数（R）

由一个发生病例引起二代病例的数量。$R=R_0(S/N)$，其中 S 为易感个体数，N 为群体中个体的总数[8]。亦可参见基本再生数。

Run

运行

参见迭代。

S

Scenario

情景

应用于流行病学模拟模型的输入参数集合，以描述一个生物学系统、事件或程序。

Sensitivity analysis

敏感性分析

评估不确定性输入参数或假设对模型结果的影响[12]。

SEIR model

SEIR 模型

模拟传染性疫病传播的一种方法，类似于 SIR 模型，但是又增加了一种疫病状态、暴露状态（E）。群体中的个体处于以下四种疫病状态中的一种：易感（S）、暴露（E）、感染（I）、痊愈（R），首字母缩略词被用于模型的名称，疫病的发展从一种状态发展到下一种[8]。

SIR model

SIR 模型

模拟传染性疫病传播的一种方法。群体中个体处于以下三种疫病状态中的一种：易感（S）、感染（I）、痊愈（R），首字母缩略词被用于模型的名称，疫病的发展从一种状态发展到下一种[8,12]。

Stability（Syn. Model stability）

稳定性（同义词：模型稳定性）

模型的可靠性，即始终保持不出现错误，特别是那些影响模型准确性和结果的部分[7]。

Stochastic models

随机模型

一种模型，通过使用分布作为模型的输入参数对生物学过程的变异性和不确定性进行考量。这些模型生成一系列可能的输出结果以及任一特殊输出结果的概率[13]。亦可参见确定性模型。

Subclinically infectious

亚临床感染

一种疫病状态，不出现临床症状，但是排出病原体[5]。

Susceptible

易感的

一种疫病状态，特点是具有变成感染状态的能力。在此种疫病状态下的个体既不是感染的，自然免疫的也不是疫苗免疫的[8]。

T

Theoretical distribution

理论分布

基于数学公式和计算的分布，它拥有明确的形状和特定的参数。统计方法（即，拟合优度检验）常用于筛选最适合观察数据的理论分布。亦可参见经验分布。

Traceback

回溯

参见反向追踪。

Trace - in

内向追踪

参见反向追踪。

Trace forward

前向追踪

参见正向追踪。

Trace - out

外向追踪

参见正向追踪。

Tracing

追踪

为了发现传染源和识别疫病是否传播到其他养殖场所，对已感染的养殖场所的动物、人员、车辆或设备等（直接或间接接触）的移动情况进行追踪和识别[13]。亦可参见反向追踪；正向追踪。

Transmission

传播

一种病原体从一个体传向另一个体的过程[6]。亦可参见空气传播；直接传播；间接传播。

Triangular distribution

三角分布

通过最小值、最大值及众数（最可能值）确定的一个概率密度函数。此分布通常被用于在信息匮乏时，呈现收集的专家意见[15]。亦可参见专家意见；概率密度函数。

U

Uncertainty

不确定性

缺乏有关生物学知识。由于缺乏对建模程序或事件的全面了解或可用数据，输入参数通常包括一定程度的不确定性。通过使用概率方法，输入参数值中的不确定性会被纳入随机模型中[12]。

Uniform distribution

均匀分布

通过最小值和最大值确定对称的概率密度函数。当最大值和最小值之间存在等概率数值时，就会使用均匀分布[15]。亦可参见概率密度函数。

V

Vaccine immune

疫苗免疫

畜群或禽群由于接种疫苗而具有免疫性的一种状态[4]。亦可参见免疫；自然免疫。

Validation

有效性

评估一个模型是否可以重现欲模拟的生物学系统，其结果在生物学层面是否合理，且是否可以模拟真实生活[11,13]。亦可参见表面有效性；相对有效性。

Variability (biological)

变异性（生物学的）

单元之间（畜群/禽群）或一个单元内部（畜/禽）在不同情景下（如环境

因素、气候因素、地域因素、宿主易感性及病原体毒力）产生的差异。使用随机模型，意在通过概率方法获得模型参数的自然变异本质[12]。

Verification

验证

判断一个模型的数学运算及程序是否运作正确，且是否符合设计目的的过程[7,12]。

W

Weibull distribution

威布尔分布

通过形状（α）和尺度（β）（α 和 β 都大于 0）来模拟时间，直到事件概率不断随时间发生变化[15]的一种概率密度函数。亦可参见概率密度函数。

Within - unit prevalence

单元内流行率

被感染畜群、禽群或围栏内受感染（亚临床及临床感染）个体的日平均流行率。亦可参见临床感染；亚临床感染。

致谢

本文作者非常感谢 Barbara Corso，Emery Leger，Francesca Culver，Graeme Garner，Jane Rooney，Jonathan Happold，Katie Owen，Neil Harvey，Steve Weber 和 Thomas Rawdon，感谢他们的宝贵意见和建议。

参考文献

[1] Everitt B.S. (ed.) (2006). - The Cambridge Dictionary of Statistics, 3rd Ed. Cambridge University Press, Cambridge, United Kingdom.

[2] Forthofer R. N., Lee E. S. & Hernandez M. (2007). - Biostatistics: a guide to design, analysis, and discovery, 2nd Ed. Elsevier, Inc., Burlington, MA.

[3] Garner M. G. & Beckett S. D. (2005). - Modelling the spread of foot - and - mouth disease in Australia. *Aust. vet. J.*, 83 (12), 758 - 766.

[4] Gordis L. (2004). - Epidemiology, 3rd Ed. Elsevier Saunders, Philadelphia, PA.

[5] Hill A. & Reeves A. (2006). - User's Guide for the North American Animal Disease Spread Model 3.0., 2nd Ed. Colorado State University: Animal Population Health Institute, Colorado State University, Fort Collins, CO.

[6] Last J. M. (Ed.) (2001). - A dictionary of epidemiology, 4th Ed. Oxford University Press, New York.

[7] North American Animal Disease Spread Model Development Team (2009). - Versioning, stability, verification, and validation of NAADSM. NAADSM Technical Paper No. 1. Available at: www. naadsm. org/documentation/techpapers (accessed on 1 September 2010).

[8] Nelson K. E. & Williams C. M. (2007). - Infectious disease epidemiology, 2nd Ed. Jones and Bartlett Publishers, Inc., Sudbury, MA.

[9] Reeves A. R. (2010). - Introduction to epidemiologic simulation modeling course, 9 - 13 August, Fort Collins. CO.

[10] Salman M. D. (Ed.) (2003). - Animal disease surveillance and survey systems. Iowa State Press, Ames, IA.

[11] Sargent R. G. (1999). - Validation and verification of simulation models. *In* Proc. 1999 Winter Simulation Conference (P. A. Farrington, H. B. Nembhard, D. T. Strurrock & G. W. Evans, eds), 5 - 8 September 1999, Phoenix, AZ, 39 - 28.

[12] Taylor N. (2003). - Review of the use of models in informing disease control policy development and adjustment. A Report for the Department for Environment, Food, and Rural Affairs, United Kingdom. Available at: www. defra. gov. uk/science/documents/publications/2003/UseofModelsinDiseaseControl Policy. pdf (accessed on 01 February 2009).

[13] Thrusfield M. (2005). - Veterinary Epidemiology, 3rd Ed. Blackwell Science Ltd, Ames, IA.

[14] Toma B., Vaillancourt J. P., Dufour B., Eloit M., Moutou F., Marsh W., Bénet J., Sanaa M. & Michel P. (eds)(1999). - Dictionary of veterinary epidemiology. Iowa State University Press, Ames, IA.

[15] Van Hauwermeiren M. & Vose D. (2009). - A compendium of distributions. Vose Software. Ghent, Belgium. Available at: www. vosesoftware. com/content/ebook. pdf (accessed on 1 September 2010).

基于评估和实行动物疫病控制策略建模的应用

C. Saegerman[①], S. R. Porter &
M. - F. Humblet[②]

摘要：人和动物疫病往往与不明显的临床症状、失调及生产性能下降等相关，会造成严重的社会经济影响，这就是国家卫生管理机构和国际组织针对根除特定疫病的选择控制策略给予高度重视的原因。要评估某项已选择或实施控制策略的效力，有效的方法是通过建模。为证明建模方法在评估控制策略方面卓有成效，作者详细列举了分类和回归分析树建模的3个病例，以此评估和改进疫病的早期检测，这3个病例分别是马属动物感染西尼罗河热、疯牛病（BSE）和多因子疫病，如发生在美国的蜂群崩溃综合征（CCD）。本文还研究了应用回归模型评价皮肤试验和牛结核病（BTB）宣传活动的效果；应用机械建模来监测对BSE控制策略的进展以及应用全国统计建模分析BTB的时空动态变化情况，发现潜在风险因素以便于更加有效地制定监测策略。

在精确应用建模方面，假设情况要尽量少，为此，跨领域研究通常代替综合学科研究。

关键词：动物疫病　控制策略　流行病学　评估　建模

0 引言

因为人和动物疫病往往与不明显的临床症状、紊乱症或流产等相关，并且会造成严重的社会经济影响，因此国家卫生当局和国际组织对于针对根除特定疫病的选择控制策略给予了高度重视。

处理特定疫病策略的选择取决于以下几个因素：①动物宿主的实际发病率；②社会经济背景；③动物健康监测系统；④有关卫生部门制定的政策。

---

① 通讯作者：Claude. Saegerman@ulg. ac. be

② 比利时列日大学，传染病和寄生虫病学部，兽医学院。

总体的控制策略包括在疫情严重国家实施系统的疫苗接种策略（例如，更换存栏和成年动物），在疫情可控的国家和地区选择性接种疫苗（例如，仅更换库存），最终实行控制策略（通过测试和屠宰，全面取消疫苗接种）。同时，必须建立相对完善的兽医基础设施，以此来保证流行病学监测和控制动物的活动（例如，防止通过进口引入疫病）。

此外，实现并维持整个国家的无疫情状态往往是不可能实现的，尤其是国境边界地区难以控制疫情。为此，建议采取包括跨国合作的区域性措施或采取划分无疫区的措施来控制疫病。采取划分无疫区的措施时，每个无疫区动物都看作是一个唯一的亚群，这个子总体与其他有疫情风险的子总体没有或有极少的流行病学联系。确定这一子总体所用的方法应详细记录在案（保证可追溯性），此外，还必须考虑到疫病的流行病学特征[21,27]。

选择并实施某项特定的控制策略后，需要评估这一策略的效力。可以简单地通过跟踪一些频率指标的方法来评估这一策略，如跟踪与感染风险相关的患病率和发病率，也可以通过建模来代替跟踪频率指标的方法。模型简化表现了现实生活中群体感染疫病的情况或过程[17]。此外，模型也是对理论有逻辑地进行描述和解释，描述观察到的情况，并通过忽略细节加以简化[29]。模型通常可以归为以下其中一种：①描述性模型（简化描述，以帮助理解）；②预测性模型（定义一个系统过去的情况，以预测未来）；③诠释性模型（总体考虑与系统基本机制相关的假说，以模拟系统）[3]。

尽管传染病生物学取得了显著进展，为量化病原体在种群中的分布提供了大量工具，但是兽医和医生长久以来一直都抵制应用模型。近期，新发疫病不断出现，旧有疫病仍在流行，这在理论和实际方面都带来很多问题，这些问题只有通过模拟自然或动力学控制感染才能解决[20]。

现在许多模型是为了评估控制策略。本文的目的不是提出详尽的列表，而是列举具体例子。

第一个模型是一个分类和回归树（CART），对马属动物感染西尼罗河热（WNF）和 BSE 监测的有效性进行评估[18,24]。

第二个模型是第一个模型的变体。分类和回归树模型用于更好地理解一个复杂（多因子）疫情中不同风险项的相对重要性和相互关系。而这一模型可以评估或调整控制策略[32]。

第三个模型是兽医如何通过使用皮试法来检测评价 BTB。并提出了两种选择：进行一个全球性和区域性的评价，或者监视兽医对皮试判定的认识[11,12]。

第四个模型是用于监测 BSE 控制策略进展的模型[25]。

第五个模型是用于分析 BTB 时空动态变化的分子模型，针对潜在的危险因素，更好地提供目标检测措施[10]。

1 通过疫病临床参数建模来确保全球范围内早期监测疫病

任何控制策略的一个关键参数是确保新发或重新出现的动物疫病可以得到早期预警[15]。一个有趣的方法是使用分类回归树分析法。分类回归树分析法是一个非线性和非参数化模型，拟合多维度多变量的二元递归分区[1,24,28]。应用分类回归树软件 6.0（美国圣地亚哥 Salford Systems 公司）进行分析，成功地将越来越均匀的子集连续分裂，直到数据分层，符合规定的标准。基尼系数是常用的分裂方法，十倍交叉验证法用来测试分类回归树的预测能力。分类回归树分析法，通过不断扩大子集数据，并计算数据集未使用部分的错误率，以此来进行交叉验证。

要做到这一点，首先，分类和回归树将数据集分成十个随机选择和大致相等的数据子集，每个数据子集包含一个大致分布相似的数据（比如确诊和疑似病例）。其次，使用数据的前九个部分，组成最大可能的树型，并使用剩余 1/10 的数据，以获得对所选择子树型错误率的初始估计。不断重复该过程，使用九个数据子集的不同组合和一个不同的第十个数据子集，来测试得到的结果。重复此过程，直到每个数据子集都被用来测试同一个树型。然后，结合十个迷你测试的结果，计算每个可能大小树型的错误率；利用不同的错误率来改进树型，并通过整个数据集，使树型趋于完善。即使一些独立的变量数据不够完整或相对稀缺，这个复杂过程的结果是对树型精确可靠的预测。

在分类和回归树中的每个节点，“主要分解器”是成功分离节点的变量，它使剩余节点的纯度达到最大化。当主分解变量没有出现，观察结果并不会失效，而是由一个代理分解器替代。代理分解器中的数据模式，在结果变量方面，与主要分解器相似。这样，程序利用了最佳可用信息来弥补。因此，该程序就使用最佳的可用信息，弥补了缺失值。在数据集的合理质量方面，相比传统多变量回归建模而言，这种途径与所有观测方法兼容，只要任何预测变量中有观测值遗漏就会视为无效，这种方法具有显著优势。有关回归树建模方面更多详细信息请参见已发表文章[24,28]。下面两个例子阐释了回归树建模的过程。

1.1 西尼罗河热的早期发现

西尼罗河热（WNF）是一个世界范围发生的病毒性人畜共患传染病，是由蚊子传播的黄病毒引起。如今，西尼罗河热已成为兽医公共卫生重要的关注点。马对西尼罗河热特别敏感，约有 10％受感染动物出现神经障碍，这一比例在人类中约为 1％[16]。因此，提高对动物西尼罗河热的检测与公众健康息息相关。

最近进行了一项回顾性研究，研究了风险和保护因素对临床上马科动物患西尼罗河热症状的影响；对该疫病在法国、意大利和匈牙利三国的临床表现进行比较；创建分类回归树来促进临床诊断（通过制定临床印象目标）从而改善疫情在欧洲的被动监测[18]。比较研究应用了三个早期公布的数据集，其中包括以下临床数据：①1982 年，意大利 14 例确诊病例[2]；②2004 年，法国 39 例确诊病例[14]；③2007—2008 年，匈牙利 20 例确诊病例[13]。

为支持该回顾性研究，作者收集了 2004 年法国马患西尼罗河热的数据（39 例确诊病例和 61 例参照病例）。此外，还收集了 2008 年的疑似病例数据（39 例参照病例），用来研究非疫区疑似病例可能存在的差异。并对这些数据做了分类和回归树分析。第一次分析了全法国可利用的数据（2004 年和 2008 年，$n=139$）。然后，利用分类和回归树，对 2004 年动物疫病流行数据进行了单独分析（$n=100$）。

总之，对任何一个国家来说，九月都是西尼罗河热的高发时期，这与温带气候的媒介活动息息相关。而意大利与法国的一个显著差异在于从出现最初临床症状到寻求兽医诊断 之间的间隔。人们认为，存在这种差异一方面是由于缺乏对该病的认识，另一方面是由于集中流行病学监测系统的缺失。西尼罗河热并没有显著的临床症状。尽管在三个国家临床表现有相似之处，但是法国对出现高热的报道频率最高。在法国，生活在疫病流行地区的动物主或许更加留意并寻找警示性临床症状。分类和回归树分析表明了地理位置和月份对于诊断病情的重要作用，强调了疑似病例（无论是流行病还是非流行病）在不同患病期，主要临床症状上的差异（表 1）。

表 1　分类回归树分析西尼罗河热后得出的不同临床体征得分（总分＝100）[18]

CART Ⅰ预测变量	得分	CART Ⅱ预测变量	得分
轻度瘫痪	100.00	感觉过敏	100.00
虚弱	81.37	斜靠	93.60
斜靠	75.45	厌食症	81.41
高热	63.59	虚脱	58.88
麻痹	61.61	脑神经缺陷	57.87
虚脱	60.27	高热	52.13
脑神经缺陷	46.13	发抖，手足抽搐，肌束颤动	51.05
发抖，手足抽搐，肌束颤动	42.15	麻痹	49.65
行为改变	40.81	轻度瘫痪	39.14
厌食症	34.64	行为改变	32.60
感觉过敏	34.27	虚弱	25.80
运动失调	13.05	运动失调	17.76

注：CART Ⅰ是一个分类和回归树分析，分析了从 2004 到 2008 年法国所有疑似病例（$n=139$，灵敏度 82.1%，特异性 78%）。

CART Ⅱ是一个分类回归树分析，仅分析了 2004 年法国疑似病例（$n=100$；灵敏度 74.4%，特异性 88.5%）。

尽管之前有针对这一课题的一些研究，但是西尼罗河热仍是一个具有挑战性的疫病，也是一个重要的兽医学公共卫生问题。为疫病的临床模式建模，以确保早期发现疫情，是被动监测的一项关键参数。因为工作量并不繁重，发达国家和发展中国家都可以应用这项监测。应该提升对于疫病潜伏期症状的认识。为了实现疫情的早期发现，应以标准化的形式，在高危国家建立和组织一个能够报告西尼罗河热疑似和确认病例的被动集中监测系统。目前，流行病现状并不稳定，因此国与国之间的交流、兽医和政府部门的交流对于有效控制疫情至关重要。在主动监测互补方面，时空模拟在评估风险和监测高风险领域卓有成效。

1.2 早期发现 BSE

由于 BSE 疫情在多数欧盟成员国得到了有效的控制，欧盟最近提出了通过缩减检测程序来减少控制措施的建议[35]。然而，在这样的背景下，报告临床疑似感染 BSE 病例是散发病例检测最常用的方法。因此，改善临床诊断和决策方面仍然十分关键。

通过组织学和免疫组织化学检测痒病相关纤维蛋白类似物，比较 2002 年 10 月之前确诊的 30 例 BSE 病例和接下来确诊为阴性的 272 例疑似病例，所表现的临床症状（25 种症状组合）[24]。在报告疑似病例时，呈现出一些季节性特征，比如冬季动物很少外出，此时报道 BSE 数量更多。该病发病天数的中位数为 30 d，与此病相关的 10 个迹象，按重要性排序，分别为：①在挤奶厅踢腿；②对接触或声音的超敏反应；③头缩起；④受惊吓响应；⑤不愿进入挤奶厅；⑥异常耳部运动或异常运输；⑦频繁的警觉性行为；⑧牛奶产量减少；⑨磨齿；⑩性情变化。

运动失调并不是 BSE 的一个特征标志。根据以下 4 个特点，构建分类和回归树建模：①动物年龄；②出生年份；③有关 BSE 迹象的数量；④临床症状的数量，应注意与李斯特氏菌病相区别。

该模型呈现了 100％的敏感性和 85％的特异性（图 1）。这种方法的独创性在于，首先，它提供了一个探索和交互式工具，并且通过运用比值，得出的结果不依赖于 BSE 患病率。第二点是特别适用于稀发事件。一个类似的决策树，让“高度可疑的 BSE 病例”区别于其他疑似 BSE 病例，其他国家不管有没有快速检测试验加以辅助都可以应用。即使临床 BSE 模式发生改变，临床数据的持续增加也会改善模型树。同样的方法也可以应用于其他疫病，如羊瘙痒症。

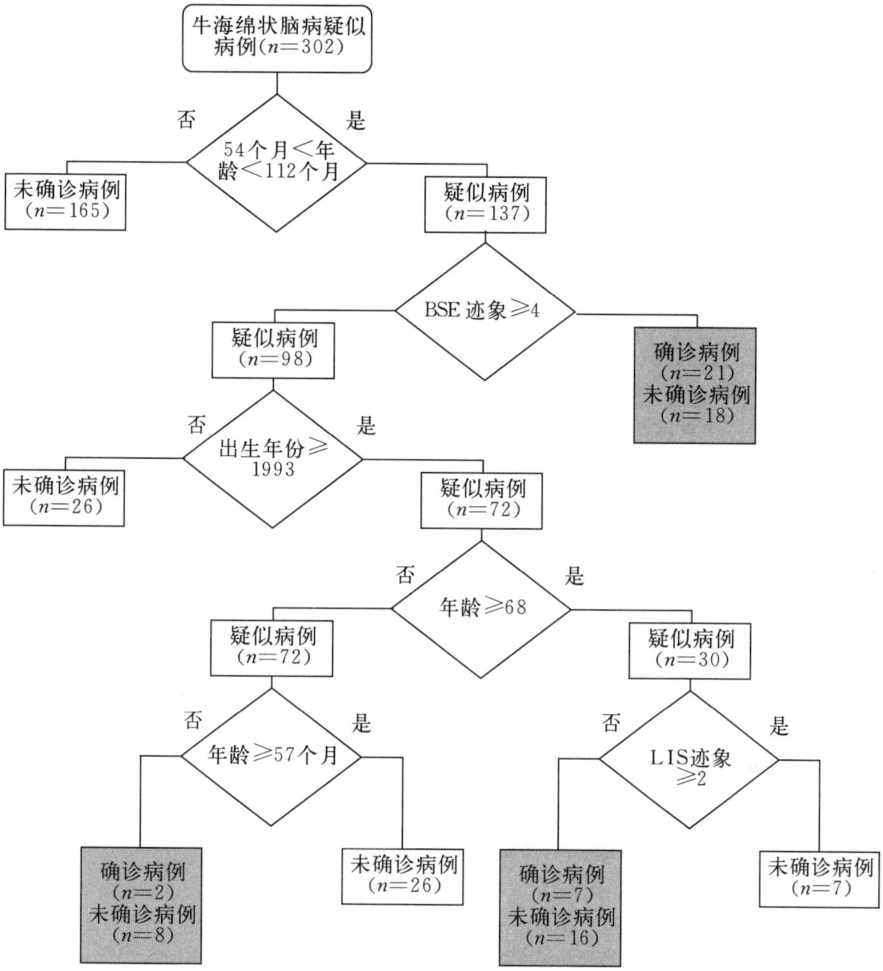

图 1　比利时 BSE 临床疑似病例的分类和回归树建模

注：BSE：疯牛病；LIS：李斯特氏菌病。

2　建模

加强了解多因子疫病

分类回归树分析还可以用于对多因子疫病建模，如发生在美国的 CCD。这种疫病的定义特征是成年蜜蜂迅速消失[31]。自从 2006 到 2007 年冬天开始，蜂农就把 CCD 看做是给他们带来越冬损失的罪魁祸首[33]。作者使用相同的数据来进行单因素分析[31]，为了更好地理解 CCD 中不同风险变量的相对重要性和相互关系，作者还对分类回归树进行分析。两个 CART 建模中共包括 55 个探索变量。其中一个模型包含了把患 CCD 的蜂群误诊为未患 CCD 所付出的成本，另一个模型中不包括此项成本。第一个模型树显示的敏感性为 85%，特异性为 74%（图 2）。

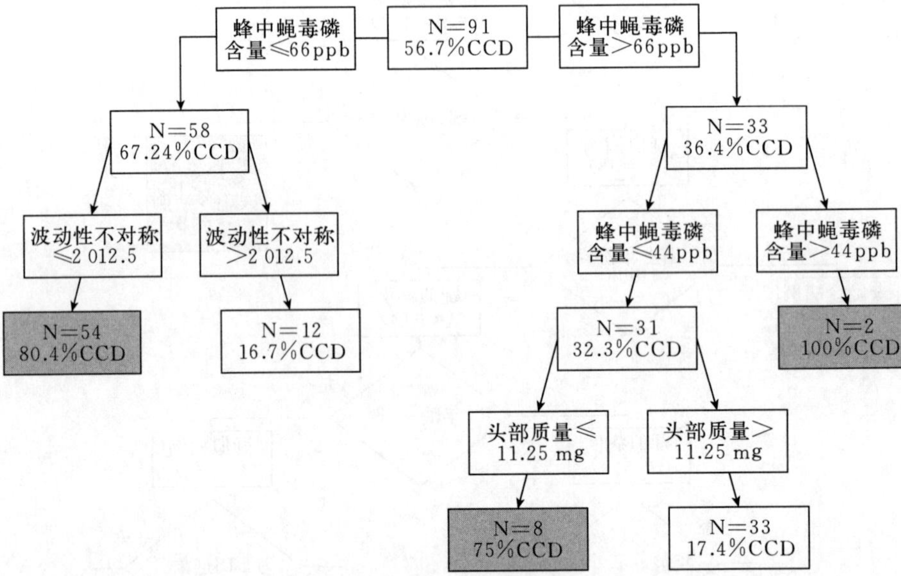

图 2　蜂群崩溃综合征分类和风险因子回归树

注：把患 CCD（蜂群崩溃综合征）的蜂群误诊为未患 CCD 所付出 2 点成本，模型树显示的敏感性为 85%，特异性为 74%[32]。

波动性不对称：双侧形状或大小的任意差异生物在早期发育过程中，生长在压力环境中的生物，比在无压力环境中的生物体现的对称性差，因此，对称性看作是生物健康的标志[31]。

ppb：十亿分之一。

虽然衡量蜂群压力（例如成熟蜜蜂波动性不对称、头部质量等生理指标）的因素具有很强的判断价值，但对 19 个变量中的 6 个变量进行研究后发现，最具判断价值的是各蜂巢矩阵中的农药水平。值得注意的是，蝇毒磷（养蜂人常用的杀蜂螨药）的含量价值差别最大，用在健康蜜蜂种群中也最多。分类和回归树分析有力地证明了 CCD 是由多种原因引起的，因为已感染一种病毒的蜂群更容易感染其他病毒。该分析指出几处值得继续关注的地方，包括亚致死农药暴露对病原菌流行的影响，以及存活蜂群对杀虫剂变化的作用。在此例中，分类和回归树建模让人们更透彻地了解动物健康问题，对控制策略加以评估并提出了需要进一步研究的新领域。

3 建立监控 BTB 皮试检测合规情况和宣传活动效果的模型

BTB 仍然是世界上最受关注的问题，即使在已实施根除方案的国家也是如此。通过采用给兽医牛从业者们邮寄无记名问卷调查这一原始但卓有成效的方法，通过比较不同地区和国家皮试做法来建模[10]。收到问卷的兽医自愿参与，经过对反馈结果进行统计学分析，最终推出对整个动物群体适用的结论。BTB 方面的国际专家应邀填写问卷调查并分别给出标准（理想）答案，可接受答案和不可接受答案，并构建了一个评分量表。对于每一个问题，选标准答案计 0 分，选可接受答案计 1 分，选不可接受答案计 2 分。此外，还请专家根据以往经验权衡问卷的题目设置（表 2）。

表 2　单皮内结核菌素试验评分表（$n=5$）和每项指标获得的总分（$n=11$ 名专家）[12]

问卷调查问题	评分标准			得分
	0（标准）	1（可行）	2（不可行）	
A. 关于材料				
1. 结核菌素存放方法（常用）	不见光，3 ℃到 8 ℃	—	其他	70
2. 结核菌素运输方法	4 ℃冷藏	—	其他	25
3. 结核菌素平均运输期	1 d	3～5 d	>5 d	47
4. 结核菌素使用比例	90%到 100%	80%到 89%	<80%	12
5. 注射工具	手动注射器	无针注射器，自动注射器	—	21
6. 使用已填充腔体的结核菌素注射器	否	是	—	17
7. 使用已加入结核菌素溶液的无针注射器	否	是	—	17
8. 对 SIT 实验材料的清洗/消毒	清洗和消毒	清洗或消毒	未清洗未消毒	28
9. SIT 实验材料的清洗/消毒频率	每次使用后	一周一次	少于一周一次	25
10. 注射器针头更换频率	每次针头损坏	一周一次	其他	20
11. 无针注射器更换频率	每年	有损坏	其他	22

（续）

问卷调查问题	评分标准			得分
	0（标准）	1（可行）	2（不可行）	
B. 关于注射				
12. 禽结核菌素的使用	从未	偶尔*	经常	36
13. 注射部位	颈部	—	尾褶或其他	51
14. 处理注射部位	—	是	否	22
15. 拍打注射部位	是	否	—	24
16. 修剪注射部位毛发	是	否	—	44
17. 注射前检查肿胀或病变	是	—	否	45
18. 注射前估计皮肤褶皱情况	弹簧尺或游标卡尺	触诊或观察	—	48
19. 注射后确认（检查豆状肿胀区）	是	—	否	75
C. 处理反馈				
20. 处理类型	定性和定量	定性，触诊	观察	94
21. 处理反馈的平均延迟期	72 h	—	—	58
22. 对医生和疑似患者隔离处理	是	—	否	23
23. 通知兽医当局	立刻	12～24 h	＞24 h	33
D. 购入时 SIT 注射				
24. 皮试前系统检查动物	是	—	否	42
25. 购入后隔离至得到安全反馈	是	—	否	19
26. 购入时系统注射 SIT	是	—	否	53
27. 购入时如疑似患者，应重复注射 SIT	是	否**	—	42
E. 其他				
28. 接受皮试年龄最小的牛	6 周	＜6 周	＞6 周	23
29. 留体抗感染治疗应注射 SIT	否***	—	是	42
30. 患有慢性肺炎且对传统治疗产生抗药性应注射 SIT	是	—	否	37

注：SIT：单一皮内结核菌素；* 在疫病流行背景下，兽医可能会响应兽医局的要求，使用禽型结核菌素；** 送到屠宰场；*** 农场主通常不建议兽医进行治疗。

性能指标（$n=30$）分为五类，分别是：①材料；②注射程序；③处理反馈；④购入动物时进行特定检测（例如，在几个国家实行购入动物强制检验）；⑤其他流行病方面检测（例如，对患有慢性肺炎且对传统治疗产生抗药性的动物做皮试）。

通过分析兽医问卷调查反馈，计算出了一个全球性的分数。对同一国家两个地区的情况，在计算加权分数前后做了比较，每种情况下分为两种情况，一种是对缺失归责（每一个缺失值为 2 分，代表最坏的情况，如果兽医没有做出选择，默认选择的是最坏的），另一种是不计算缺失值。在第一种情况下，全球分数的分布情况比较呈负二项回归式（因为有额外两项变异存在）。在第二种情况下，通过引导分位数回归分布得出平均分数，这种迭代方法在抽样（交接取样）的基础上对有义参数进行估计。

在这项研究中，兽医从业人员参加率为 20%，这一比率在可接受范围内[5]。研究发现，各省的问卷反馈数量与各省参加问卷调查的兽医人数呈正相关（皮尔逊的相关系数），因此，这一参与率能够反映不同省份的情况。在两个地区中，缺失的数据是均匀、呈一定比例的。在此次评估中，反馈者所属的地区也作为比较的因素。

在进行分数加权处理之前，在两种情景下都没有观察到显著差异。在进行分数加权后，两个地区在以下三方面观察到显著差异：①材料；②处理反馈；③其他流行病学方面。

对得分进行加权可以准确鉴别两个地区的差异，这种方法值得推广。国家有必要出面协调统一结核菌素试验的做法。在所有兽医从业者的反馈中，没有一个得分为零。因此，有必要建议兽医相关部门出台一部兽医做好“皮肤测试”的手册。将来，在该国还应进行同样的调查，确认兽医在皮肤试验方面的确有所改进，同样，在其他国家，也应进行同样的方法来衡量评估方法是否适用，从而提高在世界范围动物贸易的信心。

此外，近期用同样的方法评估了一项宣传活动，以此让执业兽医意识到正确进行结核病皮肤测试的重要性[11]。要求参与者在活动前后分别填写调查问卷。并对活动前后的情况进行了对比，任意选择一个国家，以该国的情况作为参照。通过对参与到该研究中的兽医代表进行统计学分析，得出了对整个兽医群体都适用的结论。最终得出的结论是：全球平均成绩在宣传活动前后有显著差别。

这些结果表明，在兽医参加皮肤测试方面的宣传活动效果显著。该研究针对兽医进行皮试，还提出了一种新颖、结构化的自动评估方式。此外，这两项研究（评估结核病皮肤测试的最佳实践方法和评估宣传活动的效果）也适用于其他疫病和控制策略，如：肉品检疫（该领域的研究正在进行中）。此案例突出了通过建模持续评估控制策略的价值。该方法有助于鉴别和定位不一致的操作程序，进而进行修正。同样，独立的组织机构，如兽医学院，在协助兽医当局进行统计方面也起到重要作用。

4 对动物确诊时的年龄分布进行建模，来监测长潜伏期疫病的趋势

在 20 世纪 90 年代中期，BSE 是导致出现新变种克雅氏病的一种传染病[36]。

分析 BSE 的流行趋势具有重要意义。比利时为了模拟这一趋势，构建了一个简单的机理模型。在 2004 年 1 月 1 日之前，比利时报告了 118 例 BSE 病例。作者分析了动物在确诊时的年龄，并试图将此作为一个参数，来预测当前 BSE 在比利时的流行情况[25]。指示变量包括：①出生日期；②品种；③检测日期和检测方式；④每个月屠宰动物的年龄和数量。

在流行病学方面，动物确诊年龄对于出生日期来讲并无意义，但对于检测疫情方面却是有实际意义的指标。通常，检出动物患病的平均年龄在疫情暴发阶段，呈上升趋势，在流行阶段趋于稳定，在疫情控制阶段，又呈上升趋势。然而疫情暴发阶段和控制阶段的不同之处是在疫情控制阶段年幼的动物数量减少了。作者分析，确诊病例平均年龄整体呈上升趋势是因为病例的缺失（因为没有新增感染病例，所以会导致已检测出患病动物年龄的增加），这也是比利时疫情数量呈下降趋势时一个可靠指标。这项模拟实验，向人们证明了患病动物确诊时的年龄分布与疫情曲线的关系密切，并用英国数据说明了这一点（图 3）。当不能明确病例数量时，就可以利用确诊时的年龄分布图监测整体趋势。

近期在欧洲进行了一项比较，将年龄—潜伏期—同生群和繁殖率模型应用到 2001—2007 年的监测数据分析中。

该尝试也证实了之前所做的研究，所有在 20 世纪 90 年代推行控制措施的国家，患 BSE 的风险都大幅下降。将这一结果与 1990—2001 年各国推行的控制措施的类型和日期做比较，研究结果显示仅仅禁止饲喂肉骨粉（MBM）不足以消除 BSE。为控制肉骨粉带来的风险，实行补救措施（例如减少特定风险、控制肉骨粉交叉污染并对其杀菌消毒）后不久疫情便开始得到控制。由于 BSE 的潜伏期长，所以现在预计 2001 年才开始实施的全面禁止对所有动物喂食这种动物蛋白质的附加影响还为时过早。以上结果为适度放宽对 BSE 监视和控制等风险评估带来了新的启示[4]。

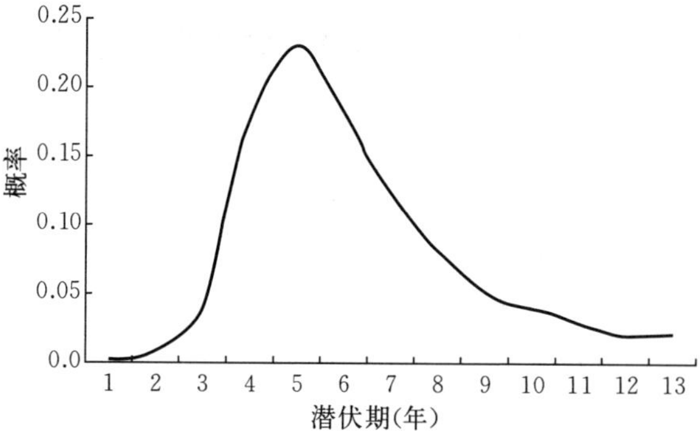

a. BSE病例潜伏期分布[35]

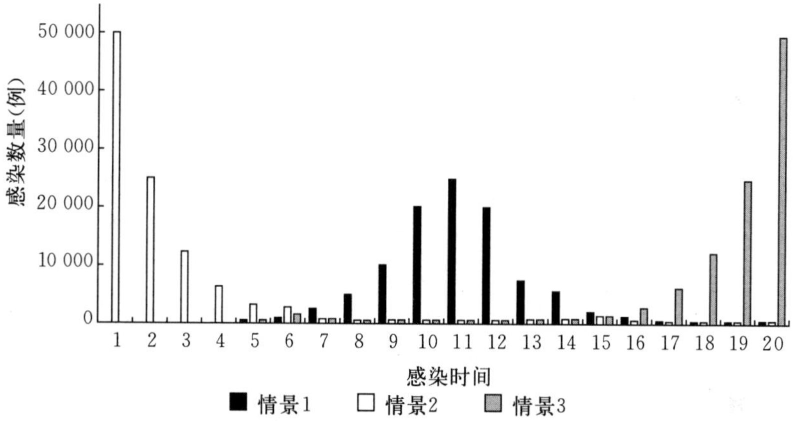

b. 三种情景下疫情曲线(基于20年间的100 000例感染)的感染分布

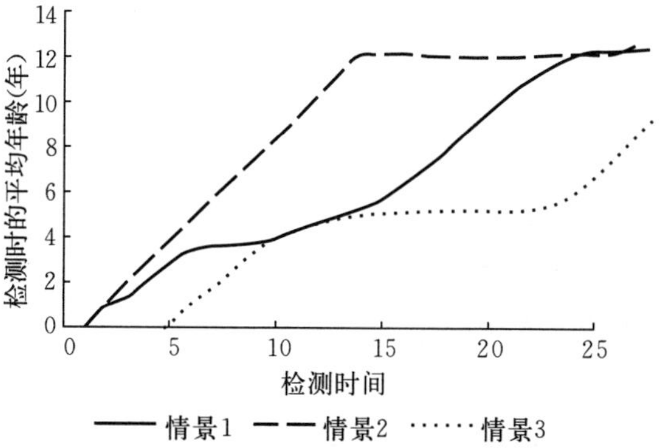

c. 由 a 和 b 得出检测出患BSE的平均年龄
(详细计算过程参见参考文献26附录)

图 3　根据三种疫情曲线对检测 BSE 的平均年龄趋势建模[25]

情景 1：完整疫情曲线（开始阶段，高峰阶段和消失阶段）；情景 2：消失阶段的疫情曲线；情景 3：开始阶段的疫情曲线[4]

5 用全国统计建模分析 BTB 时空动态变化情况，发现潜在风险因素，明确监测目标

BTB 是全球七个被忽视的人畜共患病[37]之一，在许多国家其流行趋势仍令人担心[38]。目前，人们并未完全掌握此病的传播模式，但在全球范围内，已确定了一系列致病的风险因素[9]，如野生动物、动物接触、动物迁徙和动物密度等。是因为控制措施不足、农业环境条件差、野生动物贮存库和感染动物的移动等原因无法彻底根除牛结核分枝杆菌[6]。彻底根除 BTB 国家，包括欧盟的几个成员国，都从经济方面考虑，近期实行了减少控制措施的政策，即取消动物销售时的检测并减少种群检测。然而，迄今为止，并没有全国范围内开展 BTB 菌株分子特征潜在风险研究。应用三项分子技术，编辑整理出比利时 1995—2006 年间所有牛结核分枝杆菌菌株的数据库：①分型；②限制性片段长度多态性分析；③结核分枝杆菌散布在重复单元即数目可变的串联重复序列[10]。

这个数据库最初应用于比利时，以此来分析 BTB 的时空动态变化。比利时对 BTB 多种风险因素进行全面调查后，确定了潜在风险因素。将来源于各个数据库的 49 个预测因子纳入统计模型中，并把此当做 BTB 的潜在风险因素（插文 1）。所有的预测经过编译成为一个独特的数据库。对于 BTB 的动态分析，时间单位规定为一年，空间单位规定如下：境内划分为 5 km×5 km 区域，确定其 x 和 y 坐标。

插文 1

模型[8,10]中包括 49 个 BTB 预测因子

BTB 历史（牛结核病的持久性）

距感染像素中心的对数距离

2000 年，牛的像素密度

2001 年，牛的像素密度

2002 年，牛的像素密度

2003 年，牛的像素密度

2004 年，牛的像素密度

2005 年，牛的像素密度

2006 年，牛的像素密度

疫情暴发前一年移动到疫情中心的总数

疫情暴发前一年从疫情中心移出的总数

疫情暴发前一年该地点动物移动的比例

疫情暴发当年移动到该地点的总数
疫情暴发当年从疫情中心移出的总数
疫情暴发当年该地点动物移动的比例

欧洲盘羊的年平均像素密度
欧洲小鹿的年平均像素密度
马鹿的年平均像素密度
麈鹿的年平均像素密度
野猪的年平均像素密度

该地区的作物覆盖面积
该地区的森林覆盖面积
该地区的其他植被覆盖面积
该地区的牧场覆盖面积
该地区城市占地面积
该地区潮湿地带占地面积
森林地区长度（米）
平均中远红外线温度（℃）
中红外温度的年变幅（℃）
中红外线温度双年变幅（℃）
最小中远红外线温度（℃）
最大中远红外线温度（℃）
年度中远红外线温度段（月）双年度中远红外线温度段（月）
平均地表温度（℃）
地表温度年变幅（℃），地表温度双年度变幅（℃），
最低地表温度（℃），最高地表温度（℃）

地表温度年温度段（月）地表温度双年温度段（月）
平均标准化差值植被指数
标准化植被指数年变幅，标准化植被指数双年变幅，最小标准化植被指数，最大标准化植被指数
标准化植被指数年度段，标准化植被指数双年度段（m）

以 5 km 为单位进行预测：①距感染中心的距离（短距离传播）；②野生种群密度；③土地利用情况；④土地覆盖情况；⑤气候数据（生物气候学指标遥感）[8]；⑥牛的活动和密度。

模型中的土地覆盖数据，表示为不同类型的植被所占的百分比（相当于公顷/km）。BTB 持久性，根据 BTB 暴发情况，表示为每年每一地区的对应分

数，没有疫情暴发对应零分，有疫情暴发则对应一分。当确认 BTB 疫情，那么也就确定了对应的牛结核分枝杆菌菌株。对于牛的运动情况，有两次记录：动物开始移动的位置和结束运动的位置。对于运动的处理涉及两种情况及开始运动和结束运动，这提供了三个变量：①向内部运动的次数；②从受感染地区移动的次数；③从受感染地区移动的比例。

首先检测 BTB 暴发前一年中动物运动带来的影响。疫情暴发当年指定地区动物运动的影响也在检测范围内。经过研究，建立了一个特别的数据库，包括 1995—2006 年间各地区每一年中 49 个预测因子的情况。

应用逐步多元回归分析建模对 BTB 暴发和这 49 个预测因子之间的关系进行了分析。最初，吉尔伯特及合作者一起建立了这个回归模型来研究英国动物运动对 BTB 传播的影响[6]。后来比利时也应用了这一模型和分子分型的结果。瓦尔德应用统计学原理量化了每一个预测因子在模型中的作用。

模型中首先出现的是以下两个预测因子，即疫病持久性（如 BTB 潜伏）和短距离传播。这两项预测因子和 BTB 出现具有正相关关系。然而，这一模型仅限于预测力最强的变量，以及那些在移出保留后大于 1%的对数似然变量。

经过系统地测试，在众多预测因子（包括野生动物、气候条件、土地覆盖等）中，通过递减式逼近的方法，发现了预测力最强的几个预测因子。过程中的每一步，会淘汰一个 z 值最低的预测因子。测试的最后一项是测试所有与 BTB 疫情暴发呈正相关或负相关的预测因子。事实上，这 49 个预测因子不能在一开始就同时进行测试，因为其中一些是有相互关系的。例如，当某个预测因子与 $P<0.05$ 呈正相关时，则将该因子视为重要的危险因素。测试使用了两种统计方法。一种方法统计 1995—2006 年间比利时所有牛结核分歧杆菌菌株，另一种方法主要统计归属于分型 SB0162 的菌株[34]。整个统计过程由 R 研发团队研发的软件执行[19]。

总之，这项研究首次确定了比利时导致 BTB 的风险因素。通过第一种方法确定了种群中牛结核病的先例（$P<0.001$），距疫情中心的距离（邻近效应）（$P<0.001$）和牛的密度（$P<0.001$）。第二种方法将疫情暴发当年感染地区动物移动比例作为一项主要的风险因素（$P=0.007$）。因此，对于控制动物移动情况和对购入动物进行皮肤测验不能放松警惕。虽然目前比利时的野生动物没有风险，但是鉴于法国、英国等邻国当前的情况，在比利时进行流行病学检测是至关重要的。由于牛结核分枝杆菌具有持久性，研究环境和气候对疫情带来的影响也势在必行。此外，研究结果显示，由于比利时分型（SB0162）盛行，导致了动物行为的差异，这也强调了分子流行病学对于研究潜在菌株毒力差异的重要性。询证方法同样可以应用到其他疫病的研究中，在全国范围内评估并实行控制策略。

6 结论

动物疫病会对动物健康、人类健康以及全球经济带来重大负担，因此，国家卫生当局和国际组织应优先关注动物特殊疫病同时要选择适当的控制策略，力争根除这些疫病。选择并实施某项特定的控制策略后，需要评估这一策略的效力并按需作出相应的调整。本文中，作者通过举例，详细论述了建模在评估某项控制策略中的作用。建模可以根据循证医学[30]，通过优选科学的独立机构来建构（如由某大学兽医学院支持的动物卫生部门），尤其是需要无记名调查问卷来增加这一领域的相关知识。

今天，出现了许多传染性疫病，并且这些疫病持久存在，带来了许多有关理论和实际方面的问题，这些问题只有通过建模方法才能解决[20]。在修改一些参数来建构这样的模型时，估计各项策略的结果也是可能的，这样可以实现知情决策。充分了解某种特定疫病的发病机理、流行病学以及感染概率的影响因素等，对于建立一个精确的模型来评估控制策略、确定有风险的亚群体和有针对性的调查至关重要。跨领域研究通常代替综合学科研究，因为前者提出了尽可能少的假设情况。

虽然兽医和医生对于建模仍有些抵触，但是建模将成为兽医局的主要投资方向之一。建模的发展历程应纳入兽医教育的内容，让建模成为评估和实行动物疫病控制策略的方法[23]。建模也强调了一种新颖、结构化的自动评估方法来解决兽医实践上的问题。除了有效的控制策略，应考虑如何开发一种疫病建模方法，将经济和社会相结合（可接受性、可行性、稳定性）[22]。

致谢

感谢在论文写作过程中，作者之间没有发生任何利益冲突。感谢比利时布鲁塞尔食品安全和环境联邦公共卫生服务，为 BTB 的研究提供赞助（合同 RF6182）。感谢比利时列日大学（合同 d－08/02）和比利时布鲁塞尔联邦食品安全局分别为西尼罗河热和 BSE 的研究提供赞助。感谢参加无记名调查问卷的兽医从业人员。衷心感谢所有参加了评分系统开发和 BTB 参数排名的专家学者们。

参考文献

[1] Breiman L., Friedman J. H., Olshen R. A. & Stone C. J. (1984). - Classification and

regression trees. Wadsworth，Pacific Grove，California，United States.

[2] Cantile C.，Di Guardo G.，Eleni C. & Arispici M. (2000). - Clinical and neuropathological features of West Nile virus equine encephalomyelitis in Italy. *Equine vet. J.*，32 (1)，31 - 35.

[3] Dubois M. A. (2005). - Modélisation en épidémiologie：objectifs et méthodes. *épidémiol. Santé anim.*，47，1 - 13.

[4] Ducrot C.，Sala C.，Ru G.，de Koeijer A.，Sheridan H.，Saegerman C.，Selhorst T.，Arnold M.，Polak M. P. & Calavas D. (2010). - Modelling BSE trend over time in Europe，a risk assessment perspective. *Eur. J. Epidemiol.*，25 (6)，411 - 419. E - pub.：13 April 2010.

[5] Dufour B. (1994). - Le questionnaire d' enquête. *épidémiol. Santé anim.*，25，101 - 112.

[6] Gilbert M.，Mitchell A.，Bourn D.，Mawdsley J.，Clifton - Hadley R. & Wint W. (2005). - Cattle movements and bovine tuberculosis in Great Britain. *Nature*，435 (7041)，491 - 496.

[7] Hadorn D. C. & Stärk K. D. C. (2008). - Evaluation and optimization of surveillance systems for rare and emerging infectious diseases. *Vet. Res.*，39 (6)，57. E - pub.：25 July 2008.

[8] Hay S. I.，Tatem A. J.，Graham A. J.，Goetz S. J. & Rogers D. J. (2006). - Global environmental data for mapping infectious disease distribution. *Adv. Parasitol.*，62，37 - 77.

[9] Humblet M. - F.，Boschiroli M. - L. & Saegerman C. (2009). - Classification of worldwide bovine tuberculosis risk factors in cattle：a stratified approach. *Vet. Res.*，40 (5)，50. E - pub.：6 June 2009.

[10] Humblet M. - F.，Gilbert M.，Govaerts M.，Fauville - Dufaux M.，Walravens K. & Saegerman C. (2010). - New assessment of bovine tuberculosis risk factors in Belgium based on nationwide molecular epidemiology. *J. clin. Microbiol.*，48 (8)，2802 - 2808. E - pub.：23 June 2010.

[11] Humblet M. - F.，Moyen J. - L.，Bardoux P.，Boschiroli M. - L. & Saegerman C. (2011). - Importance of awareness for veterinarians involved in cattle tuberculosis skin testing. *Transbound. Emerg. Dis.*，(in press).

[12] Humblet M. - F.，Walravens K.，Salandre O.，Boschiroli M. - L.，Gilbert M.，Berkvens D.，Fauville - Dufaux M.，Godfroid J.，Dufey J.，Raskin A.，Vanholme L. & Saegerman C. (2011). - First questionnaire - based assessment of the intradermal tuberculosis skin test performed by field practitioners. *Res. vet. Sci.* (in press).

[13] Kutasi O.，Biksi I.，Bakonyi T.，Ferency E.，Lecollinet S.，Bahuon C.，Zientara S. & Szenci O. (2009). - Equine encephalomyelitis outbreak caused by a genetic lineage 2 West Nile virus in Hungary. *In* Proc. Annual Convention of the American Assoc. of Equine Practitioners，Las Vegas，Nevada，USA，5 - 9 December 2009 (N. White II，ed.)，497 pp.

[14] Leblond A.，Hendrikx P. & Sabatier P. (2007). - West Nile virus outbreak detection

using syndromic monitoring in horses. *Vector Borne Zoonotic Dis.*, 7 (3), 403 - 410.

[15] Merianos A. (2007). - Surveillance and response to disease emergence. *Curr. Top. Microbiol. Immunol.*, 315, 477 - 508.

[16] Petersen L. R. & Roehrig J. T. (2001). - West Nile virus: a reemerging global pathogen. *Emerg. infect. Dis.*, 7 (4), 611 - 614.

[17] Petrie A. & Watson P. (2006). - Statistics for veterinary and animal science. Blackwell Publishing, Oxford, 299 pp.

[18] Porter R. S., Leblond A., Lecollinet S., Tritz P., Cantile C., Kutasi O., Zientara S., Pradier S., van Galen G., Speybroek N. & Saegerman C. (2011). - Clinical diagnosis of West Nile fever in equids by classification and regression tree (CART) analysis and comparative study of clinical appearance in three European countries. *Transbound. emerg. Dis.*, 58 (3), 197 - 205. E - pub.: 5 January 2011.

[19] R Development Core Team (2011). - R: a language and environment for statistical computing. ISBN 3 - 90005 - 07 - 0. R Foundation for Statistical Computing, Vienna, Austria. Available at: www. R - project. org/ (accessed on June 7, 2011).

[20] Sabatier P., Bicout D. J., Durand B. & Dubois M. A. (2005). - Le recours *à* la modélisation en épidémiologie animale. *épidémiol. Santé anim.*, 47, 15 - 33.

[21] Saegerman C., Berkvens D., Godfroid J. & Walravens K. (2010). - Bovine brucellosis. *In* Infectious and parasitic diseases of livestock (P. Lefèvre, J. Blancou, R. Chermette & G. Uilenberg, eds). Lavoisier & Commonwealth Agricultural Bureau - International, Paris, 971 - 1001.

[22] Saegerman C., Humblet M. - F., Ouagal M., Mignot C., Cardoen S., Dewulf J., Berkvens D., Dispas M., Heyman P. & Hendrikx P. (2010). - Scientific requirements and constraints in the structure and harmonization of tools for animal diseases surveillance in Europe. *In* Proc. European Conference on Animal Surveillance. Agence Fédérale pour la Sécurité Alimentaire, Brussels, 3 pp.

[23] Saegerman C., Lancelot R., Humblet M. - F., Thiry E. & Seegers H. (2011). - Renewed veterinary education is needed to improve the surveillance and control of World Organisation for Animal Health (OIE) listed diseases, diseases of wildlife and rare events. Proc. 1st OIE Global Conference on Evolving Veterinary Education for a Safer World, 12 - 14 October 2009, Paris. OIE, Paris, 63 - 77.

[24] Saegerman C., Speybroeck N., Roels S., Vanopdenbosch E., Thiry E. & Berkvens D. (2004). - Decision support tools for clinical diagnosis of disease in cows with suspected bovine spongiform encephalopathy. *J. clin. Microbiol.*, 42 (1), 172 - 178.

[25] Saegerman C., Speybroeck N., Vanopdenbosch E., Wilesmith J. W. & Berkvens D. (2006). - Trends in age at detection in cases of bovine spongiform encephalopathy in Belgium: an indicator of the epidemic curve. *Vet. Rec.*, 159 (18), 583 - 587.

[26] Saegerman C., Speybroeck N., Vanopdenbosch E., Wilesmith J., Vereecken K. &

Berkvens D. (2005). - Evolution de l'age moyen lors de la détection des bovins atteints d'encéphalopathie spongiforme bovine (ESB): un indicateur utile du stade de la courbe épidémique d'un pays. *In* Intérêt et limites de la modélisation en épidémiologie pour les décisions de santé (numéro spécial). *épidémiol. Santé anim.*, 47, 123 - 139.

[27] Scott A., Zepeda C., Garber L., Smith J., Swayne D., Rhorer A., Kellar J., Shimshony A., Batho H., Caporale V. & Giovannini A. (2006). - The concept of compartmentalisation. *Rev. sci. tech. Off. int. Epiz*, 25 (3), 873 - 879.

[28] Speybroeck N., Berkvens D., Mfoukou - Ntsakala A., Aerts M., Hens N., Huylenbroeck G. V. & Thys E. (2004). - Classification trees versus multinomial models in the analysis of urban farming systems in central Africa. *Agric. Syst.*, 80, 133 - 149.

[29] Stachowiak H. (1973). - Allgemeine Modelltheorie. Springer, Vienna, New York.

[30] Vandeweerd J. - M. & Saegerman C. (2009). - Guide pratique de médecine factuelle vétérinaire. Les Editions du Point Vétérinaire, Paris, 193 pp.

[31] vanEngelsdorp D., Evans J. D., Saegerman C., Mullin C., Haubruge E., Nguyen B. K., Frazier M., Frazier J., Cox - Foster D., Chen Y., Underwood R., Tarpy D. R. & Pettis J. S. (2009). - Colony collapse disorder: a descriptive study. *PloS ONE*, 4 (8), e6481.

[32] vanEngelsdorp D., Speybroeck N., Evans J., Nguyen B. K., Mullin C., Frazier M., Frazier J., Cox - Foster D., Chen Y., Tarpy D. R., Haubruge H., Pettis J. S. & Saegerman C. (2010). - Weighing risk factors associated with bee colony collapse disorder by classification and regression tree analysis. *J. econ. Entomol.*, 103 (5), 1517 - 1523.

[33] vanEngelsdorp D., Underwood R., Caron D. & Hayes J. (2007). - An estimate of managed colony losses in the winter of 2006 - 2007: a report commissioned by the Apiary Inspectors of America. *Am. Bee J.*, 147, 599 - 603.

[34] Walravens K., Allix C., Supply P., Rigouts L., Godfroid J., Govaerts M., Portaels F., Dufey J., Vanholme L., Fauville - Dufaux M. & Saegerman C. (2006). - Dix années d'épidémiologie moléculaire de la tuberculose bovine en Belgique. *épidémiol. Santé anim.*, 49, 103 - 111.

[35] Wilesmith J., Morris R. D., Stevenson M. A., Cannon R., Prattley D. & Benard H. J. (2004). - Development of a method for evaluation of national surveillance data and optimization of national surveillance strategies for bovine spongiform encephalopathy. Report submitted to DG SANCO, Brussels, 34 pp.

[36] Will R. G., Ironside J. W., Zeidler M., Cousens S. N., Estibeiro K., Alperovitch A., Poser S., Pocchiari M., Hofman A. & Smith P. G. (1996). - A new variant of Creutzfeldt - Jakob disease in the UK. *Lancet*, 347 (9006), 921 - 925.

[37] World Health Organization (WHO) (2005). - The control of neglected zoonotic

diseases：a route to poverty alleviation. *In* Report of a joint WHO/DFID - AHP meeting，with the participation of FAO and OIE，Geneva，12 pp.

[38] World Health Organization（WHO)(2008). - Global tuberculosis control：surveillance，planning，financing. WHO Report WHO/HTM/TB/2008. WHO，Geneva，393 pp.

流行病学模型辅助控制高致病性禽流感

J. A. Stegeman[①] *，A. Bouma[②] &
M. C. M. de Jong[③]

摘要： 近几十年来，流行病学模型已经越来越频繁地成为设计传染病治疗方案的工具，如高致病性禽流感。预测模型用于模拟各种控制措施对传染病传播的效果；分析模型用于从疫病暴发到实验阶段来分析数据。在这些模型中一个关键的参数是再生率，其表明病毒在何种程度才可以在种群中传播。通过利用分析模型从实际数据中获得参数，随后可以在预测模型中使用这些参数来评估控制策略或监测方案。本文描述了应用这些模型的实例。

关键词： 禽流感　疫情控制　数学模型　家禽

0 引言

以往家畜传染病流行期间实施的控制措施是基于先前疫情期间获得的经验和基于科学数据的推断而进行的，这些科学数据来自疫情和实验感染。众所周知，从先前的研究推断获得的结果，无论该结果来自实地观察或实验室研究，都可能不够直接。一般情况下，病原体在种群中的传播是一个复杂的现象，具有固有的非线性特征，从个体观察到过程进行推断并不容易。种群具有异质性：包含各种类型的个体；个体在各个种群间的比例可能会有所变化。群体中的个体会相互作用，这说明个体感染率依赖于种群中其他个体的存在[1,14,17]。

因此，虽有可能，但是仅通过攻毒实验或观察研究结果来确定控制措施或检测方案的效果也还是困难的。流行病学模型已成为传染病控制方案设计中不

① 乌得勒支大学兽医医学院农场动物卫生系，荷兰乌得勒支。
* 通讯作者：j. a. stegeman@uu. nl
② 乌得勒支大学兽医医学院农场动物卫生系，荷兰乌得勒支。
③ 瓦赫宁根大学定量兽医流行病学学院，荷兰瓦赫宁根。

可或缺的工具。本文的目的是详述各种模型、它们的优缺点并分析高致病性禽流感（HPAI）疫情和治疗措施模型的适用性。

1 流行病学模型

统计和数学建模方法的应用可以阐明一些决定传染病传播速度和规模的基本影响因素[1]。通过利用科学数据来模拟各种控制策略并评估这些策略的有效性，已开发了多个流行病学模型。这些模型已被用于猪瘟[5,25,26,29]、牛疱疹病毒感染[21]、口蹄疫[40]、伪狂犬病[11,48]的控制方案研究中。这些模型也被应用于家禽种群禽流感（AI）的研究[4,16,18,23,28,36,41]，并模拟甲型流感在人类中的感染过程[2,12,13,24,34,22]。

这些所谓的预测或模拟模型是一种协助控制传染病的方便途径，并有助于决策者进行决策。其优点是，它们可以展示参数值变化对模型结果的影响，并且不用开展实验或收集现场数据就可以应用，它们还可以在无法进行实验验证或在现场病原体不存在的情况下应用。

然而，由于这些模型需要基于可靠的数据，这些优势可能会产生误导。如果不能获得这些数据，补充实验或分析疫病暴发的数据就变得至关重要[15]。

参数数目不同，模型也会有所不同。模拟模型通常包含大量的参数，因此需综合考虑多种因素，因为这些因素会影响疫病在所关注群体中的传播。这似乎是合理的，因为传播是复杂的。然而，如前所述，这些模型的难点可能是没有量化大多数的参数，因此模型一定包含几个（隐式的）假设条件。

分析模型通常是具有少量参数的简单模型。当然，这些模型是对现实的简化，且不能详细描述传播机制，但这些模型却包含可估测的参数，并且能充分“解释”感染的过程。这些分析模型不仅被用来描述疫情，而且也用来揭示病原体在群体中的复杂情况。

从科学的角度来看，由于它提供了一个工具来揭示、描述和量化传染病在动物间或农场间传播背后的机制，所以更加令人关注流行病学模型的分析及应用。此外，为了获得所需参数来运行预测模型，这一步骤是必不可少的。

2 分析模型

2.1 SEIR 模型

常用于 AI 模型是所谓的 SEIR 模型，它假定一个禽群由易感（S）、潜伏感染（E）、传染（I）和已恢复（R）禽类组成[17,42,49]。易感禽类变成被感染禽类的比率是通过传播速率参数 β 来表达的（β 定义为每单位时间内由一个易传染个体所导致的新感染个体的平均数）。痊愈是指被传染的禽类不再具有传染性，无论是由于免疫反应还是死于 AI。假设痊愈是一个恒定的比率 α，这个比率有一个预期值，它等于感染期持续时间 T 的倒数。

根据这两个情况可以得出如下结果：在整个期间内，在全为易感禽类的种群（R_0）中，由一个易传染个体所导致的新感染者的平均数等于 β/α 或 $\beta\times$ T[17]。R_0 毫无疑问是流行病学模型的一个关键参数，因为它可以告诉我们 HPAI 病毒能（$R_0>1$）或不能（$R_0<1$）在种群中传播，从而确定控制措施，如疫苗免疫，能否有效地根除病毒。

AI 病毒能否在种群中传播取决于受感染禽类的传染性，未受感染禽类的易感性，以及它们之间的相互接触。由受感染禽类排毒多少间接测定传染性，而易感性则可以通过半数感染量（ID_{50}）间接测定。尽管排毒是可以测定的，例如在攻毒实验期间每日采样，它是一种间接测定方法，因为病毒滴度与病毒传播水平之间的关系是未知的。此外，由于具体的传播途径是未知的，测定本身可能无法准确反映传染性。例如，含病毒的分泌物可以在气管和泄殖腔拭子中被检测出来，但哪种传播途径导致传染是不清楚的。确定 ID_{50} 的实验很少开展，因为这种实验不但需要大量的动物和隔离房等，而且现场实际的传播途径和接触剂量也是未知的，同时接触的频率和每次接触的感染概率更加难以确定。

关于 AI 传播的定量知识对控制这种疫病是很重要的。首先，随着时间的推移，种群中传播速率会影响患病率，反过来，这也影响检测概率。其次，这方面的知识使我们能够确定哪些措施可以减缓疫情传播，以及判断其影响程度是否充分。这样就会在传染病开始后只发生轻微的疫情，从而减少随后的疫情。

如前所述，在一群动物中，病毒传播的水平不能以个别受感染禽类的测量值来确定。但是，传播参数 β 和伴随参数（R_0）可以从设计合理的实验中以及实地研究中恰当收集到的数据估算得到，如下文所述。

2.2 实验

实验可在受控条件下进行，并且可以研究某个因素（例如干预措施）对传播的影响。有时实验是研究控制措施效果唯一可行的方法，然而，实验效果有时很低，进行推断也变得很困难。尽管如此，实验确实提供了对基本参数的估算，这些参数可接着用于模拟模型。

在所谓的传播实验中，禽类与接种（感染）病毒的其他禽类关在一起，群内病毒的传播是基于接触过的禽类被传染的速率[49]。每天（或其他适当的时间段）新感染的禽类数量表示为传播速率参数，该参数可以利用上述的 SEIR 数学模型来估算。再与排毒持续时间（T）相结合就可以计算出再生率。再生率 R_0 是由一种可替换技术估算，这种估算是根据在整个实验阶段由于与染病禽类接触而感染的禽类总数来进行的。当每天采样不可行时，可以使用这种最终数量的方法[49]，并且该方法可以作为基于每日测量得到的估算数量的一种验证。最终数量的方法缺乏强大的统计功能，但它所依赖的假设条件少，如关于 AI 潜伏期持续时间的假设条件。

已经开展了多个对不同 AI 毒株在不同易感品种种群中传播量化的研究。对 H5N2 毒株研究中[44,45]，鸡群高、低致病性（LP）毒株的再生率均被估算出来。HPAI 毒株的 R_0 明显高于 LPAI 毒株。在另一项研究中[46]，从 2003 年荷兰疫情分离的 H7N7 传播特性被量化了；印度尼西亚产蛋鸡[7]和本地鸡群[33]中 H5N1 病毒毒株的再生率被估计出来。Bos 等[7]估算了火鸡种群中另一种 H5N1 毒株的相关参数。Van der Goot 等[46,47]也针对其他禽类品种开展了实验。在北京鸭种群中[47]，病毒可以在不引起临床症状的情况下传播；在水鸭和野鸡种群中[46]，病毒也一样传播，但是引起了临床症状，且野鸡症状多于水鸭。上述研究传播参数的量化结果总结在表 1 中。

表 1　各种 AI 病毒株在不同品种禽类中传播参数的估测

致病程度	毒株	禽类类型	β（每天）	R_0	研究类型	参考文献
高致病性	H5N1	鸡	—	2	实验	33
	H5N1	鸡	1	1.6	实验	9
	H5N1	鸭	—	>1.5	实验	47
	H5N1	火鸡	1.26	7.8	实验	8
	H5N1	家禽	—	2.6	现场	39
	H5N2	鸡	—	>1.3	实验	45
	H7N7	水鸭	—	>1.5	实验	46
	H7N7	野鸡	—	>1.5	实验	46
	H7N7	鸡	—	10	实验	43
	H7N7	鸡	4.5		现场	6
低致病性	H5N2	鸡	—	>1.3	实验	45

注：β：传播速率（单位时间内被易传染个体感染的新感染病例平均数）；R：再生率（在整个易感种群中易传染个体感染的新感染病例平均数）；—：无法获得。

本实验设计也可用来确定干预措施的效果，因为只在实验环境下而不是在现场条件下是可行的[10]。到目前为止，接种禽流感疫苗效果的测试还只是在实验室中进行。针对火鸡[7]、北京鸭、山鸡、水鸭[46,47]、蛋雏鸡[43]和本地鸡[33]开展了实验。在大多数研究中，接种疫苗能显著降低传播至再生率低于 1 的水平。这表明，理论上来说，接种疫苗可以在被感染的种群中彻底根除病毒。但野鸡种群是一个例外，野鸡接种疫苗时再生率 R_0 值不能降低到小于 1 的水平。

尽管这些研究提供了关于传播参数的基本知识，但在实验条件下有效并不一定意味着现场条件下也有效。因此，在现场条件下量化传播参数也是很重要的。此外，实验通常是测量禽类之间的传播。禽群之间的传播只能在现场研究中量化。

2.3 现场研究

Tiensin 等[39]和 Bos 等[6,8]开展了禽群相关研究，Tiensin 等[39]利用泰国数据来估算禽类间 H5N1 再生率，Bos 等[6,8]估算了 2003 年荷兰 H7N7 疫情期间禽群内部的传播参数。这些估算结果给出了不同 H 亚型和 N 亚型 AI 病毒在群体内的传播特点，并允许对基于实验和基于现场估测得出的传播参数进行比较。此外，这些估算值可以被用到模拟模型上来开发监测方案，这是因为当病毒传入后，它们可以表明何时能检测到已受感染的禽群[21]。另外，在病毒传入后，随着时间的推移，这些数据对确定受感染禽类的数量和对邻近禽群的传染水平是有帮助的。

最可能在田间情况下研究禽群间的传播，Stegeman 等[37]估算了在通报前和采取控制措施后两个受影响地区农场（R_h）间的再生率[32]。Manelli 等[30,31]对 1999/2000 年意大利 H7N1 疫情期间的 R_h 进行了量化分析。在罗马尼亚，Ward 等[51]进行了对比研究，对村级的再生率进行了量化。他们认为，在 2005 年秋冬季，环境和地形在 HPAI H5N1 病毒传入和最初传播中起了关键作用，2006 年春季和夏季，家禽活动可能导致这种传染病传到罗马尼亚中部。禽群之间 AI 病毒株的估测参数总结在表 2 中。

表 2　基于现场研究的不同 AI 病毒株在禽群之间的传播估测

致病程度	毒株	β（每周）	R_0	参考文献
高致病性	H5N1	—	2～2.6	51
	H7N7	2	6.5	37
	HxNx(a)	—	1.1～2.4	19
低致病性	H7N1	0.04～0.07	0.6～0.8	30

注：β：传播速率（单位时间内被易传染个体感染的新感染病例平均数）；R：再生率（在整个易感种群中易传染个体感染的新感染病例平均数）；HP：高致病性；LP：低致病性。

(a) H7N1：意大利 1999/2000；H7N7：荷兰 2003；H7N3：加拿大 2004；H5N1：亚洲 2003。

这些研究在所谓的高危期提供了估算（无控制措施），同时研究也确定了控制措施的效果，如扑杀和优先扑杀。Stegeman 等[37]研究表明，在荷兰

H7N7 疫情期间，实施了欧盟（EU）的常规控制措施后，并与优先扑杀相结合，R_h 显著降低了，但这不足以将病毒从疫区根除。Manelli 等[30,31]还表明，控制措施在意大利能减少病毒的传播。

这些研究证实了实施一整套控制措施是有效果的，但是对于每个措施各自的贡献仍不能确定（正如 Stegeman 等[38]所描述的）。在印度尼西亚的一个疫区，人们试图研究接种疫苗的效果，但没有足够的能力开展切实可行的临床试验[10]。这个研究表明，很难设计出堪比实验研究的现场研究来评估控制措施的效果。

上述分析的焦点是商业农场之间的传播。在面临疫情暴发的各个地区，也存在散养家禽。散养家禽通常被认为是 HPAI 的储藏地，但有时它们也被认为是与商品场禽群所排出的病毒接触的唯一“牺牲品”。通过分析 2003 年荷兰 H7N7 HPAI 疫情的数据，Bavinck 等[3]进行了一项研究来量化散养家禽对流行病学的贡献。他们也使用了 SEIR 模型，但是以种群为分析单位。分析的目的是评估散养家禽相对于商品场家禽来说的易感性和传染性。研究结果表明，与商品场家禽相比，散养家禽不易受感染，但由于数据较小，不能确定散养群相对传染性的估算。这些结果表明，散养家禽在 2003 年荷兰暴发的 HPAI 疫情中所发挥的作用是次要的。与此类似，在泰国[39]，散养家禽感染的概率比商品场家禽低。然而，由于散养家禽数量巨大，他们对疫情的贡献仍然被认为是重要的。

2.4 空间特性

上述模型实质上有助于人们获得更多的关于禽群内和禽群间禽流感传播的知识。然而，这些模型没有涉及禽群的空间分布。Boender 等[4]用一个数学模型来识别 AI 传播的高危地区。他们研究的一个核心概念是传播内核。作为农场间距的一个函数，传播内核能确定从受感染农场到未受感染农场的病毒传播概率。该方法提供临界农场密度和局部再生率的估算，可以用来评价控制策略的有效性。荷兰有两个可能发生疫情扩散的家禽养殖密集地区，并且局部的控制措施不可能阻止正在扩散的疫情。在这些地区，为使疫情结束，只能通过感染或大规模扑杀来耗尽易感农场的禽类。该分析提供了一个农场间 HPAI 病毒扩散的空间范围估算，并着重指出控制此类疫情的措施需要考虑到农场的局部密度。

就荷兰的实例[31]而言，这种空间分析有助于发展更多差异化的控制策略。Le Menach 等[27]提出了一种基于随机农场—农场传播机制的数学模型，将禽群的规模和空间接触相结合来评估控制策略的影响，并将控制措施与减少人类接触联系起来。他们通过绘制农场级的再生率图来识别传播的高危地区，并建议应立即消灭已感染群，紧接着进行准确快速地诊断，这会比仅仅消灭周边禽群产生的效果更显著。

3 模拟模型

在疫情传播过程中，预测模拟模型经常被用来论证各种控制策略和监测方案的有效性，也可以用于在实验或现场不能进行验证的情形。获得的感染率、感染期和 R_0 参数值，连同家禽部分的信息，如禽群间各种类型的接触和接触频率，都可作为预测模型的输入数据。通过使用更复杂模型推断出的模拟结果可应用到除获得该结果以外的条件或地理区域中[15]。

一个模拟模型已被用于确定 HPAI H5N1 入侵英国家禽群产生的影响[36]。本研究发现，尽管大多数随机品种入侵并没有超出最初感染的处所，但具有大范围传播传染病的潜力。欧盟疫病控制策略的有效性被评估，模拟模型说明了养鸭场在 H5N1 传播中的关键作用。Garske 等[19]用一个模拟模型证明了控制措施实施前的农场－农场再生率的范围在 1.1～2.4。加强生物安全、限制动物移动以及立即隔离受感染的农场，这些控制措施在四个疫情暴发区大幅度降低了再生率，但其仍然接近阈值 1。Boender 等描述了不同家禽养殖密度地区不同控制策略的效果[4]。Guberti 等调查研究了欧洲钻水鸭在 LPAI 病毒传播中所起的作用[23]。模型显示，在钻水鸭筑巢后和换羽期间，病毒流行并处于高峰期，也表明病毒在冬季局部灭绝是极有可能的，另一项研究[20]是在东南亚进行的，当时该地区 H5N1 仍在流行。该研究目的之一是为了了解导致病毒持续不断复发的因素。研究人员分析了 HPAI H5N1 的出现记录和泰国、越南的三个同步疫情的五个环境变量之间的统计关系。

Savill 等[35]采用一种基于个体的动态数学模型来确定如何快速检测出 HPAI 在家禽群中的影响程度。他们证实了检测时间非线性地取决于 R_0，并与禽群规模和每笼家禽数成对数关系。该模型利用了禽群中传染病的动态特性，因此比不考虑这些特性的统计模型更有价值。Verdugo 等[50]验证了在早期预警系统中对“哨兵”禽类的使用情况。

这些结论如何依赖于基本的估测值，以及在得出关于控制策略的结论前是否需要更多的参数估计[15]，对上述两方面的评估仍然是很重要的。然而，这些研究都包含对决策者有价值的信息，因为这些信息将来可用于优化控制措施。

4 结论

传染病如 AI 具有复杂的行为特性，但是，数学模型可以帮助揭开其传染的全过程。而且，数学模型还可以提供对传播参数的基本估测，这些参数随后可以用于模拟模型中。将研究参数估测的实验和现场研究与数学模型相结合有助于更好地了解 AI 疫情，并有助于改进控制和监测方案的设计。为了验证模型中的基本假设和进一步改进模型，还应继续从实验和疫情中收集数据。

致谢

作者感谢经济激励基金的慷慨捐献，该基金由荷兰经济事务部资助。

参考文献

[1] Anderson R. M. & May R. M. (1992). - Infectious diseases of humans. Dynamics and control. Oxford University Press, Oxford, United Kingdom.

[2] Arino J., Jordan R. & van den Driessche P. (2005). - Quarantine in a multi - species epidemic model with spatial dynamics. *Math. Biosci.*, 206, 46 - 60.

[3] Bavinck V., Bouma A., van Boven M., Bos M. E., Stassen E. & Stegeman J. A. (2009). - The role of backyard poultry flocks in the epidemic of highly pathogenic avian influenza virus (H7N7) in the Netherlands in 2003. *Prev. vet. Med.*, 88, 247 - 254.

[4] Boender G. J., Meester R., Gies E. & de Jong M. C. M. (2007). - The local threshold for geographical spread of infectious diseases between farms. *Prev. vet. Med.*, 82, 90 - 101.

[5] Boender G. J., Nodelijk G., Hagenaars T. J., Elbers A. R. W. & de Jong M. C. M. (2008). - Local spread of classical swine fever upon virus introduction into the Netherlands: mapping of areas at high risk. *BMC vet. Res.*, 4, 9.

[6] Bos M. E., Nielen M., Koch G., Bouma A., de Jong M. C. M. & Stegeman A. (2009). - Back - calculation method shows that within - flock transmission of highly pathogenic avian influenza (H7N7) virus in the Netherlands is not influenced by housing risk factors. *Prev. vet. Med.*, 88, 278 - 285.

[7] Bos M. E., Nielen M., Koch G., Stegeman A. & de Jong M. C. M. (2008). - Effect of H7N1 vaccination on highly pathogenic avian influenza H7N7 virus transmission in turkeys. *Vaccine*, 26, 6322 - 6328.

[8] Bos M. E., van Boven M., Nielen M., Bouma A., Elbers A. R. W., Nodelijk G., Koch G., Stegeman A. & de Jong M. C. M. (2007). - Estimating the day of highly pathogenic avian influenza (H7N7) virus introduction into a poultry flock based on mortality data. *Vet. Res.*, 38, 493 - 504.

[9] Bouma A., Claassen I., Natih K., Klinkenberg D., Donnelly C. A., Koch G. & van Boven M. (2009). - Estimation of transmission parameters of H5N1 avian influenza virus in chickens. *PLoSPathog.*, 5 (1), e1 000281.

[10] Bouma A., TeguhMuljono A., Jatikusumah A., Nell A. J., Mudjiartiningsih S., Dharmayanti I., SawitriSiregar E., Claassen I., Koch G. &Stegeman J. A. (2008). - Field trial for assessment of avian influenza vaccination effectiveness in Indonesia. *Rev. sci. tech. Off. int. Epiz.*, 27 (3), 633 - 642.

[11] Buijtels J., Huirne R. &Dijkhuizen A. (1997). - Computer simulation to support policy making in the control of pseudorabies. *Vet. Microbiol.*, 55, 181 - 185.

[12] Chowell G., Ammon C. E., Hengartner N. W. & Hyman J. M. (2006). - Transmission dynamics of the great influenza pandemic of 1918 in Geneva, Switzerland: assessing the effects of hypothetical interventions. *J. theor. Biol.*, 241, 193 - 204.

[13] Colizza V., Barrat A., Barthelemy M., Valleron A. J. &Vespignani A. (2007). - Modeling the worldwide spread of pandemic influenza: baseline case and containment interventions. *PLoS Med.*, 4, e13.

[14] De Jong M. C. M. (1995). - Mathematical modelling in veterinary epidemiology: why model building is important. *Prev. vet. Med.*, 25, 183 - 193.

[15] De Jong M. C. M. &Hagenaars T. J. (2009). - Modelling control of avian influenza in poultry: the link with data. *In* Avian influenza (T. Mettenleiter, ed.). *Rev. sci. tech. Off. int. Epiz.*, 28 (1), 371 - 377.

[16] Dent J. E., Kao R. R., Kiss I. Z., Hyder K. & Arnold M. (2008). - Contact structures in the poultry industry in Great Britain: exploring transmission routes for a potential avian influenza virus epidemic. *BMC vet. Res.*, 4, 27.

[17] Die kmann O. &Heesterbeek J. A. P. (2000). - Mathematical epidemiology of infectious diseases. Model building, analysis and interpretation. John Wiley & Sons, Chichester, United Kingdom.

[18] Ferguson N. M., Cummings D. A., Cauchemez C., Fraser C., Riley S., Meeyai A., Iamsirithaworn S. & Burke D. S. (2005). - Strategies for containing an emerging influenza pandemic in Southeast Asia. *Nature*, 437, 209 - 214.

[19] Garske T., Clarke P. & Ghani A. C. (2007). - The transmissibility of highly pathogenic avian influenza in commercial poultry in industrialised countries. *PLoS ONE*, 2, e349.

[20] Gilbert M., Xiao X., Pfeiffer D. U., Epprecht M., Boles S., Czarnecki C., Chaitaweesub P., Kalpravidh W., Minh P. Q., Otte M. J., Martin V. &Slingenbergh J. (2008). - Mapping H5N1 highly pathogenic avian influenza risk in Southeast Asia. *Proc. natl Acad. Sci. USA*, 105, 4769 - 4774.

[21] Graat E. A., de Jong M. C. M., Frankena K. & Franken P. (2001). - Modelling the effect of surveillance programmes on spread of bovine herpesvirus 1 between certified cattle herds. *Vet. Microbiol.*, 79, 193 - 208.

[22] Greiner M., Müller - Graf C., Hiller P., Schrader C., Gervelmeyer A., Ellerbroek L. & Appel B. (2007). - Expert opinion based modelling of the risk of human infection

with H5N1 through the consumption of poultry meat in Germany. *Berl. Münch. tierärztl. Wochenschr.*, 120, 98 - 107.

[23] Guberti V., Scremin M., Busani L., Bonfanti L. & Terregino C. (2007). - A simulation model for low - pathogenicity avian influenza viruses in dabbling ducks in Europe. *Avian Dis.*, 51, 275 - 278.

[24] Iwami S., Takeuchi Y. & Liu X. (2007). - Avian - human influenza epidemic model. *Math. Biosci.*, 207, 1 - 25.

[25] Klinkenberg D., Everts - van der Wind A., Graat E. A. & de Jong M. C. M. (2003). - Quantification of the effect of control strategies on classical swine fever epidemics. *Math. Biosci.*, 186, 145 - 173.

[26] Klinkenberg D., Nielen M., Mourits M. C. & de Jong M. C. M. (2003). - The effectiveness of classical swine fever surveillance programmes in the Netherlands. *Prev. vet. Med.*, 67, 19 - 37.

[27] Le Menach A., Vergu E., Grais R. F., Smith D. L. & Flahault A. (2006). - Key strategies for reducing spread of avian influenza among commercial poultry holdings: lessons for transmission to humans. *Proc. biol. Sci.*, 273, 2467 - 2475.

[28] Longini Jr I. M., Nizam A., Xu S., Ungchusak K., Hanshaoworakul W., Cummings D. A. & Halloran M. E. (2005). - Containing pandemic influenza at the source. *Science*, 309, 1083 - 1087.

[29] Mangen M. - J. J., Nielen M. & Burrell A. M. (2003). - Simulated epidemiological and economic effects of measures to reduce piglet supply during a classical swine fever epidemic in the Netherlands. *Rev. sci. tech. Off. int. Epiz.*, 22 (3), 811 - 822.

[30] Mannelli A., Busani L., Toson M., Bertolini S. & Marangon S. (2007). - Transmission parameters of highly pathogenic avian influenza (H7N1) among industrial poultry farms in northern Italy in 1999—2000. *Prev. vet. Med.*, 81, 318 - 322.

[31] Mannelli A., Ferre N. & Marangon S. (2006). - Analysis of the 1999 - 2000 highly pathogenic avian influenza (H7N1) epidemic in the main poultry - production area in northern Italy. *Prev. vet. Med.*, 73, 273 - 285.

[32] Ministry of Agriculture, Nature and Food Quality of the Netherlands (2003). - Dutch implementation of EU regulations on bird flu. Available at: www.minlnv.nl/portal/page? _pageid=116, 1640563& _dad=portal& _schema=PORTAL&p_file_id=13523 (accessed on 8 December 2010).

[33] Poetri O. N., Bouma A., Murtinia S., Claassen I., Koch G., Soejoedono R. D., Stegeman J. A. & Van Boven M. (2009). - An inactivated H5N2 vaccine reduces transmission of highly pathogenic H5N1 avian influenza virus among native chickens. *Vaccine*, 27, 2864 - 2869.

[34] Riley S., Wu J. T. & Leung G. M. (2007). - Optimizing the dose of pre - pandemic influenza vaccines to reduce the infection attack rate. *PLoS Med.*, 4, e218.

[35] Savill N.J., St Rose S.G. & Woolhouse M.E. (2008). - Detection of mortality clusters associated with highly pathogenic avian influenza in poultry: a theoretical analysis. *J. Roy. Soc., Interface*, 5, 1409 - 1419.

[36] Sharkey K.J., Bowers R.G., Morgan K.L., Robinson S.E. & Christley R.M. (2008). - Epidemiological consequences of an incursion of highly pathogenic H5N1 avian influenza into the British poultry flock. Proc. biol. Sci., 275, 19 - 28.

[37] Stegeman A., Bouma A., Elbers A.R.W., de Jong M.C.M., Nodelijk G., de Klerk F., Koch G. & van Boven M. (2004). - Avian influenza A virus (H7N7) epidemic in the Netherlands in 2003: course of the epidemic and effectiveness of control measures. *J. infect. Dis.*, 190, 2088 - 2095.

[38] Stegeman A., Elbers A.R.W., Smak J. & de Jong M.C.M. (1999). - Quantification of the transmission of classical swine fever virus between herds during the 1997 - 1998 epidemic in the Netherlands. *Prev. vet. Med.*, 42, 219 - 234.

[39] Tiensin T., Nielen M., Vernooij H., Songserm T., Kalpravidh W., Chotiprasatintara S., Chaisingh A., Wongkasemjit S., Chanachai K., Thanapongtham T., Srisuvan T. &. Stegeman A. (2007). - Transmission of the highly pathogenic avian influenza virus H5N1 within flocks during the 2004 epidemic in Thailand. *J. infect. Dis.*, 196, 1679 - 1684.

[40] Tomassen F.H., de Koeijer A., Mourits M.C., Dekker A., Bouma A. & Huirne R.B. (2002). - A decision - tree to optimise control measures during the early stage of a foot - and - mouth disease epidemic. *Prev. vet. Med.*, 54, 301 - 324.

[41] Trapman P., Meester R. & Heesterbeek H. (2004). - A branching model for the spread of infectious animal diseases in varying environments. *J. math. Biol.*, 49, 553 - 576.

[42] Van Boven M., Koopmans M., Du Ry van BeestHolle M., Meijer A., Klinkenberg D., Donnelly C.A. & Heesterbeek H. (2007). - Detecting emerging transmissibility of avian influenza virus in human households. *PLoScomput. Biol.*, 3, e145.

[43] Van der Goot J.A., Koch G., de Jong M.C.M. & van Boven M. (2005). - Quantification of the effect of vaccination on transmission of avian influenza (H7N7) in chickens. *Proc. natl. Acad. Sci. USA*, 102, 18141 - 18146.

[44] Van der Goot J.A., de Jong M.C.M., Koch G. & van Boven M. (2003). - Comparison of the transmission characteristics of low and high pathogenicity avian influenza A virus (H5N2). *Epidemiol. Infect.*, 131, 1003 - 1013.

[45] Van der Goot J.A., Koch G., de Jong M.C.M. & van Boven M. (2003). - Transmission dynamics of low - and high - pathogenicity A/Chicken/Pennsylvania/83 avian influenza viruses. *Avian Dis.*, 47, 939 - 941.

[46] Van der Goot J.A., van Boven M., Koch G. & de Jong M.C.M. (2007). - Variable effect of vaccination against highly pathogenic avian influenza (H7N7) virus on disease and transmission in pheasants and teals. *Vaccine*, 25, 8318 - 8325.

[47] Van der Goot J. A., van Boven M., Stegeman J. A., van de Water S. G., de Jong M. C. M. & Koch G. (2008). - Transmission of highly pathogenic avian influenza H5N1 virus in Pekin ducks is significantly reduced by a genetically distant H5N2 vaccine. *Virology*, 382, 91 - 97.

[48] Van Nes A., de Jong M. C. M., Buijtels J. A. & Verheijden J. H. M. (1998). - Implications derived from a mathematical model for eradication of pseudorabies virus. *Prev. vet. Med.*, 33, 39 - 58.

[49] Velthuis A. G. J., Bouma A., Katsma W. E. A., Nodelijk G. & de Jong M. C. M. (2007). - Design and analysis of small - scale transmission experiments with animals. *Epidemiol. Infect.*, 135, 202 - 217.

[50] Verdugo C., Cardona C. J. & Carpenter T. E. (2009). - Simulation of an early warning system using sentinel birds to detect a change of a low pathogenic avian influenza virus (LPAIV) to high pathogenic avian influenza virus (HPAIV). *Prev. vet. Med.*, 88, 109 - 119.

[51] Ward M. P., Maftei D., Apostu C. & Suru A. (2009). - Estimation of the basic reproductive number (R_0) for epidemic, highly pathogenic avian influenza subtype H5N1 spread. *Epidemiol. Infect.*, 137, 219 - 226.

修订现有高传染性疫病模型以利于不同国家的应用

C. Dubé[①], J. Sanchez[②] & A. Reeves[③]

摘要：许多国家缺乏开发动物疫病流行病学模型的资源，因此，鼓励一些国家使用其他国家已建立的模型。然而，为了使模型更好地适用于某一国家、地区或是某些情况，而不仅仅适用于建立模型的国家，就需要对已有模型进行修订。修订模型的过程对模型建立者和使用者均有许多益处，通过修订，模型建立者可以深入分析模型的适用性，同时也可以获得验证模型各要素运行的数据。对于使用者来说，可以使其详细地考虑传染病的传播过程，检查可供建模的数据以及学到流行病学建模的原则。在考虑修订模型时，需要注意一些问题。最关键的是必须完全理解建立模型的各种假设和目的，这样新的使用者就可以确定其所处条件对此模型是否适用。修订模型的过程可能仅涉及改变现有模型的参数值（例如，一个国家或地区家畜数量等统计资料），也可能需要对模型代码和概念模型进行更多实质性和花费更多劳动地改变。如果模型具有用户友好的界面和易读的用户文档，修订模型会更加容易。此外，对于长期合作技术转让的项目，构建包括疫病过程、家畜数量统计和动物接触较为灵活的框架模型是不错的候选模型。

关键词：流行病学建模　模型修订　技术转让

0 引言

世界上许多国家越来越多地将高传染性疫病模型用于支持应急预案[1,4,5,16,20]，研究正在发生的[3,11]或已经发生的疫情[7,13]。一些模型为特定情况而开发，用于特定的国家或地区，或用于特定疫病，抑或由于特定的疫情而开发。另外的一些模型更具有通用性，它们可以模拟来自任何地方、不同种群

---

① 加拿大食品检验局动物健康和生产部，加拿大安大略省渥太华。

② 爱德华王子岛大学亚特兰大兽医学院卫生管理系，加拿大。

③ 美国科罗拉多州立大学兽医与生物医学学院临床学系动物种群健康研究所。

的高传染性疫病。建立传染病模型的过程依赖于多种因素，如模型的使用目的和范围、开发模型国家的疫病状况、国家对这类疫病的响应经验、为建立和验证模型可获得的数据和知识，以及模型建立者自己的经验[18]。所有这些因素都会对建模方法的选择产生影响（例如，确定性或随机性，数学方法或模拟方法，空间或非空间等）。因此，所建立模型的种类非常多，可以是针对特定疫病的特殊模型、针对确定种群的特定疫病模型，以及可用来对多种高传染性疫病和种群建模的通用模型框架。

建立模型需要多种资源，包括：①在计算机编程、流行病学、经济学、社会学和数学方面拥有专业技能的人员；②开发和评估模型的资金；③收集和分析数据的资金（如果需要）；④对所开发工具使用人员的培训机会（此类资源在世界上所有地区都难以得到）。

由于建立模型是一个资源集中的过程，在一个国家或地区开发的模型可能被其他国家或地区关注和使用。便捷的全球通信和虚拟工作的协同发展促进了这种合作。

在某些情况下，“修订”模型对说明在某一个国家疫病传播的特征而非模型建立国是有帮助的，修订可以包括许多过程但大致可以分为两类：①修订模型的参数值；②从根本上调整概念模型以使其更好地适合其他国家的新情况。

如何实现这些调整在很大程度上依赖于如何建立模型。本文探讨在不考虑原来设计目的的前提下，利用现有模型的益处，并探索在这些情况下修订模型。作者列举了来自文献，以及在使用北美动物疫病传播模型（NAADSM）的亲身经历等各种不同实例[5]。

1　在非模型建立国应用现有模型的益处

在非模型建立国应用现有模型对模型建立者和这些模型的使用者都有益处。模型建立者可以利用他们在本国无法获得的数据来改进和检验他们建立的模型。例如，在应用此模型的国家，用于评估模型中呈现动物如何接触的动物移动的相关数据是非常有用的。这类工作可以使身处在无该疫病国家的建模者和流行病学专家获得疫病流行国家的相关工作经验。此外，模型经过现场专家的评审，该评审过程也可以作为已建立概念模型的验证过程，从而帮助提高模型输出结果的可信度。最后，当现有模型在其他国家作为辅助根除和控制措施而应用时，可以进一步削弱传染病在全球传播的风险。

对于模型应用国家来说，这是一个建立有关流行病学模型专业技术的极好机会，同时也是以有组织的方式考虑疫病传播和控制的好时机。设计流行病学模型参数的过程促使人们思考疫病的流行病学和响应机制。使用模型不仅在疫情暴发情况下有帮助，也是指导未来响应策略的一种有价值的工具。疫病传播模型开发者和最终使用者之间的合作带来更多跨学科专家的交流，通过分析疫病暴发数据、家畜活动数据库和其他开发流行病学模型参数所需数据，这些专家可以提供指导和建议。最后，应用现有模型对于开发全新模型来说是一种成本低、见效快的替代方案。

2 模型的建立过程和调适潜力

建模活动一般开始于明确阐明问题和目标。这种目标可能是面向研究的：例如，进行一项建模研究可能是为了发展对某种疫病流行病学的认识，或对某个疫病暴发回顾性分析以便知道疫病是如何传播，以及如何采取不同的措施来控制疫病。问题也可能主要是由政策驱动：例如，在一个先前无口蹄疫（FMD）的国家暴发疫病期间，接种 FMD 疫苗的效益和成本如何？根据此问题，疫病流行病学的认知水平以及可获得的建模数据，可建立完全不同的模型，包括从简单的确定性模型到复杂的空间模拟模型。有关在疫病控制策略应用模型的综述中，Taylor[18] 提供了一个表格（基于 Holling 的工作）[6]，显示疫病流行病学的认知水平以及数据的数量/质量是如何决定模型可解决问题的类型（表 1）。如果认知水平较高并且可获得足够的高质量数据，那么合理可靠的预测是可能的。

表 1 基于可获得的数据和知识探究模型使用中的问题

该表经原作者许可转载（Taylor）[18]

流行病学知识	数据的数量/质量	
	较差	较好
较差	(a) 探索性发展假设 (b) 利用数据假设对过去事件简化表示	(c) 经验性/分析性假设检验 (d) 过去事件的较好表示（“模拟”）
较好	谨慎的预测性应用（“如果应用了会发生什么?”），但是带有不确定的局限性	能够进行预测性应用（“如果应用了会发生什么?”），如果未来是可预测的

当考虑在其他地区或国家使用已有模型时，首要任务是仔细评估模型背后的假设条件，并且确定模型建立的目的是否与模型使用国的需求相兼容。例如为应急预案而建立的模型可能并不适合疫情暴发期间的策略决策。此外，确定模型所需修订的程度也是较重要的。需要区分出仅仅改变参数值还是修改模型

结构和计算机代码以适应当地情况，后者需要大量劳动和专门的编程技巧。改变参数的过程也可能是劳动密集的，这取决于参数是如何包含在模型中的。相比于以数据文件形式传入到模型的参数来说，“硬编码”参数（即那些直接包含在计算机代码中的参数）更难于修改（用户友好模型界面可以简化这个传入过程）。另外，必须在模型的使用环境下对数据的可获得性和质量进行评估，以确定这些数据在模型使用国是否可用。虽然缺乏数据的情况比较典型，还是有可能遇见相反的问题：模型应用国的数据比较详尽，但不适合已有模型处理，在应用模型之前应考虑到这种缺少数据的影响。

模型应用的地理区域也比较重要。我们仅仅要利用模型表示疫病暴发国特定地区的疫情吗？还是要表示重要经济区的疫情？抑或我们要在一个国家或世界上的任何地方应用这个模型吗？为一个国家的特定地区而建立的模型框架可能包含该地区的特定参数，但是可能只需要对其计算机代码做少许的修改就可以用不同的参数表示其他的地区。这方面的一个例子是 Bates 等[1]开发的模型，该模型包含在加利福尼亚州三个县收集的参数，所以他们研究中的比率参数不一定能够适用于美国的其他地区，但是建模思想和框架可以与其他参数一起使用。

3　其他国家修订流行病学模型的实例

本文将讨论三个实例。首先，作者描述了一项专门为 2001 年英国 FMD 疫情建立模型的应用研究，之后在丹麦使用了此模型。第二，本文列举了采用 InterSpread Plus 模型实例，该模型框架已应用于世界多个国家。最后，本文介绍了如何在南美洲不同国家应用 NAADSM 模型。

在 2001 年，英国建立了许多模型来支持 FMD 暴发的响应工作[3,8,9,11]。Keeling 等[11]构建的模型机制修订并用于支持英国未来疫情暴发的应急预案[10,20]。这个模型采用了可以解释所有传播机制的疫病传播核心要素，并提供了一个关于传播风险和与被感染饲养场间距的函数。在 2008 年，Tildesley 和 Keeling[19]评估了英国所开发的模型在不同国家情况下的应用效果。他们选择将模型应用于丹麦的应急预案工作，主要用于评估丹麦 FMD 侵入的潜在后果，这项研究是国际 EpiLab 模型比较计划的一部分[21]。

国际 EpiLab 模型比较计划的目的是在各种疫病暴发情况下识别出最合适的控制措施（扑杀、免疫或其他综合措施）。修订模型面临的主要问题与两个国家在家畜统计资料的差异有关。猪在英国大部分地区养殖密度较低，所以在 2001 年英国 FMD 暴发中没有起主要作用，但是丹麦猪的饲养密度很高。此外，丹麦羊的密度与英国相比很低。两国牛的密度相当。就面积而言丹麦是一个更小的国家，模型中英国的FMD传播核心要素并不适用于丹麦。另外，由于缺乏精确的知识，不得不先做猪易感性和传染性的假设，并检验许多参数值。羊的易感性和传染性参数值与英国疫情暴发情况下开发的数值相似。由于所使用的模型是没有用户界面的数学模型以及需要对模型核心要素做大量修改，因此建模者需要深入地参与到将英国模型调整到丹麦这一活动中。这项研究的主要发现是家畜统计资料会极大地影响模型推荐的控制措施。在丹麦，由于家畜数量的变化，国家统一的控制策略并不是最优的。

第二个例子是韩国利用InterSpread Plus（IS＋）重建2002年FMD疫情[22]。InterSpread Plus具有较高的灵活性，用户可以指定用于表示饲养场疫病传播过程处于疫病风险中的种群特征参数值[17]。最初是新西兰创建了InterSpread Plus[16]，之后被应用到多个国家，包括瑞士、荷兰和英国，但最令人难忘的是，InterSpread是英国2001年FMD疫情期间应用的几个模型之一。建立InterSpread Plus的初衷是在面临FMD疫情暴发时将它作为决策支持工具来提供疫情预测。为了得到可靠的结果，这类模型需要大量的数据。

对于模型建立者来说，IS＋计划的目标是确定该模型是否能被用来重建韩国2002年的FMD疫情。韩国的流行病学家也希望利用这个模型确定疫情期间控制措施实施的早晚会有什么潜在的影响（依据预测受感染饲养场的数量）。他们知道采用3 km或5 km免疫圈与标准、有限或是大范围减少家畜数量策略结合会产生什么样的效果。虽然所有的建模工作都是在新西兰完成的，当地的流行病学家也研究了一些参数，这些参数包括处于风险中的种群、移动频率、活动距离以及气象数据，并创造了一个基础场景应用控制措施。在3～4 d的启动会议之后，接下来所有的沟通都是通过电子邮件完成的。IS＋为该计划提供的概念模型并没有作改变，主要的挑战其实是IS＋框架可用的种群数据。InterSpread Plus能成功地应用于韩国得益于其高度灵活的设计。在另一个国家的成功应用也印证了模型的可操作性和有效性，因为它能够表示真实的疫情状况。

第三个例子是关于建模工具和专门知识的技术和能力的转移。加拿大外交事务和国际贸易部为南美洲构建FMD疫情应急准备和响应能力资助了一个技术转让项目。该计划采用的是北美洲开发的NAADSM[5]，北美在响应高传染性疫病方面的经验有限，在家畜饲养和接触架构方面（依据动物活动和诸如人类、设备和其他污染物等非直接接触来说）的信息也有限。建立NAASDM模型的主要目的是支持北美洲对外来动物疫病的应急预案，这些疫病包括FMD、高致病性禽流感和猪瘟。因此，创建此作为用户为多种疫病和不同种群开发仿真模型的软件框架，它具有用户友好的界面，并且在网络上可使用英语版和西班牙语版，它还提供了详细的用户指南和常规的培训机会。该模型的源代码可以下载，同时也公布了该模型的详细说明[5]。

从模型建立者的视角来看，该计划的目的如下：①获取了解南美洲 FMD 流行病学的经验；②测试 NAADSM 表示该地区家畜饲养场之间的统计资料和接触架构的能力；③通过专家评审进一步评估该模型在概念上的有效性；④获取数据以支持模型的改进。

该项目的主要合作伙伴是泛美口蹄疫疫病中心（PANAFTOSA），其目标如下：①为南美洲诸国的应急预案提供工具；②为该地区的流行病学家提供关于流行病学建模的训练，从而建立可提供持续培训的专家库；③提高与北美流行病学家合作的水平；④为对工具的本地化而根据该地区的需求裁剪模型。

2008 年 3 月，在巴西召开的专家研讨会上发起了此计划，会议的目的如下：①培训本地具有 FMD 专业知识的流行病学专家使用 NAADSM；②获得关于家畜种群和接触特点，以及该地区 FMD 流行病学和控制方面的认识；③确定一些潜在的必要修改来模拟该地区的 FMD 流行情况；④FMD 需专家详细审查 NAADSM。

为了使 NAADSM 能在南美洲应用并能正确的表示该地区不同的 FMD 流行病学条件，该计划修改和强化了五处代码，为模型提供了西班牙语用户界面并且讨论了多个相关问题。所探讨的主要问题是根据接触参数、饲养和管理特点，适当表示南美洲的不同养殖系统的重要性。这些因素对于该地区 FMD 传播非常重要。

这个持续两年的计划完成了使用 NAADSM 的两项研究，一项在智利[15]，另一项在巴西，每项研究都对特定地区的 FMD 传播情况进行了评估。最终，修改或是正在修改的模型能够代表畜群内感染传播，以及考虑到各种疫苗效力和覆盖范围。此次合作增加了 NAADSM 对 FMD 疫情建模能力的信心，在与 NAADSM 开发团队合作的同时，南美洲不同的国家也正将它作为应急准备措施的工具。

4 其他国家修订模型的条件

当决定是否需要修订模型和选择哪个模型进行修订时，需要着重考虑几个因素。本文作者基于建立和使用模型的亲身经历提出了下列建议。

首要的是，为了使本地专家容易转换和使用，建模过程必须是透明的。这意味着修订模型时，所有假设必须有清晰详细的文档说明，这些假设必须由专家和使用模型研究结果的决策者进行评审。为了尽可能对所建模型的目标进行验证和确认，待修订模型必须经过一系列的评估。请读者参阅 Reeves 等在近期期刊上发表关于模型验证和确认的讨论[14]。

为了使其在别的国家易于使用，必须要有易读易懂的模型说明书，这可以用于人员培训和未来应用的指南。理想情况下，模型应该具有易于使用的用户界面，同时用户可以在界面中更改参数以表示不同疫情、疫病或种群。具有这种界面可以使得长期的技术转让项目成为可能。然而，用户应该意识到，易于使用的界面可能传达建模过程简单容易的错误观念，简单用户界面并不能代替对概念模型假设的完全理解。此外，适用并详细的用户指南和支持文件可以成功地实现对模型的应用。

模型越灵活，越易于其他国家修订和将其作为技术转让项目的一部分。首先，它必须能够表示家畜数量等资料、管理实践、家畜活动和对疫病传播较为重要的其他接触之间的差异。例如，空间说明模型应考虑家畜种群的不同空间分布和密度。网络模型应考虑家畜移动网络的拓扑结构，以更好地表示多样性的水平。如果可以的话，模型也必须能够处理所研究的传染病病原的不同流行株，为疫病暴发提供不同的起始条件。这可以为模型的应用提供更大的灵活性。如果可能的话，模型也必须能顾及易感性、传染性和不同品种的临床症状的差异。最后，模型必须包括多种可能的控制措施或综合措施，这些控制措施既要适合于使用该模型的国家或地区，也要与所建模型的目的契合。

理想情况下，模型使用国应易于得到模型，更适宜用该国的官方语言，并可极其方便地通过互联网获取。必须提供培训以保证本地专家和用户的最大利益，在这种情况下，翻译服务是至关重要的。为使潜在用户正确地使用和解释模型及其输出，必须识别和满足诸如流行病学或数据分析基础课程之类的培训需求。

根据该项目的目的和持续时间的不同，建模者应该为有资源使用自身模型国家的同事们提供持续的支持并构建长期的建模能力，在没有相关资源的国家，建模者应该以短期合作项目为目标。

5 结论

一个模型所需修订的程度依赖于该模型的类型。例如，模型是为特定疫病、疫情或地区而创建的吗？还是说模型只提供一个框架，其参数允许灵活变化？所需的修订程度也取决于模型使用国可获得数据的数量和质量。起关键作用的是建模项目的目标：是为了一个与模型设计不同的目的而使用该模型吗？

我们必须首先评估为另一个国家或地区修订模型需要做些什么，这可能意味着一些诸如改变某些参数值的简单工作。在这种情况下，本地专家将在发展这些参数中发挥非常重要的作用，因为这些参数是基于模型使用国数据得出的。如果模型具有易于使用的用户界面或可为模型输入提供文件化的数据文件格式，那么用户或许能够自行修改模型而无须模型开发者的帮助。在这种情况下，培训就变得非常重要，这是因为模型使用者需要知道模型的假设条件和局限性。

修订模型也可能意味着修改模型的代码以反映不同的家畜管理系统、传播机制或用户要求的输出。在这种情况下，需要模型建立者与专家密切合作来修订模型，这也需要更多的资金和时间，为此，确定使用国是否拥有资源和专门技术完成建模工作是比较重要的。另外，确定潜在合作的目标与否对提供长期能力建设也比较重要，以便本地专家就可以在特定计划完成后继续使用这个模型工具。

建模好处之一就是促使模型建立者和用户认真细致地研究他们的系统，建立动物疫病流行病学模型的过程可以使得人们更好地理解家畜统计资料、接触架构、疫病传播机制，以及模型使用地区或国家疫病控制所需的资源等多个方面。因此，它可以为建模者和本地专家提供大量的学习机会，建模、修模过程是一个受益、挑战和受教育的机会，它促使建模者考虑他们模型的设计，并进行调整，最终改进模型。

参考文献

[1] Bates T. W.，Thurmond M. C. & Carpenter T. E. (2003). - Description of an epidemic simulation model for use in evaluating strategies to control an outbreak of foot - and - mouth disease. *Am. J. vet. Res.*，64，195 - 204.

[2] Dubé C.，Geale D. & Sanchez J. (2008). - NAADSM orientation workshop and project plan for pilot studies，software development，and oversight of NAADSM application in South America. Canadian Food Inspection Agency，Ottawa，Ontario.

[3] Ferguson N. M.，Donnelly C. A. & Anderson R. M. (2001). - Transmission intensity and impact of control policies on the foot and mouth epidemic in Great Britain. *Nature*，413，542 - 548.

[4] Garner M. G. & Beckett S. D. (2005). - Modelling the spread of foot - and - mouth disease in Australia. *Aust. vet. J.*，83，758 - 766.

[5] Harvey N.，Reeves A.，Schoenbaum M. A.，Zagmutt - Vergara F. J.，Dubé C.，Hill A. E.，Corso B. A.，McNab W. B.，Cartwright C. I. & Salman M. D. (2007). - The North American Animal Disease Spread Model：a simulation model to assist decision making in evaluating animal disease incursions. *Prev. vet. Med.*，82，176 - 197.

[6] Holling C. S. (1978). - Adaptive environmental assessment and management. John Wiley & Sons，Chichester.

[7] Jalvingh A. W.，Nielen M.，Maurice H.，Stegeman A. J.，Elbers A. R. & Dijkhuizen A. A. (1999). - Spatial and stochastic simulation to evaluate the impact of events and

control measures on the 1997—1998 classical swine fever epidemic in the Netherlands. I. Description of simulation model. *Prev. vet. Med.*, 42, 271 - 295.

[8] Kao R. R. (2001). - Landscape fragmentation and foot - and - mouth disease transmission. *Vet. Rec.*, 148, 746 - 747.

[9] Kao R. R. (2002). - The role of mathematical modelling in the control of the 2001 FMD epidemic in the UK. *Trends Microbiol.*, 10, 279 - 286.

[10] Keeling M. J., Woolhouse M. E. J., May R. M., Davies G. & Grenfell B. T. (2003). - Modelling vaccination strategies against foot - and - mouth disease. *Nature*, 9, 136 - 142.

[11] Keeling M. J., Woolhouse M. E. J., Shaw D. J., Matthews L., Chase - Topping M., Haydon D. T., Cornell S. J., Kappey J., Wilesmith J. & Grenfell B. T. (2001). - Dynamics of the 2001 UK foot and mouth epidemic: stochastic dispersal in a heterogeneous landscape. *Science*, 26, 813 - 817.

[12] Morris R., Sanson R., Stern M., Stevenson M. & Wilesmith J. (2001). - Predictive spatial modelling of alternative control strategies for the foot - and - mouth disease epidemic in Great Britain, *Vet. Rec.*, 149, 137 - 144.

[13] Nielen M., Jalvingh A. W., Meuwissen M. P., Horst S. H. & Dijkhuizen A. A. (1999). - Spatial and stochastic simulation to evaluate the impact of events and control measures on the 1997 - 1998 classical swine fever epidemic in the Netherlands. II. Comparison of control strategies. *Prev. vet. Med.*, 42, 297 - 317.

[14] Reeves A., Salman M. D. & Hill A. E. (2011). - Approaches for evaluating veterinary epidemiological models: verification, validation and limitations. *In* Models in the management of animal diseases (P. Willeberg, ed.) *Rev. sci. tech. Off. int. Epiz.*, 30 (2), 499 - 512.

[15] Rivera A., Espejo G., Dubé C. & Sanchez J. (2009). - Strategies for control of FMD outbreak in Chile using the North American Animal Disease Spread Model. *In* Epidemiology unplugged: providing power for better health. Proc. 12th International Symposium on Veterinary Epidemiology and Economics, 10 - 14 August, Durban, South Africa. International Society for Veterinary Epidemiology and Economics.

[16] Sanson R. L. (1993). - The development of a decision support system for an animal disease emergency. PhD thesis, Massey University, Palmerston North, New Zealand.

[17] Stevenson M. A., Sanson R. L., Stern M. W., O'Leary B. D., Mackereth G., Sujau M., Moles - Benfell N. & Morris R. S. (2005). - InterSpread Plus: a spatial and stochastic simulation model of disease in animal populations. Technical Paper for Research Project BER - 60 - 2004. Ministry of Agriculture and Forestry, Biosecurity New Zealand, Wellington, New Zealand, 48 pp.

[18] Taylor N. (2003). - Review of the use of models in informing disease control policy development and adjustment. A report for the Department for Environment, Food and Rural Affairs (DEFRA). Available at: epicentre. massey. ac. nz/resources/acvsc _ grp/

docs/Taylor _ 2003. pdf. (accessed on 10 November 2010).

[19] Tildesley M. J. & Keeling M. J. (2008). - Modelling foot - and - mouth disease: a comparison between the UK and Denmark. *Prev. vet. Med.*, 15, 107 - 124.

[20] Tildesley M. J., Savill N. J., Shaw D. J., Deardon R., Brooks S. P., Woolhouse M. E. J., Grenfell B. T. & Keeling M. J. (2006). - Optimal reactive vaccination strategies for a foot - and - mouth outbreak in the UK. *Nature*, 440, 83 - 86.

[21] Vigre H. (2008). - A comparison of three simulation models: the EpiLab project. *In* Proc. Centers for Epidemiology and Animal Health (CEAH) /World Organisation for Animal Health Epidemiological Modeling Workshop, 11 - 13 August, Fort Collins, Colorado. United States Department of Agriculture, Animal and Plant Health Inspection Service, Veterinary Services & CEAH, Fort Collins, Colorado.

[22] Yoon H., Wee S. H., Stevenson M. A., O' Leary B. D., Morris R. S., Hwang I. J., Park C. K. & Stern M. W. (2006). - Simulation analyses to evaluate alternative control strategies for the 2002 foot - and - mouth disease outbreak in the Republic of Korea. *Prev. vet. Med.*, 17, 212 - 225.

利用简化模型传达疫情暴发前预防、检测和防范工作的重要性

B. McNab①，C. Dubé② & D. Alves③

摘要：养殖场前线工人和兽医决策者可以说是最有能力影响养殖场动物疫病的预防、检测及防范—控制工作。对于动物日常管理和卫生规定，这些人能够基于对疫病传播和控制关键原理的良好掌握，做出生物学上明智的决策是很重要的。本文将以前出版物中描述的原理总结为简单的模型，这些模型可以用来向没有时间研究复杂模型的读者传达概念。模型阐明了新病例发展（来自现存病例，如繁殖率 R）与①现有病例的易传染期，②接触率，③传播率和④易感染性的关系。通过模型来理解这些概念具有很强的实用性，便于决策者在疫情变得不可控之前，制定更好的疫病预防、检测和防范控制策略。这些基本概念适用于所有动物物种，包括人类。

关键词：传达　控制　检测　疫病预防　疫病传播和控制模型　防范工作　繁殖率　利益相关者的理解

0　引言

动物饲养主和养殖场工人可以说最有能力防止疫病引入、检测异常并控制疫病在动物中传播。另一方面，在其各自负责的领域内，畜牧业、动物卫生和公共卫生决策者可以说最能够影响法规和资助政策，这些法规和资助政策涉及疫病预防、检测和控制。因此，所有这些人都应理解疫病传播、控制的关键原理以及与此影响范围相关的管理对策。这样，他们便可以根据这些原理做出决定并采取行动，这些都有助于有效地预防、检测和控制疫病。在疫情开始前或是在控制疫病期间均如此。

模型可以被用来阐明和传达这些原理[25]。几种类型的疫病模型已经被开发出来并被其他作者评审[9,19,22,23,33]。这方面的实例包括数学模型[1,10,11,14,18]、

①③ 安大略省农业部、食品与农村事务部门，动物卫生和福利科。

② 加拿大食品检疫局。

空间显示模型、随机模型、状态转变计算机模拟[12,16,28,29,30,32]以及最近的网络模型[3,5,8,9]。本文的主要目的是将之前发表的论文中关键概念总结成一组简单的例子、示意图、基本方程和图表。其目的是向动物卫生工作者和高层决策者传达疫病预防和控制的关键原理，并最终推动相关政策从个体养殖场发展至国际化的水平。本文少量参考了其他作者在《意大利兽医学》[25]先前发表的一篇论文。

1　疫病传播和控制本质是指数关系

为了更清晰地理解疫病指数传播，读者可以简单地设想下普通感冒在家庭、工作场所和社区传播的情况。假设每一个感染者传染给另外两个人，然后这两个人再传染给更多的人。感染个体之间指数传播的示意图。潜在的单个体包括人（如传播感冒病毒），或畜禽养殖场（如在养殖场之间传播口蹄疫）。这个图也可以描述人与养殖或野生动物之间的传播（如某些流感病毒）。每个现存病例产生新病例的数量（在这个例子中是两个）对于判断疫情随着时间的推移在种群中的扩张、稳定或减弱是非常重要的。这个数值被称为繁殖率（R）[1]。

当 R 大于 1 时（即：如果平均每个已感染个体传染给多个新个体），新感染个体的数量继续成指数递增。在这个例子中，存在一个常数 $R=2$，在“第五代”（在原始病例之后）产生新感染个体的数量达到了 32（或 2^5）。这导致被感染的个体总数达到了 63 个。这个示意图也说明了控制措施和其他策略也会带来指数级的影响。例如，如果有人认真地洗手，在“X”中就没有传播此疫病（图 1），就不会感染整个分支中 31 个个体。我们永远不会准确地知道谁或哪些个体是如何被感染的，确实有些单元也可能通过其他途径被感染。然

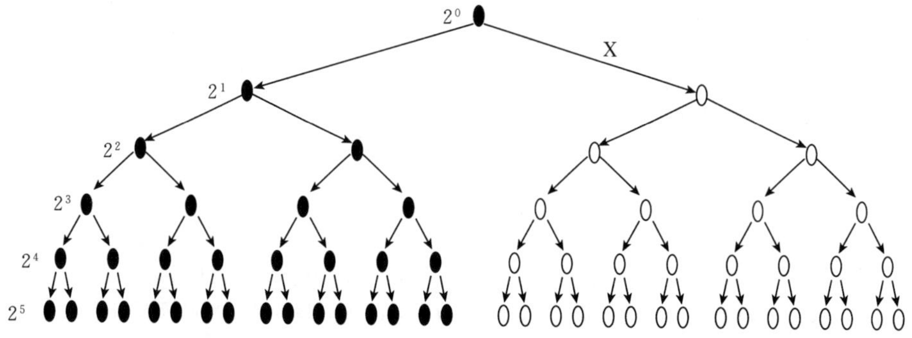

图 1　病例数指数增长示意图，每个现存病例感染两个新病例，即繁殖率 $R=2$

请注意：传播在“X”处被阻断所产生的指数控制的影响

而，通过避免与该个体的直接接触，在一个传染节点采取措施会对社会具有实际的意义。通过采取良好的生物安全措施和控制接触，可以防止疫病在他们的养殖场内外传播，图 1 所示说明了个人对社会或其行业所做出的重要贡献要远远超出他们各自的家庭或养殖场的范围。

2 更好的生物安全、更快的检测、更好的跟踪

图 2 总结了养殖场间一种动物传染病暴发的四种不同情景。各个情景在生物安全水平、接触管理、疫病检测和跟踪有效性方面存在差异。情景 a 代表了低劣的生物安全性和接触管理，加上缓慢的检测和没有跟踪，导致繁殖率 $R=2$。疫情暴发后的一段时间，官方最初认为只有一个病例，而那时实际已有 62 个被感染的个体不被当局所知晓。在这种情况下，行业和监管部门重新控制疫病蔓延将是非常困难的。

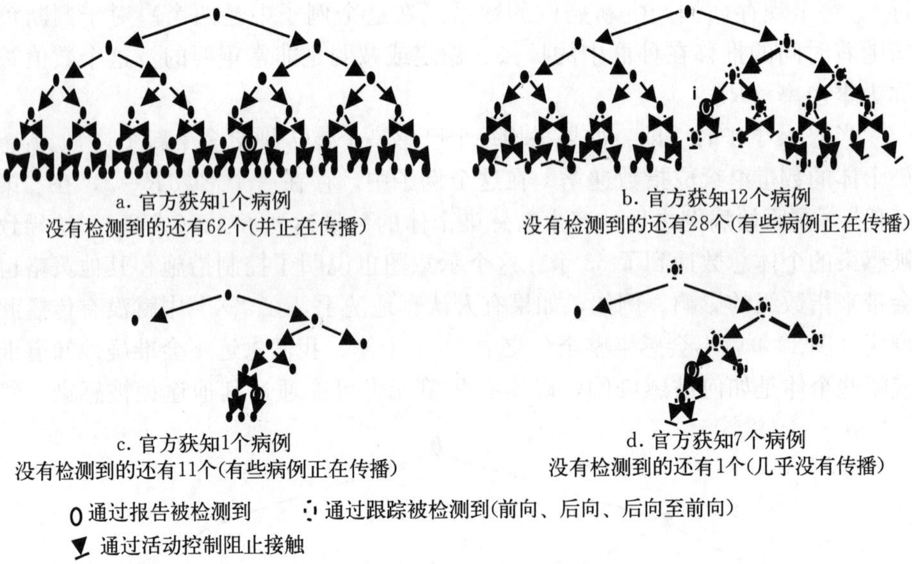

图 2 4 个情景的示意图

a. 迅速传播 $R=2$，缓慢检测，没有跟踪。

b. 快速初始传播 $R=2$，较快地检测，合理地跟踪，阻止传播措施，但仍然大规模传播。

c. 更好的初始生物安全性和接触控制，$R=1.2$，缓慢检测和没有跟踪。

d. 更好的生物安全性和接触控制，初始繁殖率 $R=1.2$，更快地检测，良好的跟踪及后续的活动范围控制。

情景 b 代表了初始繁殖率 $R=2$ 低劣的常规生物安全性，但是具有较好的

官方检测（比情景 a 早一代被检测，个体标注为“i”）和更好地跟踪。请注意，对标注为“i”的个体的隔离阻止其进一步传播，同时应进行正向跟踪并对之前被“i”感染的个体进行后续的隔离。还要注意后向跟踪到感染源个体和从后向跟踪的后续前向跟踪。这使得识别感染个体并实施隔离措施防止疫情进一步传播成为可能。此外，请注意，常规的活动范围控制具有一定效果，可防止来自一些尚不为所知的已感染与情景 a 有关养殖场的传播。在情景 b 中，这一切导致官方相对快速地获知了 12 个病例，但还是有 28 个幕后病例不为所知。病毒仍然继续大量传播扩散，但 R 已经从其初始值 2 降低了。

情景 c 代表更好的常规生物安全和接触管理，以致早期的繁殖率 R（即在官方意识到疫情暴发前）下降到每个现存病例导致的平均 1.2 个新病例的水平。同情景 a 一样，由于检测缓慢并且没有跟踪，这导致官方起初认为只有一个病例，但还是有 11 个幕后病例不为所知。

情景 d 代表良好的常规生物安全和接触管理，从而初始繁殖率 $R=1.2$，同时具有早期检测、良好的跟踪和报告的优点。这使得官方获知了 7 个病例，另有 1 个不为所知的幕后病例。有意思的是，从生物学角度来看，对于行业和监管部门，情景 d 相比于情景 a 情况更好。然而，最初，情景 d（7 个已知病例）可能在媒体报道中听起来比情景 a（1 个已知病例）更糟，因为媒体不知道潜藏在情景 a 中的病例。在随后几天和几周时间里，在情景 a 中，官方可能会检测到大部分尚未获知的病例，此时他们才意识到，在控制传播方面还落后很远，而已感染个体的传播在此期间已然发生。

畜牧业工人、业主、运输人员和监管人员可能了解其面临类似于 a、b、c 或 d 情景是很重要的，在疫情暴发前和暴发期间，这种可能性受其个人和群体努力的影响很大。在官方意识到疫情暴发之前，他们在“和平期”采取的活动范围控制和生物安全的常规措施会极大地影响疫情传播的繁殖率 R。动物饲养人员对疫病征兆的观察（包括异常消耗和生产）以及他们寻求兽医和实验室诊断的速度会影响检测严重疫病和控制措施实施的快慢。此外，对行业更新的活动和接触记录分析的难易程度会影响跟踪的速度、准确度以及官方疫病控制措施的精确度。兽医、实验室和应急响应基础设施也很重要。

3 影响疫病传播和控制关键因素的简单方程

为了更好地理解繁殖率和它影响疫病传播的方式，读者可以设想影响已感染者传染感冒等传染病给其他人的数量的关键因素。这可以被认为是他们的个体繁殖率（R），即一些被他们（易传染病例）传染的新病例的数量。显而易见的影响因素总结如表3所示。它们包括：

（1）“易传染天数”（D），即易传染病例未被检测到的天数（因此未受控制），可以自由地接触感染其他个体（如5）。

（2）在此期间，他们接触的频率（C）（如每天5次接触）。

（3）每次接触的传播概率（T）（如20%）。

（4）与易受感染的人接触的概率（S）（例如，40%是与易受感染的人接触）。

因此，R 的简化方程[1]可被视为：

$$R=D\times C\times T\times S$$

在本例中，

R=5易传染天数/病例×5次接触/天×0.2传播概率/接触×0.4新病例/传播概率；

R=2个新病例/病例，因此是一个无量纲量。

易感染人群的比例也可以被认为是1－不易感染人群的比例，不易感染人群的比例包括：已被感染过（I）具有自然免疫的比例；以及通过接种疫苗（V）获得免疫的比例；再加上以防止接触和停止传播为目的的故意剔除或消失（M）的比例。

这样，上述公式可以改写（替换易受感染的 S）如下：

$$R=D\times C\times T\times [1-(I+V+M)]$$

这个简单的公式总结了影响传染病在种群中传播的关键因素，从而必须通过改变关键因素或其组合来控制或根除疫病。值得注意的是，即使保持其他因素不变的话，当 I 增加时 R 仍减少。这就意味着，在其他条件都相同的情况下，随着时间的推移，由于已感染个体比例的增加，易感染个体的比例减少，每个已感染病例产生的新病例数量将自行减少。因此，只要不通过迁徙、出生或丧失免疫力等方式向种群增加易受感染个体，R 最终将下降到下1以下，疫情就会“自行消亡”。同样值得注意的是，通过减少下述的任意组合：易传染状态持续时间（D）、接触频率（C）、传播概率（T）或易感染比例（S），即通过增加已感染比例（I）、接种疫苗（V）或消失（M）的数量，可以使繁殖率（R）下降。

一些减少现有病例传染天数（D）行动的例子包括：你感冒时待在家里休息（从而减少与你接触的数量，也有可能减少你实际可传染他人的时间）；在

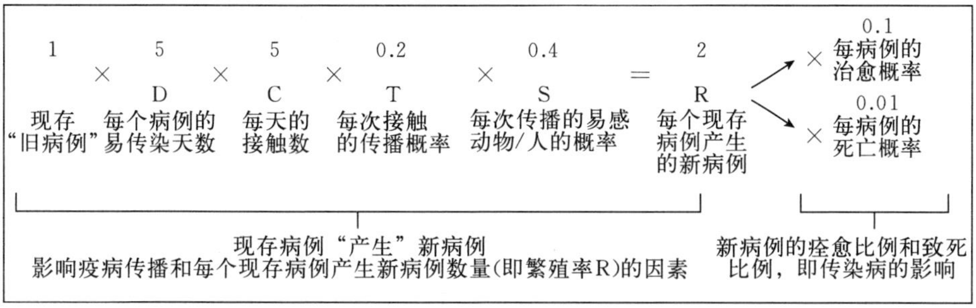

图 3　从现存病例产生新病例（即繁殖率“*R*”）及传染病痊愈率和致死率的概括示意

受感染的养殖场没有采取控制措施期间，有效的疫病检测和快速诊断可以减少疫病持续时间（即早期检测，从而减少检测出疫病和采取隔离措施时间间隔）；对养殖场里被感染动物的扑杀；或预先扑杀已受感染的动物，但不扑杀易传染的动物（$D=0$）。

为减少每天接触频率而采取行动的例子包括：①尽可能避免在工作中与人见面（如果你感冒时不能待在家里）；②除了必要的交通，减少在养殖场的常规进出活动；③限制养殖场的接触数量和每个养殖场的接触频率；④建立直接贸易，以减少或消除高接触集中地（潜在的“超级传播者”）；⑤在疫情暴发期间实施严格的隔离和活动控制。

当感染通过大范围的空气传播，降低 C 就变得更加困难。

减少每次接触的传播概率（T）采取行动的例子包括：①经常清洗双手；②当你感冒的时候，不要握手或亲吻问候别人；③对群体增加隔离措施；④采取全入/全出方式；⑤在允许直接或间接接触易感染动物之前，清洁、消毒和处理被污染的或可能被污染的材料或设备。

降低易感染人群的比例而采取行动的例子包括：①当疫病有较小影响时（如幼种畜患有猪繁殖与呼吸综合征），在生产周期某个时间内故意使动物受感染（I）；②通过接种疫苗增加免疫比例（V）；③增加消失的比例（M）（即有意剔除），从而即便它们是易受感染的，也不会传染疫病。

通过重新安置、优先屠宰而消费或预先扑杀有感染风险的动物，“消失”比例（M）可能会增加。可通过增强免疫力［有意感染（I）或接种疫苗（V）］或“消失”（M）来减少易感染动物的比例，这类似于建立一个“防火带”，通过减少易感染数量（可用的燃料），疫情（火灾）得以控制。图 4 总结了这些有利于 R 相互作用的因素，随后把它们转换成重要的预防、检测和控制活动（图中用下指的箭头表示）。

R 每个现存病例	=	"易传染" 天数	×	接触 频率	×	传播 概率	×	易感染 比例
2	=	5 d		5 次接触/d		20% 传播/接触		40% 易感染/传播
使其尽可能小	通过	剔除"易传染者"	×	减少"接触"	×	增强"消毒"	×	增加"抵抗力
		↓ 去除什么		↓ 允许谁，做什么，在哪里？		↓ 用什么，在哪里，谁，怎么做？		↓ 选择谁，用什么接种疫苗？
增加精确度	通过	区分真正的状态监视		系统流图ID跟踪安全艰难工作进行中				遗传学和接种疫苗方面的知识

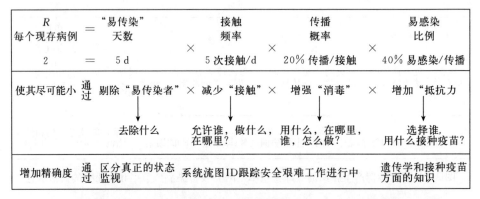

图 4　影响精确度变化并有助于减少每个现存病例产生新病例数量的因素总结

本例中 $R=2$

4　手术刀式的精确性和钝锤式的粗略性

从生物学角度来看，为了实现 $R<1$，从而控制疫情的暴发，对变量 D、C、T、V 或 M 的哪种组合进行改变并不重要。然而，高效地实现 $R<1$ 的困难之处是需要以一定的精确性和最小局限性来降低 D、C 或 T 的值，这种精确性仅限于真正被感染的个体，而对未被感染个体的正常活动范围设定最小局限。优良的监控和敏感性高、特异性强的快速诊断试验系统，对真正被感染个体的有效隔离和活动范围控制，良好的生物安全性和有效的清洗、消毒和治疗，上述条件对于在真正被感染的个体中有效并高效的降低 D、C 和 T 都是很重要。为了在有感染风险的单体中高效地增加 V 或 M，精确性也是需要的。例如，在特定疫情暴发的空气传播条件下，关于上述条件的作用和特点的精确掌握将有助于在适当的情况下更精确地确定下风向的 V 或 M 的数量和位置。同理，关于直接或间接活动精确的专业知识将有助于确定 M 的应用，这种确定 M 的应用是通过只在精确识别和及时跟踪的高易感染风险个体中更精确的应用预先扑杀和剔除实现的。

根据实际情况，对参数 C、D、T、V、M 适当精确、及时、有效和高效的操作在技术上或逻辑上可能是不可行的。不同的情况下，需要实现不同的组合或要求。例如，如果所需的疫情报告、跟踪、活动限制和生物安全条款（旨在减少 D、C 和 T）不能被畜牧业主和工人恰当地执行，官方部门可能需要依靠通过更广泛、低精确度的销毁动物的方法（减少 D，提高 M）和接种疫苗（V）来控制疫情。同理，如果空气传播是接触（C）和传播（T）的一个重要组成部分，那么即使完美的执行活动控制和生物安全限制也不可能充分降低 C 和 T。在这种情况下，为使繁殖率低于 1（$R<1$）就可能需要增加接种疫苗（V）和大比例的剔除易感动物（即增加 M）。因此，为了对 D、C、T 和 M 进行有效而高效地改变而做出恰当的决定，即采用手术刀式的精确方法而不是大锤式的粗略手段，需要在疫情掌握、相关数据以及风险评估和判断方面具有较高水平。

5 简单但不容易

上面所述的概念可能很容易理解。然而，在疫情暴发期间，把它们正确精准地投入到实践中并不是一件容易的事情。可以将图 5 看作图 1 更复杂的版本，它以示意图的形式展示了疫病传播中不同世代已感染个体的时间重叠。它也阐明了，在一段时间内，官方当局对一些病例和接触如何不知情，或者也许永远无法识别。在疫情暴发期，就每个易传染病例产生新病例的平均数量而言，估算当前或最近的繁殖率（R）是不容易的。这是因为新检测到的病例实际上可能是以往的病例，而还未检测到一些新病例。同样，正如图 5 所示，个

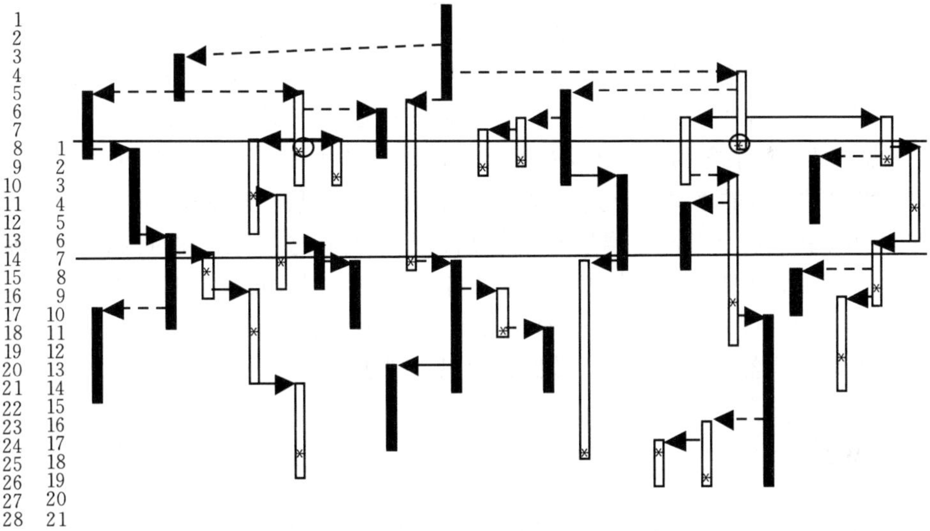

图 5　疫病随时间推移的传播示意图，展示了畜群各自的潜伏期和易传染期的时间重叠，以及官方已知或未知畜群状态

疫情暴发的实际时间标度（d）：最左侧。疫情暴发的明显时间标度：内侧白色长方形和实线箭头表示官方已知的受感染畜群和接触星号表示检测出畜群感染的日期圈中的星号表示受感染畜群的初始检测平均数黑色长方形和虚线箭头表示官方尚不知情的受感染畜群和接触

上部的水平线表示包含在 R 分母中的畜群（即旧病例），新病例（R 的分子）自此畜群产生，正如被下部的水平线穿过的畜群，稍后产生了完全的疫病世代（在本例随机的设为一周）

体的确切感染日期和易传染期不易获知。另外，疫情暴发期间，D、C、T、I、V 和 M 的真实量度是较难获取的。进而，既然不同的 D、C、T、I、V 和 M 的组合可以导致相同的 R，那么不真实的变量组合就可能生成观测到的 R（无论准确与否）。

图 5 以示意图的形式展示了养殖场个体间一般动物传染病真实传播的情景。时间单位（如：d）在图的左边从上至下增加。矩形代表真正被感染的畜群，无论当局对其知情与否。每一个矩形的垂直位置和长度代表的是疫病组合隐匿的相对日期和持续时间，以及各个畜群个体的易传染期。白色长方形代表疫病控制当局已获知其感染的畜群，无论这些畜群是被报告给当局还是通过从已知病例成功的跟踪到（前向或后向）。白色长方形中的星号垂直位置对应于当局对被感染畜群知情时的日期（在左边的时间标度上）。黑色长方形代表仍不为当局所知的被感染畜群。箭头代表直接、间接或空气接触造成指定日期的特定个体间的疫病传播。实箭头表示当局知情的接触。虚线箭头表示仍不为当局所知的有效传播接触。值得注意的是，真正的疫情暴发已经持续了 28 d，但直到第 8 d 才首次发现受感染畜群（两个被圈的星号），所以疫情暴发似乎只持续了 21 d。

在疫情暴发期间的不同时间点对 R 进行估计以了解其是否在减小以及是否已经减小到 1 以下是很有用的。然而，要做到这点，关键是要知道哪些已知受感染畜群应该被归类为新感染畜群，哪些畜群是作为当前新感染畜群感染源以往的受感染畜群。也就是说，关键是要知道哪些病例应该被计入 R 的分子（图 5 中那些被下方的水平线穿过的畜群）以及哪些病例被计入 R 的分母（图 5 中那些被上方的水平线穿过的畜群）。而这并不容易，再加上仍未检测到的旧病例和新病例（有些畜群甚至可能被误报），所有这些将导致对 R 的不正确估计。此外，由于将疫情暴发视为处于控制之下（错误的 $R<1$）或失去控制（错误的 $R>1$），对 R 的错误估计会导致不恰当的决策。因此，为评估疫情暴发情况需要具备相当的技能、数据、知识和判断能力[15,17,21]。

6 网络

前述的事例（图 3）假设相等数量的已感染个体或养殖场的传播接触。在英国[5]、丹麦[3]和加拿大[8]关于动物活动的最近研究表明，尽管多数对家畜的业务操作会有少数接触，但由于在无标度接触网络上[2,18,20]，其与其他个体（如市场、经销商）的相互作用，有些接触可能充当了超级传播者的角色。图 6 以示意图的形式展示了集中地（H）或超级传播者的影响。请注意上述由 H 引发新病例的平均数值。在这个例子中，R 的平均值为 1.6（36/22），但个体 H 造成了 17 个新病例。如果排除 H 产生的新病例，R 的平均值为 0.9（19/21），是小于1的。从疫病控制角度来看，这说明了在疫情暴发期间避免产生此类集中地，或者确保其快速地控制集中地的感染和传播的重要性。

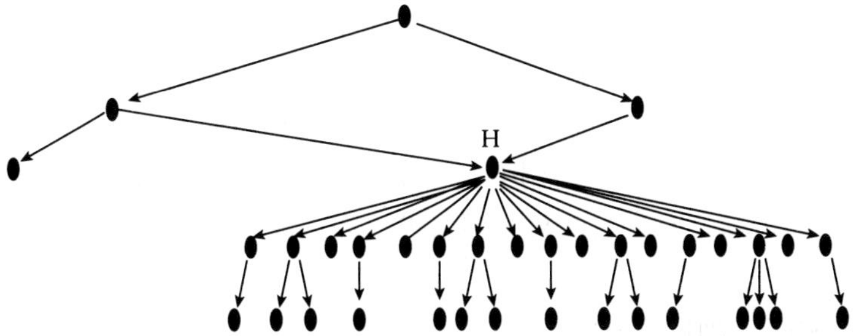

图6 无标度接触网络中疫病自“集中地”（H）或“超级传播者”大范围传播示意

此外，在变化的频率和随机选择的个体间接触中，个体之间的传播很少遵循一个简单的接触体系。在现实中，大多数人和商业接触形成合理的结构化网络。为防止疫病传播，可能以划分系统部件的方式设计动物活动网络并应用。OIE认可这种区划是控制疫病传播的一种方法。然而，更多时候，动物活动网络以提高短期经济效益的方式发展，但不一定具有生物增强性。最近，正式的网络分析已应用于家畜活动分析[3,5,8,9]。但在能够利用网络分析研究接触网络的特性之前，我们必须获得组成此网络的节点（个体）、弧或向量（接触）的精确数据。关于独特的养殖场识别数据（节点）和每个特定养殖场对的活动数据（向量）对于进行这样的网络分析是必要的。图7是2个不同网络的示意图。在网络A中，所有的节点（个体或养殖场）和向量（接触或家畜活动）都是已知的，由实边椭圆和实心箭头表示。

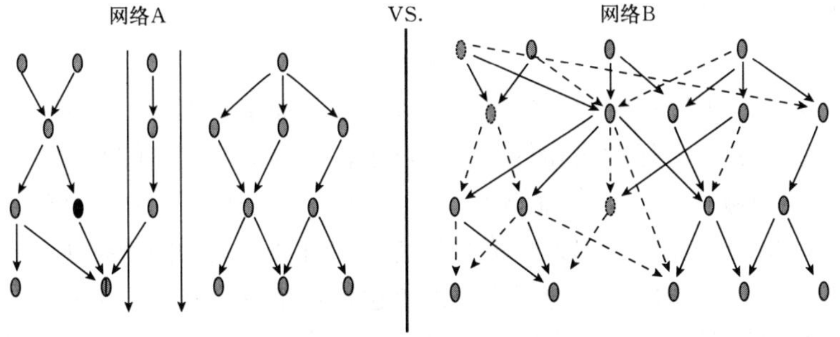

图7 网络A和B的示意

在网络A中，所有的节点和接触都是已知的并且一些部件是相对孤立的。当有某个个体受感染（实心椭圆），可以对其实现快速跟踪和控制。与此相反，在网络B中，一些真正的节点和接触保持未知（虚线椭圆和虚线箭头），至少有一个集中地存在，并且整个网络是高度关联的，这导致更难于控制。

此外，三个不同组的节点（网络组件）是相对隔离的。在随机引入传染病到网络 A 后（例如，实心线的椭圆形），将疫病传播限制在网络较小组件内（这个例子中在左边）。此外，因为所有的单元（节点）和活动范围（矢量）是已知的，所以可以快速和准确地跟踪。因此，控制传播是相当可行的。相比之下，网络 B（图 7）包括几个真实的且当局不知情的养殖场（节点）和接触者（矢量）（由虚线椭圆和箭头表示）。此外，整个网络 B 比 A 更高度连接。这使得在了解、优先级、跟踪和控制传播方面，B 比 A 更难。因此，在人群中预防和控制疫病传播，对真实的接触网络设计和理解是非常重要的。

7 讨论与结论

由严重的传染性疫病如口蹄疫造成的贸易破坏和经济影响对通常没有这些疫病的出口国来说更加严重[4,7,13,24,26,27,31]。养殖场工人和业主可能会认为自己在控制他们国家比较陌生疫病方面的影响并不大。他们可能会依赖于政府当局保护他们不受这种外来动物疫病的侵害。同样，公民可能会认为他们自身对他们的社区疫病的引入和传播影响并不大，并错误地认为只有公共卫生管理部门可以阻止疫病的传播。此外，包括普通市民、畜牧业工人、畜牧业主、动物卫生监管人员和公共政策决策者在内的各色人群通常具有有限的时间和精力。因此，他们不一定有时间或专业技能来学习和充分理解复杂的数学模型、计算机模拟或网络模型。然而，他们的决定和行动往往对成功的控制疫病至关重要[6]。

都已经通过严谨的数学和流行病学的方式详细地报道或评估了本文总结的疫病传播和控制的概念[1,2,3,8,9,12,14,18,20,23,28,30,33]。本文目的是将概念总结成为简化的模型，以便向没有时间研究详细模型的人传达传染病控制的关键原理[25]。

有许多因素可以影响政策的发展，以及畜牧业主、工人、买家、卖家、运输者或监管官员的实际做法和行为。反过来，行为的改变能够影响：易传染天数（D），接触频率（C），传播概率（T），或易感染比例（S）。直到出现一种新的病原菌出现，才会意识到政策变化造成的看似无关的附带损害可能会影响到疫病的蔓延。一些促进行为变化的例子包括：市场、技术、劳动力成本、运输成本、贸易壁垒、消费者喜好的变化，公共或政府优先权的总体变化，可供兽医检查或诊断的基础设施资源的重新排序等。在对政策进行局部或大范围的变化前，尤需谨慎。特别是，作者建议，决策者应进行充分考虑，通过建模研究改变对疫病传播和控制可能造成的影响。对于预计发生的改变可能导致的结果，可能会问及下列内容：接触网络能改变为几乎全部接触吗？能产生更大的影响力或更少的集中地？通过减少或增加直接或间接的接触频率（*C*），或每次接触的传播概率（*T*），疫病传播的预防会受到影响？会增加或减少易感性（*S*）或疫苗（*V*）的使用？会增加或减少监视、检测、易诊断性或可跟踪性，从而在控制措施实施前，影响易传染期的天数（*D*）？

人们可能根据他们对风险和收益的认知来改变他们的行为。如果他们真的相信自己的个人行动会对他们真正关心的人或系统产生积极的影响，人们更可能会采取建设性的行动。本文总结简单实例、示意图和方程的目的在于帮助公民、畜牧业工人、畜牧业业主和政策决策者领会到，他们个人的日常决定和行动能够对他们的家庭或养殖场的疫情发生规模产生极大的影响，同时对他们所在行业或对整个社会的疫情暴发也会产生深远的影响。不仅在官方已知疫情暴发并采取措施时应该这样做，在疫情暴发为官方所知之前甚至疫情开始前也应该这样做。如果人们对自己的疫病复发率（*R*）负起责任，那么社会将会受益。这将减少他们个人所产生新病例的数量，并且这将减少随后的疫病指数传播，否则这种指数传播将出现在随后几代的病例中。我们希望大家对本文总结的重要原理能有一个更广泛的认知，这会促使利益相关者以加强预防和控制传染病的方式开展日常活动。

参考文献

[1] Anderson R. M. & Nokes D. J. (1991). - Mathematical models of transmission and control. *In* Oxford textbook of public health, 2nd Ed. (W. W. Holland, R. Detels & G. Knox, eds). Vol. II, Chapter 14. Oxford Medical Publications, Oxford, 225 - 252.

[2] Barabasi A. L. & Bonabeau A. (2003). - Scale - free networks. *Sci. Am.*, 288 (5), 60 - 69.

[3] Bigras - Poulin M., Thompson R. A., Chriel M., Mortensen S. & Greiner M. (2006). - Network analysis of Danish cattle industry trade patterns as an evaluation of risk potential for disease spread. *Prev. vet. Med.*, 76, 11 - 39.

[4] Burrell A. (2002). - Outbreak, control and prevention of animal diseases: economic aspects and policy issues. AGR/CA/APM (2002) 19. Working Party on Agricultural Policies and Markets, Directorate for Food, Agriculture and Fisheries, Committee for Agriculture. Organisation for Economic Co - operation and Development, Paris, 53 pp.

[5] Christley R. M., Robinson S. E., Lysons R. & French N. P. (2005). - Network analysis of cattle movement in Great Britain. *In* Proc. Annual Meeting of the Society for Veterinary Epidemiology and Preventive Medicine, April, Inverness, 234 - 244.

[6] Crispin S. M. (2005). - Foot - and - mouth disease: the vital need for collaboration as an aid to disease elimination. *Vet. J.*, 169, 162 - 164.

[7] Dijkhuizen A. A. (1989). - Epidemiological and economic evaluation of foot - and -

mouth disease control strategies in the Netherlands. *Neth. J. agric. Sci.*, 37, 1 - 12.

[8] Dubé C., Ribble C., Kelton D. & McNab B. (2008). - Comparing network analysis measures to determine potential epidemic size of highly contagious exotic diseases in fragmented monthly networks of dairy cattle movements in Ontario, Canada. *Transbound. emerg. Dis.*, 55 (9 - 10), 382 - 392.

[9] Dubé C., Ribble C., Kelton D. & McNab B. (2009). - A review of network analysis terminology and its application to foot - and - mouth disease modelling and policy development. *Transbound. emerg. Dis.*, 56 (3), 73 - 85.

[10] Ferguson N. M., Donnelly C. A. & Anderson R. M. (2001). - The foot - and - mouth epidemic in Great Britain: pattern of spread and impact of interventions. *Science*, 292, 1155 - 1160.

[11] Ferguson N. M., Donnelly C. A. & Anderson R. M. (2001). - Transmission intensity and impact of control policies on the foot and mouth epidemic in Great Britain. *Nature*, 413, 542 - 548.

[12] Garner M. G. & Beckett S. D. (2005). - Modelling the spread of foot - and - mouth disease in Australia. *Aust. vet. J.*, 83, 30 - 38.

[13] Garner M. G., Fisher B. S. & Murray J. G. (2002). - Economic aspects of foot and mouth disease: perspectives of a free country, Australia. *In* Foot and mouth disease: facing the new dilemmas (G. R. Thomson, ed.). *Rev. sci. tech. Off. int. Epiz.*, 21 (3), 625 - 635.

[14] Green L. E. & Medley G. F. (2002). - Mathematical modelling of the foot and mouth disease epidemic of 2001: strengths and weaknesses. *Res. vet. Sci.*, 73, 201 - 205.

[15] J. & Pfeiffer D. (2006). - Should we use models to inform policy development? *Vet. J.*, 172, 393 - 395.

[16] Harvey N., Reeves A., Schoenbaum M. A., Zagmutt - Vergara F. J., Dubé C., Hill A. E., Corso B. A., McNab W. B., Cartwright C. I. & Salman M. D. (2007). - The North American Animal Disease Spread Model: a simulation model to assist decision making in evaluating disease incursions. *Prev. vet. Med.*, 82, 176 - 197.

[17] Honhold N., Taylor N. M., Wingfield A., Einshoj P., Middlemiss C., Eppink L., Wroth R. & Mansley L. M. (2004). - Evaluation of the application of veterinary judgement in the pre - emptive cull of contiguous premises during the epidemic of foot - and - mouth disease in Cumbria in 2001. *Vet. Rec.*, 155, 349 - 355.

[18] Kao R. R. (2002). - The role of mathematical modelling in the control of the 2001 FMD epidemic in the UK. *TrendsMicrobiol.*, 10, 279 - 286.

[19] Keeling M. J. (2005). - Models of foot - and - mouth disease. *Proc. roy. Soc. Lond.*, *B*, *biol. Sci.*, 272, 1195 - 1202.

[20] Kiss I. Z., Darren M. G. & Kao R. R. (2006). - Infectious disease control using contact tracing in random and scale - free networks. *J. roy. Soc.*, *Interface*, 3, 55 - 62.

[21] Kitching R. P. , Hutber A. M. &Thrusfield M. V. (2005). – A review of foot – and – mouth disease with special consideration for the clinical and epidemiological factors relevant to predictive modelling of the disease. *Vet. J.* , 169, 197 – 209.

[22] Kitching R. P. , Thrusfield M. V. & Taylor N. M. (2006). – Use and abuse of mathematical models: an illustration from the 2001 foot and mouth disease epidemic in the United Kingdom. *In* Biological disasters of animal origin. The role and preparedness of veterinary and public health services (M. Hugh – Jones, ed.). *Rev. sci. tech. Off. int. Epiz.* , 25 (1), 293 – 311.

[23] Kostova – Vassilevska T. (2004). – On the use of models to assess foot – and – mouth disease transmission and control. US Department of Homeland Security, Advanced Scientific Computing Program. UCRL – TR – 205241. Lawrence Livermore National Laboratory, University of California, Livermore, California, 37 pp. Available at: www. llnl. gov/tid/lof/documents/pdf/309485. pdf (accessed on 15 January 2007).

[24] Laurence C. J. (2002). – Animal welfare consequences in England and Wales of the 2001 epidemic of foot and mouth disease. *In* Foot and mouth disease: facing the new dilemmas (G. R. Thomson, ed.). *Rev. sci. tech. Off. int. Epiz.* , 21 (3), 863 – 868.

[25] McNab B. &Dubé C. (2007). – Simple models to assist in communicating key principles of animal disease control. *Vet. ital.* , 43 (2), 317 – 326.

[26] Mangen M. – J. J. , Burrell A. M. &Mourits M. C. M. (2004). – Epidemiological and economic modelling of classical swine fever: application to the 1997/1998 Dutch epidemic. *Agric. Syst.* , 81, 37 – 54.

[27] Marangon S. & Capua I. (2006). – Control of avian influenza in Italy: from stamping out to emergency and prophylactic vaccination. *In* Proc. OIE/FAO International Scientific Conference on Avian Influenza (A. Schudel& M. Lombard, eds). *Dev. Biol. (Basel)*, 124, 109 – 115.

[28] Morris R. S. , Wilesmith J. W. , Stern M. W. , Sanson R. L. & Stevenson M. A. (2001). – Predictive spatial modelling of alternative control strategies for the foot – and – mouth disease epidemic in Great Britain, 2001. *Vet. Rec.* , 149, 137 – 144.

[29] Nielen M. , Jalvingh A. W. , Meuwissen M. P. M. , Horst S. H. &Dijkhuizen A. A. (1999). – Spatial and stochastic simulation to evaluate the impact of events and control measures on the 1997 – 1998 classical swine fever epidemic in the Netherlands. II. Comparison of control strategies. *Prev. vet. Med.* , 42, 297 – 317.

[30] Schoenbaum M. A. & Disney W. T. (2003). – Modeling alternative mitigation strategies for a hypothetical outbreak of foot – and – mouth disease in the United States. *Prev. vet. Med.* , 58, 25 – 52.

[31] Scudamore J. M. , Trevelyan G. M. , Tas M. V. , Varley E. M. & Hic kman G. A. W. (2002). – Carcass disposal: lessons from Great Britain following the foot and mouth disease outbreaks of 2001. *In* Foot and mouth disease: facing the new dilemmas

(G. R. Thomson, ed.). *Rev. sci. tech. Off. int. Epiz.*, 21 (3), 775 - 787.

[32] Stevenson M. A., Sanson R. L., Stern M. W., O'Leary B. D., Mackereth G., Sujau M., Moles - Benfell N. & Morris R. S. (2006). - InterSpread Plus: a spatial and stochastic simulation model of disease in animal populations (Research project BER -60 - 2004). Biosecurity New Zealand Technical Paper No. 2005/NN. Ministry of Agriculture and Forestry, Biosecurity New Zealand, Wellington.

[33] Taylor N. (2003). - Review of the use of models in informing disease control policy development and adjustment. A report for the Department for Environment, Food and Rural Affairs (DEFRA) Veterinary Epidemiology and Economics Research Unit, Reading, 94 pp. Available at: www. defra. gov. uk/science/documents/publications/ 2003/UseofModelsinDisease ControlPolicy. pdf/ (accessed on 15 January 2006).

6

地方性疫病的流行病学模型

支持动物疫病监测活动的流行病学模型

P. Willeberg①②③*，L. G. Paisley③ & P. Lind③

摘要：流行病学模型作为工具已经广泛应用于改进动物疫病监测活动。回顾已发表文献发现三种主要模型应用组：规划监测模型、监测系统性能评估模型、解析监测数据模型（作为现行控制或根除项目一部分）；本文列出了两个丹麦示例。第一个示例阐述了如何在证明国家不存在疫病（旋毛虫病）中使用这些模型，第二个示例说明模型如何在预测已经检测到或是未检测到，未来牛海绵状脑病（BSE）降低感染风险中发挥辅助作用。两个研究都成功地推动欧洲做出政策变化，及各类风险规模将监测成本降至合理水平。

关键词：丹麦　流行病学模型　估测　解析　规划　监测

0 引言

流行病学模型是疫病流行病学及其相关过程的逻辑或数学表达。建立流行病学模型需要当前所了解的疫病情况，以及使用该信息就多种模拟情况下有可能发生的事件做出有根据的推测。使用者可以提出假设的问题，并对比不同措施的结果。

流行病学模型的设计目的在于协助完成多种监测活动。这些活动并非只是国家、技术、行政方面所必需的；当筹备情况、竞争能力、透明度需要进行演示时，这些监测活动可能在国际、政治、贸易方面十分重要。

接下来部分将简要描述一系列不同或交叉的监测应用模型。流行病学模型

① 美国戴维斯加利福尼亚大学兽医学院动物疫病建模与监测中心。

② 丹麦哥本哈根大学生命科学系。

③ 丹麦技术大学国家兽医研究所。

* 通讯作者：pwilleberg@ucdavis. edu

已经用于支持下述监测活动：

（1）借助以下途径制定监测系统：

① 具体化潜在疫病的暴发，并使用该信息研发监测方案；

② 发现目标监测活动的地点和方式，即确定对寻找目标最有用的地点、畜群类型和大小；

③ 计算样本大小、评估综合、目标或基于风险的监测系统的敏感性。

（2）通过下述方式评估监测系统：

① 形象化潜在疫病的暴发，并使用该信息评估当前或改进的监测系统；

② 检测改进监测对潜在疫病发生规模的影响；

③ 协助评估监测系统的敏感性，表现为，如果存在，成功检出疫病的概率。

（3）解析现行监视、控制或根除项目中的监测数据，以实现以下目的：

① 协助评估监测系统的有效性或完备程度；

② 根据疫病暴发可避免的后果（生物学、经济学、社会学等）评估测的价值；

③记录或预测监测数据可用疫病暴发的变化。

OIE《陆生动物卫生法典》规定，监测的三个主要目标为：①证明不存在疫病或传染病；②尽早检测发现外来病或新发病；③确定疫病或传染病的频率或分布。

下面部分包括支持上述三种监测活动的模型（其中考虑了两个丹麦示例）。

根据不同情况，流行病学模型的复杂性也不尽相同。只要模型适合所提问题，所有类型都能发挥作用。如果输入值定为点估计值，则模型可能为确定性，其每次运行结果也将相同；但如果输入值代表一系列数值而非一个数值，模型可能为随机性。在随机性模型之中，模型在模拟过程中每次输入数值范围中的一个数值，其每次运行的结果都可能不同。这些模型通常运行多次，根据全部结果的范围分析输出值。在为了获得输入值变动而需要分布的情形中，由于生物差异性和不确定性，将使用随机模型。

1　制定监测系统

许多模型已经应用于协助设计监测系统。随机模型通常用来计算调查样本大小。在计算基于风险监测或针对性监测所要求的样本大小时、或疫病传播和检测特征不确定时，随机模型尤其有用[51,52]。在实施之前对比不同取样策略[1,5,25,26]、诊断检测[34]、或两者的可能性时，模型的作用也非常大，能够节省时间和资金。

2 评估监测系统

普遍用随机模拟模型评估监测系统的敏感性和特异性[4,9,25]，以及评估不同样本采集方法[31]、样本大小[7]、监测或根除策略[11,36,41,42,47,49,56]和血清学检测[34]的效果。当检测（牛）传染性鼻气管炎时，使用模拟模型评估不同样本采集条件的效果[8,40]。模拟模型也用于确定基于屠宰场调查的样本规模是否过小，不能够以±0.5％的准确度估测真正传播率为1％的羊瘙痒病[50]。

3 解析现行监控、控制、根除项目中的监测数据

3.1 证明不存在疫病或传染病

流行病学模型已经用于估测疫病不存在于某一畜群或禽群的概率[7,8,9,13,23,27,28,29,32,33,35,40,51]。如果不对群体中每一动物进行检测，不可能证明该群体中不存在某种疫病或传染病。但借助模型，科研人员可以使用样本数据估测某一群体疫病感染率低于某一水平的概率（“假定传播率”）。通过模型，使用者可以解释检测性能、采样准确性、群体动物聚集、或其他因素的不确定性。模型可以用来为随机调查、或基于风险监测计算样本大小，以在一定程度上确信疫病水平低于假定传播率。另外一个优势是建模可以考虑到疫病传播的复杂性、不确定性和生物差异性；当评估监测以证明不存在疫病或传染病时，这些因素是需要考虑的。

示例1：在丹麦养猪生产中对旋毛虫类进行基于风险的监测

通过引入基于风险的原则，可以满足对动物来源危害监测成本效益的要求。这意味着针对有更高感染风险的亚群体，而非整个群体。此外，历史监测数据可以用于估测未来的感染风险。为证明上述两种方式结合的有效性，在检验丹麦屠宰场对猪群旋毛虫感染的监测时[1]，笔者使用了基于马丁等[32]所描述原则的模型。该模型中有3个重要的变量：

（1）所选择的指定流行率（P^*）。

（2）系统敏感性（SSe），即在特别指定流行率下，如果存在感染，监测系统有能力，在预期病例值中发现一例丹麦屠宰猪群旋毛虫感染病例。

（3）旋毛虫进入丹麦的年概率（PIntro）。

模拟了以下不同情景：

（1）现有监测系统检测模拟以往连续 16 年中（1990—2005 年）宰杀的所有猪群（情景 1）。

（2）基于风险的检测系统，检测了所有宰杀的户外养殖猪、成年母猪、公猪（61 万头），假设 4 种不同预期案例比重在高风险群体样本中下降（情景 2 至 5）。为了对比需要，这些情景同时也以 16 年为阶段模拟，并假定年屠宰量不变。

在每个情景中，使用@Risk（Palisade Inc.）软件程序进行 1 000 次模拟。

多年以来，丹麦每年大约检测两千万头猪；在大于 76 年检测中，没有猪旋毛虫检测阳性结果[1]。因此，旋毛虫进入丹麦的年概率一直以来都很低，保守估计其为没有旋毛虫进入丹麦年数倒数的平均值，即 1/76=1.3%。通过结合某一特别指定流行率预期的感染个体数量和应用诊断检测的敏感性，可以估测系统敏感性。最后，通过加入每年旋毛虫进入丹麦的年概率和所有系统敏感性阴性检测结果中出现假阴性样本的概率，对该国状态的累积置信进行估测。借助表 1 中所给的参数值，该模型进行了连续 16 年重复和累积的模拟（图 1）。

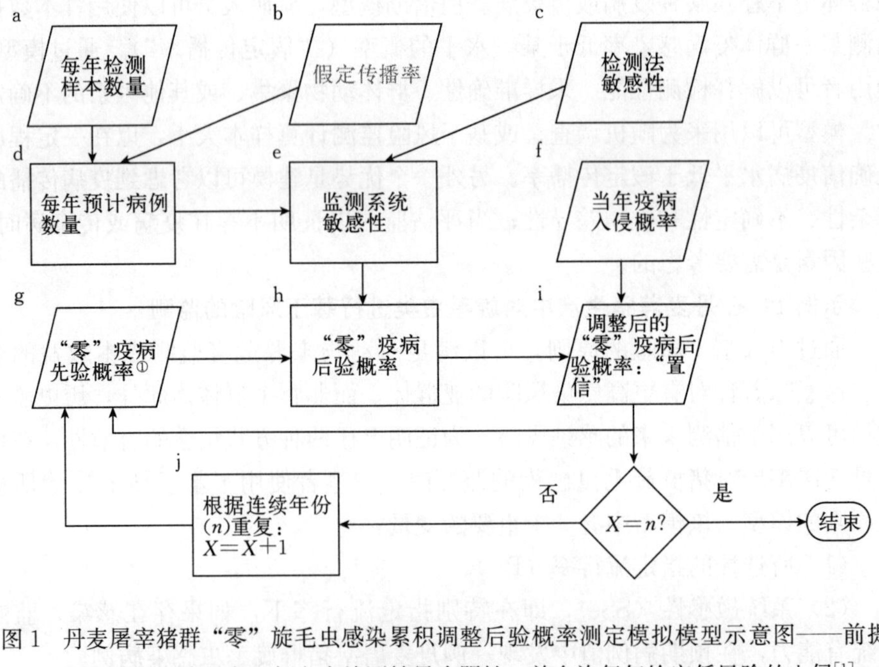

图 1 丹麦屠宰猪群“零”旋毛虫感染累积调整后验概率测定模拟模型示意图——前提为所有屠宰猪群在 n 年之中检测结果为阴性，并允许每年给定低风险的入侵[1]

① “零”表明测试猪群中的传播率比特别指定流行率低。

表 1　丹麦旋毛虫病模型：输入参数和输出估测

模型元素①	描　述	情景 1：所有猪必须进行检测	情景 5：基于风险的取样②	来源
a	每年检测样本数量	2 300 万	610 000	屠宰数据[1]
b	指定流行率（“可忽视”）	10^{-6}	5×10^{-6}	*EFSA* 报告[21]
c	检测方法的敏感性（Se）	0.40	0.40	文献估计[21]
d	每年预计病例数	23	3	$a\times10^{-6}$
e	监测系统敏感性（SSe）	0.999 9	0.784	$1-(1-c)^{d}$
f	上一年疫病入侵概率（PINtro）	0.013	0.033	y/(无疫年数)；$y=\{1, 2.5\}$③
g	感染先验概率	0.5	0.5	未知初始值
h	“零”感染后验概率④	1.0	0.992 0	模型估计
i	“零”感染调整后验概率（“置信”）	0.986 8	0.958 0	模型结束估计
j	设 $g=i$；重复步骤 g 至 i			
	连续 n 年	$n=16$	$n=16$	证明数据，1990—2005[1]

注：①见图 1；②四种情景中最保守，见表 2；③2006 年丹麦距离上次出现旋毛虫的年数为 76 年；④“零”表明测试猪群中的流行率比特别指定流行率低。

EFSA：欧盟食品安全局。

图 2 至图 5 为模拟结果，表 2 为模拟结果总结。

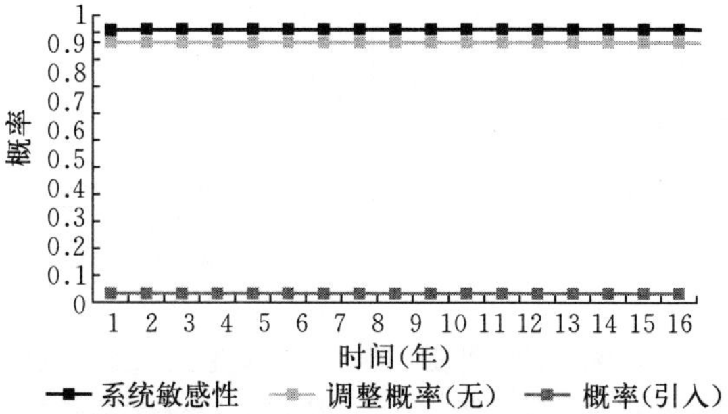

图 2　证明丹麦畜群不受旋毛虫感染的单一模拟结果

基于当前检测系统 16 年的阴性检测数据，其中包括所有猪的取样

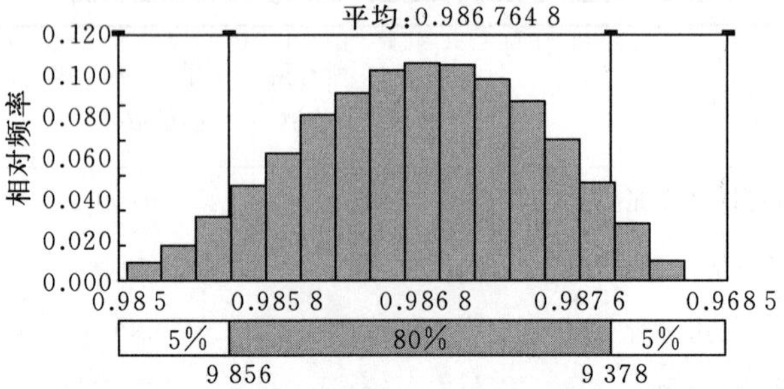

图 3 丹麦猪群“零”旋毛虫感染调整后验概率 1 000 次模拟的结果分布

基于当前检测系统 16 年的阴性检测数据，对所有猪类以及成年母猪、公猪都进行了检测（每年检测 2 300 万头）。

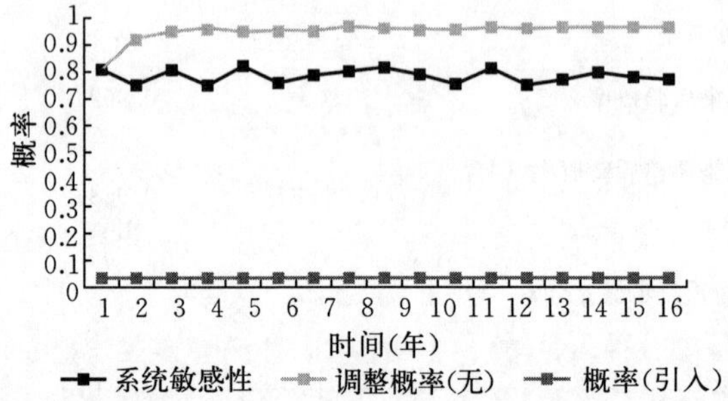

图 4 丹麦猪群“零”旋毛虫感染调整后验概率的单一模拟结果

基于风险监测（情景 5）16 年的阴性检测数据，其中包括对所有户外养殖猪群、成年母猪、公猪的取样，并假定每 23 头旋毛虫感染猪中，只有 3 头会存在于高风险群中（高风险群中共有 61 万头猪）。群体旋毛虫感染的先验概率设定为 0.5。

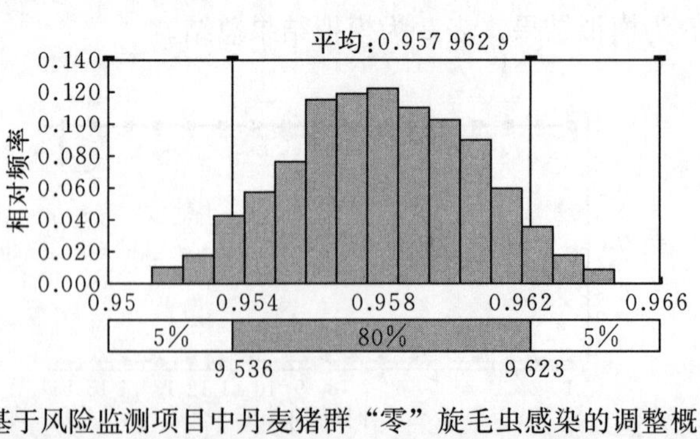

图 5 在提议的基于风险监测项目中丹麦猪群“零”旋毛虫感染的调整概率分布，其中包括所有户外养殖猪以及成年母猪、公猪，假定每 23 头预期旋毛虫感染猪中，只有 3 头会存在于检测群中。

猪群首年旋毛虫感染的先验概率设定为 0.5。

表 2 基于风险的监测系统：估测的检测系统敏感性和对“无感染”状态的置信度

情景 2～5 表示了对于高风险群体中旋毛虫病感染猪群比例的四种不同假设，这些高风险群体包括在丹麦宰杀的户外养殖猪群、成年母猪、公猪（61 万头）

情景	病例比例（%）	病例数量	相对风险	监测系统敏感性	“零”感染调整后验概率（“置信度”）
2	67	15	69	0.999 9	0.967 1
3	50	12	40	0.997 8	0.967 0
4	33	8	20	0.983 2	0.966 1
5	13	3	5.5	0.784 0	0.958 0

从这些结果中可以明显看出由于每年所进行的检测量——即使单项实验的假定敏感性（0.40）相对较低[21]——如果丹麦猪群在过去的实际流行率不低于百万分之一的指定流行率，假定的阳性样本不太可能不被探测到。关于可忽略风险状态的累积置信，该模型的估测为 98.7%，仅因为 1.3%的假定旋毛虫进入丹麦年概率（PIntro）而与 100%存在差异。令人安心的是，假定所有样本继续出现阴性检测结果，并应用表 1 和表 2 所说明的假设，基于风险的较小样本所产生的可忽略风险状态置信度估测只是略低，即在四种情景中分别为 96.7%～95.8%，这解释了保守的 3.3%旋毛虫进入丹麦年概率估测。

根据笔者的评估，有很高程度的置信度表明当前丹麦猪群旋毛虫流行率低于百万分之一，一般认为可以作为可忽略风险[21]。即使在其他只检测 3%具有最高风险动物的基于风险的情景之中，这一置信度依旧很高。

基于上述内容，研究人员设计了一个替代性、基于风险的旋毛虫病监测项目。该项目针对所有户外养殖猪群、成年母猪、公猪（每年约屠宰 61 万头）。研究人员认为如果旋毛虫进入丹麦，这些亚群体的感染率将比平均风险高出大约 5 倍。结合模型中所包括的修改设定，结果再次表明简化版基于风险的监测可以在不危及人类健康的情况下应用。在向欧委会（EC）提交关于升级丹麦应对旋毛虫状态的申请中，加入了模拟研究的结果和结论；在 2007 年 7 月，欧委会批准丹麦养殖猪群为旋毛虫感染“可忽略风险”状态[16]。

3.2 尽早探测外来或新发疫病

对外来病或新发疫病进行早期检测是监测的重要方面[9,33,44,45,46]。越早检测到疫病，疫病管理工作越早施行，可以越早根除或控制疫病，以降低经济或社会损失。如果存在某种疫病，且已经将模型应用于估测基于风险或针对性检测系统的敏感性、或其结果的置信度，基于风险的或针对性的监测通常用于提高探测感染群体或动物的概率[1,4,24,25,54]。对外来病或新发疫病进行早期检测经常依赖于被动监测、参与式监测或症状监测。一些检测方法涉及一些模型(如隐马尔科夫模型)、或统计技术（如法林顿算法、C－sum 技术、逻辑回归)，这些模型或统计技术通过临床观察、常规收集的动物健康或生产数据、时间序列数据、空间或时间数据、发病数量数据来识别量上的变化。多国已经开发了此类早期预警系统，其中包括：

① RSVP－A：动物症状快速验证项目（美国）[10]；

② 应急系统（法国）[48]；

③ BOSSS：牛类病症监测系统（澳大利亚）[43]；

④ MoSS：监视与监测系统（比利时）[46]；

⑤ V－PAD：执业兽医辅助疫病监测（新西兰）[31]；

⑥ VetStat（丹麦）[44]。

3.3 确定疫病或传染病的频率、分布

通过使用简单规则评估取样结果，确定性流行病学模型可以估测疫病在某一群体中的患病率；而随机模型可以对取样结果进行更加复杂的评估，使用户解释试验过程、采样准确性、群体动物聚集、或其他因素的不确定性[50,51,53,54]。

改进的监测可以帮助减少动物死亡率、增加饲料效率、降低兽医开支。它也能够降低外来动物疫病进入该国并根深蒂固的风险。通过减少死亡案例，监测有助于最小化消费者负面反应和限制贸易约束。当评估监测价值时，可以考虑这些有利方面。鉴于避免不利社会影响也是监测系统价值的重要部分，价值的评估也需要考虑与监测生物、经济效益相关的社会影响。

该国畜类疫病的监测已经进行过模型评估，如丹麦沙门氏菌[6,39]。在欧盟(EU)，可以使用确定性 BSurvE 模型评估和比较 BSE 的替换监测策略，此模型由欧盟 BSE 参考实验室研发[37,38]。OIE《陆生动物卫生法典》描述的 BSE 监测系统使用了简化版的 BSurvE。

示例 2：利用丹麦 BSE 预测模型估测健康屠宰动物和有风险动物减少 BSE 检测项目后的结果[30]

自 2001 年起，欧盟成员国必须对牛群进行主动监测 BSE[20]。所有 30 月龄以上的健康屠宰动物和 24 月龄以上的有风险动物（死畜、紧急屠宰等）都必须在 2008 年底前进行快速检测。欧委会的一系列年度报告详细记录这些全面检测活动的结果。

在 2005—2009 年，欧盟和其成员国就对原始 BSE 监控系统进行削减的可能性展开了讨论。首先，在 2005 年发布的《BSE 路线图》[15]中，欧委会建议减少牛类检测数，并同时继续衡量与针对性监测活动同时实施措施的有效性。

在 2008 年，一项新的管理条例规定了欧盟 BSE 年度监控项目修改的标准，其中包括一个综合性的风险评估[18]。同年晚些时间，最终修改后的系统出台，授权 15 个成员国截止到 2009 年变更 BSE 监测项目，这些变化包括将健康屠宰牛类、紧急屠宰牛类、死亡牛类的检测年龄限制提高至 48 个月。

在 2000 年丹麦检测到首例 BSE 案例之后，通过被动监测发现了另外两例临床病例。主动监测发现了丹麦另外 12 起病例，以及在葡萄牙和意大利的 3 起出口病例。在 18 起病例牛中，有 3 起发生于 1996 年之前，10 起发生于 1996 年，2 起发生于 1997 年，2 起发生于 1998 年，1 起发生于 1999 年。18 起案例中的 17 起于 2000—2005 年发现，最近 1 起（兽龄 14 岁）发现于 2009 年。目前所发现的感染动物没有一个出生于 1999 年之后。图 6 显示了 18 起病例中的检测年龄和出生日期。

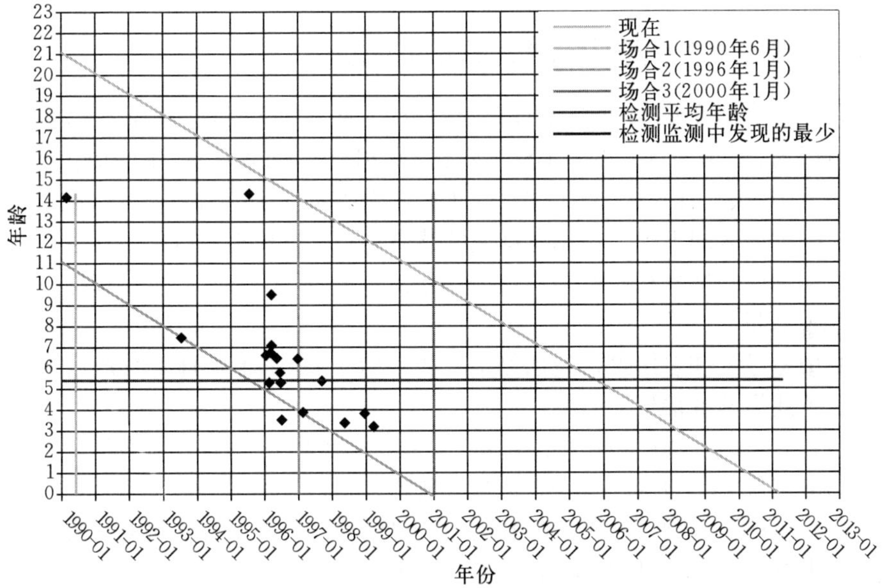

图 6　丹麦国内出生牛群 BSE 病例［按照出生群组（日期）和病情确定年龄］

注：图表面看起来是 17 起病例，而非 18 起，这是由于在 1996 年出生群组中，有两个动物之间的出生日期只相差 20 d，死亡日期也只差 20 d，因此它们在这张图上出现了重叠

3.4　丹麦技术大学国家兽医研究所的预测模型

丹麦技术大学国家兽医研究所研发的预测模型（DTU - VTE）[30] 主要用于研究丹麦 BSE 的流行情况、以及对未来数年中预期的病例数量进行预测（图 7）。DTU - VET 网站经常对预测结果进行更新和发布[30]。

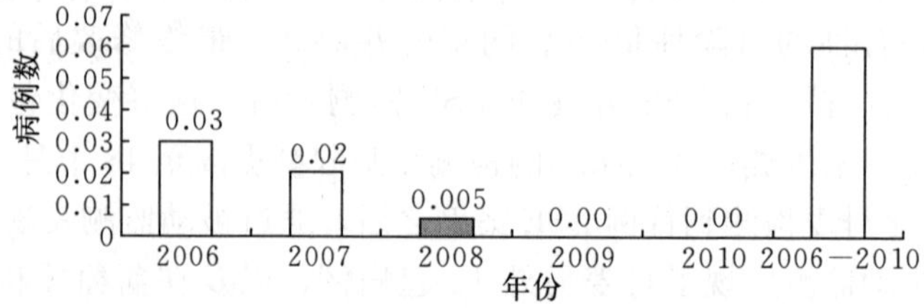

图 7　丹麦技术大学国家兽医研究所的预测模型：根据 2001 年 1 月至 2006 年 7 月收集的疫病流行数据，预测 2006—2010 年的 BSE 病例数量

应注意该模型使用了潜伏期分布的一般形式，来源于英国（UK）数据的原版[12,22]，但模型参数的设定根据假定 0.5 年的感染年龄进行了调整[2]。快速检测可传播 BSE 的前临床检测期为 0.2 年，这与 1 g 剂量实验牛群的结果更加相符[3]。

3.5　对减少监测情景中未检出病例的估计

首先，依据 2001 年 1 月 1 日至 2008 年 1 月 1 日之间收集的监测数据，对出生群组为 1995—2003 年的 BSE 感染频率和 95%的置信区间上限进行估测（UCLs）。其次，计算了 2001—2008 年所调查出生群组中感染频率（假定泊松分布）的置信区间上限。根据所推出的感染频率实行模拟，以估测在进行一系列减少动物监测情景和原始动物监测情景之后，在 2013 年之前没有检测到的 BSE 病例数量。

其中考虑了许多情景，包括停止检测出生于 2004 年 1 月 1 日之后的健康动物。下述为两种情景的结果：

（1）将屠宰动物检测年龄限制从 30 个月提升至 48 个月，将有风险动物检测年龄限制从 24 个月提升至 36 个月（情景 A）。

（2）将屠宰动物检测年龄限制从 30 个月提升至 60 个月，将有风险动物检测年龄限制从 24 个月提升至 48 个月（情景 B）。

研究人员估测了自 2009 年 1 月 1 日起，所有削减检测情况下未检出的 BSE 病例情况，而欧盟实际实施的情景没有在该研究中得到评估，即所有群组的兽龄提升至 48 个月[17]。

进行估测的前提假设是健康屠宰动物检测密度变化不会影响 BSE 的各种监测（“退出”）病例，在临床怀疑和已死亡畜群中会发现一个恒定病例数；从而进一步假定健康屠宰群 BSE 病例数大约与有风险动物（死畜等）的 BSE 病例数相同。

假定自 2000 年起出生群组感染频率的可信区间上限在 2002 年 1 月 1 日之后有步骤地削减，削减因素来自 1988 年喂食禁令实施后英国 BSE 出现下降

(2002 年出生群组为 42%，自 2006 年后降至 8%，并一直存在下降趋势)。保守估计了 2001 年 1 月 1 日在欧盟范围内实施的喂食禁令对丹麦牛群外部威胁可能性的影响。这一假定需要在迭代时衡量多种出生群组的作用，实现方法为将预期病例数量 EK（P）与缓解因素（Mk）相乘，得出每群组的 K。

根据 2009 年 1 月 1 日估计的感染频率置信区间上限，指数分布用于模拟 2000 年之后出生群组感染频率的不确定性。通过将根据每个群组和年龄组泊松分布而进行随机独立取样的输出结果求和，研究人员模拟了未检测病例的数量。借助@Risk 中相应功能对指数分布和泊松分布进行取样，研究人员利用@Risk v. 4.5 分别对两种模型进行了 10 000 次迭代试验。

表 3 对 1995—2003 年之间各个出生群组 BSE 感染频率和置信区间上限（95%）的估测。在 1996 年出生群组之后出现了有利的趋势，中间估计数的下降幅度高出 10 倍（1996—1999 年)，且截止到 2001 年，95%的置信区间上限出现了多于 6 倍降低；这表明 1996 年丹麦应对牛海绵状脑病 BSE 的控制措施(改进带肉和骨头食品的高压蒸煮，将猪和牛饲料生产相分离）产生了显著的影响。2001 年之后的置信区间上限一定会增加，这是因为之后的出生群组检测动物数量有所减少。

表 3　对截止到 2008 年 7 月 1 日前出生群组中单个丹麦 BSE 患病率 95% 置信区间上限（每 10 000 次）**的估测**

出生年组（年）	病例数量	估测流行率	UCL（95%）
1995	0	0	0.85
1996	10	1.2	2.4
1997	2	0.22	0.79
1998	2	0.22	0.78
1999	1	0.11	0.60
2000	0	0	0.33
2001	0	0	0.35
2002	0	0	0.44
2003	0	0	0.93

注：UCL：置信区间上限。

表 4 为所调查 2000 年及其以后出生群组的 BSE 感染频率置信区间上限（95%）。所评估检测的进行时间在 2009 年 1 月 1 日之前，当时已经实行了检测削减。这些可信区间上限为在减少检测不同情景中未检出病例估计的输入值。

表 4　所调查丹麦 2000 年及其之后出生牛群 95%的预计 BSE 流行率置信区间上限，其中病例数量有所下降，这与英国疫情中 1988 年后出生群组疫病流行率下降相似

在 2009 年 1 月 1 日实行削减检测之前的估测

出生年组（年）	95% UCL
2000	0.130
2001	0.130
2002	0.054
2003	0.036
2004	0.017
2005	0.014
2006	0.010
2007 年以后	0.010

注：UCL：置信区间上限。

表 5 为五年期（2009 年 1 月 1 日至 2013 年 12 月 31 日）监测中未检测 BSE 数量的估测数值——削减检测情景的结果。在模拟中，如果健康屠宰动物的年龄限制提高至 48 个月，以及有风险动物的年龄限制提高至 36 个月，未检出病例数量增幅不足 1%。进一步提高年龄限制（健康屠宰动物：60 个月、有风险动物：48 个月）增加了估测数值，但只是达到 99%的置信区间上限；因此，绝大多数情况下，在所考虑情景中提高检测年龄限制不会导致未检出病例增多。将检测年龄限制提高至 48 个月，检测动物数量能够减少大约 33%，同时不会危及检测体系的敏感性。

表 5　两种减少检测情景中对五年监测期（2009 年 1 月 1 日至 2013 年 12 月 31 日）**监测中未检出 BSE 数量的估测**

两种模拟的结果，每种都对 2000 年及其以后所调查出生群组进行 10 000 次取样

情景	模式	均值	标准偏差	95% UCL	99% UCL
情景 A①					
模拟 1	0	0.003 3	0.057	0	0
模拟 2	0	0.002 7	0.052	0	0
情景 B②					
模拟 1	0	0.029 1	0.172	0	1
模拟 2	0	0.030 0	0.175	0	1

注：①年龄限制：健康屠宰动物 48 个月、有风险动物 36 个月；②年龄限制：健康屠宰动物 60 个月、有风险动物 48 个月；SD：标准偏差；UCL：置信区间上限。

4 结论

上述以及其他模型已经以多种方式应用于评估和提高监测的价值。利用适合的标准（如受影响禽畜数量、死亡动物数量），都可以识别出不同监测系统对疫病暴发最终规模的影响。将农业领域经济模型和流行病学结果结合，改进监测的生物效益（小规模暴发、死畜减少）可以用于评估监测的经济效益。调整改进监测相关变量与参数导致市场总量和价格的变化，从而影响经济福利。

证明基于风险监测项目的有效性能够将其作为现有、广泛（通常情况）排查项目的替代方案，这为动物和公共卫生监测活动的建模做出了巨大贡献。正如上述两个丹麦示例所表明，在不严重影响监测系统敏感性、或对模拟疫病状态置信的情况下，进行针对性取样或减少取样规模，将产生一定的经济效益，这些模型已经证明了其经济效益。

致谢

借助 VillumKann Rasmussen 基金会的资助，作者的部分工作受到了哥本哈根大学生命科学系 Velux 访问学者 2009/2010 项目的支持。

参考文献

[1] Alban L., Boes J., Kreiner H., Petersen J. V. & Willeberg P. (2008). - Towards a risk - based surveillance for *Trichinella* spp. in Danish pig production. *Prev. vet. Med.*, 87, 340 - 357.

[2] Arnold M. & Wilesmith J. W. (2004). - Estimation of the age - dependent risk of infection to BSE of dairy cattle in Great Britain. *Prev. vet. Med.*, 66, 35 - 47.

[3] Arnold M. E., Ryan J. B. M., Konold T., Simmons M. M., Spencer Y. I., Wear A., Chaplin M., Stack M., Czub S., Mueller R., Webb P. R., Davis A., Spiropoulos J., Holdaway J., Hawkins S. A. C., Austin A. R. & Wells G. A. H. (2007). - Estimating the temporal relationship between PrP^{Sc} detection and incubation period in experimental bovine spongiform encephalopathy in cattle. *J. gen. Virol.*, 88, 3198 - 3208.

[4] Audige L. & Beckett S. (1999). - A quantitative assessment of the validity of animal - health surveys using stochastic modeling. *Prev. vet. Med.*, 38 (4), 259 - 276.

[5] Audige L., Doherr M. G., Hauser R. & Salman M. D. (2001). - Stochastic modelling as a tool for planning animal - health surveys and interpreting screening - test results.

Prev. vet. Med.，49，1－17.

[6] Benschop J.，Stevenson M. A.，Dahl J. & French N. P. (2008). －Towards incorporating spatial risk analysis for *Salmonella*sero－positivity into the Danish swine surveillance program. *Prev. vet. Med.*，83，347－359.

[7] Cannon R. M. (2002). －Demonstrating disease freedom－combining confidence levels. *Prev. vet. Med.*，52，227－249.

[8] Chriel M.，Salman M. & Wagner B. (2005). －Evaluation of surveillance and sample collection methods to document freedom from infectious bovine rhinotracheitis in cattle populations. *Am. J. Vet. Res.*，66，2149－2153.

[9] Corbellini L. G.，Schwermer H.，Presi P.，Thür B.，St? rk K. D. C. Reist M. (2006). －Analysis of national serological surveys for the documentation of freedom from porcine reproductive and respiratory syndrome in Switzerland. *Vet. Microbiol.*，118 (3－4)，267－273.

[10] Davies P. R.，Wayne S. R.，Torrison J. L.，Peele B.，de Groot B. D. Wray D. (2007). －Real－time disease surveillance tools for the swine industry in Minnesota. *Vet. ital.*，43，731－738.

[11] De Vos C. J.，Saatkamp H. W. & Ehlers J. (2007). －Simulation evaluation of *Salmonella* monitoring in finishing pigs in Lower Saxony，Germany. *Prev. vet. Med.*，82，123－137.

[12] Donnelly C. A.，Ferguson N. M.，Ghani A. C. & Anderson R. M. (2002). －Implications of BSE infection screening data for the scale of the British BSE epidemic and current European infection levels. *Proc. roy. Soc. Lond.*，*B*，269，2179－2190.

[13] Durand B.，Martinez M. －J.，Calavas D. &Ducrot C. (2009). －Comparison of strategies for substantiating freedom from scrapie in a sheep flock. *BMC vet. Res.*，5，16. *Rev. sci. tech. Off. int. Epiz.*，30 (2)

[14] Ebel E. D.，Williams M. S. & Tomlinson S. M. (2008). －Estimating herd prevalence of bovine brucellosis in 46 USA states using slaughter surveillance. *Prev. vet. Med.*，85，295－316.

[15] European Commission (EC) (2005). －The TSE Roadmap. Available at：ec. europa. eu/food/food/biosafety/bse/roadmap _ en. pdf (accessed on 25 February 2011).

[16] European Commission (EC) (2007). －Regions officially recognised as a region where the risk of *Trichinella* in domestic swine is negligible：Kingdom of Denmark. Available at：ec. europa. eu/food/food/biosafety/hygienelegislation/trichinella _ en. htm (accessed on 25 February 2011).

[17] European Commission (EC) (2008). －Commission Decision of 28 November 2008 authorising certain Member States to revise their annual BSE monitoring programme. Available at：ec. europa. eu/food/food/biosafety/tse _ bse/docs/d08－908. pdf (accessed on 25 February 2011).

[18] European Commission (EC) (2008). - Commission Regulation (EC) No 571/2008 of 19 June 2008 amending Annex III to Regulation (EC) No 999/2001 of the European Parliament and of the Council as regards the criteria for revision of the annual monitoring programmes concerning BSE. Available at: ec. europa. eu/food/food/biosafety/tse _ bse/docs/r08 - 571. pdf (accessed on 25 February 2011).

[19] European Commission (EC) (2011). - Annual reports on the monitoring and testing of ruminants for the presence of transmissible spongiform encephalopathy (TSE) 2001—2009. Available at: ec. europa. eu/food/food/biosafety/tse _ bse/monitoring _ annual _ reports _ en. htm (accessed on 25 February 2011).

[20] European Community (2001). - Regulation (EC) No 999/2001 of the European Parliament and of the Council of 22 May 2001, laying down rules for the prevention, control and eradication of certain transmissible spongiform encephalopathies. Available at: ec. europa. eu/food/fs/bse/bse36 _ en. pdf (accessed on 25 February 2011).

[21] European Food Safety Authority (EFSA) (2005). - Opinion of the scientific panel on biological hazards on 'Risk assessment of a revised inspection of slaughter animals in areas with low prevalence of *Trichinella*'. *EFSA J.*, 200, 1 - 411. Available at: www. efsa. europa. eu/en/efsajournal/doc/200. pdf (accessed on 25 February 2011).

[22] Ferguson N. M., Donnelly C. A., Woolhouse M. E. J. & Anderson R. M. (1997). - The epidemiology of BSE in cattle herds in Great Britain. II. Model construction and analysis of transmission dynamics. *Philos. Trans. roy. Soc. Lond.*, *B*, 352, 803 - 838.

[23] Fr? ssling J.,? gren E. C. C., Eliasson - Selling L. &Lewerin S. S. (2009). - Probability of freedom from disease after the first detection and eradication of PRRS in Sweden: scenario - tree modelling of the surveillance system. *Prev. vet. Med.*, 91, 137 - 145.

[24] Greiner M. & Dekker A. (2005). - On the surveillance for animal diseases in small herds. *Prev. vet. Med.*, 70, 223 - 234.

[25] Hadorn D. &St? rk K. D. C. (2008). - Evaluation and optimization of surveillance systems for rare and emerging infectious diseases. *Vet. Res.*, 39, 57.

[26] Hadorn D. C., Rüfenacht J., Hauser R. &St? rk K. D. (2002). - Risk - based design of repeated surveys for the documentation of freedom from non - highly contagious diseases. *Prev. vet. Med.*, 56 (3), 179 - 192.

[27] Heuer C., French N. P., Jackson R. &Mackereth G. F. (2007). - Application of modelling to determine the absence of foot - and - mouth disease in the face of a suspected incursion. *N. Z. vet. J.*, 55, 289 - 296.

[28] Hood G. M., Barry S. C. & Martin P. A. J. (2009). - Alternative methods for computing the sensitivity of complex surveillance systems. *Risk Analysis*, 29 (12), 1686 - 1698.

[29] Knopf L., Schwermer H. &Stärk K. D. C. (2007). - A stochastic simulation model to determine the sample size of repeated national surveys to document freedom from bovine

herpesvirus 1 (BoHV-1) infection. *BMC vet. Res.*, 3, 10-18.

[30] Lind P. (2003). - The DTU-VET BSE prognosis model. Available at: www.vet.dtu.dk/English/Research/Research %20groups/Epidemiologi/BSE _ prognosis.aspx (accessed on 25 February 2011).

[31] McIntyre L. H., O'Leary B. D. & Morris R. S. (2006). - Further development of Vetpad, pocket PC veterinary practitioner surveillance software. *In* Proc. 11th Symposium of the International Society for Veterinary Epidemiology and Economics (ISVEE), 7-11 August, Cairns, Australia. ISVEE, 942 pp.

[32] Martin P. A. J., Cameron A. R. & Greiner M. (2007). - Demonstrating freedom from disease using multiple complex data sources 1: a new methodology based on scenario trees. *Prev. vet. Med.*, 79, 71-97.

[33] Martin P. A. J., Cameron A. R., Barfod M. K., Sergeant E. S. G. & Greiner M. K. (2007). - Demonstrating freedom from disease using multiple complex data sources 2: case study - classical swine fever in Denmark. *Prev. vet. Med.*, 79, 98-115.

[34] Norby B., Bartlett P. C., Grooms D. L., Kaneene J. B. &Bruning - Fann C. S. (2005). - Use of simulation modeling to estimate herd - level sensitivity, specificity, and predictive values of diagnostic tests for detection of tuberculosis in cattle. *Am. J. vet. Res.*, 66 (7), 1285-1291.

[35] Paisley L. G., Tharaldsen J. &Jarp J. (2000). - A simulated surveillance program for bovine paratuberculosis in dairy herds in Norway. *Prev. vet. Med.*, 44, 141-151.

[36] Perez A. M., Ward M. P. & Ritacco V. (2002). - Simulation - model evaluation of bovine tuberculosis - eradication strategies in Argentine dairy herds. *Prev. vet. Med.*, 54, 351-360.

[37] Prattley D. J., Cannon R. M., Wilesmith J. W., Morris R. S. & Stevenson M. A. (2007). - A model (BSurvE) for estimating the prevalence of bovine spongiform encephalopathy in the national herd. *Prev. vet. Med.*, 80, 330-343.

[38] Prattley D. J., Cannon R. M., Wilesmith J. W., Morris R. S & Stevenson M. A. (2007). - A model (BSurvE) for evaluating the national surveillance program for bovine spongiform encephalopathy in a national herd. *Prev. vet. Med.*, 81, 225-235.

[39] Rugbjerg H., Wingstrand A., Hald T., Andersen J. S., Lo Fo Wong D. & Korsgaard H. (2004). - Estimating the number of undetected multi - resistant *Salmonella* Typhimurium DT104 infected pig herds in Denmark. *Prev. vet. Med.*, 65, 147-171.

[40] Salman M., Chriél M. & Wagner B. (2003). - Improvement of survey and sampling methods to document freedom from diseases in Danish cattle population on both national and herd levels. International EpiLab, Copenhagen, 7-102. Available at: www.food.dtu.dk/Default.aspx? ID=9726 (accessed on 25 February 2011).

[41] Schuppers M. F., Frey E. C., Gottstein B., St? rk K. D. C., Kihm U. & Regula G.

(2010). - Comparing the demonstration of freedom from *Trichinella* infection of domestic pigs by traditional and risk - based surveillance. *Epidemiol. Infect.*, 138, 1242 - 1251.

[42] Sergeant E. S. G., Nielsen S. S. & Toft N. (2008). - Evaluation of test - strategies for estimating probability of low prevalence of paratuberculosis in Danish dairy herds. *Prev. vet. Med.*, 85, 92 - 106.

[43] Shephard R. W. (2006). - The development of a syndromic surveillance system for the extensive beef cattle producing regions of Australia. Available at: ses. library. usyd. edu. au/bitstream/2123/2210/1/01front. pdf (accessed on 25 February 2011).

[44] Stege H., Bager F., Jacobsen E. & Thougaard A. (2003). - VETSTAT: the Danish system for surveillance of the veterinary use of drugs for production animals. *Prev. vet. Med.*, 57, 105 - 115.

[45] Van Metre D. C., Barkey D. Q., Salman M. D. & Morley. P. S. (2009). - Development of a syndromic surveillance system for detection of disease among livestock entering an auction market. *J. Am. vet. med. Assoc.*, 234 (5), 658 - 664.

[46] Veldhuis A., Barnouin J., Ren L., Van der Stede Y. & Dispas M. (2010). - MoSS: a Monitoring and Surveillance System for the early detection and identification of emerging animal diseases. Poster at the Annual Conference of the Society for Veterinary Epidemiology and Preventive Medicine, Nantes, France. Available at: www. svepm. org. uk/posters/2010/Veldhuis _ MoSS _ Monitoring _ and _ Surveillance %20System%20for%20the%20early%20detection%20and%20identification%20of%20emerging%20animal. pdf (accessed on 25 February 2011).

[47] Viet A. - F., Fourichon C. & Seegers H. (2006). - Simulation study to assess the efficiency of a test - and - cull scheme to control the spread of the bovine viral - diarrhoea virus in a dairy herd. *Prev. vet. Med.*, 76, 151 - 166.

[48] Vourc' h G., Bridges V. E., Gibbens J., de Groot B. D., McIntyre L., Poland R. & Barnouin J. (2006). - Detecting emerging diseases in farm animals through clinical observations. *Emerg. infect. Dis.*, 12 (2), 204 - 210.

[49] Warnick L. D., Nielsen L. R., Nielsen J. & Greiner M. (2006). - Simulation model estimates of test accuracy and predictive values for the Danish *Salmonella* surveillance program in dairy herds. *Prev. vet. Med.*, 77 (3 - 4), 284 - 303.

[50] Webb C. R., Wilesmith J. W., Simmons M. M. & Hoinville L. J. (2001). - A stochastic model to estimate the prevalence of scrapie in Great Britain using the results of an abattoir - based survey. *Prev. vet. Med.*, 51, 269 - 287.

[51] Wells S. J., Ebel E. B., Williams M. S., Scott A. E., Wagner B. A. & Marshall K. L. (2009). - Use of epidemiologic information in targeted surveillance for population inference. *Prev. vet. Med.*, 89, 43 - 50.

[52] Williams M. S., Ebel E. D. & Wagner B. A. (2007). - Monte - Carlo approaches for determining power and sample size in low - prevalence applications. *Prev. vet. Med.*,

81，70－79.

[53] Williams M. S.，Ebel E. D. & Wells S. J.（2009）. － Poisson sampling：a sampling strategy for concurrently establishing freedom from disease and estimating population characteristics. *Prev. vet. Med.*，89，34－42.

[54] Williams M. S.，Ebel E. D. & Wells S. J.（2009）. － Population inferences from targeted sampling with uncertain epidemiologic information. *Prev. vet. Med.*，89，25－33.

[55] World Organisation for Animal Health（OIE）（2010）. － Terrestrial Animal Health Code. OIE，Paris. Available at：www. oie. int/en/international － standard － setting/terrestrial－code/access－online/（accessed on 25 February 2011）.

[56] Yamamoto T.，Tsutsui T.，Nishiguchi A. & Kobayashi S.（2008）. － Evaluation of surveillance strategies for bovine brucellosis in Japan using a simulation model. *Prev. vet. Med.*，86，57－74.

模拟乳牛群副结核病随机模型

S. S. Nielsen①, M. F. Weber②, A. B. Kudahl③,
C. Marce④,⑤ & N. Toft①

摘要： 随机模拟模型作为工具，被广泛应用于评估乳牛日常管理及不同疫病，例如副结核病（PBT）的防控改变所带来的影响。本文总结并讨论了四种随机模型假设及其在奶牛副结核病检测、监测及防治策略制定中的应用。选择典型的荷兰/丹麦牛群，应用一套相同的防控策略，对荷兰 JohneSSim 模型和丹麦 PTB－Simherd 模型进行了详细比较。结果发现，尽管模型构建的基本原理稍有不同，以及在不同防控策略中取得的数值稍有不同，但总体结果是相似的。因此，虽然对于所有模型来说，在解释和归纳结果时需要谨慎，但模拟模型可用于制定乳牛副结核病防控策略。

关键词： 控制　乳牛　决策　效果　副结核病　随机模拟模型

0　引言

奶牛分枝杆菌禽亚种副结核病（MAP）感染会造成经济损失并且降低动物福利，也会带来潜在的食品安全问题。其经济损失主要由于牛奶产量降低、减少屠宰价值、过早淘汰，以及副结核分枝杆菌病垂直传播和持续蔓延引起。

细胞免疫可以控制副结核分枝杆菌感染，但不一定会从宿主体内根除病菌。随着时间的推移，在某个节点上，免疫系统便不能维持这种控制。体液免疫应答的发生通常可以暗示在感染个体中的这种失控[2]。在某些动物中，从控制到失控的转换迅速发生，从而检测不到抗体，或在其他动物中这种转换会持续很长一段时间，如几年[14]。潜伏期的变化意味着及时准确诊断动

① 哥本哈根大学大型动物科学系，丹麦腓特烈堡。
② 荷兰代芬特尔 GD 动物健康服务。
③ 丹麦切勒市奥尔胡斯大学动物健康、福利和营养系。
④ 南特国家兽医学院国家农业研究院。
⑤ 英国伦敦大学。

物疫病具有挑战性，尤其对感染（如不排菌及无患病）动物的检测更是如此[16]。

针对已知副结核分枝杆菌病传播的风险因素，以及对该病潜伏期的了解和不确定性，已经制定了有关控制策略的建议规范[15]。这些控制策略必须针对经济及技术效果进行评估，如淘汰率、生殖能力、后备牛可用性，以便给农户提供相关信息决定采取哪种方案。然而，由于乳牛生产体系比较复杂，并且涉及动物个体活动防控策略的作用效果是一个长期过程，影响着整个动物群体的结构和动力学，因此不容易进行评估防控效果的干预研究。因此，长期以来，提倡将模拟模型用作替代方法。

本文目的是综述运用模拟模型进行乳牛群副结核病的技术及经济作用效果的可行性研究。

1 随机模拟模型

模拟模型不是只有唯一的定义。一些研究小组将所有模拟群体中感染因子传播的流行病学模型归类为模拟模型，而其他小组将这种模型定义为具有不连续时间步长的模型（排除了分析模型）。例如，流行病学传播模型被描述为随机、机械、动态的模型，正好与确定、实证、静态的模型相反。虽然这些不同分类方法的含义不明确，但如下文所述，它们在整体上具有一致性。

随机是指在模型中，模型参数（及其效果）倾向于变动或不确定性，例如根据随机分布设定参数，并且相同的一组起始值可能会得到不同的结果。相对应的是确定性模型，可以忽略有关参数及其在个体和群体之间参数变化的不确定性，而且设定的一组参数总会得出相同的结果。

机械模型模拟的系统，例如，以一头特定的母牛受精为模型，可能导致母牛怀孕。为了计算畜群的怀孕率，需对所有模拟授精及导致的模拟怀孕个体进行标记以计算受孕率，从而得到模拟所有畜群授精并且受孕的结果。根据不同场景，可以重复这种模拟，例如评价和比较不同防控措施及畜群不同动力学作用效果对怀孕率的影响。另一种模型是经验模型，例如在实验模型中，怀孕率可以通过管理所采取行动/变化的作用效果直接模拟。因此，在经验模型中，畜群动态变化是怀孕率变化的结果，而怀孕率变化并非是畜群动态变化的结果。

与静态模型相反，以时间为参数的模拟系统模型被称为“动态”模型，这种模型可以看作是系统随时随地的展示。传统上，研究奶牛生产管理的模型就是随机、机械、动态模型；然而，没有理由认为其他模型不可使用。模型的使用完全取决于其目的以及所要回答的问题。

2 副结核分枝杆菌禽亚种感染传播模型

到目前为止，已经发布了 9 个牛群群内和群间副结核分枝杆菌传播的模型。其中 5 个是确定模型[1,4,13,21,22]，4 个是有离散时间参数的随机模型[7,9,11,18]。其中 3 个随机模型代表 MAP 在奶牛群内的传播或在奶牛和肉牛群内的传播。运用这些模型得出的研究结果已在后续的论文中公布（表 1）。还有一个模型仅代表在肉牛群内的 MAP 传播[9]，而本综述中保留这个模型是因为其模拟的选择独特，且能够用于模拟奶牛群。

3 目前随机传播模型的主要假设

不同随机模型通常会获得许多假设。下面将对主要假设进行简单论述。

3.1 宿主敏感性

根据已发布的研究，通常将宿主敏感性用于建模，例如主要与年龄相关[26]。然而，这些假设相当模糊，且会对结果产生影响。

假设对副结核分枝杆菌的易感染程度与年龄有关，感染的最高年龄为一年[7,11,18]，意味着在这些模型中成年奶牛之间不容易传播病菌。如果牛群在此年限前未感染病菌，那么就认为牛群对病菌有抵抗力。只有一种模型曾认为成年牛群对病菌的易感染程度与年龄无关，然而也只是认为比未成年牛群易感染程度低而已，而不是绝对与年龄无关[9]。在未成年牛群中，对副结核分枝杆菌的易感染程度要么恒定不变[18]，要么随年龄而变化[9,11]，要么依据年龄和感染途径不同而有所不同[7]。

3.2 感染阶段

副结核分枝杆菌感染的发病机理非常独特，必须依据不同病菌排出水平设定并模拟不同的感染阶段。最简单的模型是针对易感染、潜在感染、临床感染以及抗性动物个体（图 1）。相反，最复杂的模型[7,11]定义了 6 个感染阶段：易感染阶段、潜伏感染阶段、亚临床感染阶段（低和高菌排出量）、临床感染阶段和抗性阶段（图 1）。

感染动力学的一些特征已分别整合在这 4 种模型中。在所有模型中，进行下一感染阶段以及传染性的增强取决于动物个体的年龄[7,9,11,18]。然而，只有一种模型[7]考虑了影响感染的感染途径和感染年龄。暴露在许多感染动物中会影响受感染的概率，但不会影响感染牛群的感染途径[9,11,18]。其中一个模型中已经将一些压力因素，例如产犊或喂养改变作为影响感染进程的因素[11]。

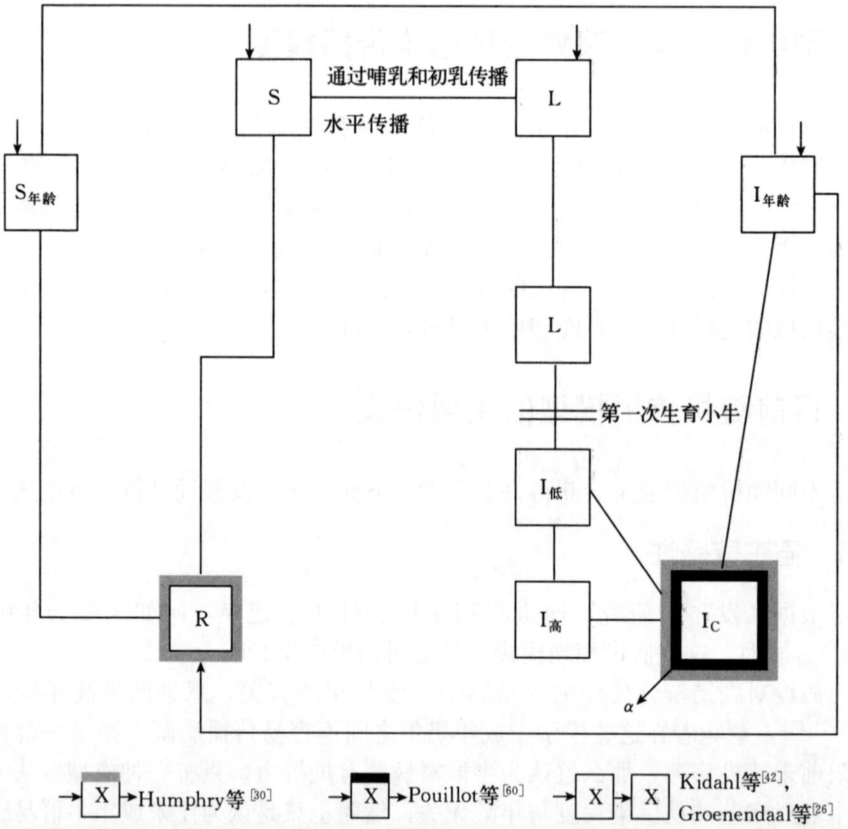

图 1 流程图展示了 4 种副结核分枝杆菌随机模型下不同健康状况牛群间病菌传播的可能性

I：受感染；S：易感染；L：潜在感染；$I_{高}$：亚临床感染，病菌排出量较多；α：疫病引起的死亡；R：有抵抗力；$I_{低}$：亚临床感染，病菌排出量较少；I_c：临床感染；$X_{年龄}$：健康状况 X 随年龄变化

需要将感染动物归为不同的感染阶段。而对于不同阶段所需时间以及病菌排出水平的数量数据知之甚少。

3.3 传播途径

通常对传播途径非常了解，但在已公布的随机模型中模型的传播途径各不相同。在一个模型中，利用全部传播参数对传播进行概括，而没有特地模拟感染是怎样传播的[18]。其他模型考虑了子宫内感染[7,9,11]、出生时感染[7,11]、初乳和牛奶感染[7,11]、粪—口感染[7,9,11]。感染状态能够影响通过初乳和牛奶引起的子宫内传播和出生时感染的概率[7,11]，从而导致畜群中牛犊间感染风险的潜在差别。不同感染阶段的牛群数量会影响通过初乳和牛奶以及通过粪—口传播引起的传染概率[7,11]。

一种模型考虑了环境中细菌的浓度以及抗性，模拟了通过环境发生的间接传播[9]。除此之外，其他模型均模拟了通过易感牛群和感染牛群间接触引起的粪—口传播。

表 1　4 种牛群副结核分枝杆菌传播随机模型模拟选项和结论

参考文献*	种类	时间段	成年牛—小牛水平传播	结果	模拟事项和结果	
					年限（年）	主要结论
7 [6,8,24,25]	奶牛和肉牛	6 个月	通过接触传播	牛群内感染患病分布	20	（维持）较低的真实平均流行率，意味着所有未成年牛病菌防治措施投入应用，病菌传播年限最长为 20 年
				每一检定与监管计划阶段所占牛群的百分比		仅检测和宰杀措施并未减少副结核病感染，而且开支非常高 为保证散装奶质量，ELISA 实施的牛群检疫措施力度足够
				散装牛奶中副结核分枝杆菌的集中分布		
18[3]	奶牛和肉牛	1 年	通过接触传播	副结核病引起的损失 用于副结核病防治的开支 每年病菌感染率 每年被感染的个体数量 每年杀灭病菌带来的利润总和	30	在法国牛群中，检定花费很高
9	肉牛	6 个月	通过环境传播	每种健康状况下的动物个体数量	n/a	此模型表明通过实验或观察检测到的病菌防治因素——目前尚未在经济方面使用
11[10,12]	奶牛	1 周	通过接触传播	每种健康状况下的动物个体数量 感染患病的动物个体数量 副结核分枝杆菌引起的直接和间接损失 用于副结核防治的开支	10	预计阻断感染途径是减少奶牛副结核病传播的唯一防治措施 预计基于风险的防治措施非常有效，大大降低了人工投入

注：*第一个参考事项描述的是模型代号，第二个参考事项（括号内的部分）使用并完善了相应模型。
n/a 表示未指定；ELISA 表示酶联免疫吸附试验。

3.4 排菌特征

在这些模型中，通常根据粪便中排菌量对牛群进行分类。年龄较大的动物更易排出副结核分枝杆菌。已公布的模型中均没有提到牛犊能够排出细菌[20]，因此无法来解释牛犊之间的传播。

JohneSSim 模型[7]最近用于研究感染牛犊带来的影响[23]。排菌量水平导致感染性的不同，Pouillot 等[18]和 Kudahl 等[11]根据感染阶段模拟了不同感染概率。Groenendaal 等[7]按照小牛排出副结核分枝杆菌的时间比例对高和低排菌量进行区分。Humphry 等[9]直接模拟了排出细菌数量及其在环境中的存活。此外，排菌量水平越高，小牛被宰杀的可能性越高。排菌量水平也会影响生产参数、检测的敏感性和特异性。根据副结核分枝杆菌排出量，将动物分成几组，可以对运送至牛奶厂牛奶所含的副结核分枝杆菌进行定量，有利于牛奶质量保证措施的发展[25]。

3.5 接触结构

易感动物与传染性动物之间的“接触”是副结核分枝杆菌传播的必备条件。通常模拟的“有效接触”中，一种是易感动物，另一种是传染性动物。通常按照年龄和繁殖能力对动物进行分组，因此乳牛群中动物之间的接触通常是不均匀的。将这些分组后的动物分开圈养会影响细菌浓度和感染可能性。

基于畜群管理目的，有两个模型[7,11]定义了动物分组方式，通过减少接触率来模拟不同年龄组的动物分离。其他模型假设不同年龄牛群之间的接触是相同的。而所有模型均考虑了动物年龄，因为年龄会影响疫病相关的因素，例如易感性。在这些模型中，假设同一年龄组内的接触方式是随机、均匀的，而实际上这种方式很难模拟，因此在解释模拟结果时应当考虑到这种情况。下文将详细介绍 JohneSSim 和 PTB-Simherd。

4 JohneSSim 模型

JohneSSim 模型是一个随机、动态、机械的模拟模型，用来模拟：①乳牛群的消长；②乳牛群中的发病动态；③MAP 感染控制；④畜群水平上的经济后果[7]。

总之，此模型模拟时间段为 20 年，6 个月时间步长为基础并且产生 12 个月时间步长的输出数据。模拟了典型荷兰乳牛群的动态，包括小牛和后备牛。所有乳牛群中的动物具有不同特性（例如经产、感染阶段、泌乳月份以及产奶量）。此模型包含不确定事件的可能性分布（例如替换、感染、感染阶段的进程、测试），还应考虑自愿淘汰和非自愿淘汰。每个哺乳期都特别说明非自愿淘汰母牛的百分比，保持赢利的条件下自愿淘汰，同替换它进行比较，保留动物直至它最适生命周期以获得期望的利润，还要考虑非自愿提早淘汰的风险。

此模型包括 5 种感染途径：①子宫内感染；②出生时感染；③饮入初乳引起感染；④饮入全奶引起感染；⑤MAP 环境污染引起的感染。

在动物个体的感染和疫病进程中划分出 6 个阶段：①易感（例如，未感染，小于 1 年）；②非易感（例如，未感染，不小于 1 年）；③潜伏感染；④低水平感染；⑤高度感染；⑥临床疫病。

被感染牛的感染和疫病进程发展受到感染年龄的影响。

不确定事件的可能性分布用于随机抽样。重复模拟的运行可以为农场水平的结果差异提供深入了解。通过对不同类型乳牛的模拟并根据相对丰度统计结果，可以获得较高集中水平的结果（例如国家水平）。

JohneSSim 模型已经用于研究不同可选副结核病防治方案的成本有效性[5,6]，并且对旨在减少畜群间交易风险的认证和监管计划进行研究[24]，确保运送到牛奶加工厂的牛奶质量[25]。例如，牛奶质量保证项目规定牛奶中 MAP 浓度小于 10^3/L，此模型可用于推测提供合格牛奶的奶牛比例（图 2）。

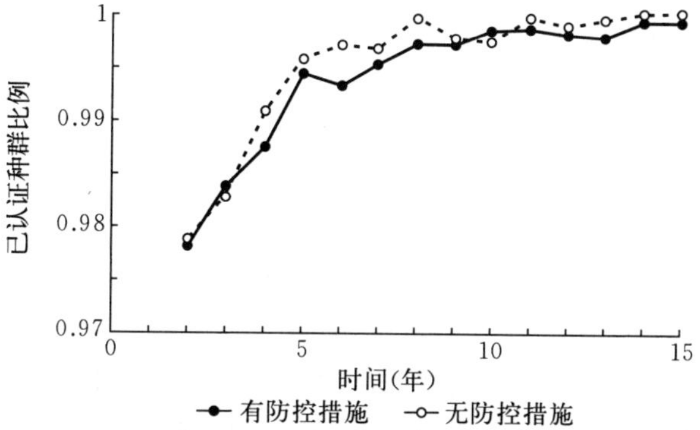

图 2　牛奶质量保证项目中副结核分枝杆菌每升不超过 10^3 个，检测合格的奶牛预计比率包括了年度乳牛群 ELISA 检验合格的奶牛

在饲养场地采取（有控制措施）以及未采取（无控制措施）其他防治措施的模拟结果相似，这表明防治措施知识在检测未患病牛群时不是必备的指标[25]。

5　副结核病（PTB）- Simherd 模型

副结核病（PTB）- Simherd 模型依据随机、动态、机械的乳牛群模拟模型 Simherd 构建[19]。原始的 Simherd 模型创建于 1992 年，自那时起，该模型已经用于分析一系列关于大量疫病、繁殖、替换、精子使用等管理策略的生产和经济效果的研究项目中。与 JohneSSim 模型相比，此模型模拟的时间步长更短（1 周），并且替换是机械的。被扑杀和死掉的牛会立即被产犊母牛替代。如果没有后备牛，只要未规定该畜群是封闭的，就会购买产犊母牛（指明其潜在感染 MAP 的风险）。因此，此模型展现了多种交流，同时对牛群动态、生产以及经济的影响更接近现实。

在一个指定的牛群中每一头牛和每头小牛都用 37 种属性予以描述，包括真实的 MAP 感染阶段、牛奶中病菌抗体 ELISA 最后检测结果、粪便培养、以及最近 4 次牛奶 ELISA 检测病菌抗体指示的病菌传染风险。防控措施可以规定为改进的管理措施，减少感染风险（为每种感染途径作规定），或规定为不同的检测和选择措施。如果已经指定检测和选择措施控制 MAP 感染，模拟的效果取决于用户指定的替换措施，例如，阳性母牛是否应该立即剔除还是等到产奶量降低到规定水平？扑杀的母牛由产犊小牛替换（产奶量更低），由于患有其他疫病导致产奶量变低而要被剔除的母牛必须在牛群中保留更长一段时间。繁殖能力较差的牛群中，需要经常购买小牛（指明潜在感染风险）。如果规定这类牛群封闭圈养，几年后牛群规模会减小。

库达尔等对 PTB - Simherd 模型的第一个版本进行了详细描述，评估了 7 种控制措施的流行病和生产相关影响。至此，该模型得以进一步发展，用来评估由丹麦国家自愿 MAP 控制计划建议的控制策略长期潜在的效果。此模型评估了不同测试间隔（Kudahl 搜集的未公布数据），根据感染风险和抗体情况，对动物个体进行了分组。以风险为基础的防治措施专注于从最具感染性的动物个体阻断感染途径，预计会比早期阻断所有母牛感染途径的策略更节省[10]。将来，此模型会用于评估剔除的最佳时间，研究精子的使用在控制 MAP 感染中的潜能。

例如，PTB - Simherd 对不同控制策略经济影响（图 3）的模拟预测需要三年时间才能使乳牛饲养扭亏为盈[10]。只有包含阻断感染途径的控制策略，而并非检测和剔除策略才可能实现。

6 比较 JohneSSim 和 PTB - Simherd 模型

为了比较 JohneSSim 和 PTB - Simherd 模型，两种模型模拟了四种情景：①预防管理差，没有检测和扑杀方案；②预防管理差，有检测和扑杀方案；③预防管理好，没有检测和扑杀方案；④预防管理好，有检测和扑杀方案。

较差的预防管理包括：小牛出生后没有立即从牛圈中分离出来，浪费牛奶和喂养小牛牛奶，0～6 个月的小牛与成年奶牛养在一起。较好的预防管

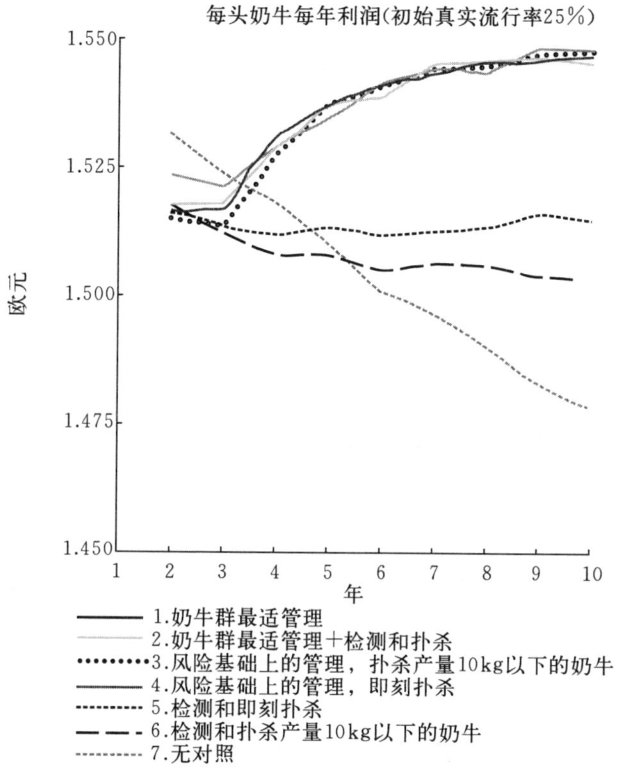

图 3　PTB-Simherd 模拟 7 种防治措施带来的经济效益

防治措施改进后，阻断了所有感染途径。在基于风险的防治措施中，通过母牛感染的途径被全部阻断，高感染性的母牛全部扑杀。检测和扑杀措施中，只有高感染性的母牛被扑杀，而防治措施并未做出改动。

理为：出生后立即将小牛从牛圈中分离出来，仅用人工牛奶替代品，将 0～6 个月的小牛与成年奶牛分开饲养。在较差和较好预防管理模式中，都只给小牛喂养初乳。假设所有畜群都是封闭饲养（例如没有向任何畜群中引入新的 MAP），初始的牛群规模为 100 头成年牛。两个模型在模拟时，采用相似的初始牛群内部感染牛的分布，初始的平均动物级别流行率约为 20%。每一模拟场景，重复次数为 1 000。对于每个模拟的情况来说，迭代次数为 1 000。

模拟检测和扑杀方案包括：对不小于两岁的所有奶牛每年进行两次血清 ELISA 检测，有选择性地扑杀所有 ELISA－阳性的奶牛（不包括其后代）。假设 ELISA 检测感染牛的敏感性取决于感染阶段和疫病进程（潜在感染的奶牛敏感性为 0.01，低水平感染奶牛为 0.10，高度感染奶牛为 0.60，临床患病奶牛为 0.80）。假设 ELISA 的特异性为 0.997。

两种模型的模拟结果相似。在无测试和扑杀方案的较差预防管理中，群体内动物水平的平均流行率 15 年内从 20%增加到 68%～78%，见图 4a 和 4b。在有测试和扑杀方案的较差预防管理中，群体内动物水平的平均流行率 15 年内增加到 44%～55%，见图 4a 和 4b。在较好的预防管理中，不考虑检测和扑杀方案是否实行，平均流行率 15 年内降低到 1%以下，见图 4a 和 4b。

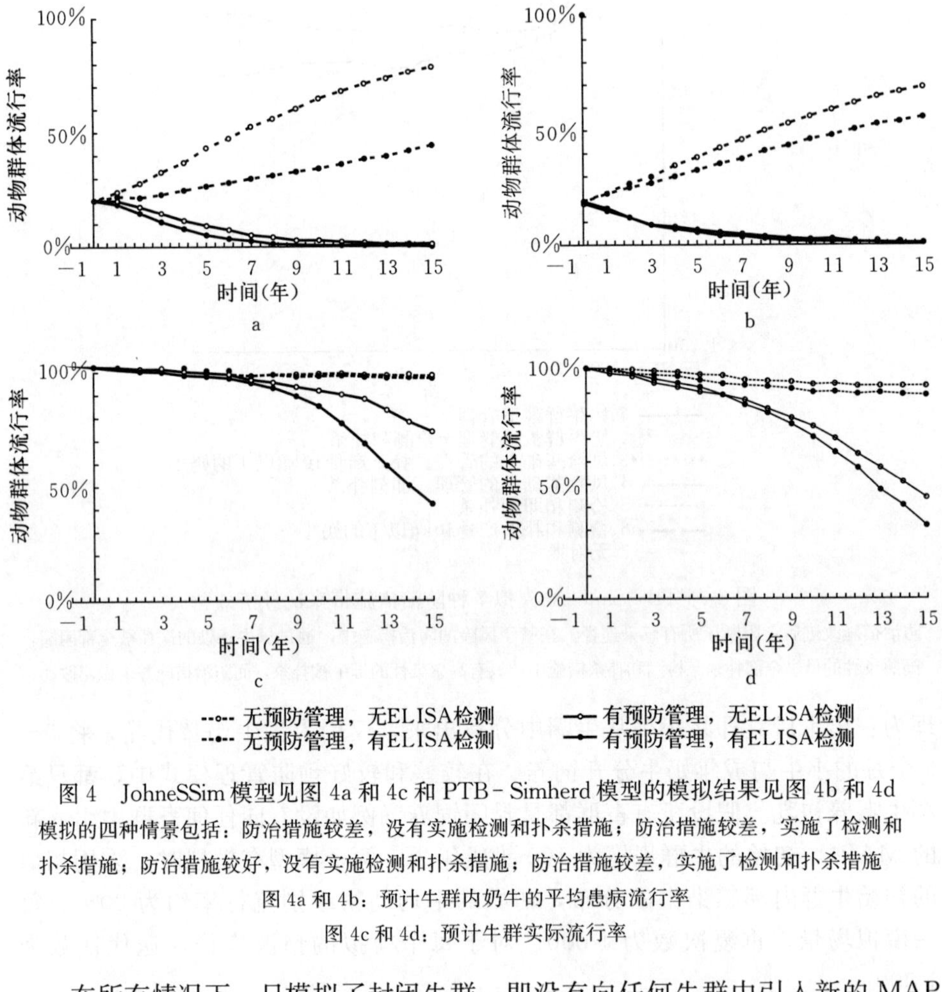

图 4 JohneSSim 模型见图 4a 和 4c 和 PTB - Simherd 模型的模拟结果见图 4b 和 4d

模拟的四种情景包括：防治措施较差，没有实施检测和扑杀措施；防治措施较差，实施了检测和扑杀措施；防治措施较好，没有实施检测和扑杀措施；防治措施较差，实施了检测和扑杀措施

图 4a 和 4b：预计牛群内奶牛的平均患病流行率

图 4c 和 4d：预计牛群实际流行率

在所有情况下，只模拟了封闭牛群，即没有向任何牛群中引入新的 MAP 感染，而在一些牛群中由于随机过程，已经消除了感染。因此，模拟感染牛群的比例随着时间减少。在无检测和扑杀方案的较差预防管理情况下，15 年后估计有 92%～96%的牛群仍被感染，见图 4c 和 4d。而在具有检测和扑杀方案的较差预防管理情况下，估计的感染牛群比例为 88%～95%，无检测和扑杀方案的较好预防管理情况下为 44%～45%，有检测和扑杀方案的较好预防管

理情况下为 14%～32%，见图 4c 和 4d。

除了最后一个情况外，采用 JohneSSim 模型对 15 年内牛群内部动物水平流行率中位数的研究结果，与 PTB - Simherd 模型相应结果不同（数据未显示）。然而，随着重复次数增多，两个模型之间微小差别就会变得显著。因此，对两种模型模拟结果的比较应注重任何结果差别间的相关性，而不是差别的统计学显著性。目前，牛群内实际 MAP 感染的流行率不确定[17]。在这个前提下，本文作者认为两个模型模拟结果的差别相当微小。此外，两个模型中模拟的控制选择效力等级相同：根据一年两次的血清学检测，预防管理策略预计会比检测和扑杀方案更加有效。而且两种模型的结果表明最有效的控制选择是预防管理策略与检测和扑杀方案的结合。

7 结论

已经广泛应用了模拟 MAP 感染控制和影响的随机模拟模型，其应用为几项全国范围控制 MAP 感染策略的发展提供支持。模拟模型可以用来模拟非常复杂的畜群系统，但要依赖于已有的知识，因此并非总能提供问题的正确答案。事实上不同的模型，例如 JohneSSim 和 PTB - Simherd 模型，以相同的已有知识为基础并且假设也能通过相似的结果体现出来。本文并未对所有模型进行比较，随着可用随机模型增多，预计输出的模型结果会呈现多样性。模型存在一定局限，但对于已有知识的综合以及研究复杂系统变化的影响是有用的。

参考文献

[1] Collins M. T. & Morgan I. R. (1991). - Epidemiological model of paratuberculosis in dairy cattle. *Prev. vet. Med.*, 11 (2), 131 - 146.

[2] Coussens P. M. (2001). - *Mycobacterium paratuberculosis* and the bovine immune system. *Anim. Hlth Res. Rev.*, 2 (2), 141 - 161.

[3] Dufour B., Pouillot R. & Durand B. (2004). - A cost/benefit study of paratuberculosis certification in French cattle herds. *Vet. Res.*, 35 (1), 69 - 81.

[4] Ezanno P., van Schaik G., Weber M. F. & Heesterbeek J. A. (2005). - A modeling study on the sustainability of a certification - and - monitoring program for paratuberculosis in cattle. *Vet. Res.*, 36 (5 - 6), 811 - 826.

[5] Groenendaal H. & Galligan D. T. (2003). - Economic consequences of control programs for paratuberculosis in midsize dairy farms in the United States. *J. Am. vet. med. Assoc.*, 223 (12), 1757 - 1768.

[6] Groenendaal H., Nielen M. & Hesselink J. W. (2003). - Development of the Dutch

Johne's disease control program supported by a simulation model. *Prev. vet. Med.*, 60 (1), 69-90.

[7] Groenendaal H., Nielen M., Jalvingh A. W., Horst S. H., Galligan D. T. & Hesselink J. W. (2002). - A simulation of Johne's disease control. *Prev. vet. Med.*, 54 (3), 225-245.

[8] Groenendaal H. & Zagmutt F. J. (2008). - Scenario analysis of changes in consumption of dairy products caused by a hypothetical causal link between *Mycobacterium avium* subspecies *paratuberculosis* and Crohn's disease. *J. Dairy Sci.*, 91 (8), 3245-3258.

[9] Humphry R. W., Stott A. W., Adams C. & Gunn G. J. (2006). - A model of the relationship between the epidemiology of Johne's disease and the environment in suckler-beef herds. *Vet. J.*, 172 (3), 432-445.

[10] Kudahl A. B., Nielsen S. S. &? stergaard S. (2008). - Economy, efficacy, and feasibility of a risk-based control program against paratuberculosis. *J. Dairy Sci.*, 91 (12), 4599-4609.

[11] Kudahl A. B., Østergaard S., Sørensen J. T. & Nielsen S. S. (2007). - A stochastic model simulating paratuberculosis in a dairy herd. *Prev. vet. Med.*, 78 (2), 97-117.

[12] Kudahl A. B., Sørensen J. T., Nielsen S. S. & Østergaard S. (2007). - Simulated economic effects of improving the sensitivity of a diagnostic test in paratuberculosis control. *Prev. vet. Med.*, 78 (2), 118-129.

[13] Mitchell R. M., Whitlock R. H., Stehman S. M., Benedictus A., Chapagain P. P., Grohn Y. T. & Schukken Y. H. (2008). - Simulation modeling to evaluate the persistence of *Mycobacterium avium* subsp. *paratuberculosis* (MAP) on commercial dairy farms in the United States. *Prev. vet. Med.*, 83 (3-4), 360-380.

[14] Nielsen S. S. (2008). - Transitions in diagnostic tests used for detection of *Mycobacterium avium* subsp. *paratuberculosis* infections in cattle. *Vet. Microbiol.*, 132 (3-4), 274-282.

[15] Nielsen S. S. (2009). - Use of diagnostics for risk-based control of paratuberculosis in dairy herds. *In Pract.*, 31 (4), 150-154.

[16] Nielsen S. S. & Toft N. (2008). - Ante mortem diagnosis of paratuberculosis: a review of accuracies of ELISA, interferon-gamma assay and faecal culture techniques. *Vet. Microbiol.*, 129 (3-4), 217-235.

[17] Nielsen S. S. & Toft N. (2009). - A review of prevalences of paratuberculosis in farmed animals in Europe. *Prev. vet. Med.*, 88 (1), 1-14.

[18] Pouillot R., Dufour B. & Durand B. (2004). - A deterministic and stochastic simulation model for intra-herd paratuberculosis transmission. *Vet. Res.*, 35 (1), 53-68.

[19] Sørensen J. T., Kristensen E. S. & Thysen I. (1992). - A stochastic model simulating the dairy herd on a PC. *Agric. Syst.*, 39, 177-200.

[20] Van Roermund H. J. W., Bakker D., Willemsen P. T. & de Jong M. C. (2007). - Horizontal transmission of *Mycobacterium avium* subsp. *paratuberculosis*in cattle in an

experimental setting: calves can transmit the infection to other calves. *Vet. Microbiol.*, 122 (3-4), 270-279.

[21] Van Roermund H. J. W., Weber M. F., Graat E. A. M. & De Jong M. C. M. (2002). - Monitoring programmes for paratuberculosis - unsuspected cattle herds, based on quantification of between - herd transmission. *In* Proceedings of the 7th International Colloquim on Paratuberculosis (R. A. Juste, M. V. Geijo& J. M. Garrido, eds), 11-14 June 2007, Bilbao, Spain, 371-375.

[22] Van Roermund H. J. W., Weber M. F., de Koeijer A. A., Velthuis A. G. J. & de Jong M. C. M. (2005). - Development of a milk quality assurance program for paratuberculosis: from within - and between - herd dynamics to economic decision analysis. *In* Proceedings of the 8th International Colloquim on Paratuberculosis (Manning E. J. B. & Nielsen S. S., eds), 14-18 August, Copenhagen, Denmark.

[23] Weber M. F. &Groenendaal H. (2009). - Milk quality assurance for paratuberculosis: effects of infectious young stock. *In* Proceedings of the 10th International Colloquim on Paratuberculosis, 9-14 August 2009, Minneapolis, United States of America, 197-198.

[24] Weber M. F., Groenendaal H., Van Roermund H. J. W. &Nielen M. (2004). - Simulation of alternatives for the Dutch Johne's disease certification - and - monitoring program. *Prev. vet. Med.*, 62 (1), 1-17.

[25] Weber M. F., Nielen M., Velthuis A. G. J. & vanRoermund H. J. W. (2008). - Milk quality assurance for paratuberculosis: simulation of within - herd infection dynamics and economics. *Vet. Res.*, 39 (2), 12.

[26] Windsor P. A. & Whittington R. J. (2010). - Evidence for age susceptibility of cattle to Johne's disease. *Vet. J.*, 184 (1), 37-44.

模拟日本牛海绵状脑病的情况

K. Sugiura[①]*，N. Murray[②]，T. Tsutsui[③]，
E. Kikuchi[④] & T. Onodera[⑤]

摘要： 尽管日本政府采取了各种措施来预防牛群感染牛海绵状脑病（BSE）病原，但在2001年9月还是检测到了第一起BSE病例。随后，加强BSE监测力度，包括对所有临床BSE可疑对象实行强制性报告与调查，对死牲畜和所有被屠宰后用于食用的牛群实行强制性检验。2009年5月底，从900多万头牛中检测到了35起病例。通过使用监测数据和其他诸如输入变量之类的信息，可以建立模型来探索BSE进入日本的可能源头，对控制措施的有效性进行评估，估测不同出生年份BSE流行率，以及模拟监测手段变化带来的影响。尽管某些输入变量的有效性与不确定性给实验带来了不小难度，这些模型有助于深刻理解和研究日本BSE状况。

关键词： 牛海绵状脑病　流行病学　日本　模拟模型

0　引言

日本公开报道的第一起BSE病例是在2001年9月10日检测到的，对象是出生于北海道、成长在千叶县的一头五岁奶牛。在检测出第一起病例之前，日本政府已经采取了各种措施防止牛群接触到被感染的饲料：

1990年7月，已禁止从英国和其他出现过BSE事件的国家进口活牛与肉骨粉（MBM）（除非肉骨粉经过133 ℃高温/0.3 MPa/30 min热处理）；

1996年3月，已完全禁止从英国进口肉骨粉；

1996年4月，政府发布行政指令，禁止在反刍动物的饲料中使用反刍肉

---

① 日本食品和农业原料检验中心。

* 通讯作者：katsuaki_sugiura@nm.famic.go.jp

② 加拿大食品检验局，加拿大安大略省渥太华。

③ 日本国家动物卫生研究所，流行病学研究团队。

④ 日本农业、林业和渔业部，动物卫生司。

⑤ 日本东京大学，分子免疫学部。

骨粉；

2001 年 1 月，已禁止从欧盟（EU）成员国、瑞典与列支敦士顿进口肉骨粉。

检测出第一起病例后，日本政府又引入了以下措施：

2001 年 9 月 27 日以后，对那些屠宰后用于食用的所有牛群的高风险食用材料实行强制性去除与焚烧。高风险食用材料原先是指牛脑、脊髓、牛眼与回肠末端，2004 年 2 月 16 日以后牛脊柱也被列入其中；

2001 年 9 月 8 日起，从法律上禁止在家养反刍动物的饲料中使用反刍动物蛋白质，之后从 2001 年 10 月 4 日起，禁止家庭使用、进口所有加工过的动物蛋白质用作反刍动物、猪、鸡的饲料或作为肥料；

加强 BSE 监测力度，包括对所有临床 BSE 可疑对象实行强制性报告与调查（被动监测），以及对死牲畜与屠宰后用于食用的所有牛群进行强制性检验（主动监测）；

2003 年 12 月推出动物标识系统，这一系统可以追溯到出生农场，并且得到包括出生日期在内的其他相关信息。

BSE 监测力度加强的结果就是，到 2009 年 3 月底一共又检测到了 35 起病例，其中到 2007 年年底每年都要检测出 2～10 起病例。这一流行病在 2006 年似乎到达了顶峰。检测的对象主要是奶牛，出生时间在 1996—2000 年，出生地是北海道。只有两起非典型 BSE 病例，其余都是经典病例。

通过使用监测与其他数据以及模拟模型，对于模拟日本的 BSE 情况已有过多种尝试与努力。本文旨在描述与探讨这些尝试与努力中使用到的模拟模型。

1　用于探索 BSE 病原进入日本可能源头的模型

20 世纪 90 年代，日本从德国和法国进口活牛，并从一些欧盟成员国进口大量带骨牛肉与肉骨粉。

Sugiura 等[5]利用这些进口数据，根据流入日本的被感染肉骨粉的重量，采用定量分析法对 BSE 进入日本的风险进行评估。他们用三种情景树分别对应由于进口活牛、肉骨粉与带骨牛肉而导致被感染的肉骨粉流入日本的途径，建立了一个模拟模型。图 1 显示的情景树是用于估测因进口活牛而导致被感染肉骨粉进入日本的肉骨粉数量，采用的是随机模拟模型，关键输入变量采用的是导致其具有不确定性的概率分布的形式。作者们估计 1993—2000 年间，有 23.4～53.8 kg 受到感染的肉骨粉进入了日本。模拟结果同时还表明进口的肉骨粉构成了那段时期 BSE 病原进入日本的最重要的风险因素（表 1）。

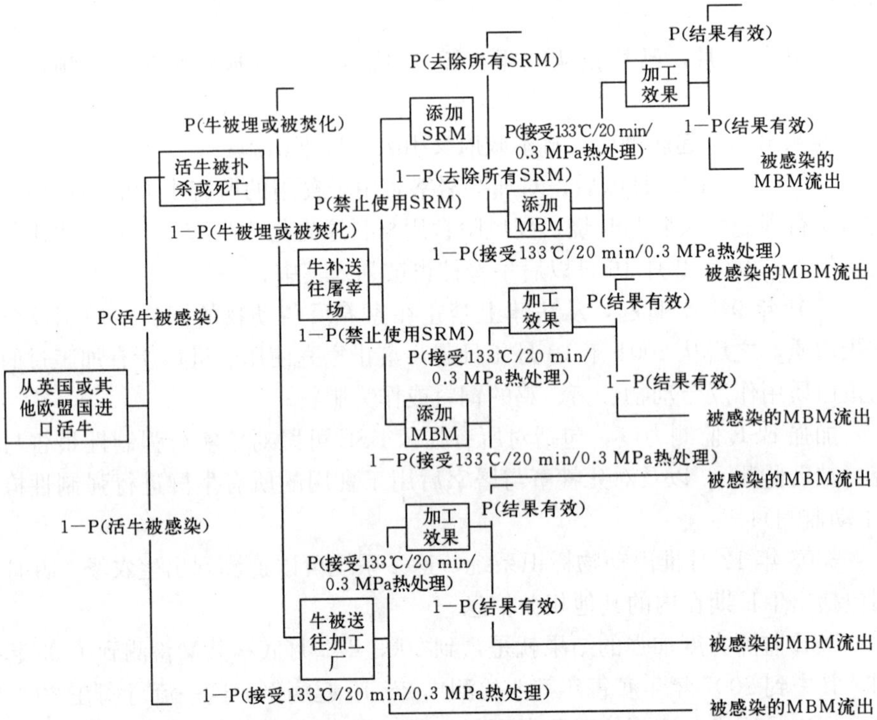

图 1　用情景树概述进口活牛导致感染的肉骨粉进入日本的活动和途径[5]

注：SRM：高风险食用材料；MBM：肉骨粉。

表 1　通过 Sugiura 等建立的模拟模型，得出 1993—2000 年经由不同途径进入日本的被感染的肉骨粉数量[5]

情景	进入日本的被感染的肉骨粉（MBM）数量（95% 置信区间）
进口活牛（kg）	0.014（0.008～0.019）
进口带骨牛肉（kg）	0.051（0.036～0.069）
进口肉骨粉（kg）	36.2（23.3～53.7）
总计	36.3（23.4～53.8）

20 世纪 80 年代，日本从英国进口了 33 头活牛。Sugiura 利用这些数据与模拟模型，估测到这些牛当中至少有一头得了 BSE（到达潜伏期末期），并且很可能于 1991 年、1992 年或 1993 年的时候，以 16%的累积概率进入到饲料链中[3]。在另一份研究中，Sugiura 等对该模拟模型进行扩展，以此来计算可能进入到日本的饲料链中被感染的动物数量与 BSE 传染性[7]。他们估测到，

从英国进入到日本的 33 头活牛中，可能有 7、8 头牛被感染且进入到了饲料链中。他们还估测到 400～550 头牛的口服 BSE 病原半数感染剂量（ID_{50}）分别于 1992 年和 1993 年进入了饲料链。虽然在 1989 年、1991 年、1994 年与 1995 年进入饲料链的传染性要少一点，但数量仍然庞大，这表明 BSE 病原早在这段时期中的任意一年就已经进入到饲料链中了[7]（表 2）。

表 2　通过 Sugiura 等建立的模型，得出感染 BSE 动物进入饲料链的数量以及进入动物饲料链 BSE 的感染量[7]

年份	进入饲料链的被感染动物数量	（95% 置信区间）	进入饲料链的 BSE 传染性数量牛口服 ID_{50}
1989	1.0	(0～3)	34～66
1990	0.2	(0～1)	12～21
1991	0.5	(0～2)	69～97
1992	2.4	(0～5)	399～544
1993	1.9	(0～5)	411～526
1994	0.3	(0～1)	59～78
1995	0.3	(0～2)	94～118

最早的日本本土病例的出生时间是 1992 年 7 月，连同上述模拟结果，表明 BSE 病原进入日本饲料链的时间大概在 1992 年。

2　用于评估过去采取 BSE 控制措施的有效性模型

1996 年 4 月，日本农林渔业部（MAFF）发布行政指令，呼吁饲料生产商即刻起停止往反刍动物的复合饲料中添加肉骨粉，以防止牛群接触到 BSE 病原。2001 年检测出第一起 BSE 病例以后，日本的农林渔业部遭到了严厉批评，因为它在 1996 年只是发布了行政指令，并没有从法律上实行禁止措施。

有两份研究从数量上评价了这项行政指令的效果。Yamamoto 等[15]模拟了通过肉骨粉而感染上 BSE 的三种途径，即给牛喂的精饲料中含有肉骨粉成分；给牛喂的精饲料被饲料加工厂的非反刍饲料中的肉骨粉所感染；以补充剂的形式给农场里的牛直接喂食肉骨粉。他们估测到，1995 年和 1997 年，因受感染的动物身上的肉骨粉含量而导致牛群感染的总感染量分别为 0.49 半数感染剂量和 0.22 半数感染剂量。因此，1996 年的禁令使牛群接触到病原的风险降低了 55%[15]。

Sugiura 等[10]利用模拟模型，假设受到 BSE 感染的动物一旦进入潜伏期最后一个阶段，传染其他健康动物数量在 200～600 头，进而估测到 1996 年发布的行政指令使来自牛身上的肉骨粉重新进入牛体内的可能性降低了 104～141 倍[10]。

因此，采用不同模型就会得出不同的结果。然而，两个模拟结果均表明该行政指令确实减少了牛饲料中的肉骨粉含量，尽管不能完全消除饲料中肉骨粉。

3 用于估测感染患病率与预计未来流行情况的模型

Sugiura 和 Murray[8]利用贝叶斯模型和 2004 年底之前的监测数据，估测了出生于 1992—2001 年各出生队列中被感染的动物数量。通过被感染的动物数量，他们预估了各个出生群体被扑杀的受感染动物数量的历史与未来趋势，以及它们是否可以利用快速检测试验检出。假设 BSE 感染进入日本的时间是 1995 年，1995—2001 年预计扑杀了 225 头受感染的动物（95%置信区间：111～418），这当中有 116 头（置信区间：56～219）是为了食用而被屠宰的，若这期间采用的 BSE 监测项目与 2004 年 4 月应用的项目同样全面的话，则会检测出 33 起（置信区间：12～65）病例。假设 BSE 感染进入日本的时间是 1992 年，这些数字将分别为 905（置信区间：366～4 633），694（置信区间：190～2 473）和 201（置信区间：53～693）。他们预计 2004 年及以后会检测出 18 起（置信区间：3～111）病例，到 2012 年左右日本的 BSE 流行病将得到根除[8]。Sugiura 利用同一模型，但采用的是截止到 2008 年底的监测数据，更新了这些估测与预计数据[6]（图 2）。

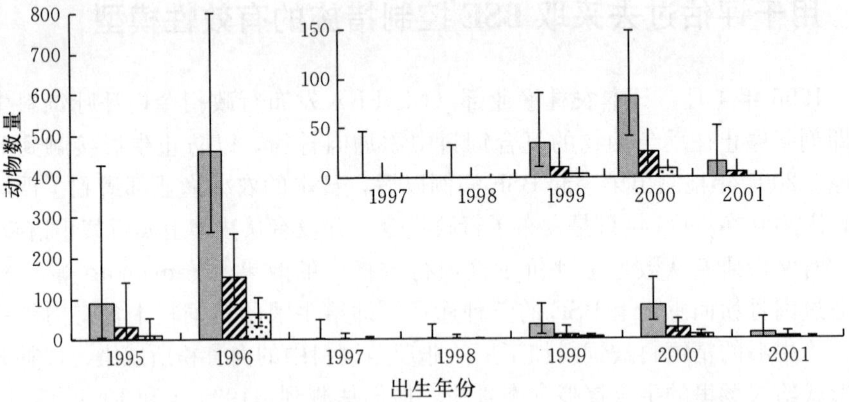

图 2 通过 Sugiura 和 Murray[8] 建立的模型与截至 2008 年底的监测数据，预估感染 BSE 牛的数量（灰色部分），用于食用而被屠宰感染 BSE 牛的数量（条状部分）以及 BSE 病例数量（用点表示）[6]

注：柱状图表明最可能的估测结果，误差棒代表 95%置信区间。插入部分表示 1997—2001 年各出生年份的细节。

Yamamoto 等[14]利用 2002—2006 年检测到的病例数据，运用极大似然估计法，估测了各出生年份受感染牛的数量。他们还运用蒙特卡罗模拟法，估测了每一年死亡或被屠宰的受感染牛的数量。他们估测出生于 1996 年的受感染动物的数量是 155 头（95%置信区间：90～275）；这代表 2001 年之前，大部分受感染的牛群都可能是感染源头。他们还估测到，在这 155 头受感染的动物当中，有 56 头在体内的感染病原累积到一定程度后，于 2001 年 10 月前死亡或被屠宰，这 56 头当中又有 5 头进入了食物链。根据这一估测，他们最终得出结论：可能成为人类感染源的受感染动物数量似乎只是日本受 BSE 感染牛群的一个有限子集[14]。Hamasaki 和 Yamamoto 采用 BSurvE 手段，估测到 1996 年出生的感染 BSE 牛群的数目是 288 头[1]。表 3 显示的是这些研究报告中 1996 年出生队列中受感染奶牛的估测数目。

4 改变模拟监测手段所造成影响的模型

自 2001 年 10 月 18 日起，根据屠宰法的规定，所有在屠宰场被屠宰后作食用的牛都要接受 BSE 测试。所有要被屠宰的牛在屠宰场被屠宰之前要接受屠宰前检疫。肉质检验员由兽医担任，他们从所有被屠宰的牛体内收集出脑干样品，接着将样品送到地区肉质检验实验室进行 BSE 筛选测试。任何检测 BSE 阳性的畜体都要被焚烧。

2004 年 9 月，在食品安全委员会（FSC）做出的风险评估结果的基础上，厚生劳动省（MHLW）决定不再对小于 21 个月牛检测 BSE。厚生劳动省修改了管理条例，因此从 2005 年 8 月 1 日起所有 21 个月及以上的牛都要接受测试。然而，消费者却对此表示担忧，所有因作食用而被屠宰的牛群依旧由地区政府，在厚生劳动省的财政支持下接受检测（该项支持于 2008 年 8 月 1 日停止）。

表 3 通过不同模型估测到的出生于 1996 年的奶牛中受感染数量

使用的模型	使用的监测数据	1996 年出生的被感染的动物数量	来　源
贝叶斯推论	截至 2004 年年底	230（95% CI：120～490）	Sugiura 和 Murray（2007）[8]
极大似然估计法	截至 2006 年年底	175（90% CI：95～285）	Yamamoto 等（2008）[14]
BSurvE 法	截至 2006 年年底	288	Hamasaki 等（2008）[1]
贝叶斯推论	截至 2008 年年底	461（95% CI：262～802）	Sugiura 等（2009）[6]

除了食品安全委员会做出的风险评估，也有人通过借助模拟模型，采用定量研究法，试图改变监测手段而造成的影响进行评估。

Tsutsui 和 Kasuga[12]运用 Moute Carlo 模拟法，建立了一个随机模型，对一头要进入食物链已感染 BSE 的牛，估测出其被屠宰时的 BSE 感染量，接着比较了不同测试方法造成的影响与高风险食用材料的移除。牛群被屠宰后将进行筛选检测，对此时已感染 BSE 牛群的预期值是 20%，即便对被屠宰的牛全部进行测试。通过筛选测试得出的感染性降低力度要大于去除高风险食用材料得出的感染性降低，但不同测试方法间的降低效果差别不大。这项研究表明改变接受检测牛的年龄对牛肉质量安全的影响是很小的，但前提是高风险食用材料移除工作做得很到位[12]。

Sugiura 等利用随机模型，评估目前用于监测被屠宰牛和死牲畜 BSE 监测项目变动所带来的影响[9]。他们计算了一头感染 BSE 牛用于食用而被屠宰后或作为死牲畜接受检测的可能性。该模型包含的动物有：奶牛，神户肉牛（日本本土饲养的一种牛，包括日本黑牛、黄牛、短角牛和无角牛），神户一荷兰杂交小公牛或小母牛，以及荷兰小公牛。他们发现将奶牛和神户肉牛的最小测试年龄从 0 岁提高至 21 个月后，对屠宰后作食用的牛被检测出已感染 BSE 的可能性几乎没什么影响。他们同时发现，尽管将测试最小年龄从 21 个月提高至 31 或 41 个月会导致屠宰后接受检测牛的数量减少，但这对受感染动物接受检测可能性的影响却不足为道[9]。

5　其他 BSE 研究模型

Sugiura[4]采用极大似然估计法，计算出了各年龄段与风险亚群（包括临床可疑对象，死牲畜，因病被屠宰和健康时被屠宰的动物）BSE“调整过的发病风险”。基于这一可与欧洲发病风险作比较的指标，他提出日本的屠宰牛与死牲畜的发病风险比率要高于欧盟与瑞典[4]。作者最后得出结论，日本的屠宰牛之所以具有相对较高的发病风险，是因为相较欧洲，日本的病牛或垂死之牛更有可能被送到屠宰场后作食用，因此不太可能成为临床可疑对象或死牲畜[4]。

Yamamoto 等从来自日本屠宰场废水处理设施的污水污泥入手，对牛群 BSE 感染风险进行评估[13]。假设来自一头感染 BSE 动物的高风险食用材料造成的全部传染性为 7 500 牛口服半数感染剂量，他们估测在日本，一头牛从受感染动物身上摄入的感染剂量为 5.5×10^{-3} 牛口服半数感染剂量。他们最终得出结论，屠宰过程中防止高风险食用材料乱丢，设置过滤器去除废水中的组织残留，禁止牧场使用会产生污泥的化肥，这些措施都会有效减少牛群摄入 BSE 传染性的风险[13]。

Sugiura 和 Smith[11]利用一个简单的随机模型，模拟了动物被屠宰与感染

BSE后临床发病预计时间间隔，如同畜体成熟度评分作出的评价，对日本小于21个月牛的牛肉里BSE传染性的增长程度与美国牛肉里BSE传染性的增长程度做了比较[11]。

6 探讨与结论

在日本，采用模型处理动物疫病的做法还不是很普遍。然而，已有不少人在这方面做出了努力，试图探索BSE病原进入日本的可能源头，对BSE控制措施的有效性进行评估，估测BSE感染的发病率，预计未来BSE的流行情况，模拟监测手段的变动带来的影响。

任何模型的有效性都建立在支撑模型数据的精确性与完整性之上[2]。在上述描述的模型中，使用的是日本的监测与其他数据以及基于英国BSE流行情况的估测性输入参数。

20世纪80年代从英国进口33头牛的具体数据，为估测BSE病原何时、以何种方式进入日本的饲料链提供了可能。但是，关于家养牛群如何接触到产自受感染动物的被感染的肉骨粉这一点，还是没有丝毫头绪。再加上90年代中期以前从欧洲进口的大量肉骨粉与动物脂肪，而这些进口肉骨粉或动物脂肪可能就是BSE病原进入日本的源头。以上这两点使得排除该可能性的做法变得困难。

2008年底获得的监测数据，其中包括对900多万动物进行快速检测，能够较为精确地估测出出生于1997年及以后年份出生的受感染动物的患病率。然而，要想估测出出生于1996年及以前出生队列的动物感染患病率却是不可能的，因为2004年4月开始全面监测时，出生于那段时期的很多动物都已死亡。考虑到自1996年发布关于饲料的行政指令以后，关于通过交叉污染混入牛饲料的肉骨粉数量没有准确的数据，对该指令有效性的评价只有借助这些由监测数据估测出的传染患病率，通过回顾该传染病的流行规律才能得以进行。

2003年推出的牛类标识系统能够得到关于牛类牲畜结构的完整数据，即日本各种类型牛的存活曲线。这一点，再加上潜伏期分布以及快速测试只能检测出处于潜伏期最后阶段受感染的动物这一事实，使得模拟监测手段的变动带来的影响成为可能。

尽管不是所有的研究结果都会被用于制定政策，但某些结果确实对回答政策制定者提出的问题很有帮助（在食品安全委员会的报告中提到了某些研究）。

参考文献

[1] Hamasaki T. & Yamamoto S. (2008). - Estimation of the number of cattle infected with BSE prion protein using the BSurvE method. *Jpn. J. Vet. Epi.*, 12, 21 - 22.

[2] Kao R. R. (2002). - The role of mathematical modelling in the control of the 2001 FMD epidemic in the UK. *TrendsMicrobiol.*, 10, 279 - 286.

[3] Sugiura K. (2004). - Risk of introduction of BSE into Japan by the historical importation of cattle from the United Kingdom and Germany. *Prev. vet. Med.*, 64, 191 - 200.

[4] Sugiura K. (2006). - Adjusted incidence risks of BSE in risk subpopulations of cattle in Japan. *Prev. vet. Med.*, 75, 163 - 176.

[5] Sugiura K., Ito K., Yokoyama R., Kumagai S. & Onodera T. (2003). - A model to assess the risk of the introduction into Japan of the bovine spongiform encephalopathy agent through imported animals, meat and meat - and - bone meal. *Rev. sci. tech. Off. int. Epiz.*, 22 (3), 777 - 794.

[6] Sugiura K., Kikuchi E. & Onodera T. (2009). - Updated prediction for the BSE epidemic in dairy cattle in Japan. *Prev. vet. Med.*, 89, 272 - 276.

[7] Sugiura K., Kusama T., Yoshida T., Shinoda N. & Onodear T. (2009). - Risk of introduction of BSE into Japan by the historical importation of live cattle from the United Kingdom. *J. vet. med. Sci.*, 71, 133 - 138.

[8] Sugiura K. & Murray N. (2007). - Estimating the prevalence of BSE in dairy birth cohorts and predicting the incidence of BSE cases in Japan. *Prev. vet. Med.*, 82, 213 - 235.

[9] Sugiura K., Murray N., Shinoda N. & Onodera T. (2009). - Impact of potential changes to the current bovine spongiform encephalopathy surveillance programs for slaughter cattle and fallen stock in Japan. *J. Food Protec.*, 72, 1463 - 1467. Sugiura K., Murray N., Tsutsui T. & Kasuga F. (2009). - Simulating the BSE epidemic and multiplication factor in dairy herds in Japan. *Prev. vet. Med.*, 84, 61 - 71.

[10] Sugiura K. & Smith G. C. (2008). - A comparison of the risk of bovine spongiform encephalopathy infectivity in beef from cattle younger than 21 months in Japan with that in beef from the United States as assessed by the carcass maturity score. *J. Food Protec.*, 71, 802 - 806.

[11] Tsutsui T. & Kasuga F. (2006). - Assessment of the impact of cattle testing strategies on human exposure to BSE agents in Japan. *Int. J. Food Microbiol.*, 107, 256 - 264.

[12] Yamamoto T., Kobayashi S., Nishiguchi A., Nonaka T. & Tsutsui T. (2006). - Evaluation of bovine spongiform encephalopathy (BSE) infection risk of cattle via sewage sludge from wastewater treatment facilities in slaughterhouses in Japan. *J. vet. med. Sci.*, 68, 137 - 142.

[13] Yamamoto T., Tsutsui T., Nishiguchi A. & Kobayashi S. (2008). - Simulation - based estimation of BSE infection in Japan. *Prev. vet. Med.*, 84, 135 - 151.
[14] Yamamoto T., Tsutsui T., Nonaka T., Kobayashi S., Nishiguchi A. & Yamane I. (2006). - A quantitative assessment of the risk of exposure to bovine spongiform encephalopathy via meat - and - bone meal in Japan. *Prev. vet. Med.*, 75, 221 - 238.

阿根廷牛结核病根除可行性建模研究

A. M. Perez[①], M. P. Ward[②] &
V. Ritacco[③]

摘要：牛结核病（BTB）各种流行病学和生态学特征危及了国家控制和根除此病的能力。作者利用流行病学模型开发了一个分析框架来评估在阿根廷开展的国家 BTB 根除计划成功的可能性。研究结果表明，从长远看来，当前的控制计划在经济上是可行的。然而，考虑到阿根廷 BTB 根除计划的费用全部由生产商负担，必需的初始投资和长期赚取收益的需求可能会妨碍生产者认可该计划。但是，允许在不同地区采取不同控制策略的区域性计划可以增加成功的可能性。这种方法可以扩展应用到世界上其他国家和地区，BTB 及其他传染病控制根除计划的设计和评估上。

关键词：阿根廷　牛结核病　传染病学　建模　牛结核分枝杆菌　结核病

0　引言

BTB 是一种由于感染了牛结核分枝杆菌而导致牛的慢性疫病。在 20 世纪，由于该疫病人畜共患感染风险和对经济的影响，在国家和区域范围内，许多国家发起了控制和根除 BTB 的运动[2,4,9]。这些是基于应用检测和扑杀策略以及限制动物的移动范围。尽管在多个国家实施的控制和根除方案已经获得成功，某些地区的 BTB 发病率大幅减少，但是该疫病在世界上许多地区仍然盛行[4,8,9]。在根除结核病方面不易成功可能是多种因素共同作用的结果，这包括：①慢性病和较长的潜伏期；②缺乏足够控制这种疫病的财力和人力资源；③缺乏有效的疫苗；④对感染没有保护性的先天免疫力；⑤来自野生动物的再

---

① 阿根廷和加利福尼亚大学兽医医学院动物疫病建模和监管中心。

② 悉尼大学兽医学院。

③ 阿根廷。

次感染；⑥诊断检测和控制方案的设计和实施失败。

BTB在阿根廷盛行，并且这种疫病对公众健康的影响已得到普遍认可。例如，据报道，在1977—2001年，圣菲省的人感染肺结核病例的2.3%可归因于牛结核分枝杆菌，有65%的人感染牛结核分枝杆菌病例发生在屠宰场或农村劳力中[7,13]。由于这个原因，1999年制定并实施了强制性国家BTB控制计划。该控制计划是基于检测和扑杀策略，利用牛结核菌素分枝杆菌（*M. bovis*）纯化蛋白衍生物（PPD）进行尾部结核菌素皮内试验（CFT）。每隔3～4个月，检测一次牛群中所有6个月或以上的牛。

在阿根廷，BTB控制计划的财务费用是完全由生产商承担的。因此，用成本—效益分析来估计根除BTB的经济效益，以此来激发生产商的积极性是必要的，并且最终可预测该计划在阿根廷成功的可能性。介入和临床试验等实验研究成本高昂，而且很难在野外条件下进行。相比之下，流行病学模型可能是一个负担得起的选择，利用建立的模型可以识别流行病学因素对疫病风险影响的本质和程度，还可以评估各种控制和根除计划的可行性和所产生的预期影响。

在本文实例中，流行病学模型被用来评估阿根廷BTB控制计划的可行性和效果。分析框架（图1）由连续的评估阶段组成，每个评估阶段都要分别进行定量化研究：①阿根廷BTB流行率的趋势；②疫病风险的空间差异性；③影响疫病在群内传播最可能的关键参数；④在采用可选的诊断试验条件下，不同检测和扑杀方案的预期影响；⑤BTB发病率和生产损失之间的关系；⑥根除疫病能使生产商获得的预期收益。

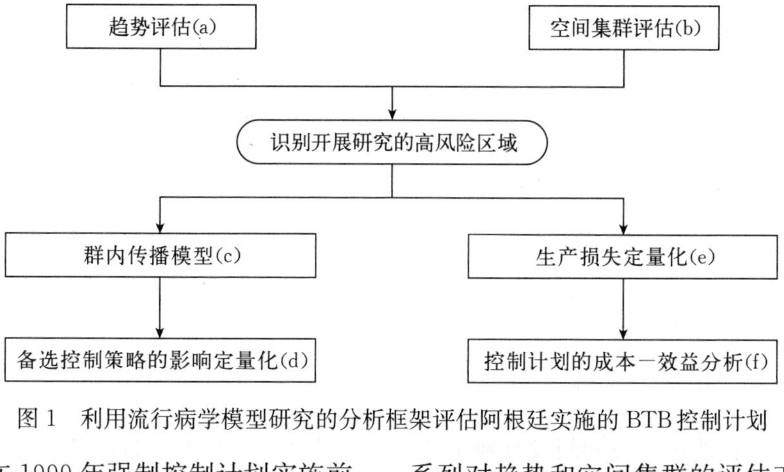

图1　利用流行病学模型研究的分析框架评估阿根廷实施的BTB控制计划

在1999年强制控制计划实施前，一系列对趋势和空间集群的评估工作已经展开，利用评估结果确定了阿根廷BTB的高风险地区。然后，运用1999—

2003年收集的数据对这些地区进行了模拟研究和成本一效益分析。据此所开发的模型框架也适用于其他地区的BTB（或其他传染性动物疫病）控制和根除计划的评价和设计。

1 趋势评估

阿根廷30年间（1969—1998年）屠宰的牛只中确认为牛结核病样病变的数据是由国家动物卫生服务部（SENASA）提供的。

该数据是从国家监控的屠宰场收集的，占到了评估期间每年阿根廷屠宰牛总数的60%。根据国家畜产品检验的规定（阿根廷农业卫生质检总局条例4238/68）[14]，通过对牛肺脏、肝脏、脾脏的检查以及淋巴结切片检查，检测出牛结核样病变。结核样病变牛与被检验牛的比例即为流行率的估值。

通过使用一个简单的加权线性回归模型，模型中因变量为每年的流行率，自变量为年数，加权因子为每年被检验牛的数量，估计得出每年BTB流行率呈显著递减的线性趋势（$P<0.01$）（每年每千头被检验牛有1.7个病例）。传染曲线显示出三个不同的疫病流行率阶段（图2）。第一阶段（1969—1981年）具有周期性递减趋势的特点（$P<0.001$）；第二阶段（1981—1987年）的特征表现为一个无线性趋势的平稳曲线，与社会和经济破坏相关（$P=0.39$）。然而，在第三阶段（1987—1998年），每年的流行率存在一个显著的递减（$P<0.001$）（每年每千头被检验牛有2.4个病例）。

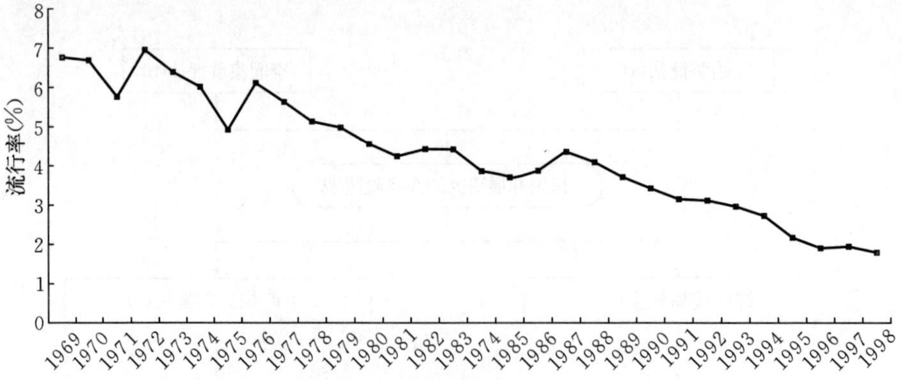

图2 1968—1998年阿根廷国家监控屠宰场牛结核样病变流行率

由于在评估趋势期间没有强制性的控制计划，疫病的递减趋势和在时间模式上的变化可能归因于牛群管理措施的变化，这些措施提高了动物的健康状况。还应注意的是，由于数据不是通过随机抽样收集的，此处的估计可能无法反映阿根廷实际的流行率。然而，在 1998 年之前观察到的递减趋势（这一年患病率<2%）表明，现有条件有利于根除 BTB 和实施 1999 年启动的强制性控制计划。

2 空间集群

可以在其他文献找到关于 BTB 风险的空间变化评估分析的详细描述[12]。简而言之，从 1995 年 3 月到 1997 年 2 月，126 个国家监控屠宰场检验并收集了 9 472 396 头牛（占此期间阿根廷屠宰牛总数的 47%）的相关数据。这些数据被用来评估 BTB 在阿根廷的空间分布。其他数据来源还包括原装运地（国）对器官和淋巴结进行例行检验，查出牛结核样病例以及每票货中检测到的类 BTB 病例所占比例。之后采用空间扫描统计学中的伯努利模型对空间聚类进行评估[5,6]。以全阿根廷内每个县的案例（牛结核样病变的牛数）和控制（无牛结核样病变的牛数）的比例符合均匀分布为零假设，采用相当于国家 50% 的区域为空间扫描窗口，并采用蒙特卡罗模拟方法来识别案例比例明显高于期望值的窗口。检测到了 6 个主要集群，所有这些集群都与奶牛产区重叠（图 3）。

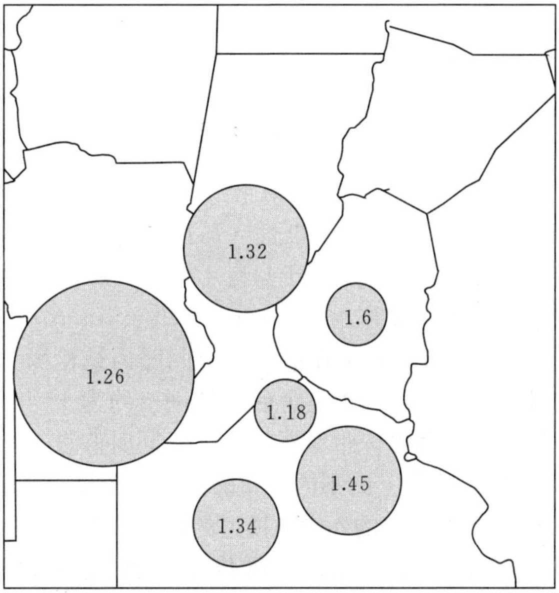

图 3 牛结核样病变的空间集群，采用基于扫描的算法，并利用 1995—1997 年阿根廷国家监控屠宰场采集的数据识别得出

图中数字为集群中结核病例的观察数与预期数比率[12]。

最可能的集群（$P<0.01$）包括圣菲省和科尔多瓦省的5个县，在这5个县中BTB病例的预期数和观察数分别为4 382和5 793（观察数与预期数比例=1.32）。这个结果表明在阿根廷BTB病例是成群聚集的，本结果也支持了风险管理和控制、根除BTB分区计划实施的理论依据。该结果也显示出，在风险均匀分布的零假设条件下，阿根廷产奶区奶牛感染BTB的风险远高于预期。主要聚类包括了圣菲省和科尔多瓦省的产奶区。

3 群内传播模型

利用上述结果，采用随机修正的里德—弗罗斯特模型[11]建立了圣菲省奶牛群的BTB群内传播模型。

在$t+1$时刻的病例数（C_{t+1}）作为在t时刻的累积病例数（CC_t）、t时刻的易感染牛数量（CS_t）和有效接触概率p的函数计算得出：$C_{t+1}=CS_t\ [1-(1-p)^{CC_t}]$。这是一个之前用于对BTB和布鲁氏菌病传播建模的修正里德—弗罗斯特公式[1,15]。这样得到：$CS_{t+1}=S_t+R_s-D_s$和$CC_{t+1}=CC_t+C_{t+1}+R_i-D_i$，其中$R_s$和$R_i$分别为易感染替换牛的数量和已感染替换牛的数量，$D_s$和$D_i$分别为易感染和已感染扑杀牛的数量。

从易感状态到已感染状态以及从已感染状态到可传染状态的转移采用2个随机参数建模，作者将其分别称作转移系数（β）和潜伏期（α）。

单位时间内从可传染个体新感染的平均个体数值采用CFT检测的结果进行估计，该CFT检测在圣菲省南部的3个奶牛群进行，历时大约10年。每次应用CFT（牛群检测）时，计算牛群（N）中的牛只数量，同时计算出已感染牛数量（I）、新病例数量（C）以及易感染牛数量（$S=N-I-C$）。由于不是所有的已感染牛（I）都具有可传染性（Ia），Ia的值采用具有最小值1和最大值I均匀分布估计得出，这相当于只有1头或全部的已感染牛具有可传染性的两种极端情况。其后，β作为ln（Ca）－ln（SIa/N）的指数被估计得出，其中Ca是C的调整值，表示在恰好一年间隔内被检测为新病例的数量。中值β（$M\beta$）的计算方法为：利用整个研究期间（约为10年）的3个牛群估计出β的值，并将其代入里德—弗罗斯特公式，同时假设$\mu=M\beta$服从泊松分布。最后，模型在假设12个α的不同分布的前提下运行，并选择10年期间内3个牛群中最匹配BTB发病率的α作为模型的理论分布。

各个牛群的$M\beta$值（$M\beta=2.2$个可传染接触/每年）差异不大（$P>0.05$）。在$\mu=24$个月的泊松分布条件下，获得最匹配BTB发病率α的分布。结果显示圣菲省奶牛群TB潜伏期和传播率分别为24个月的平均值和每年2.2个传染接触。

4 选定控制活动影响的定量化

采用修正的里德—弗罗斯特模型分别估计牛群中需要检测的数量和必须宰杀的奶牛数量，为了在如下三种情况下根除 BTB：①高流行率（22%）；②中流行率（11%）；③低流行率（5%）[10]。

利用该模型模拟圣菲省在 5 年内，一个标准产乳期间疫病传播情况，假设 220 头奶牛每个产奶期平均产乳 5 000 L。评估如下三种不同策略的影响：①只采用 CFT 检测；②在第一次牛群测试时采用一侧颈部检测（SCT），之后采用 CFT 检测；③采用 γ-干扰素检测（γ - IFN）；第一次牛群检测时采用高敏感性干扰素，之后采用高特异性干扰素。

假设 CFT 检测的敏感性和特异性分别为 0.81 和 0.98；SCT 检测为 0.95 和 0.80；高敏感性 γ - IFN 检测为 0.97 和 0.90；高特异性 γ - IFN 检测为 0.80 和 0.99。其他模型变量包括：①牛群连续检测的时间间隔（3 个月）；②检测阳性牛立即扑杀；③恒定的更新率 2%（用无 BTB 牛）。

模拟结果在数量上有较大变化，这与在单独牛群内预测差异化控制策略影响的难度是一致的。对于评估的三个策略和情况，为根除牛结核病进行检测的中值是相似的。然而，采用 γ - IFN 检测始终具有最少扑杀数，之后是 CFT 检测，而 SCT 检测是效率最低的技术（表 1）。

表 1 牛群检测中值、扑杀牛平均数、初始投资和净现值，它们为阿根廷一个假设的牛群，在具有低流行率（5%）、中流行率（11%）和高流行率（22%）情况下根除 BTB 所需数据。采用三种不同的检测方法：尾根部结核菌素皮内试验、一侧颈部皮内试验和 γ-干扰素试验[10]

初始投资和净现值的单位为千比索。数据收集于 2003 年 3 月。

流行率情况	检测	牛群检测中值	扑杀牛平均数	初始投资	净现值
低流行率	CFT	7	91	40.9	3.5
	SCT	5	103	95.8	−51.3
	γ - IFN	3	52	70.4	−11.3
中度流行率	CFT	11	169	51.1	65.3
	SCT	11	187	77.2	26.5
	γ - IFN	11	116	62.3	24.5
高流行率	CFT	12	274	80.9	168.2
	SCT	12	297	108.3	136.2
	γ - IFN	12	219	92.9	129.7

注：NPV：净现值；CFT：尾根部结核菌素皮内试验；SCT：一侧颈部皮内试验；γ - IFN：γ-干扰素试验。

5 生产损失的定量化

对圣菲省的一个产奶牛群的 BTB 以及生产和繁殖能力之间的关系进行了评估。选择该牛群的原因是其具有高质量的记录和数据；牛群感染 BTB 的历史：研究期间 BTB 流行率>20％；牛结核分枝杆菌的常规 PPD 检测；在牛群中 PPD 检测呈阳性奶牛的保有量以及乳制品生产商的合作。研究 1981 年 4 月至 1997 年 5 月出生的 535 头奶牛。收集了 1993 年 1 月至 1999 年 8 月的数据，同时也包括牛群和每头奶牛的兽医记录部分：①所有完成的 PPD 检测结果（阳性、阴性）；②哺乳期天数；③每个哺乳期产奶天数；④产奶量（L/d）；⑤奶牛非孕期天数；⑥奶牛孕期天数；⑦产犊日期；⑧产犊类型（正常，流产）；⑨扑杀牛群日期。

在下述条件下，发现了 PPD 检测呈阳性和阴性的奶牛之间不存在显著的区别（$P>0.05$）：①扑杀的风险；②产奶天数；③流产的风险；④初胎母牛的年龄。

对于检测结果为阳性的奶牛，日产奶量减少只发生在第一次检测为阳性的哺乳期。PPD 检测结果呈阳性的奶牛比研究期间检测一直为阴性的奶牛更有可能再次流产（发生概率：45.0；95％置信区间，$P<0.01$）。PPD 检测呈阳性的奶牛比呈阴性奶牛的非怀孕期平均长 17 d（$P<0.0001$）。

6 成本效益分析

利用下述四个因素的估计结果对阿根廷牛群根除 BTB 进行成本效益分析：①为控制 BTB 需要的检测数；②必须扑杀的牛数量；③BTB 预计导致的生产损失；④根除 BTB 预计可获得的经济效益。

根除 BTB 效益包括牛奶价格增加 2％（＄0.4/升）以及牛奶产量增加 10％，并用模拟实验开始时牛群中 BTB 流行率进行加权。

根除 BTB 的成本包括检测费用（每头牛 CFT 和 SCT 检测花费＄2，γ-IFN 检测花费＄22）以及宰杀和替换奶牛的价格差（每头奶牛＄1 200）。

按年对根除 BTB 成本和效益差进行估计，同时在 20 年时间范围内估计每种控制策略和情况的净现值（NPV）。现实收益率（6％）为收益率（49％）和通货膨胀率（43％）之差。所有数值在 2003 年实地取得，并采用阿根廷比索计量（＄）。采用 CFT 检测方法获得了三种情况下每种情况的最高净现值和最低初始投资（表 1）。

在所有评估情况和策略下需要的初始投资超过＄40 000。在低流行率情况下，SCT和γ-IFN检测方法在经济上是不可行的（分别损失＄51 300和＄11 300）。采用CFT检测方法时，高流行率情况下收益最高（＄168 000）。为控制BTB第一年检测的初始投资很高。在高流行率情况下，初始投资为＄80 900，大于模拟实验的牛群（＄400 000）年产奶收入的20%。由于在阿根廷生产商负责牲畜的全部更新成本，直到收益兑现为止，生产商可能无法负担所需的初始投资。

7 讨论

本文描述了一个传染病学模型框架的设计和应用过程，该框架可以评估在阿根廷开展BTB强制控制计划的可行性，也可以通过扩展和修改使之作为设计和评估世界上其他地区传染病控制计划的一个参考。

该方法论包含依据BTB流行病学和经济学不同特征，建立连续分析阶段的模型。首先，假设在强制控制计划实施前流行率具有减少的趋势，表明根除疫病的各种条件是有利的；在第二阶段，识别出疫病高发区，说明产奶区和BTB流行风险的关系；从而开发出BTB高风险区奶牛场BTB群内传播参数的流行病学模型，同时利用该模型模拟多种控制策略的效果和生产商对BTB控制的预期收益。研究结果表明，尽管γ-IFN检测可能是最有效的诊断技术，对于所需检测数和需扑杀的牛数量来说，或许由于CFT检测较低的成本，其收益最高。因为阿根廷控制计划的费用全部由生产商提供，本文模型研究的结果表明，CFT检测比γ-IFN检测更适合于阿根廷的BTB控制。

这些结果也表明，区域化可能在控制和根除BTB中发挥重要作用。分区是OIE认可的一种区域化战略，旨在识别包含对特定疫病具有相似风险畜群的地理区域[16]。疫病高危地区可能会被选定为国家监督和控制计划的一部分，以限制其对经济和社会的影响。反过来，对疫病的低风险地区进行识别可以指明那里的流行病学和生态学条件最有利于根除计划的实施。此外，可以把管理措施对疫病风险具有的影响及影响程度定量化，以帮助区域控制计划的实施。例如，多元回归模型可以用来识别增加或减少局部区域疫病风险的因素和条件。这些信息最终将有助于指导生产商采取管理措施，减少疫病的发生率和流行率。

正如上文所述，阿根廷根除BTB方案的费用完全由生产商来负担，控制计划实施所需的初始投资和初始投资获得收益的必要时间、范围都是评估的重要组成部分。获得这些收益所需的必要时间（20年）可能会太长，特别是不稳定的社会和经济条件阻碍了对发展中国家的长期投资。社会和经济的不稳定性必定会影响生产商致力于控制慢性疫病的意愿，如BTB。在牛群实施控制计划的初始阶段需要大量的资金，这也会影响生产商参与计划的意愿。本文得出的结果表明，目前采用 CFT 检测和扑杀方案，可能是阿根廷控制 BTB 最行之有效的方法。然而，生产者有充分的理由认为完全由他们出资的计划是不可行的，外部的资源，如政府或乳制品产业的支持，对于在全国范围内控制 BTB 可能是必要的。

模拟建模具有一定的局限性，这种局限性可能会影响到本文给出的结果。例如，某些流行病学条件实际值的不确定性（比如疫病状态和生产与繁殖能力之间的关系、某些参数的预期生物学变异、潜伏期和传播速率等）将导致在模型中使用扩大的分布，这会增加结果的不确定性。此外，本文提出的分析方法是用来评估计划实施后的可行性。如果在控制计划设计和实施前，进行与本文相似的建模研究将会非常有益，控制措施可以根据模型模拟的结果进行修正。

综上所述，作者采用流行病学建模的方法开发了一个分析框架来评估阿根廷 BTB 控制计划的可行性。研究结果强调了实施区域化计划的必要性，以及为鼓励生产商在自己的牛群实施和支持根除计划而进行经济激励的必要性。这种分析方法也可以帮助其他国家进行 BTB 和家畜疫病根除计划的设计和评估。

致谢

作者要感谢 Pedro Torres 博士（阿根廷 BTB 控制计划负责人，阿根廷农业卫生质检总局）和 Armando Charmandarian 博士（阿根廷罗萨里奥国立大学，兽医科学学院教员），他们提供了用于分析的数据。

参考文献

[1] Carpenter T. E., Berry S. L. & Glenn J. S. (1987). - Economics of *Brucella ovis* control in sheep: epidemiologic simulation model. *JAVMA*, 190 (8), 977 - 982.

[2] Cousins D. V. (2001). - *Mycobacterium bovis* infection and control in domestic livestock. *In* Mycobacterial infections in domestic and wild animals (E. J. B. Manning & M. T. Collins, eds). *Rev. sci. tech. Off. int. Epiz.*, 20 (1), 71 - 85.

[3] De Jong M. C. M. (1995). - Mathematical modelling in veterinary epidemiology: why model building is important. *Prev. vet. Med.*, 25, 183 - 193.

[4] De Kantor I. N. & Ritacco V. (2006). - An update on bovine tuberculosis programmes in Latin American and Caribbean countries. *Vet. Microbiol.*, 112 (2 - 4), 111 - 118. E-pub.: 28 November 2005.

[5] Kulldorff M. & Nagarwalla N. (1995). - Spatial disease clusters: detection and inference. *Stat. Med.*, 14 (8), 799 - 810.

[6] Kulldorff M., Rand K., Gherman G., Williams G. & DeFrancesco D. (1998). - SaTScan v2.1: software for the spatial and space - time scan statistics. National Cancer Institute, Bethesda, Maryland.

[7] Latini M., Latini O., López M. & Cecconi J. (1990). - Tuberculosis bovina en seres humanos. *Rev. Argentina del Torax*, 51, 13 - 16.

[8] Neumann G. (1999). - Bovine tuberculosis - an increasingly rare event. Aust. vet. J., 77 (7), 445 - 446.

[9] O'Reilly L. M. & Daborn C. J. (1995). - The epidemiology of Mycobacterium bovis infectionsin animal and man: a review. Tubercle Lung Dis., 76 (Suppl. 1), 1 - 46.

[10] Perez A., Ward M. P. & Ritacco V. (2002). - Simulation - model evaluation of bovine tuberculosis - eradication strategies in Argentine dairy herds. *Prev. vet. Med.*, 54 (4), 351 - 360.

[11] Perez A., Ward M. P., Charmandarián A. & Ritacco V. (2002). - Simulation model of within - herd transmission of bovine tuberculosis in Argentine dairy herds. *Prev. vet. Med.*, 54 (4), 361 - 372.

[12] Perez A., Ward M. P., Torres P. & Ritacco V. (2002). - Use of spatial statistics and monitoring data to identify clustering of bovine tuberculosis in Argentina. *Prev. vet. Med.*, 56 (1), 63 - 74.

[13] Ritacco V., Sequeira M. D. & de Kantor I. N. (2006). - Human tuberculosis caused by *Mycobacterium bovis* in Latin America and the Caribbean. *In Mycobacterium bovis* infection in animals and humans (C. O. Thoen, M. J. Gilsdorf & J. H. Steele, eds). Blackwell Publishing, Ames, Iowa, 13 - 17.

[14] Servicio Nacional de Sanidad Animal (SENASA)(1968). - SENASA Ordinance Number 4238/68. Available at: www.senasa.gov.ar/Archivos/File/File753 - decreto4238 _ 68 _ 2.pdf (accessed on 22 December 2010).

[15] Wahlström H., Englund L., Carpenter T., Emanuelson U., Engvall A. & V? gsholm I. (1998). - A Reed - Frost model of the spread of tuberculosis within seven Swedish extensive farmed fallow deer herds. *Prev. vet. Med.*, 35 (3), 181 - 193.

[16] World Organisation for Animal Health (OIE)(2006). - Terrestrial Animal Health Code. OIE, Paris. Available at: www.oie.int/eng/normes/mcode/en _ sommaire.htm (accesse on 23 September 2009).

图书在版编目（CIP）数据

动物疫病管理模型 /（法）普雷本·维里伯格主编；中国动物疫病预防控制中心组译．—北京：中国农业出版社，2020.8

ISBN 978-7-109-22086-7

Ⅰ.①动… Ⅱ.①普… ②中… Ⅲ.①兽疫—防疫—基本知识 Ⅳ.①S851.3

中国版本图书馆 CIP 数据核字（2016）第 206070 号

动物疫病管理模型

DONGWU YIBING GUANLI MOXING

中国农业出版社出版

地址：北京市朝阳区麦子店街 18 号楼

邮编：100125

责任编辑：郑 君

责任校对：周丽芳

印刷：北京中兴印刷有限公司

版次：2020 年 8 月第 1 版

印次：2020 年 8 月北京第 1 次印刷

发行：新华书店北京发行所

开本：700mm×1000mm 1/16

印张：21.5

字数：403 千字

定价：96.00 元